TRAINING

Realschule

Mathematik 9. Klasse

Wahlpflichtfächergruppe II/III

Bayern

Jutta Hansen

STARK

Autorin: Jutta Hansen

Jutta Hansen machte sich bereits während ihres Studiums der Technomathematik als Mathe-Trainerin selbstständig und begleitet seit über 10 Jahren Schülerinnen und Schüler quer durch alle Schulformen und Klassenstufen über die Hürden der Mathematik. In dieser Zeit hat sie von und mit ihren Schülerinnen und Schülern viele mathematische Tipps und Tricks gelernt. Sie lebt mit ihrem Mann, ihren zwei Kindern und dem Familienhund in der Nähe von München.

Bildnachweis

Umschlagbild: skatzenberger – stock.adobe.com
S. 1: © Valentyn Volkov. Shutterstock (Äpfel); © stockbroker. 123rf.com (Kinder)
S. 3: © Chros. Shutterstock
S. 7: © 2happy. Shutterstock
S. 32: © Grauvision | Dreamstime.com
S. 41: © kalinavova. 123rf.com
S. 42: Monopoly © 2018 Hasbro. Used with permission.
S. 48: © Vatikati | Dreamstime.com
S. 50: © Eric Isselée | Dreamstime.com (Schwein); © Marcin Kanonik / www.sxc.hu (Huhn)
S. 51: © Crepesoles. Shutterstock
S. 52: © CountAllPixel – Fotolia.com
S. 53: © Alexander Raths. Shutterstock
S. 55: © Simone Voigt. Shutterstock (Gold); © Seregam. Shutterstock (Apfelsaft); © mnyjhee. 123rf.com (Joghurt)
S. 58: © Attl Tibor. Shutterstock (Junge auf Fahrrad); © seen0001. 123rf.com (Trompete)
S. 93: © ndoeljindoel. Shutterstock
S. 94: © PeJo. Shutterstock
S. 107: © ArchMan. Shutterstock
S. 143: © Volodymyr Krasyuk. Shutterstock
S. 144: © tpfeller. Shutterstock
S. 146: © Roland Zumbühl; liz. cc-by-sa 3.0 unported
S. 148: © pakhnyushchyy. 123rf.com (Socken); © Jiri Hera. Shutterstock (Gummibärchen)

Inhalt

Autorin: Jutta Hansen

Vorwort

Liebe Schülerin, lieber Schüler,

mit diesem Trainingsbuch für die **Realschule** kannst du den **gesamten Unterrichtsstoff der 8. Klasse Mathematik Wahlpflichtfächergruppe II / III** üben, wiederholen und Lücken selbstständig schließen. Auch bei der Vorbereitung auf **Stegreif- und Schulaufgaben** kann dir dieses Buch behilflich sein. In dem folgenden Schuljahr dient es dir zur Wiederholung.

Das Trainingsbuch ist folgendermaßen aufgebaut:

- **Kurze Einführungen** zu Beginn jedes (Unter-)Kapitels schaffen motivierende Einstiege in das jeweils neue Thema.
- In den **Merkkästen** sind die wichtigsten Inhalte einprägsam zusammengefasst.
- Zahlreiche **anschauliche Beispiele mit kleinschrittigen Lösungen und vielen Hinweisen** veranschaulichen das zuvor Gelernte und beleuchten gegebenenfalls Sonderfälle.
- Über 200 abwechslungsreich gestaltete **Übungsaufgaben** dienen der Festigung und Vertiefung deines Wissens. Darunter befindet sich eine Vielzahl von **vermischten Aufgaben**, die das Trainieren von themenübergreifenden Problemstellungen ermöglichen. Komplexere Aufgaben, bei denen du wahrscheinlich mehr Zeit zum Lösen brauchen wirst, sind mit einem * gekennzeichnet.
- Mit den **ausführlichen Lösungen** am Ende des Buchs kannst du dich selbst kontrollieren. Die Hinweise und Tipps geben dir eine zusätzliche Hilfestellung und weisen dich gegebenenfalls auf Fehlerquellen hin.

Die folgende Vorgehensweise hilft dir dabei, nachhaltig zu lernen:

- Lies dir die Merkkästen und Beispiele eines Kapitels aufmerksam durch. Am besten rechnest du die Beispiele selbst nach.
- Löse dann selbstständig die Übungsaufgaben. Schaue bei Schwierigkeiten nicht in der Lösung nach, sondern gehe noch einmal die entsprechenden Merkkästen und Beispiele durch und versuche es erneut.
- Solltest du trotzdem nicht weiterkommen, schaue in der Lösung nach und beachte auch die Hinweise und Tipps. Merke dir, woran du gescheitert bist. Fehlerhaft gelöste Aufgaben solltest du nach einigen Tagen noch einmal rechnen.

Bei der Arbeit mit dem Trainingsbuch wünsche ich dir viel Freude und anhaltenden Erfolg in der Schule!

J. Hansen

Jutta Hansen

Lineare Funktionen

1 Zuordnungen und Funktionen

Hanna möchte Apfelmus kochen. Im Supermarkt stellt sie fest, dass 1 kg Äpfel 1,99 € kostet. 2 kg Äpfel kosten 3,98 €, 3 kg Äpfel 5,97 € etc. Zu jeder Menge an Äpfeln gehört also ein fester Preis. Mathematisch spricht man von einer **Zuordnung**, da jedem Wert aus einem Bereich ein Wert aus einem anderen Bereich **zugeordnet** wird: „Menge an Äpfeln in kg $\mapsto$ Preis in €"

In den folgenden Kapiteln lernst du Zuordnungen (auch **Relationen** genannt) und vor allem **Funktionen** als besondere Zuordnungen genauer kennen und mathematisch zu beschreiben.

1.1 Produktmengen

In einer Grundschule mit 4 Jahrgangsstufen gibt es in jeder Jahrgangsstufe 3 Klassen, die mit a, b und c unterschieden werden. Damit gibt es an der Grundschule die folgenden Klassen:

1a, 1b, 1c, 2a, 2b, 2c, 3a, 3b, 3c, 4a, 4b, 4c

Mathematisch betrachtet liegen hier zwei **Mengen** vor, die Menge der Jahrgangsstufen $M_1 = \{1; 2; 3; 4\}$ und die Menge der Unterscheidungen $M_2 = \{a; b; c\}$. Diese Mengen wurden miteinander **verknüpft**, indem hinter jedes Element aus der Menge M_1 der Reihe nach alle Elemente aus der Menge M_2 geschrieben wurden. Alle möglichen Kombinationen dieser **geordneten Paare** bilden zusammen die **Produktmenge** $M_1 \times M_2$ der Menge M_1 und der Menge M_2.

Die Produktmenge kannst du in einer **Verknüpfungstabelle** angeben:

M_1 \ M_2	a	b	c
1	(1|a)	(1|b)	(1|c)
2	(2|a)	(2|b)	(2|c)
3	(3|a)	(3|b)	(3|c)
4	(4|a)	(4|b)	(4|c)

Die **Produktmenge $M_1 \times M_2$** der Mengen M_1 und M_2 ist die Menge aller **geordneten Paare (x | y)** mit $x \in M_1$ und $y \in M_2$.

Es gilt:

- **Mächtigkeit** der Produktmenge:
  Die Mächtigkeit der Produktmenge, d. h. die Anzahl ihrer Elemente, ergibt sich als Produkt der Elementanzahlen der einzelnen Mengen:
  $$|M_1 \times M_2| = |M_1| \cdot |M_2|$$
- **Schreibweisen** der Produktmenge:
  Die Produktmenge von $M_1 = \{x_1; x_2; \ldots; x_n\}$ und $M_2 = \{y_1; y_2; \ldots; y_m\}$ lautet:
  aufzählende Form: $\mathbf{M_1 \times M_2 = \{(x_1 | y_1); (x_1 | y_2); \ldots; (x_n | y_m)\}}$
  beschreibende Form: $\mathbf{M_1 \times M_2 = \{(x | y) | x \in M_1 \land y \in M_2\}}$ „und zugleich"

Beispiele

1. Im Beispiel von oben lautet die Produktmenge in aufzählender Form:
   $M_1 \times M_2 = \{(1|a); (1|b); (1|c); (2|a); (2|b); (2|c); (3|a); (3|b); (3|c); (4|a); (4|b); (4|c)\}$
2. Die Schreibweise der geordneten Paare kennst du schon von der **Koordinatenschreibweise** von **Punkten in der Ebene**. Die Punkte in der Ebene sind ebenfalls Elemente einer Produktmenge, beispielsweise $M_1 \times M_2 = \mathbb{Q} \times \mathbb{Q}$.
3. Stelle die Produktmenge von $M_1 = [-1; 5]_{\mathbb{Q}}$ und $M_2 = [1; 4]_{\mathbb{N}}$ grafisch dar.
   Lösung:
   Es gilt: $\mathbf{M_1 = [-1; 5]_{\mathbb{Q}} = \{x \in \mathbb{Q} \mid -1 \leqq x \leqq 5\}}$
   $\mathbf{M_2 = [1; 4]_{\mathbb{N}} = \{y \in \mathbb{N} \mid 1 \leqq y \leqq 4\} = \{1; 2; 3; 4\}}$
   $\mathbf{M_1 \times M_2 = \{(x | y) \in \mathbb{Q} \times \mathbb{N} \mid -1 \leqq x \leqq 5 \land 1 \leqq y \leqq 4\}}$
   Grafische Darstellung:

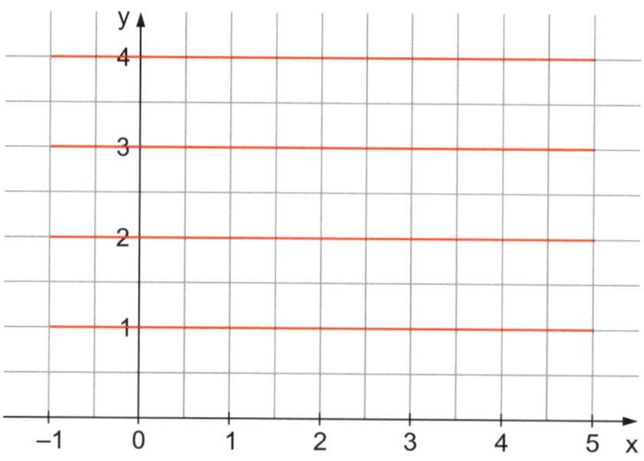

Fasse die geordneten Paare als Punkte in Koordinatenschreibweise auf. Somit sind im Koordinatensystem alle Punkte zu markieren, deren x-Koordinate zwischen –1 und 5 liegt und deren y-Koordinate 1, 2, 3 oder 4 ist. Es ergeben sich die rot dargestellten Linien.

Hinweis: Da diese Produktmenge **unendlich viele Elemente** besitzt, kannst du sie nicht in aufzählender Form angeben.

1 Bilde jeweils die Produktmenge in aufzählender Form und gib ihre Mächtigkeit an.

a) $M_1 = M_2 = \{0; 1; 2\}$

b) $M_1 = \{6; 7; 8; 9; 10; B; D; K; A\}$; $M_2 = \{♣; ♦; ♥; ♠\}$

c) $M_1 = \{$Aufgabe 1; Aufgabe 2; Aufgabe 3$\}$; $M_2 = \{$richtig; falsch$\}$

2 Gib jeweils zur Produktmenge $M_1 \times M_2$ die beiden Mengen M_1 und M_2 an.

a) $M_1 \times M_2 = \{(-1\,|\,0); (-1\,|\,1); (0\,|\,0); (0\,|\,1); (1\,|\,0); (1\,|\,1)\}$

b) $M_1 \times M_2 = \{(x\,|\,y) \in \mathbb{Q} \times \mathbb{Q}\,|\,-5 \leqq x \leqq 1{,}2 \wedge 2{,}4 \geqq y \geqq -7\}$

c)

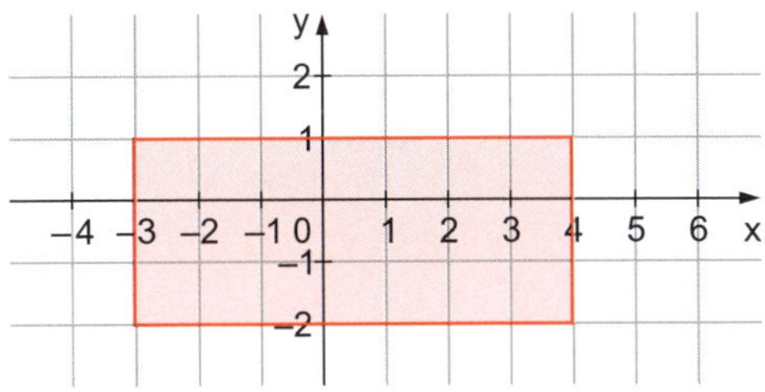

3 Stelle die Produktmengen jeweils grafisch dar.

a) $[-7; 5]_{\mathbb{Q}} \times [-1; 3]_{\mathbb{Q}}$

b) $\{-1; 0; 1; 2\} \times [-4; 1]_{\mathbb{Z}}$

c) $\mathbb{N} \times \mathbb{Z}$

1.2 Zuordnungen (Relationen)

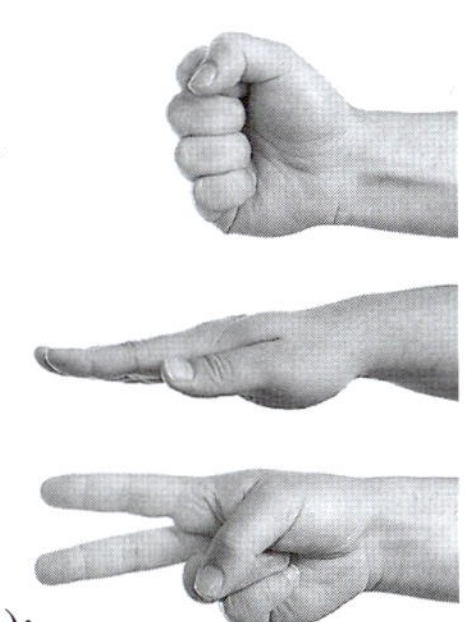

Leo und Tim spielen *Schnick, Schnack, Schnuck*. Bei jedem Spiel können beide zwischen „Stein“, „Papier“ und „Schere“ wählen. Du kannst also zwei Mengen festlegen, nämlich die Menge $M_L = \{$Stein; Papier; Schere$\}$ von Leos möglichen Spielzügen und die Menge $M_T = \{$Stein; Papier; Schere$\}$ von Tims möglichen Spielzügen. Die Menge aller möglichen Spielausgänge entspricht der Produktmenge $M_L \times M_T$:

$M_L \times M_T = \{$(Stein | Stein); (Stein | Papier); **(Stein | Schere)**; **(Papier | Stein)**; (Papier | Papier); (Papier | Schere); (Schere | Stein); **(Schere | Papier)**; (Schere | Schere)$\}$

Hier sind die Spielausgänge markiert, bei denen Leo gewinnt. Sie bilden zusammen die **Teilmenge der Produktmenge**, die durch die **Zuordnungsvorschrift** *„Leo schlägt Tim“* festgelegt ist. Bei dieser **Zuordnung** wird also jedem von Leos Spielzügen der Spielzug von Tim zugeordnet, bei dem Leo gewinnt.

Eine **Zuordnung (Relation)** stellt eine Beziehung zwischen zwei Mengen M_1 und M_2 her. Diese Beziehung ist durch eine **Zuordnungsvorschrift** festgelegt.
Die Zuordnung ist eine **Teilmenge der Produktmenge $M_1 \times M_2$**.
Ist $M_1 \subseteq \mathbb{Q}$ und $M_2 \subseteq \mathbb{Q}$, kannst du die Elemente der Zuordnung als **Punkte im Koordinatensystem** darstellen.

Beispiele

1. Mögliche Zuordnungsvorschrift für $M_1 = M_2 = \mathbb{Q}$: $x \cdot y \leqq 14$

2. Die Zuordnung zur Zuordnungsvorschrift *„Leo schlägt Tim"* aus dem obigen Beispiel kann grafisch wie im nebenstehenden **Pfeildiagramm** dargestellt werden.

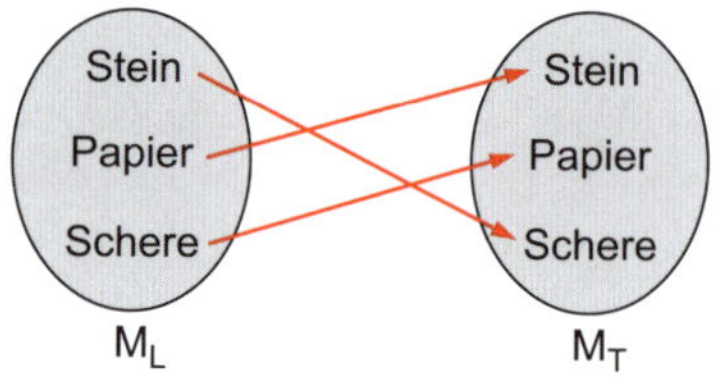

3. Gegeben sind die Menge $M = \{0; 1; 2; 3\}$ und $R = \{(x|y) \in M \times M \,|\, x + y \leqq 2\}$.
Stelle die Zuordnung R in einem Koordinatensystem grafisch dar.
Lösung:
- Stelle zunächst die Produktmenge auf:
  $M \times M = \{$**(0|0); (0|1); (0|2)**; (0|3); **(1|0); (1|1)**; (1|2); (1|3); **(2|0)**; (2|1); (2|2); (2|3); (3|0); (3|1); (3|2); (3|3)$\}$
- Gib die Zuordnung in aufzählender Form an:
  $R = \{$**(0|0); (0|1); (0|2); (1|0); (1|1); (2|0)**$\}$
- Zeichne die Zuordnung in ein Koordinatensystem:

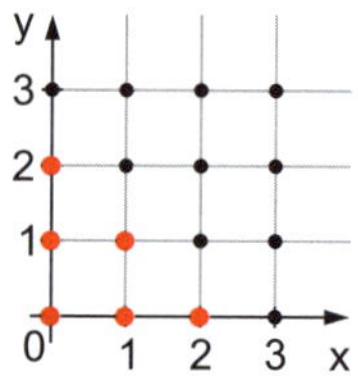

Die roten Punkte sind die Elemente der Zuordnung R, die schwarzen Punkte sind die restlichen Elemente der Produktmenge $M \times M$ (diese müssen aber nicht gezeichnet werden).

4 Gib für $M = \{0; 1; 2; 3; 4\}$ die folgenden Zuordnungen in aufzählender Form an. Stelle sie zudem in einem Pfeildiagramm und im Koordinatensystem grafisch dar.
a) $R = \{(x|y) \in M \times M \,|\, x \cdot y = 4\}$
b) $R = \{(x|y) \in M \times M \,|\, x < y\}$

5 Betrachte die beiden folgenden Mengen:
$M_1 = \{$Bern, Zürich, Hamburg, Amsterdam, München, Salzburg, Berlin, Wien$\}$
$M_2 = \{$Österreich, Deutschland, Schweiz$\}$
Gib die Zuordnungen auf der Produktmenge $M_1 \times M_2$ in aufzählender Form an und stelle sie im Pfeildiagramm grafisch dar.
a) R_1: *Die Stadt aus M_1 liegt in dem Land aus M_2.*
b) R_2: *Die Stadt aus M_1 ist Hauptstadt des Landes aus M_2.*

1.3 Definitions- und Wertemenge

Wie du bereits gelernt hast, ist die Zuordnung rechts im Pfeildiagramm eine Teilmenge der Produktmenge $\mathbb{G} = M_1 \times M_2$. Die Produktmenge $\mathbb{G}$ nennt man die **Grundmenge** der Zuordnung. Bei dieser Zuordnung werden nicht alle Elemente aus M_1 und M_2 verwendet. Alle Elemente aus M_1, die in der Zuordnung vorkommen, bilden die **Definitionsmenge** der Zuordnung. Alle Elemente aus der Menge M_2, die bei der Zuordnung benutzt werden, bilden die **Wertemenge**.

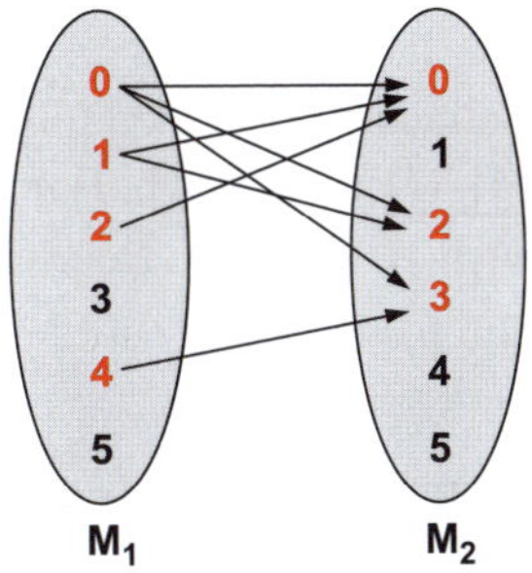

Für eine Zuordnung mit der **Grundmenge $\mathbb{G} = M_1 \times M_2$** gilt:

- Die **Definitionsmenge $\mathbb{D}$** der Zuordnung ist die Menge aller Elemente von M_1, die bei der Zuordnung verwendet werden.
- Die **Wertemenge $\mathbb{W}$** der Zuordnung ist die Menge aller Elemente von M_2, die bei der Zuordnung verwendet werden.

Beispiele

1. Bei der oben im Pfeildiagramm abgebildeten Zuordnung ist die Grundmenge $\mathbb{G} = \{0; 1; 2; 3; 4; 5\} \times \{0; 1; 2; 3; 4; 5\}$.
   Die Definitionsmenge ist $\mathbb{D} = \{0; 1; 2; 4\}$ und die Wertemenge $\mathbb{W} = \{0; 2; 3\}$.

2. Gib für die Zuordnung $R = \{(x \mid y) \mid x \leqq 5 \wedge y > -1\}$ mit $\mathbb{G} = \mathbb{Q} \times \mathbb{Q}$ die Definitions- und Wertemenge an und stelle R im Koordinatensystem dar.

   Lösung:

   Definitionsmenge: $\mathbb{D} = \{x \in \mathbb{Q} \mid x \leqq 5\}$ — Für jedes Element aus R gilt: $x \leqq 5$

   Wertemenge: $\mathbb{W} = \{y \in \mathbb{Q} \mid y > -1\}$ — Für jedes Element aus R gilt: $y > -1$

   Koordinatensystem:

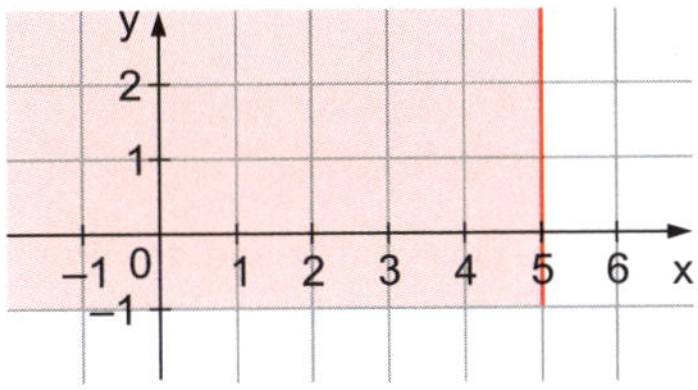

Im Koordinatensystem sind alle Punkte zu markieren, deren x-Wert kleiner oder gleich 5 ist und deren y-Wert **größer** als –1 ist. Die Punkte können durch eine Schraffierung dargestellt werden.
Achtung: Die Begrenzungslinie bei y = –1 gehört **nicht** zur Menge!

Bemerkung:
Wenn die Grundmenge einer Zuordnung $\mathbb{G} = \mathbb{Q} \times \mathbb{Q}$ ist, also nur Zahlenpaare der Form $(x \mid y) \in \mathbb{Q} \times \mathbb{Q}$ vorkommen, kannst du dir merken:

- Die **Definitionsmenge** enthält alle **x-Werte**, die in der Zuordnung vorkommen.
- Die **Wertemenge** enthält alle **y-Werte**, die in der Zuordnung vorkommen.

6 Gib für $M=\{0; 1; 2; 3; 4\}$ die Definitions- und Wertemenge der Zuordnungen an:

a) $R=\{(x\,|\,y)\in M\times M\,|\,x\cdot y=4\}$

b) $R=\{(x\,|\,y)\in M\times M\,|\,x<y\}$

7 Betrachte die beiden folgenden Mengen:
$M_1=\{$Bern, Zürich, Hamburg, Amsterdam, München, Salzburg, Berlin, Wien$\}$
$M_2=\{$Österreich, Deutschland, Schweiz$\}$
Gib für folgende Zuordnungen die Definitions- und Wertemenge an:

a) R_1: *Die Stadt aus M_1 liegt in dem Land aus M_2.*

b) R_2: *Die Stadt aus M_1 ist Hauptstadt des Landes aus M_2.*

8 Gib den Definitions- und Wertebereich folgender Zuordnungen mit $\mathbb{G}=\mathbb{Q}\times\mathbb{Q}$ an:

a) 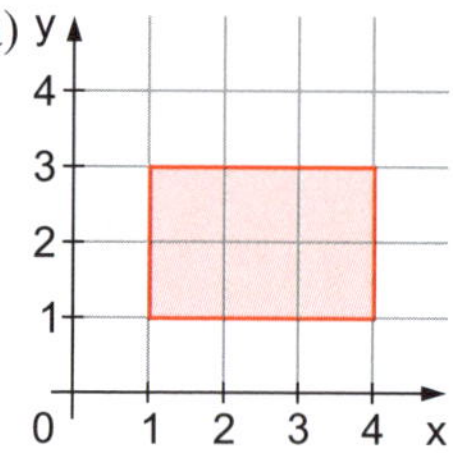

b) 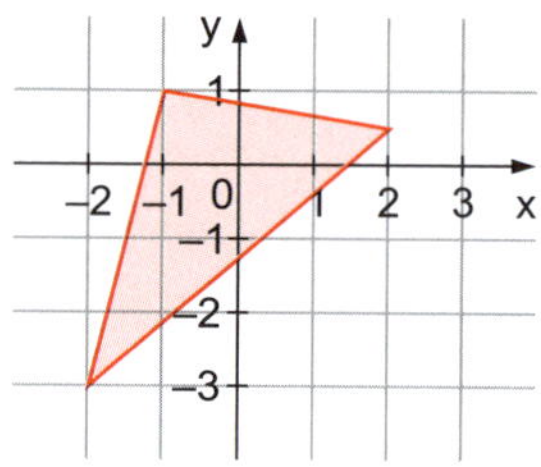

c) 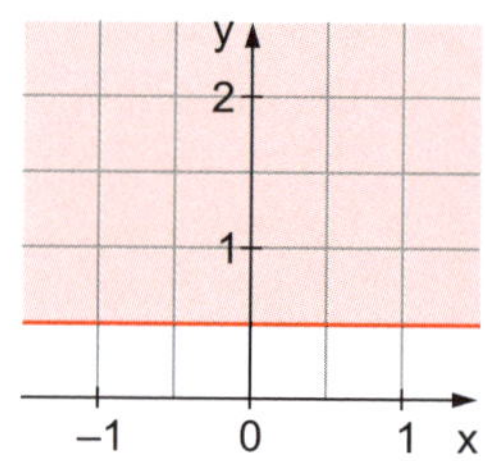

1.4 Funktionen

Bei der im Pfeildiagramm dargestellten Zuordnung wird jedem Element aus M_1 genau ein Element aus M_2 zugeordnet. Das bedeutet, dass jedem Element der Definitionsmenge **genau ein Element** der Wertemenge zugeordnet wird. Es handelt sich dabei also um eine besondere Zuordnung, eine sogenannte **Funktion**.

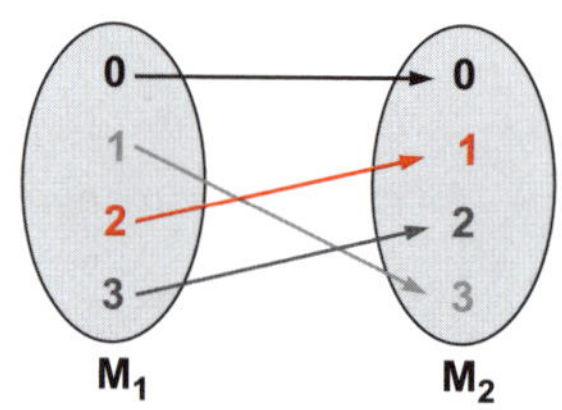

Eine **Funktion** ist eine Zuordnung, die jedem Element aus der Definitionsmenge $\mathbb{D}$ **genau ein** Element aus der Wertemenge $\mathbb{W}$ zuordnet.

Bemerkung: Jedes Element aus $\mathbb{D}$ wird also „nur genau einmal verwendet".

Beispiel

Betrachte das nebenstehende Pfeildiagramm.
Definitionsmenge: $\mathbb{D}=\{1; 2\}$
Wertemenge: $\mathbb{W}=\{0; 1\}$
Die Zuordnung ist **keine Funktion**, weil dem Wert 2 aus der Definitionsmenge zwei Elemente der Wertemenge zugeordnet werden (0 und 1).

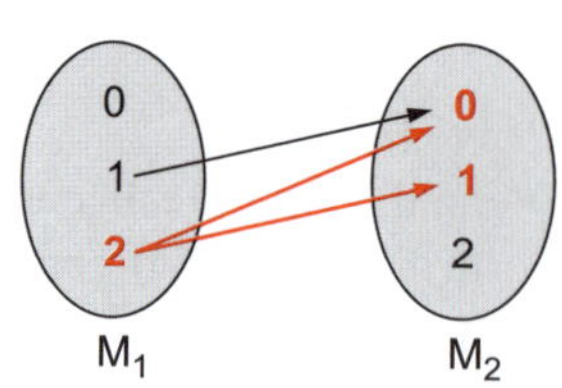

Funktionen kannst du stets als Zuordnungen schreiben, beispielsweise $R = \{(x \mid y) \in \mathbb{Q} \times \mathbb{Q} \mid \mathbf{y = 4x - 5}\}$. Da diese Schreibweise recht aufwendig ist, gibt man meistens nur die **Funktionsgleichung** an, z. B. für diese Funktion $\mathbf{y = 4x - 5}$.

- Wird eine Funktion f mit $\mathbb{G} = \mathbb{D} \times \mathbb{W}$ durch eine **Funktionsgleichung** der Form $\mathbf{y = f(x)}$ festgelegt, heißt der Term f(x) **Funktionsterm**. Er ordnet jedem x aus der Definitionsmenge genau einen **Funktionswert** aus der Wertemenge zu.
- Zu einer Funktion mit einer Funktionsgleichung kann mithilfe der Funktionsgleichung eine **Wertetabelle** mit Funktionswerten angegeben werden.
- Eine Funktion wird **grafisch** in einem Schaubild durch einen **Funktionsgraphen** veranschaulicht.

Beispiele

1. Die Zuordnung $f = \{(x \mid y) \in \mathbb{Q} \times \mathbb{Q} \mid y = x - 3\}$ ist eine Funktion, da jedem x-Wert genau ein y-Wert zugeordnet wird. Es gibt folgende Schreibweisen:

- **Zuordnung:** $x \mapsto x - 3$ — Jedem x wird der Wert x – 3 zugeordnet.
  oder
  $f\colon x \mapsto x - 3$ — Jedem x wird von f der Wert x – 3 zugeordnet.
- **Funktionsgleichung:** $y = x - 3$
  oder
  $f(x) = x - 3$
- **Funktionsterm:** $x - 3$

Mithilfe des Funktionsterms kannst du **Funktionswerte** berechnen:
Für $x = \mathbf{2}$: $f(\mathbf{2}) = \mathbf{2} - 3 = -1$ — Der Funktionswert bei x = 2 ist –1.

2. Nach dem Öffnen seines Fallschirmes misst ein Fallschirmspringer zu verschiedenen Zeitpunkten seine Höhe:

Fallzeit in s	5	10	15	20	25
Höhe in m	475	450	425	400	375

Bei der Zuordnung f: „Fallzeit in s $\mapsto$ Höhe in m“ handelt es sich um eine Funktion, da jeder Fallzeit genau eine Höhe zugeordnet wird. Diese Funktion kannst du anschaulich durch ihren **Funktionsgraphen** darstellen:

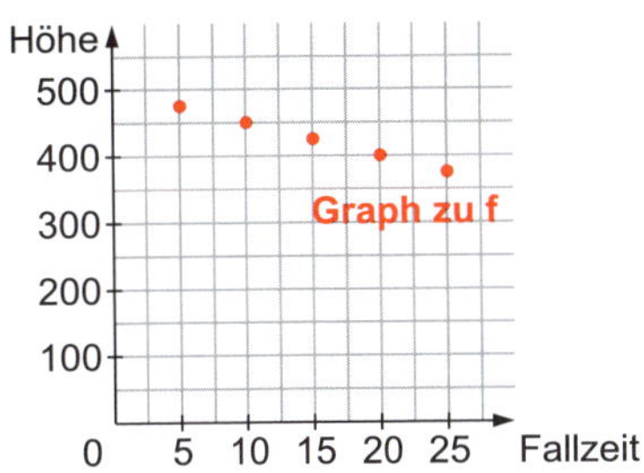

Für die Funktion gilt:
$\mathbb{D} = \{5; 10; 15; 20; 25\}$
$\mathbb{W} = \{475; 450; 425; 400; 375\}$
Da Definitions- und Wertemenge in diesem Fall **endlich** sind, besteht der Funktionsgraph nur aus den eingezeichneten Punkten.

9 Gib jeweils den Funktionsterm an. Bringe dazu zunächst die Funktionsgleichung auf die Form $f(x) = ax + b$ mit $a, b \in \mathbb{Q}$.
Berechne anschließend die Funktionswerte f(0) und f(–1).

a) $f: y = 3x + 5$

b) $f: 4x + 2y = 8$

c) $f: 1{,}25x + 5y = 12$

d) $f: \frac{2}{3}x - \frac{1}{6}y = \frac{3}{8}$

Je nachdem, in welcher Form eine Zuordnung vorliegt, gibt es verschiedene Kriterien, anhand derer du entscheiden kannst, ob es sich um eine Funktion handelt.

Erkennungsmerkmale von Funktionen

- Ein **Pfeildiagramm** gehört zu einer Funktion, wenn von jedem Element aus der Definitionsmenge **genau ein Pfeil** weggeht.
- Eine **aufzählende Schreibweise** gehört zu einer Funktion, wenn alle **ersten Komponenten verschieden** sind.
- Ein **Graph im Koordinatensystem** gehört zu einer Funktion, wenn jede **Parallele zur y-Achse** den Graphen in **höchstens einem Punkt** schneidet.
- Eine **Zuordnungsvorschrift** gehört zu einer Funktion, wenn sie jedem Element aus der Definitionsmenge **genau ein Element** aus der Wertemenge **zuordnet**.

Beispiele

1. Bei welcher Zuordnung handelt es sich um eine Funktion? Begründe.

a) $R = \{(0|1); (1|1); (1|2); (2|2)\}$

b) $R = \{(x|y) \in \mathbb{Q} \times \mathbb{Q} \mid y = x + 5\}$

c) $R = \{(x|y) \in \mathbb{Q} \times \mathbb{Q} \mid y^2 = x\}$

Lösung:

a) $R = \{(0|1); (1|1); (1|2); (2|2)\}$ ist **keine Funktion**, da **1** zweimal als 1. Komponente vorkommt. Der 1 werden durch die Zuordnung somit zwei Werte zugeordnet (1 und 2).

Beachte: In der **2. Komponente** dürfen Werte mehrfach vorkommen!

b) $R = \{(x|y) \in \mathbb{Q} \times \mathbb{Q} \mid y = x + 5\}$ ist eine **Funktion**, da du beim Einsetzen in $y = x + 5$ für jeden x-Wert genau einen y-Wert erhältst.

Tipp: Überlege dir bei solchen Aufgaben: „Wenn ich ein bestimmtes x wähle, bekomme ich dann nur genau ein y?“
Hier: *„Wähle ich x = 2, bekomme ich nur y = 7.“*

c) $R = \{(x|y) \in \mathbb{Q} \times \mathbb{Q} \mid y^2 = x\}$ ist **keine Funktion**, da es x-Werte gibt, denen durch $y^2 = x$ verschiedene y-Werte zugeordnet werden:
Für $x = 4$ z. B. erhältst du $y = 2$ und $y = -2$.

Hinweis: **1 Gegenbeispiel** reicht, um zu zeigen, dass R keine Funktion ist.

2. Betrachte die Mengen M_1: *Menge aller Länder* und M_2: *Menge aller Städte*. Die Zuordnung $R = \{(x\,|\,y) \in M_1 \times M_2 \,|\, y \text{ ist die Hauptstadt von } x\}$ ist eine **Funktion**, da jedem Land eindeutig eine Hauptstadt zugeordnet wird („*Wähle ich Deutschland, bekomme ich nur Berlin.*“).

3. Vorgehen, um Funktionen im **Koordinatensystem** zu identifizieren: *Lege einen Stift parallel zur y-Achse an den linken Rand des Definitionsbereichs. Verschiebe den Stift parallel bis zum rechten Rand des Definitionsbereichs und zähle jeweils die Punkte des Graphen, die unter dem Stift liegen. Ist es einmal mehr als ein Punkt, gehört der Graph nicht zu einer Funktion.*

Funktion:

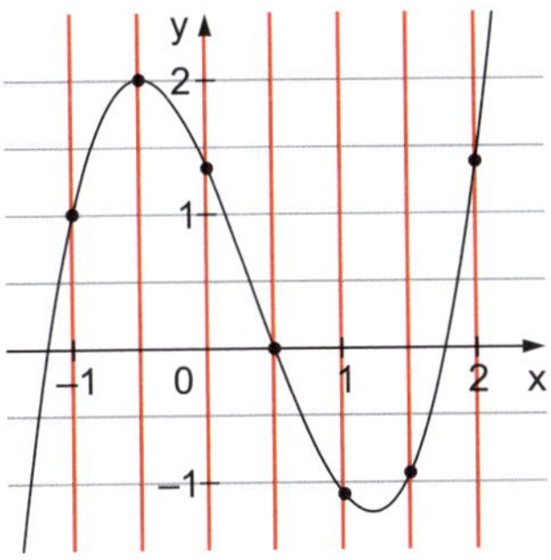

Auf jeder roten Linie liegt **genau ein Punkt** der Zuordnung.

keine Funktion:

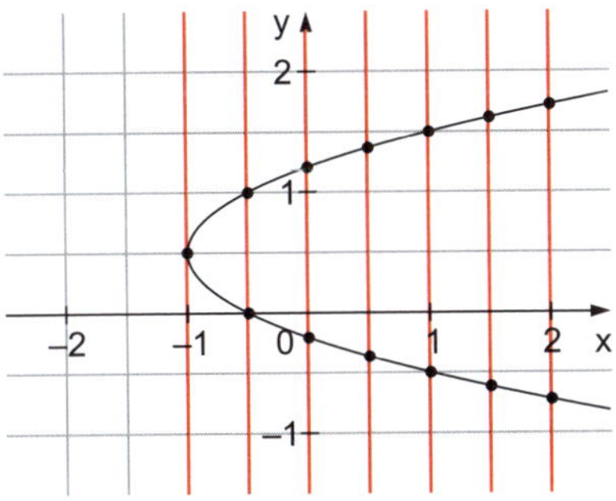

Es gibt rote Linien, auf denen **mehr als ein Punkt** der Zuordnung liegt.

Schau dir den Funktionsgraphen im 3. Beispiel genauer an. An den Stellen $x_1 = -1{,}2$, $x_2 = 0{,}5$ und $x_3 = 1{,}8$ schneidet der Graph die x-Achse, d. h., an diesen Stellen ist der Funktionswert 0. Man nennt die x-Koordinaten dieser Schnittpunkte die **Nullstellen** der Funktion.

Die **Nullstellen** einer Funktion f sind die **x-Koordinaten** der **Schnittpunkte** des Graphen von f mit der **x-Achse**.
Die Nullstellen von f sind also die x-Werte, für die gilt: **f(x) = 0**

Beispiele

1. Bestimme die Nullstelle der Funktion $y = 3x - 6$.
Lösung:
Berechnung der Nullstelle:

$$0 = 3x - 6 \quad |-3x$$
$$\Leftrightarrow \quad -3x = -6 \quad |:(-3)$$
$$\Leftrightarrow \quad x = 2$$

Setze y = 0 in die Funktionsgleichung ein und löse die Gleichung nach x auf.

Die (einzige) Nullstelle ist **x = 2**.

2. Gib den Schnittpunkt N der Funktion $y = -x + 4$ mit der x-Achse an.
Lösung:
Die y-Koordinate von N ist 0, da N auf der x-Achse liegt.
Die x-Koordinate von N ist die Nullstelle der Funktion.
Berechnung der Nullstelle:

$$0 = -x + 4 \quad | + x$$
$$\Leftrightarrow \quad x = 4$$

Setze $y = 0$ in die Funktionsgleichung ein und löse die Gleichung nach x auf.

Der Schnittpunkt mit der x-Achse ist **N(4 | 0)**.

10 Bei welcher Zuordnung handelt es sich um eine Funktion? Kreuze jeweils an.

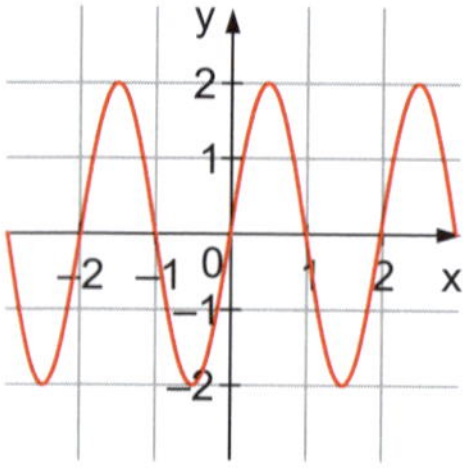

☐ Funktion
☐ keine Funktion

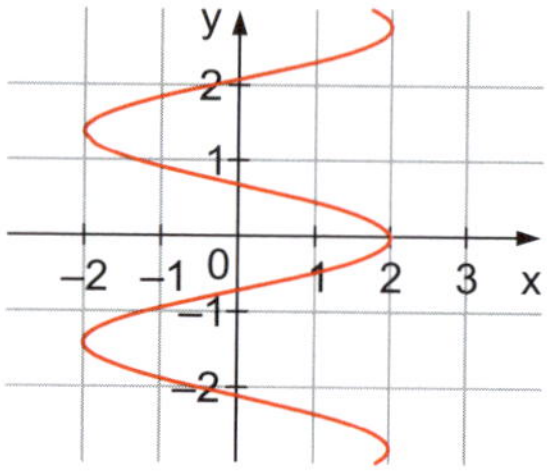

☐ Funktion
☐ keine Funktion

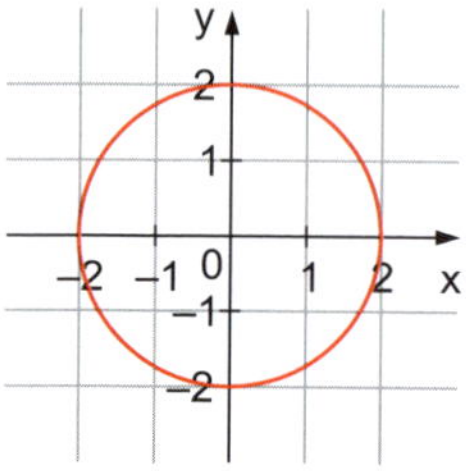

☐ Funktion
☐ keine Funktion

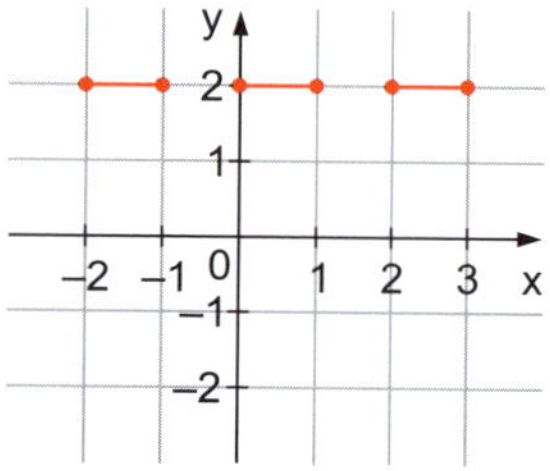

☐ Funktion
☐ keine Funktion

11 Welche der folgenden Zuordnungen sind Funktionen? Begründe.

a) $R_1 = \{(0|0); (3|1); (0|3); (5|2); (1|3)\}$

b) $R_2 = \{(-2{,}78|5{,}34)\}$

c) $R_3 = \{(x|y) \in \mathbb{Q} \times \mathbb{Q} \,|\, y = |x|\}$

d) $R_4 = \{(x|y) \in \mathbb{Q} \times \mathbb{Q} \,|\, y \leqq x\}$

12 Bestimme die Nullstellen der Funktionen.

a) $y = 2x + 8$

b) $5x - 7{,}2y = 10$

c) $y = -2$

d) $y = x^2 - 1$

2 Direkte Proportionalität als Funktion

Sarah geht auf den Markt, um Tomaten zu kaufen. Dort gibt es das nebenstehende Angebot. Sie überlegt:
Wie viel kosten 3 kg Tomaten?
Wie viele Tomaten bekomme ich für 5 €?

Folgende Wertetabelle zeigt die Preise für verschiedene Tomatenmengen:

x in kg	0	0,5	1	1,5	2
y in €	0	1	2	3	4

Bei der Zuordnung „Menge an Tomaten in kg $\mapsto$ Preis in €" handelt es sich um eine **direkt proportionale Funktion**, da die Zuordnung eindeutig ist und es gilt:
doppelte, dreifache, … Menge an Tomaten
$\Leftrightarrow$ *doppelter, dreifacher, … Preis*

Diese Funktion kannst du grafisch darstellen, indem du die geordneten Paare (x | y) als Punkte in ein Koordinatensystem zeichnest und miteinander verbindest. Der Graph dieser direkten Proportionalität ist eine **Gerade**, die **durch den Ursprung** geht.

Die Fragen von oben kannst du entweder durch Fortsetzen der Tabelle beantworten oder indem du die gesuchten Werte aus der Zeichnung abliest:
3 kg Tomaten kosten 6 €, für 5 € bekommt man 2,5 kg Tomaten.

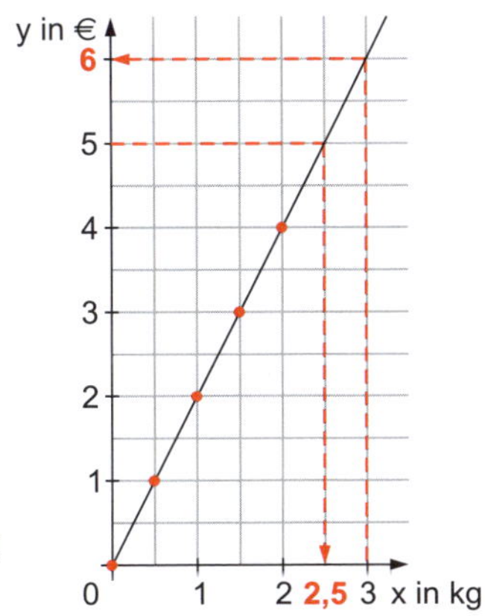

Eine Funktion ist eine **direkte Proportionalität**, wenn die geordneten Paare (x | y) der Funktion **quotientengleich** sind. Der konstante Quotient $\mathbf{m = \frac{y}{x}}$ ist der **Proportionalitätsfaktor m**.

- Die **Funktionsgleichung** einer direkten Proportionalität hat die Form $\mathbf{y = m \cdot x}$ mit $\mathbb{G} = \mathbb{Q} \times \mathbb{Q}$ und $m \in \mathbb{Q}\backslash\{0\}$.
- Der Graph einer direkten Proportionalität ist eine **Ursprungsgerade**, d. h. eine Gerade, die durch den Ursprung O(0 | 0) verläuft.

Beispiel

Im obigen Beispiel gehört (**1** | 2) zur Funktion (1 kg kostet 2 €). Damit ist der Proportionalitätsfaktor:

$$\mathbf{m} = \frac{y}{x} = \frac{2}{\mathbf{1}} = \mathbf{2}$$

Es gilt:
$$m = \frac{y}{x} \quad |\cdot x \quad \Leftrightarrow \quad y = m \cdot x$$

Du erhältst als Funktionsgleichung: $y = \mathbf{2}x$ oder $f(x) = \mathbf{2}x$

13 Vervollständige die Wertetabellen, die zu direkten Proportionalitäten gehören, und gib die Funktionsgleichungen an. Stelle die Proportionalitäten zudem grafisch dar.

a) Wertetabelle:

x	0	1	2		
y			3	4,5	6

b) Wertetabelle:

x	0	1			5	6	
y			0,5	1,2	2		3

3 Lineare Funktionen

In deiner Schullaufbahn wirst du verschiedene Funktionstypen kennenlernen, z. B.:

Funktionstyp	Funktionsgleichung	Beispiel
konstante Funktion	$f(x) = c$	$f(x) = 0{,}5$
lineare Funktion	$f(x) = mx + t$	$f(x) = -2x + 2$
quadratische Funktion	$f(x) = ax^2 + bx + c$	$f(x) = 4x^2 - 1{,}5x + 5$

In diesem Kapitel wirst du dich genauer mit **linearen Funktionen** beschäftigen, also mit Funktionen, bei denen die **Variable x** nur in der **1. Potenz** vorkommt.

Die Funktionsgleichung einer **linearen Funktion** hat die Form:
$y = mx + t$ **mit $\mathbb{G} = \mathbb{Q} \times \mathbb{Q}$; $m, t \in \mathbb{Q}$**

Für lineare Funktionen gilt:
- Der Graph einer linearen Funktion ist eine **Gerade**. Jede Gerade ist durch zwei Punkte **eindeutig festgelegt**.
- Die konstante Formvariable **m** gibt die **Steigung** der Geraden an und **t** ist der **y-Achsenabschnitt**, also der y-Wert, in dem die Gerade die y-Achse schneidet.
- Die Funktionsgleichung $y = mx + t$ heißt **Normalform** der Geradengleichung.

Beispiele

1. Welche Funktionsart liegt jeweils vor?
$y = 2{,}5x - 3$ $y = 2{,}5x^2 - 3$ $y = 2{,}5x^0 - 3$

Lösung:
- $y = 2{,}5x^1 - 3$ ist eine **lineare Funktion**. x tritt nur in der 1. Potenz auf.
- $y = 2{,}5x^2 - 3$ ist eine **quadratische Funktion**. x tritt in der 2. Potenz auf.
- $y = 2{,}5x^0 - 3 = 2{,}5 \cdot 1 - 3 = -0{,}5$ ist eine **konstante Funktion**. Es tritt keine Variable x auf.

2. Überprüfe rechnerisch, ob die Punkte A(0,5 | –1,5) und B(–0,5 | –1,5) auf der Geraden g mit der Geradengleichung y = x – 1 liegen.

Lösung:

A(**0,5** | **–1,5**) einsetzen in g:

$$-1{,}5 \stackrel{?}{=} 0{,}5 - 1$$

$\Leftrightarrow \quad -1{,}5 = -0{,}5 \quad$ (falsch)

$\Rightarrow \quad A \notin g$

Ein Punkt liegt auf einer Geraden, wenn seine x- und y-Koordinate die Geradengleichung erfüllen.

Da die Aussage **falsch** ist, liegt A **nicht** auf der Geraden g.

B(**–0,5** | **–1,5**) einsetzen in g:

$$-1{,}5 \stackrel{?}{=} -0{,}5 - 1$$

$\Leftrightarrow \quad -1{,}5 = -1{,}5 \quad$ (wahr)

$\Rightarrow \quad B \in g$

Setze die x- und y-Koordinate von B in die Geradengleichung ein und prüfe, ob sich eine wahre oder falsche Aussage ergibt.

Da die Aussage **wahr** ist, liegt B auf der Geraden g.

3. Grafische Darstellung der linearen Funktionen f(x) = **x – 0,5**, g(x) = **0,5x + 1**, h(x) = **–0,8x – 0,5** und k(x) = **–0,5x + 0,25**:

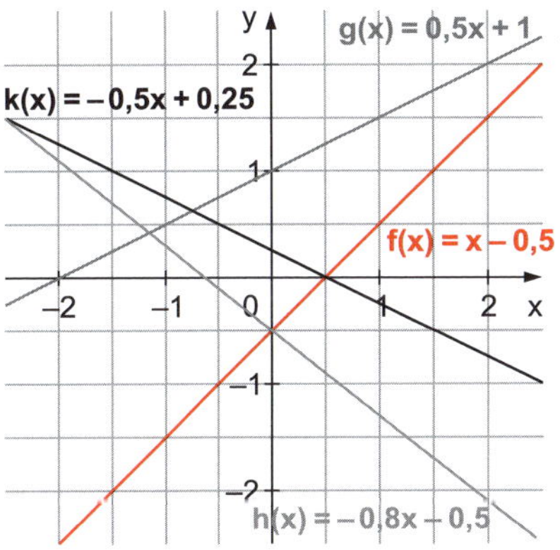

Fertige zum Zeichnen eine Wertetabelle an:

x	–2	–1	0	1	2
f(x)	–2,5	–1,5	–0,5	0,5	1,5
g(x)	0	0,5	1	1,5	2
h(x)	1,1	0,3	–0,5	–1,3	–2,1
k(x)	1,25	0,75	0,25	–0,25	–0,75

Zeichne die Punkte in ein Koordinatensystem und verbinde sie. Du erhältst 4 Geraden.

Hinweis: Jede Gerade ist durch zwei Punkte eindeutig festgelegt. Zum Zeichnen genügt es also, wenn du zwei Punkte bestimmst. Andere Methoden werden später vorgestellt.

Vergleiche die Geraden bezüglich ihrer Steigungen:

- Stell dir vor, du gehst in x-Richtung entlang der Geraden. Für **m > 0** (f und g) gehst du **bergauf**, es handelt sich um **steigende Geraden**. Für **m < 0** (h und k) gehst du **bergab**, es handelt sich um **fallende Geraden**.
- Gerade f verläuft steiler als Gerade g, h verläuft steiler als k. Allgemein gilt: Je **größer | m |**, desto **steiler** verläuft die Gerade.

Für lineare Funktionen der Form y = mx + t mit $\mathbb{G} = \mathbb{Q} \times \mathbb{Q}$ und m, t ∈ $\mathbb{Q}$ gilt:

- Das Vorzeichen der Steigung m gibt den Verlauf der Geraden an:
  m < 0: Es handelt sich um eine **fallende Gerade**.
  m = 0: Die Gerade ist eine **Parallele zur x-Achse**.
  m > 0: Es handelt sich um eine **steigende Gerade**.
- Je **kleiner** der Betrag | m | von m ist, desto **flacher** verläuft die Gerade.
  Je **größer** der Betrag | m | von m ist, desto **steiler** verläuft die Gerade.

14 Bringe die Geradengleichung jeweils auf Normalform und gib m und t an.

a) g: $2y = 4x + 8$

b) g: $3x = 6y - 6$

c) g: $3x - y + 3{,}8 = 0$

d) g: $5{,}1x = 3y + 3{,}75$

15 Prüfe, ob die Punkte auf der Geraden liegen.

a) Geradengleichung g: $y = 2x - 3$ Punkte: $A(-2\,|\,-1)$; $B(2\,|\,1)$

b) Geradengleichung g: $y = 0{,}4x - 2{,}8$ Punkte: $A(9\,|\,0{,}8)$; $B(-3\,|\,6)$

3.1 Steigung und Steigungsdreieck

Wie du bereits gelernt hast, gibt bei linearen Funktionen der Form $y = mx + t$ die konstante Formvariable **m** die **Steigung** der zugehörigen Geraden an. Grafisch kannst du die Steigung mit einem **Steigungsdreieck** veranschaulichen. Bei diesem rechtwinkligen Dreieck verlaufen die Katheten parallel zu den Koordinatenachsen und die Hypotenuse liegt auf der Geraden. Der Quotient aus der Länge der orientierten senkrechten Kathete und der Länge der orientierten waagrechten Kathete ist die Steigung m:

$$m = \frac{\text{Länge in y-Richtung}}{\text{Länge in x-Richtung}} = \frac{+1}{+0{,}5} = \frac{+2}{+1} = 2$$

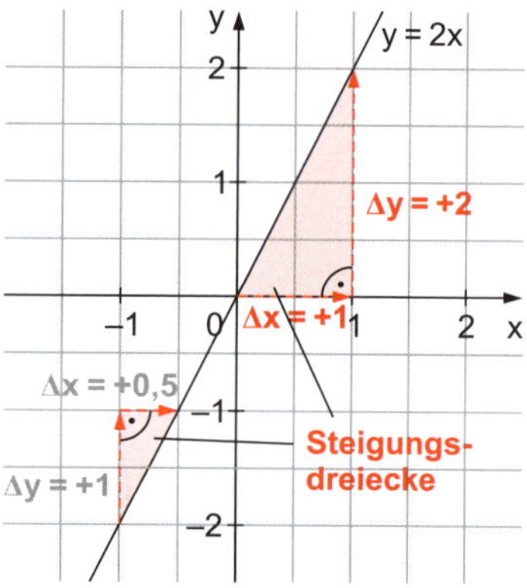

Das Steigungsdreieck kann **über oder unter** der Geraden liegen.

Steigung und Steigungsdreieck

- Die Steigung einer Geraden kann **grafisch** durch rechtwinklige Dreiecke veranschaulicht werden, die sogenannten **Steigungsdreiecke**.
- Die Steigung m einer Geraden kann mithilfe eines Steigungsdreiecks berechnet werden:

  $$m = \frac{\Delta y}{\Delta x}$$

  Dabei sind $|\Delta y|$ bzw. $|\Delta x|$ die **Seitenlängen des Steigungsdreiecks** und Δy bzw. Δx die **orientierten Längen** in y-Richtung bzw. x-Richtung.

Hinweis: Du kannst das Steigungsdreieck an jeder beliebigen Stelle der Geraden einzeichnen. Auch wenn sich die Seitenlängen ändern, bleibt der Quotient aus den Seitenlängen stets gleich groß.

Beispiel

Bestimmung der Steigungen der rechts dargestellten Geraden mithilfe von Steigungsdreiecken:

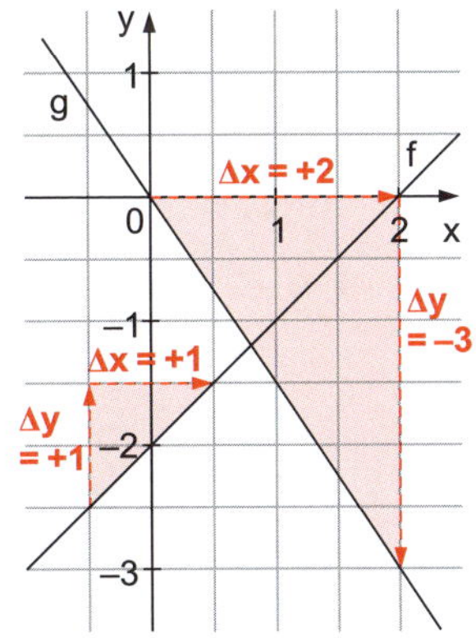

Steigung von f:

$$m_f = \frac{\Delta y}{\Delta x} = \frac{+1\,(\text{nach oben})}{+1\,(\text{nach rechts})} = 1$$

Steigung von g:

$$m_g = \frac{\Delta y}{\Delta x} = \frac{-3\,(\text{nach unten})}{+2\,(\text{nach rechts})} = -1{,}5$$

Gehst du beim Ablesen der Seitenlängen in Richtung x-Achse bzw. y-Achse, also nach **rechts** bzw. **oben**, ist Δx bzw. Δy **positiv**. Gehst du nach **links** bzw. **unten**, ist Δx bzw. Δy **negativ**.

Berechnung der Steigung aus zwei Punkten

Beachte: Eine Gerade ist durch zwei Punkte **eindeutig festgelegt**.

Es seien **$A(x_A \mid y_A)$ und $B(x_B \mid y_B)$** zwei Punkte, die auf der Geraden g liegen.

- Berechnung der Steigung über den Steigungsvektor:
  Der zu den Punkten A und B gehörende **Steigungsvektor** lautet:
  $$\overrightarrow{AB} = \begin{pmatrix} x_B - x_A \\ y_B - y_A \end{pmatrix} = \begin{pmatrix} v_x \\ v_y \end{pmatrix}$$
  Die **Steigung $m_{\overline{AB}}$** des Steigungsvektors entspricht der **Geradensteigung m**:
  $$m = m_{\overline{AB}} = \frac{v_y}{v_x}$$
- Berechnung der Steigung über die beiden Punkte A und B:
  $$m = \frac{y_B - y_A}{x_B - x_A}$$

Beispiele

1. Berechne die Steigung der Geraden g, die durch A(−1 | 8) und B(1 | 8) geht.

Lösung:

- Berechnung über den Steigungsvektor:
  $$\overrightarrow{AB} = \begin{pmatrix} x_B - x_A \\ y_B - y_A \end{pmatrix} = \begin{pmatrix} 1-(-1) \\ 8-8 \end{pmatrix} = \begin{pmatrix} 2 \\ 0 \end{pmatrix}$$
  $$\Rightarrow \quad m = \frac{0}{2} = 0$$
- Berechnung über die beiden Punkte:
  $$m = \frac{y_B - y_A}{x_B - x_A} = \frac{8-8}{1-(-1)} = \frac{0}{1+1} = 0$$

Da die Steigung 0 ist, verläuft die Gerade parallel zur x-Achse.

2. Die Punkte A(–1 | –2), B(1 | 2) und C(4 | 8) liegen auf einer Geraden. Berechne die Steigungsvektoren $\overrightarrow{OB}$, $\overrightarrow{AB}$ und $\overrightarrow{BC}$. Was fällt dir auf?

Lösung:

Aufstellen der Steigungsvektoren:

$$\overrightarrow{OB} = \begin{pmatrix} x_B - 0 \\ y_B - 0 \end{pmatrix} = \begin{pmatrix} 1-0 \\ 2-0 \end{pmatrix} = \begin{pmatrix} 1 \\ 2 \end{pmatrix}$$

$$\overrightarrow{AB} = \begin{pmatrix} x_B - x_A \\ y_B - y_A \end{pmatrix} = \begin{pmatrix} 1-(-1) \\ 2-(-2) \end{pmatrix} = \begin{pmatrix} 2 \\ 4 \end{pmatrix} = \begin{pmatrix} \mathbf{2} \cdot 1 \\ \mathbf{2} \cdot 2 \end{pmatrix}$$

$$= \mathbf{2} \cdot \overrightarrow{OB}$$

$$\overrightarrow{BC} = \begin{pmatrix} x_C - x_B \\ y_C - y_B \end{pmatrix} = \begin{pmatrix} 4-1 \\ 8-2 \end{pmatrix} = \begin{pmatrix} 3 \\ 6 \end{pmatrix} = \begin{pmatrix} \mathbf{3} \cdot 1 \\ \mathbf{3} \cdot 2 \end{pmatrix}$$

$$= \mathbf{3} \cdot \overrightarrow{OB}$$

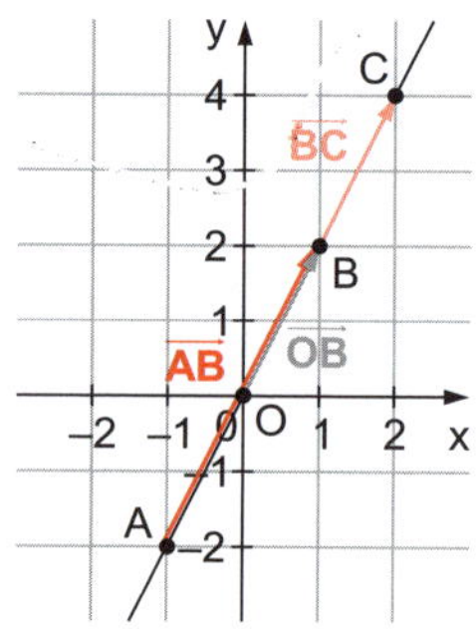

Die Steigungsvektoren sind Vielfache voneinander. Da die Quotienten aus ihren Koordinaten damit gleich sind, haben alle Vektoren dieselbe Steigung.

16 Lies jeweils die Steigung der Geraden ab und gib einen Steigungsvektor an.

a)

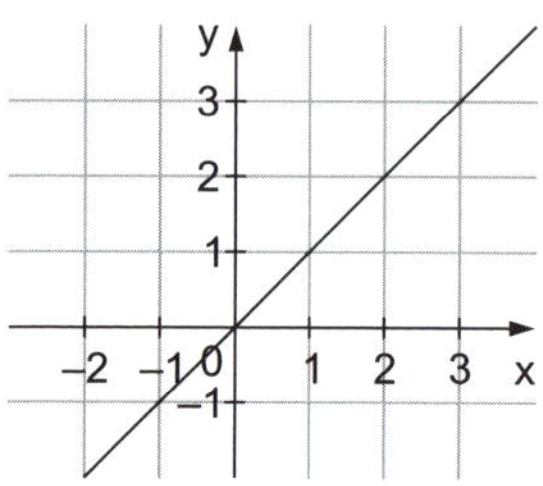

b)

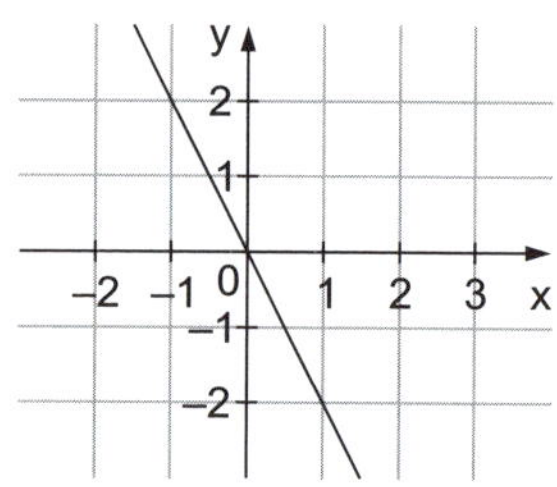

17 Gib die Steigung der Geraden an, die durch die Punkte A und B geht.

a) A(4 | 1); B(6 | 3)

b) A(0 | –2,5); B(4 | –4,5)

c) A(–2 | 2,75); B(–1,25 | 1,25)

d) A(–1,3 | –2,7); B(1,5 | –3,9)

3.2 Lineare Funktionen der Form y = mx

Im vorherigen Kapitel hast du gelernt, dass es sich bei **direkten Proportionalitäten** um Funktionen handelt. Da ihre Funktionsgleichung die Form y = mx besitzt und die Variable somit nur in der 1. Potenz vorkommt, sind es **lineare Funktionen**.

> Der Graph einer linearen Funktion der Form **y = mx** mit $\mathbb{G} = \mathbb{Q} \times \mathbb{Q}$ und $m \in \mathbb{Q}$ ist eine **Ursprungsgerade**, da die Gerade durch den **Ursprung O(0 | 0)** verläuft.
>
> Alle Geraden der Form **y = mx** mit $\mathbb{G} = \mathbb{Q} \times \mathbb{Q}$ und $m \in \mathbb{Q}$ bilden zusammen ein **Geradenbüschel** mit dem **Koordinatenursprung O(0 | 0) als Büschelpunkt**.

Beispiel

Grafische Darstellung von f(x) = **0,5**x, g(x) = **1**x, h(x) = **–1**x und k(x) = **–0,5**x:

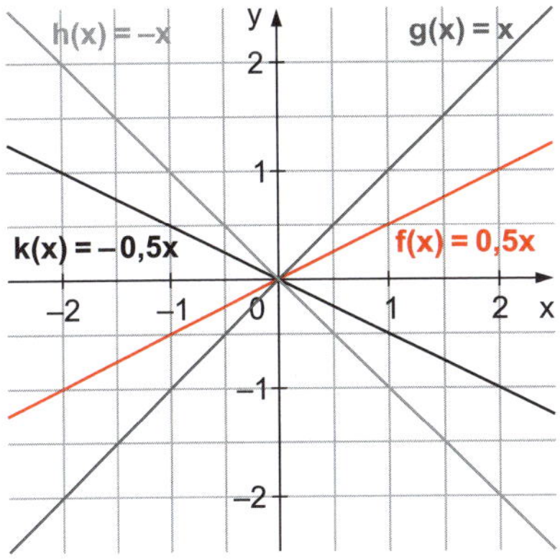

Da eine Gerade durch zwei Punkte eindeutig festgelegt ist, genügt es, wenn du für jede Gerade zwei Punkte berechnest und diese verbindest:

x	f(x)	g(x)	h(x)	k(x)
0	0	0	0	0
1	0,5	1	–1	–0,5

Die vier Geraden verlaufen durch den Ursprung (**Ursprungsgeraden**). Sie bilden ein **Geradenbüschel** mit dem Ursprung als **Büschelpunkt**.

Da Geraden durch zwei Punkte eindeutig festgelegt sind und Ursprungsgeraden stets durch den Ursprung verlaufen, benötigst du zur **grafischen Darstellung** von linearen Funktionen der Form **y = mx** eigentlich nur einen (weiteren) Punkt der Geraden. Diesen kannst du entweder berechnen oder mithilfe des **Steigungsdreiecks** finden. Beim Zeichnen mithilfe des Steigungsdreiecks solltest du zunächst die Steigung als (unechten) Bruch angeben, da du dann die Seitenlängen direkt ablesen kannst. Bei negativen Steigungen muss das Minus im Zähler **oder** im Nenner stehen:

$$m = -0{,}75 = -\frac{3}{4} \quad \Rightarrow \quad m = \frac{-3\ (\text{nach } \textbf{unten})}{+4\ (\text{nach } \textbf{rechts})} \quad \textit{oder} \quad m = \frac{+3\ (\text{nach } \textbf{oben})}{-4\ (\text{nach } \textbf{links})}$$

Tipp: Die meisten Taschenrechner können dir die Dezimalzahlen gleich als Brüche ausgeben!

Vorgehen beim Zeichnen von Ursprungsgeraden
- Wandle die Steigung m in einen Bruch um.
- Zeichne vom Ursprung aus ein Steigungsdreieck zur Steigung m ein und markiere den Endpunkt.
- Zeichne die Gerade durch den Ursprung und den gefundenen Endpunkt.

Beispiele

1. Zeichne die Gerade mit der Funktionsgleichung $y=-0{,}75x$.

Lösung:

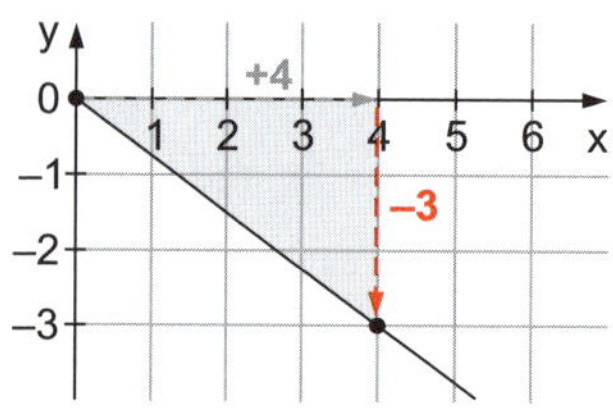

Vorgehen beim Zeichnen:
- Der Taschenrechner liefert: $m=-0{,}75=\frac{-3}{4}$
- Gehe vom Ursprung aus **4 Einheiten** nach rechts.
- Gehe von dieser Stelle aus **3 Einheiten** nach unten und markiere den Endpunkt.
- Zeichne die Gerade durch den Ursprung und den so gefundenen Endpunkt.

oder

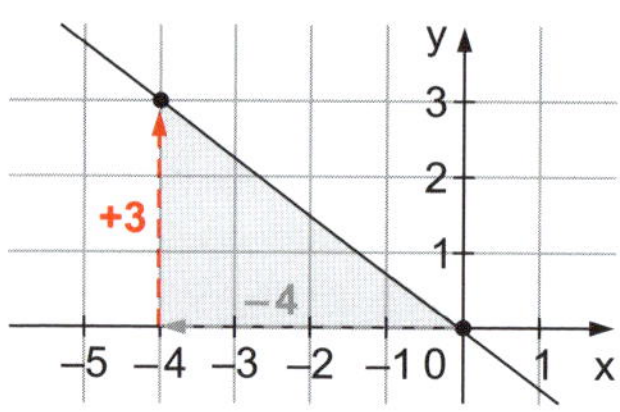

Vorgehen beim Zeichnen:
- Der Taschenrechner liefert: $m=-0{,}75=\frac{3}{-4}$
- Gehe vom Ursprung aus **4 Einheiten** nach links.
- Gehe von dieser Stelle aus **3 Einheiten** nach oben und markiere den Endpunkt.
- Zeichne die Gerade durch den Ursprung und den so gefundenen Endpunkt.

2. Die Gleichung einer Ursprungsgeraden kannst du leicht angeben:

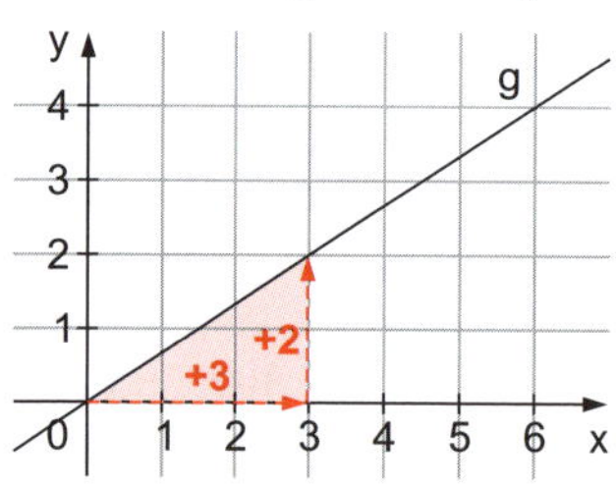

Vorgehen:
- Da eine Ursprungsgerade eine Geradengleichung der Form $y=mx$ hat, fehlt nur die Steigung m.
- Zeichne ein **Steigungsdreieck** ein. Es kann über oder unter der Geraden liegen.
- Lies die Seitenlängen des Steigungsdreiecks ab. Für die Steigung gilt:

$$m=\frac{\text{Länge in y-Richtung}}{\text{Länge in x-Richtung}}=\frac{+2}{+3}=\frac{2}{3}$$

Der Funktionsterm lautet: $g(x)=\frac{2}{3}x$

18 Zeichne die Geraden mithilfe eines Steigungsdreiecks in ein Koordinatensystem.

a) $y=-4x$
b) $y=1{,}2x$
c) $2x+3y=0$
d) $y=2{,}25x$

19 Lies jeweils die Steigung der Geraden ab und gib ihre Funktionsgleichung an.

a)

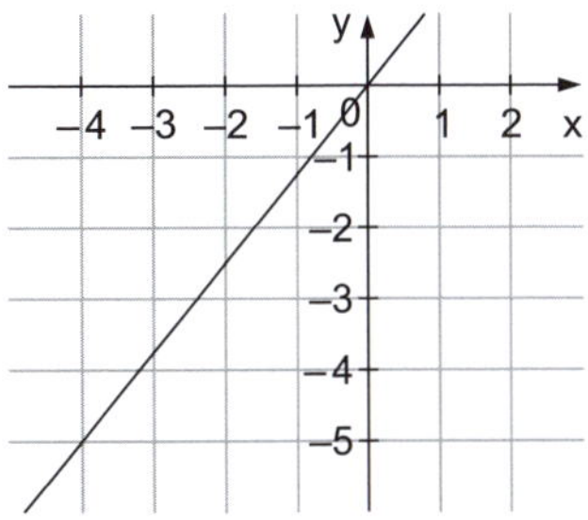

b)

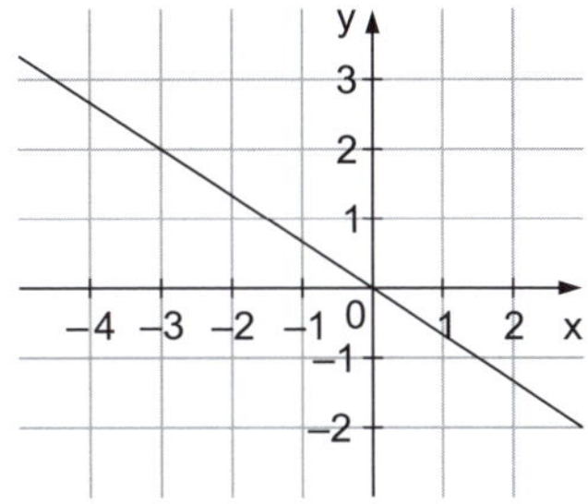

3.3 Lineare Funktionen der Form $y = mx + t$

Die Gerade zu einer linearen Funktion der Form $y = mx + t$ mit $t \neq 0$ schneidet die y-Achse nicht im Ursprung, sondern im Punkt $T(0\,|\,t)$. Sie geht aus der **Ursprungsgeraden** $y = mx$ durch **Parallelverschiebung** um t nach oben bzw. unten hervor.

Den Graphen einer linearen Funktion **g:** $\mathbf{y = mx + t}$ mit $\mathbb{G} = \mathbb{Q} \times \mathbb{Q}$ und $m, t \in \mathbb{Q}$ erhältst du, wenn du die Ursprungsgerade **g':** $\mathbf{y = mx}$ mit dem Vektor $\vec{v} = \begin{pmatrix} 0 \\ t \end{pmatrix}$ **parallel verschiebst**:

$$g'\colon y = mx \xmapsto{\vec{v} = \begin{pmatrix} 0 \\ t \end{pmatrix}} g\colon y = mx + t$$

Die Gerade g schneidet die y-Achse im Punkt $T(0\,|\,t)$.

Beispiel

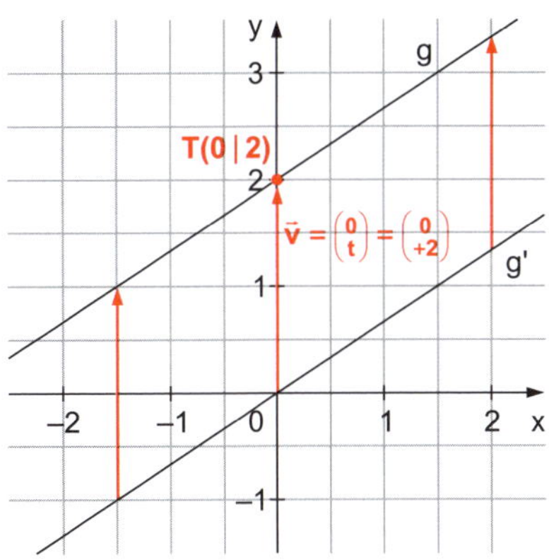

Um die Gerade g: $y = \frac{2}{3}x + 2$ zu erhalten, musst du die Ursprungsgerade g': $y = \frac{2}{3}x$ um $t = +2$ nach oben verschieben:

$$g'\colon y = \frac{2}{3}x \xmapsto{\vec{v} = \begin{pmatrix} 0 \\ +2 \end{pmatrix}} g\colon y = \frac{2}{3}x + 2$$

Wie lineare Funktionen der Form $y = mx$ kannst du auch lineare Funktionen der Form $y = mx + t$ mithilfe eines **Steigungsdreiecks** zeichnen.

Vorgehen beim Zeichnen von Geraden der Form y = mx + t

- Markiere den y-Achsenabschnitt t als Punkt T(0 | t) im Koordinatensystem.
- Zeichne vom Schnittpunkt T(0 | t) mit der y-Achse ausgehend ein Steigungsdreieck ein und markiere den Endpunkt.
- Zeichne die Gerade g durch den Punkt T(0 | t) und den gefundenen Endpunkt.

Beispiele

1. Zeichne die Gerade g: $y = -2x + 2{,}5$.

Lösung:

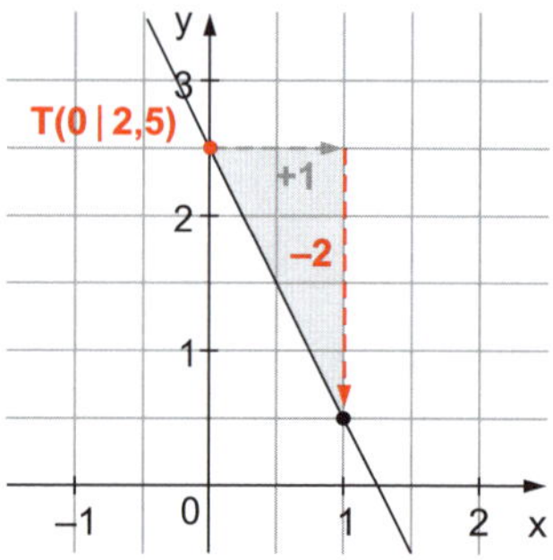

Vorgehen beim Zeichnen:

- Markiere den y-Achsenabschnitt t = **2,5** als Punkt T(0 | **2,5**) im Koordinatensystem.
- Die Steigung lautet: $m = -2 = \frac{-2}{1}$
- Zeichne ein **Steigungsdreieck** ein: Gehe von T(0 | 2,5) aus **1 Einheit** nach rechts und **2 Einheiten** nach unten. Markiere den Endpunkt.
- Zeichne die Gerade g durch T und den markierten Endpunkt.

Tipp: Bei manchen Geradengleichungen kannst du den y-Achsenabschnitt **nicht exakt** einzeichnen, z. B. bei $y = \frac{1}{3}x + \frac{2}{3}$. Berechne in diesem Fall zwei Punkte der Geraden, die du gut einzeichnen kannst, z. B. A(1 | 1) und B(4 | 2), und zeichne die Gerade durch diese Punkte.
Viele Taschenrechner haben eine TABLE-Funktion, mit der du eine Wertetabelle erstellen kannst, aus der du zwei Punkte aussuchen kannst.

2. Mithilfe des Steigungsdreiecks kannst du Geradengleichungen angeben:

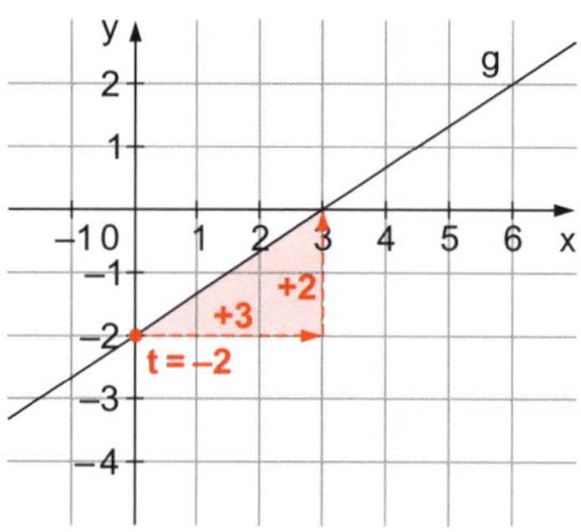

Vorgehen:

- Für die Geradengleichung y = mx + t benötigst du den y-Achsenabschnitt t und die Steigung m.
- Die Gerade schneidet die y-Achse im Punkt T(0 | **−2**). Damit ist der y-Achsenabschnitt t = **−2**.
- Zeichne von T(0 | −2) aus ein **Steigungsdreieck** ein. Es kann über oder unter der Geraden liegen.
- Lies die Seitenlängen des Steigungsdreiecks ab. Für die Steigung gilt:
  $m = \frac{\text{Länge in y-Richtung}}{\text{Länge in x-Richtung}} = \frac{+2}{+3} = \frac{2}{3}$

Der Funktionsterm lautet: $g(x) = \frac{2}{3}x - 2$

20 Zeichne die Geraden mithilfe eines Steigungsdreiecks in ein Koordinatensystem.

a) g: $y = -0{,}25x + 1{,}5$

b) g: $y = 1{,}25x - 4$

21 Lies jeweils y-Achsenabschnitt und Steigung ab und gib die Funktionsgleichung an.

a)

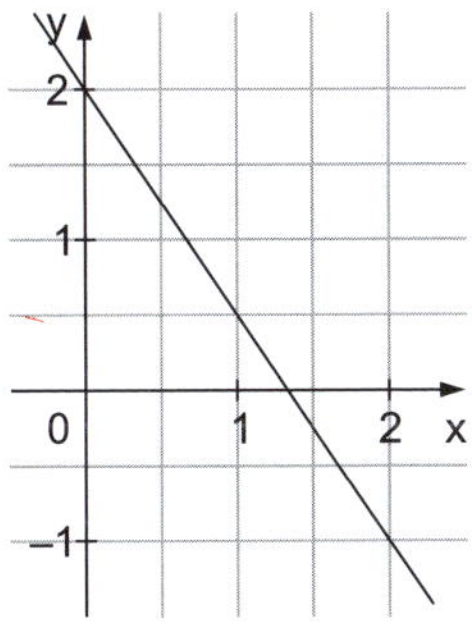

b)

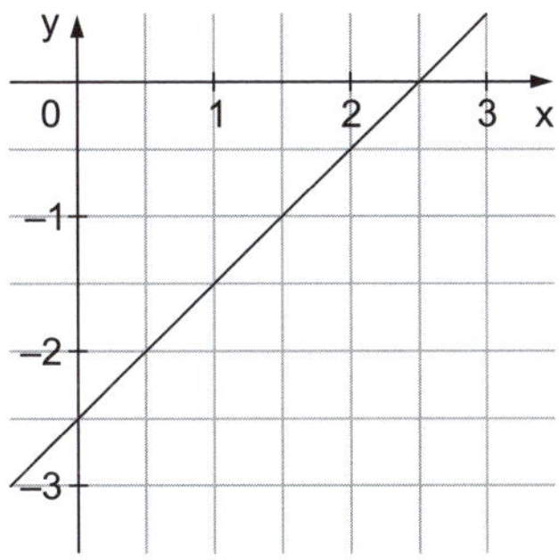

22 Gib die Schnittpunkte mit den Koordinatenachsen an.

a) g: $y = 2x + 4$

b) g: $5y + 3x = 6$

23 Die Punkte sollen jeweils auf den gegebenen Geraden liegen.
Berechne die fehlenden Koordinaten.

a) g: $y = -4x + 1{,}5$
Punkte: $A(2\,|\,y_A)$; $B(x_B\,|\,9{,}5)$

b) g: $2x - 5y = 10$
Punkte: $A(-2{,}5\,|\,y_A)$; $B(x_B\,|\,4)$

24 Die Gerade mit der Gleichung $-9x + 2y + 18 = 0$ ist durch Parallelverschiebung aus der Ursprungsgeraden g entstanden.
Berechne den Verschiebungsvektor $\vec{v}$ und gib die Geradengleichung von g an.

4 Funktionsgleichungen linearer Funktionen: Normalform, allgemeine Form und Punkt-Steigungs-Form

Du hast bereits Aufgaben gelöst, bei denen du die Geradengleichungen zunächst auf **Normalform** **g: $y = mx + t$** mit $m, t \in \mathbb{Q}$ bringen musstest. Bei diesen Aufgaben waren die Geradengleichungen oft in der **allgemeinen Form** **g: $ax + by + c = 0$** mit $a, c \in \mathbb{Q}$ und $b \in \mathbb{Q}\setminus\{0\}$ gegeben. Es gibt noch eine weitere Darstellungsform für lineare Funktionen, die sogenannte **Punkt-Steigungs-Form**. Sind von einer Geraden g die Steigung m und ein Punkt $P(x_P \mid y_P)$ gegeben, kannst du mit der Punkt-Steigungs-Form direkt eine Geradengleichung angeben.

> Die **Punkt-Steigungs-Form** einer Geraden g, die durch den Punkt $P(x_P \mid y_P)$ geht und die Steigung m besitzt, lautet:
> **$y = m(x - x_P) + y_P$** **mit $\mathbb{G} = \mathbb{Q} \times \mathbb{Q}$ und $m \in \mathbb{Q}$**

Beispiel

Gib die Gleichung der Geraden g an, die die Steigung –3 hat und durch den Punkt $P(2 \mid -1{,}5)$ geht.

Lösung:

Aufstellen der Punkt-Steigungs-Form:

$$y = -3 \cdot (x - 2) + (-1{,}5)$$
$$\Leftrightarrow \quad y = -3 \cdot (x - 2) - 1{,}5$$

Setze die Steigung $m = -3$ sowie $x_P = 2$ und $y_P = -1{,}5$ in die Punkt-Steigungs-Form $y = m(x - x_P) + y_P$ ein.

Beachte:

Du kannst die Punkt-Steigungs-Form ganz einfach durch Ausmultiplizieren auf Normalform bringen:

$$y = -3 \cdot (x - 2) - 1{,}5$$
$$\Leftrightarrow \quad y = -3x + 6 - 1{,}5$$
$$\Leftrightarrow \quad y = -3x + 4{,}5$$

Multipliziere die Klammer aus und fasse zusammen.

Zusammenfassend hast du also folgende drei Darstellungsmöglichkeiten für lineare Funktionen kennengelernt, die du ineinander umformen kannst:

> Möglichkeiten, die Gleichung einer linearen Funktion mit $\mathbb{G} = \mathbb{Q} \times \mathbb{Q}$ anzugeben:
> - **Normalform:** $y = mx + t$ mit $m, t \in \mathbb{Q}$
> - **allgemeine Form:** $ax + by + c = 0$ mit $a, c \in \mathbb{Q}$; $b \in \mathbb{Q}\setminus\{0\}$
> - **Punkt-Steigungs-Form:** $y = m(x - x_P) + y_P$ mit $m, x_P, y_P \in \mathbb{Q}$
>
> *Beachte:* Normalform, allgemeine Form und Punkt-Steigungs-Form lassen sich durch Äquivalenzumformungen oder Ausmultiplizieren ineinander umformen.

Beispiel

Die Gerade g verläuft durch die Punkte A(1 | −4) und B(−2 | −1).
Berechne die Normalform von g mithilfe der Punkt-Steigungs-Form.

Lösung:

Zunächst Berechnung der Steigung:

$$m = \frac{y_B - y_A}{x_B - x_A} = \frac{-1-(-4)}{-2-1} = \frac{3}{-3} = -1$$

Für die Punkt-Steigungs-Form benötigst du die Steigung der Geraden g. Berechne diese aus den gegebenen Punkten.

Punkt-Steigungs-Form:

$y = \mathbf{-1} \cdot (x - \mathbf{1}) + (-4)$

Setze die Steigung $m = \mathbf{-1}$ sowie $x_A = \mathbf{1}$ und $y_A = -4$ in die Punkt-Steigungs-Form $y = m(x - x_A) + y_A$ ein.

Hinweis: Du könntest natürlich auch die Koordinaten von B verwenden.

Umformen auf Normalform:

$\Leftrightarrow \quad y = -x + 1 - 4$

$\Leftrightarrow \quad y = -x - 3$

25 Die Gerade g hat die Steigung m und verläuft durch den Punkt P.
Gib die Punkt-Steigungs-Form von g an. Wandle sie dann in die Normalform um.

a) m = 2; P(1 | 4)

b) m = −0,6; P(2,5 | −1,5)

26 Gib die Funktionsgleichung in Punkt-Steigungs-Form an.

a)

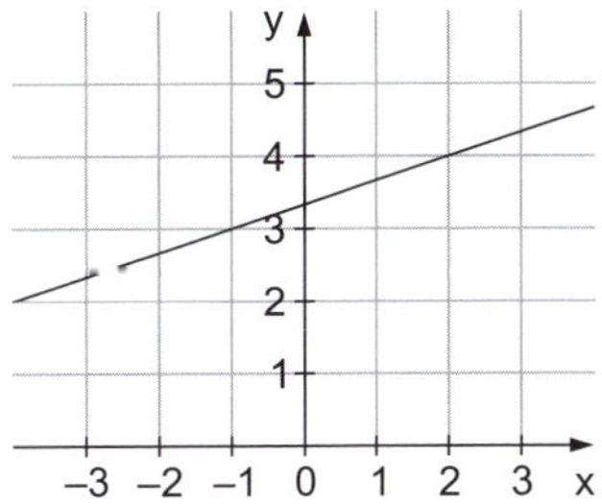

b)

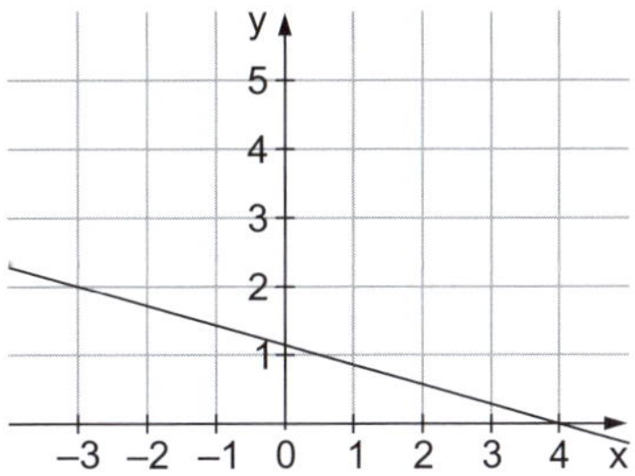

27 Gegeben ist die Gerade g mit der Gleichung $y = -5(x + 1{,}5) + 5{,}25$.
Entnimm der Geradengleichung, ohne zu rechnen, die Steigung von g sowie einen Punkt, der auf der Geraden g liegt.

28 Zeichne die Gerade in ein Koordinatensystem, ohne den y-Achsenabschnitt zu berechnen. Entnimm den y-Achsenabschnitt deiner Zeichnung.

a) g: $y = 0{,}5(x - 1) - 1{,}5$

b) g: $y = -1(x - 2)$

5 Aufstellen von Geradengleichungen

Wenn du eine Geradengleichung aufstellen musst, kann die Wahl der Darstellungsform den Lösungsweg einfacher oder komplizierter gestalten. Wann welche Form besonders geeignet ist, zeigt dir die folgende Übersicht.

Vorgehen beim Aufstellen von Geradengleichungen

Gesucht ist die Gleichung einer Geraden g: $y = mx + t$ (mit $\mathbb{G} = \mathbb{Q} \times \mathbb{Q}$) mit der Steigung $m \in \mathbb{Q}$ und dem y-Achsenabschnitt $t \in \mathbb{Q}$.

- *Gegeben:* **Steigung m und Punkt P ∈ g**
  Lösung: Einsetzen von m und P in die Punkt-Steigungs-Form.
  oder
  Zunächst t durch Einsetzen von m und P in die Normalform berechnen. Dann m und t in die Normalform einsetzen.

- *Gegeben:* **zwei Punkte P_1, $P_2 \in g$**
  Lösung: Zunächst m aus P_1 und P_2 berechnen.
  Dann m und P_1 (oder P_2) in die Punkt-Steigungs-Form einsetzen.
  oder
  Erst m wie oben aus P_1 und P_2 berechnen.
  Dann t durch Einsetzen von m und P_1 (oder P_2) in die Normalform berechnen. Anschließend m und t in die Normalform einsetzen.

- *Gegeben:* **Steigung m und y-Achsenabschnitt t**
  Lösung: Einsetzen von m und t in die Normalform.

- *Gegeben:* **y-Achsenabschnitt t und Punkt P ∈ g**
  Lösung: Zunächst m durch Einsetzen von t und P in die Normalform berechnen. Dann m und t in die Normalform einsetzen.

Beispiele

1. Die Gerade g besitzt die Steigung 2,5 und verläuft durch den Punkt A(2 | 3). Gib die Gleichung der Geraden g in Normalform an.

Lösung:

Gegeben: $m = 2{,}5$ und $A(2\,|\,3) \in g$

Lösung über die Punkt-Steigungs-Form:

$y = \mathbf{2{,}5} \cdot (x - \mathbf{2}) + 3$

Setze $m = \mathbf{2{,}5}$, $x_A = \mathbf{2}$ und $y_A = 3$ in die Punkt-Steigungs-Form ein.

Umformen auf Normalform:

Multipliziere aus.

$\Leftrightarrow \quad y = 2{,}5x - 5 + 3$

$\Leftrightarrow \quad y = 2{,}5x - 2$

Lösung mit der Normalform:
Berechnen des y-Achsenabschnitts t:

$$3 = 2{,}5 \cdot 2 + t \quad |-5$$
$$\Leftrightarrow \quad t = -2$$

Setze $m = 2{,}5$, $x_A = 2$ und $y_A = 3$ in $y = mx + t$ ein. Löse nach t auf.

Normalform: $y = 2{,}5x - 2$

Setze $m = 2{,}5$ und $t = -2$ in $y = mx + t$ ein.

2. Gib die Gleichung der Geraden g an, die durch A(1 | 1) und B(–2 | –5) geht.

Lösung:
Gegeben: A(1 | 1) und B(–2 | –5) ∈ g
Zunächst Berechnung der Steigung:

Über die Punkte: *oder*

$$m = \frac{y_B - y_A}{x_B - x_A} = \frac{-5-1}{-2-1} = \frac{-6}{-3} = 2$$

Über den Steigungsvektor:

$$\overrightarrow{AB} = \begin{pmatrix} x_B - x_A \\ y_B - y_A \end{pmatrix} = \begin{pmatrix} -2-1 \\ -5-1 \end{pmatrix} = \begin{pmatrix} -3 \\ -6 \end{pmatrix}$$
$$\Rightarrow \quad m = \frac{-6}{-3} = 2$$

Aufstellen der Geradengleichung:

Lösung über die Punkt-Steigungs-Form:

$$y = 2 \cdot (x-1) + 1$$

Setze $m = 2$, $x_A = 1$ und $y_A = 1$ in die Punkt-Steigungs-Form ein.

Lösung über die Normalform:
Berechnen des y-Achsenabschnitts t:

$$1 = 2 \cdot 1 + t \quad |-2$$
$$\Leftrightarrow \quad t = -1$$

Setze $m = 2$, $x_A = 1$ und $y_A = 1$ in $y = mx + t$ ein. Löse nach t auf.

Normalform: $y = 2x - 1$

Setze $m = 2$ und $t = -1$ in $y = mx + t$ ein.

3. Gib die Gleichung der Geraden g an, die die Steigung –0,2 besitzt und die y-Achse bei 3 schneidet.

Lösung:
Gegeben: $m = -0{,}2$ und $t = 3$

Da g die y-Achse bei 3 schneidet, ist $t = 3$.

Lösung über die Normalform:

$$y = -0{,}2x + 3$$

Setze $m = -0{,}2$ und $t = 3$ in $y = mx + t$ ein.

Hinweis: Manchmal ist **t** auch „versteckt“ als Punkt gegeben, z. B. B(**0** | **3**).

29 Bestimme jeweils eine Gleichung der Geraden.

a) $m = -1{,}25$; $t = 3{,}5$
b) A(–1 | 1); B(1 | –3)
c) $t = -2{,}25$; A(5 | –1,5)
d) $m = 1{,}25$; A(3 | –2,6)

30 Bestimme eine Gleichung der Ursprungsgeraden g, die durch A verläuft.

a) A(8 | –2)
b) A(–4 | –18)

6 Geraden mit besonderer Lage

6.1 Parallele und achsenparallele Geraden

Betrachte folgende Geradengleichungen:
g_1: $y = \mathbf{1{,}5}x + 2$
g_2: $y = \mathbf{1{,}5}x$
g_3: $y = \mathbf{1{,}5}x - 1$

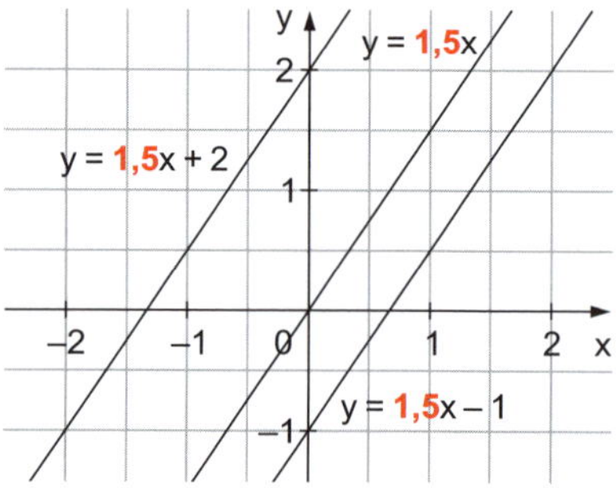

Die zugehörigen Geraden haben alle **dieselbe Steigung**, unterscheiden sich aber im y-Achsenabschnitt. Wie du in der Zeichnung siehst, bedeutet das, dass die Geraden **parallel** und nur in y-Richtung verschoben sind.

> Zwei Geraden g und h sind genau dann **parallel**, wenn sie in ihren Steigungen übereinstimmen: $\mathbf{g \parallel h \;\Leftrightarrow\; m_g = m_h}$

Beispiele

1. Prüfe ohne Zeichnung, welche der Geraden zueinander parallel sind:
g: $y = -2x + 8$ h: $2y = 4x - 1$ k: $y + 2x = 4$
Lösung:
Bestimme die Steigungen der Geraden und vergleiche sie miteinander.
Steigung der Geraden g:
$y = \mathbf{-2}x + 8 \;\Rightarrow\; m_g = \mathbf{-2}$ — Lies die Steigung aus der Normalform ab.
Steigung der Geraden h:
$2y = 4x - 1 \quad |:2$
$\Leftrightarrow\; y = \mathbf{2}x - 0{,}5$ — Bringe die Gleichung auf Normalform, um die Steigung ablesen zu können.
$\Rightarrow\; m_h = \mathbf{2}$
Steigung der Geraden k:
$y + 2x = 4 \quad |-2x$
$\Leftrightarrow\; y = \mathbf{-2}x + 4$ — Bringe die Gleichung auf Normalform, um die Steigung ablesen zu können.
$\Rightarrow\; m_k = \mathbf{-2}$
Da nur m_g und m_k übereinstimmen, gilt lediglich $g \parallel k$.

2. Gib die Gleichung der Geraden h, die durch A(4,4 | 0,9) geht und parallel zur Geraden g: $y = \mathbf{-0{,}25}x - 2{,}75$ verläuft, in Punkt-Steigungs-Form an.
Lösung:
Es gilt: $h \parallel g \;\Leftrightarrow\; m_h = m_g = \mathbf{-0{,}25}$
Punkt-Steigungs-Form:
$y = -0{,}25 \cdot (x - 4{,}4) + 0{,}9$ — Setze $m = -0{,}25$, $x_A = 4{,}4$ und $y_A = 0{,}9$ ein.

Geraden können nicht nur parallel zueinander sein, sie können auch parallel zu den Achsen des Koordinatensystems verlaufen. Da es zwei Koordinatenachsen gibt, gibt es zwei Arten **achsenparalleler Geraden**:

- **Parallele zur x-Achse** haben eine Gleichung der Form **y = k** mit $k \in \mathbb{Q}$.
  Sie verlaufen durch den **Punkt (0 | k)** und haben die **Steigung m = 0**.
- **Parallele zur y-Achse** haben eine Gleichung der Form **x = k** mit $k \in \mathbb{Q}$.
  Sie verlaufen durch den **Punkt (k | 0)** und du kannst bei Parallelen zur y-Achse **keine Steigung angeben**.

  Beachte: **Parallele zur y-Achse** sind **keine Graphen von Funktionen**, weil durch $x = k$ ($k \in \mathbb{Q}$) einem x-Wert unendlich viele y-Werte zugeordnet werden.

Beispiel

Gegeben sind die Geraden g: $y = 1$; h: $y = -1$; k: $x = -3$ und ℓ: $x = 2$.

a) Zeichne die Geraden in ein gemeinsames Koordinatensystem.
Welche Gerade ist zu welcher Achse parallel?

b) Welche Steigungen haben die Geraden g und ℓ?

Lösung:

a) Zeichnung:

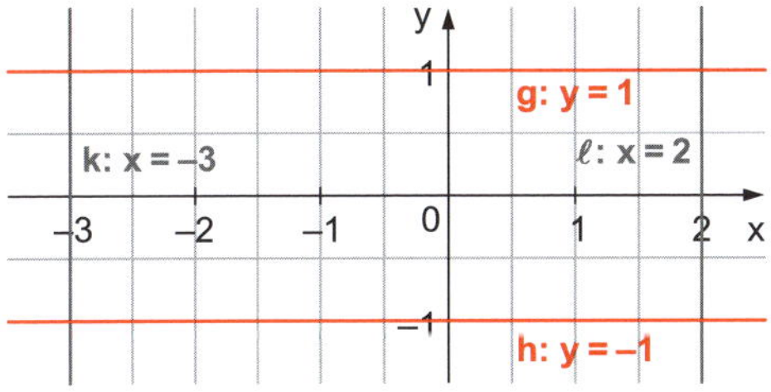

Es gilt:
- Jeder Punkt auf **g** hat den y-Wert **1**.
- Jeder Punkt auf **h** hat den y-Wert **–1**.
- Jeder Punkt auf **k** hat den x-Wert **–3**.
- Jeder Punkt auf ℓ hat den x-Wert **2**.

Die Geraden g: **y** = 1 und h: **y** = –1 sind parallel zur **x-Achse**.
Die Geraden k: **x** = –3 und ℓ: **x** = 2 sind parallel zur **y-Achse**.

b) Berechnung der Steigung der Geraden g:
Bringe die Gleichung $y = 1$ auf Normalform:

$y = 1 = 0 + 1 = \mathbf{0} \cdot x + 1$

$\Rightarrow \quad m_g = \mathbf{0}$

Du kannst die Steigung auch mithilfe von 2 Punkten der Geraden berechnen.

Berechnung der Steigung der Geraden ℓ:
Auf der Geraden ℓ: $x = 2$ liegen die Punkte $A(2\,|\,0)$ und $B(2\,|\,5)$. Damit gilt:

$$m_\ell = \frac{y_B - y_A}{x_B - x_A} = \frac{5-0}{2-2} = \frac{5}{\mathbf{0}} \ ↯$$

Achtung:
Du darfst **nicht** durch null teilen!
Die Berechnung über den Steigungsvektor führt zum selben Widerspruch.

Du kannst bei Parallelen zur y-Achse keine Steigung angeben.

31 Welche der Geraden sind zueinander parallel?

g: $y=-2{,}5x+3$ h: $5x+2y=-8$ k: $6x=3y+9$

32 Gib jeweils die Geradengleichungen an.

a)

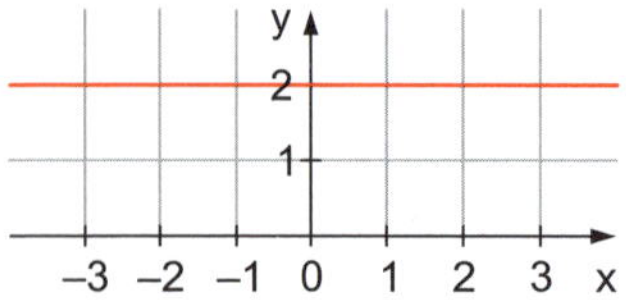

b)

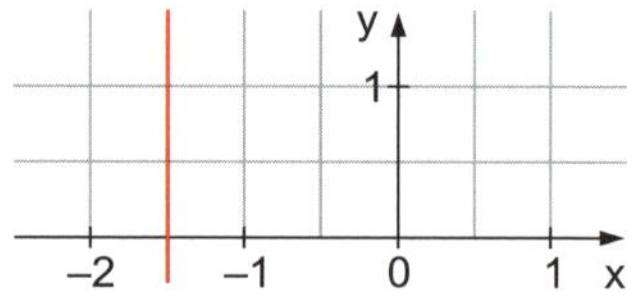

33 Zeichne die folgenden Geraden.

a) g: $y=-2$

b) g: $x=3$

34 Prüfe, ob die Geraden parallel zueinander sind.

a) g: $y=3x+5$ und $h=AB$ mit $A(-1|-2)$ und $B(2|7)$

b) $g=AB$ mit $A(2|5)$ und $B(4|9)$ und $h=CD$ mit $C(-1|-1)$ und $D(0|2)$

35 Die Gerade h verläuft parallel zur Geraden g und der Punkt A liegt auf h. Bestimme eine Funktionsgleichung von h.

a) g: $y=3x+5$; $A(0|2)$

b) g: $y=-2x+3$; $A(1|4)$

6.2 Orthogonale Geraden und Winkelhalbierende

Betrachte folgende lineare Funktionen:
g: $y=\mathbf{0{,}5}x$ und h: $y=\mathbf{-2}x$

Die zugehörigen Geraden schneiden sich im Ursprung und **stehen senkrecht** aufeinander. Multiplizierst du ihre Steigungen miteinander, erhältst du:
$0{,}5\cdot(-2)=\mathbf{-1}$

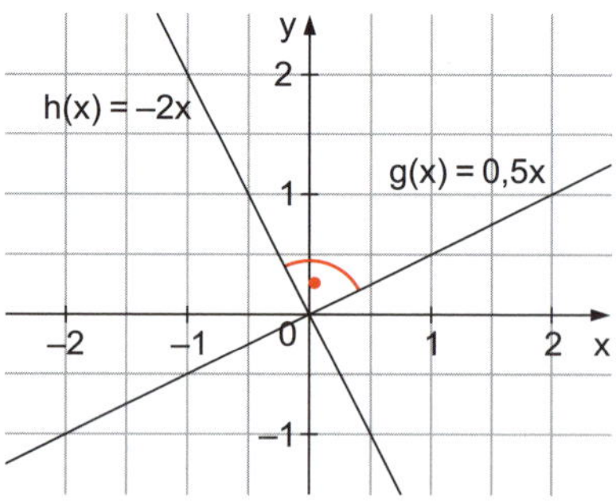

Umgekehrt gilt auch:
Ist das Produkt der Steigungen zweier Geraden −1, stehen die Geraden senkrecht aufeinander.

Zwei Geraden g und h (mit $m_g \neq 0$ und $m_h \neq 0$) stehen genau dann **senkrecht** aufeinander, wenn das Produkt ihrer Steigungen –1 ist:

$$g \perp h \Leftrightarrow m_g \cdot m_h = -1 \Leftrightarrow m_g = -\frac{1}{m_h}$$

- Senkrechte Geraden nennt man auch **orthogonal**. Die Steigungen zweier orthogonaler Geraden (mit $m \neq 0$) haben stets **unterschiedliche Vorzeichen**.
- Die **Koordinatenachsen** (sowie Parallele zu den Koordinatenachsen) **stehen definitionsgemäß senkrecht** aufeinander.

Beispiele

1. Welche der Geraden stehen senkrecht auf der Geraden g: $y = \mathbf{0{,}5}x + 3{,}5$?
h: $y = \mathbf{-4}x + 5$ k: $y = \mathbf{0{,}25}x - 3{,}5$ ℓ: $y = \mathbf{-2}x - 4$

Lösung:
Zunächst werden die Steigungen der Geraden bestimmt:
$m_g = \mathbf{0{,}5}$; $m_h = \mathbf{-4}$; $m_k = \mathbf{0{,}25}$; $m_\ell = \mathbf{-2}$
Produkte der Steigungen:

$$m_g \cdot m_h = 0{,}5 \cdot (-4) = -2 \neq -1 \quad \Rightarrow \quad h \not\perp g$$
$$m_g \cdot m_k = 0{,}5 \cdot 0{,}25 = 0{,}125 \neq -1 \quad \Rightarrow \quad k \not\perp g$$
$$m_g \cdot m_\ell = 0{,}5 \cdot (-2) = -1 \quad \Rightarrow \quad \ell \perp g$$

Hinweis: Da orthogonale Geraden stets unterschiedliche Vorzeichen haben und m_g und m_k beide positiv sind, kann k gar nicht senkrecht auf g stehen.

2. Bestimme eine Gleichung der Geraden h, die orthogonal zur Geraden g: $y = \mathbf{4}x + 2{,}5$ ist und durch den Punkt $A(4\,|\,9)$ verläuft.

Lösung:
Steigung von h:

$$m_g \cdot m_h = -1$$
$$\Leftrightarrow \quad 4 \cdot m_h = -1 \quad |:4$$
$$\Leftrightarrow \quad m_h = -0{,}25$$

Es gilt: $g \perp h \Leftrightarrow m_g \cdot m_h = -1$
Die Steigung von g ist 4.

Punkt-Steigungs-Form:
$y = -0{,}25 \cdot (x - 4) + 9$

Setze $m = -0{,}25$, $x_A = 4$ und $y_A = 9$ ein.
Hinweis: Da hier nicht nach der Normalform gefragt wird, bist du an dieser Stelle fertig.

3. Tipp zur Berechnung von „orthogonalen Steigungen“:
„Vertausche Zähler und Nenner und ändere das Vorzeichen.“
Für die Steigungen m_1 und m_2 zweier orthogonaler Geraden gilt somit z. B.:

$$m_1 = \frac{3}{4} = +\frac{3}{4} \quad \Rightarrow \quad m_2 = -\frac{4}{3}$$
$$m_1 = -4 = -\frac{4}{1} \quad \Rightarrow \quad m_2 = +\frac{1}{4}$$

Vertausche Zähler und Nenner und ändere das Vorzeichen.
Schreibe die Steigung zunächst als Bruch, wenn sie als ganze Zahl oder als Dezimalzahl gegeben ist.

Die Koordinatenachsen stehen senkrecht aufeinander. Die vier durch die Achsen festgelegten Bereiche nennt man **Quadranten**. Sie werden **gegen den Uhrzeigersinn** römisch von I bis IV durchnummeriert. Der I. und III. Quadrant sowie der II. und IV. Quadrant werden durch die sogenannten **Winkelhalbierenden** jeweils in zwei Bereiche geteilt. Die Winkelhalbierende des I. und III. Quadranten hat die Gleichung **$y = x$**, die Winkelhalbierende des II. und IV. Quadranten hat die Gleichung **$y = -x$**.

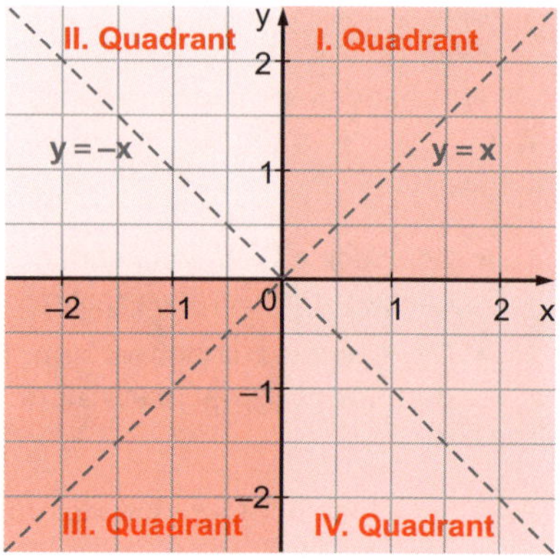

- Gleichung der Winkelhalbierenden durch den **I. und III. Quadranten**: **$y = x$**
- Gleichung der Winkelhalbierenden durch den **II. und IV. Quadranten**: **$y = -x$**

Tipp:
Damit du bei der Benennung der Quadranten nicht durcheinanderkommst:
Der **I.** Quadrant ist der, den du als **Erstes** kennengelernt hast (als du noch keine negativen Zahlen kanntest).

36 Welche der folgenden Geraden stehen senkrecht aufeinander?

g: $y = 3x - 5$ h: $y = -5x - 2$ k: $y = 0{,}2x - 0{,}8$

37 Überprüfe rechnerisch, ob die Geraden g: $y - 1 = -0{,}6x + 0{,}8$ und h: $2y = 3x - 3$ senkrecht aufeinander stehen.

38 Die Gerade h verläuft orthogonal zur Geraden g und der Punkt A liegt auf h. Gib die Funktionsgleichung von h in Normalform an.

a) g: $y = 2x + 3$; $A(4\,|\,-1)$

b) g: $y = x - 2$; $A(-2\,|\,0)$

39 Weise nach, dass die Winkelhalbierende durch den I. und III. Quadranten und die Winkelhalbierende durch den II. und IV. Quadranten senkrecht aufeinander stehen.

40 Bestimme die Funktionsgleichung der Geraden g, die senkrecht auf der Winkelhalbierenden durch den II. und IV. Quadranten steht und durch den Punkt $A(3{,}5\,|\,2)$ verläuft.

Vermischte Aufgaben

41 a) Zeichne zunächst ein Koordinatensystem im Bereich $-5 \leqq x \leqq 6$; $-2 \leqq y \leqq 5$.
Zeichne die nachfolgenden Geraden in den jeweils angegebenen Bereichen ein.

I: $y = -1$	für $-5 \leqq x \leqq 3$	**V:** $y = \frac{4}{3}x + \frac{17}{3}$	für $-5 \leqq x \leqq -2$
II: $y = x + 4$	für $-5 \leqq x \leqq 1$	**VI:** $y = \frac{4}{3}x - 5$	für $3 \leqq x \leqq 6$
III: $y = -3x + 8$	für $1 \leqq x \leqq 3$	**VII:** $y = -0{,}4x + 5{,}4$	für $1 \leqq x \leqq 6$
IV: $y = \frac{2}{3}x + \frac{13}{3}$	für $-2 \leqq x \leqq 1$	**VIII:** $y = 3$	für $-2 \leqq x \leqq 6$

b) Schau dir deine Zeichnung genau an. Um welchen Körper handelt es sich?

42 a) Wie lautet die Gleichung der Geraden g, die durch $A(-3\,|\,2)$ und $B(1\,|\,1)$ geht?

b) Berechne die Nullstelle der Geraden g.

c) Ist die Gerade mit der Gleichung h: $2x + 6y = -6$ parallel zu g?

d) Wie lautet die Gleichung der Geraden k, die senkrecht auf h steht und durch den Ursprung geht?

e) Zeichne die Geraden g, h und k in ein Koordinatensystem ($-3 \leqq x \leqq 5$; $-2 \leqq y \leqq 3$).

* **43** Die Punkte $A(-3\,|\,-3)$, $B(-2\,|\,4)$ und $C(-5\,|\,3)$ legen ein Dreieck fest.

a) Zeichne das Dreieck in ein Koordinatensystem mit $-5 \leqq x \leqq 0$; $-3 \leqq y \leqq 4$.

b) Zeige, dass das Dreieck rechtwinklig ist.

c) Bestimme die Gleichung der Mittelsenkrechten g zur Strecke [AC].
Ergänze die Mittelsenkrechte g in deiner Zeichnung.

d) Bestimme die Gleichung der Seitenhalbierenden h der Seite [AC].
Ergänze die Seitenhalbierende h in deiner Zeichnung.

44 a) Stelle die Gesamtkosten zum nebenstehenden Angebot als lineare Funktion $y = mx + t$ dar. Dabei soll gelten:
x: Anzahl der Fotoabzüge
y: Gesamtpreis in €
Welche Bedeutung haben in diesem Fall die Konstanten m und t?

b) Wie viel kosten 17 Fotoabzüge?

c) Wie viele Abzüge erhältst du für 4 €?

d) Petra hat einen 10-€-Gutschein.
Wie viele Fotoabzüge kann sie davon maximal anfertigen lassen?

45 Opa Maier nimmt sich ein Taxi, wenn er zum Arzt muss. Für die 8,3 km zu seinem Augenarzt zahlt er 15,12 €, für die Fahrt zu seinem Hausarzt, dessen Praxis nur 3,1 km von seiner Wohnung entfernt liegt, zahlt er 7,84 €.

a) Stelle die lineare Funktionsgleichung für die Taxikosten in Normalform auf (x: Strecke in km; y: Preis in €).
Welche Bedeutung haben hier die Steigung m und der y-Achsenabschnitt t?

b) Wie viel zahlt Opa Maier für eine 3,5 km lange Fahrt?

46 Lina zündet eine neue Kerze an, die gleichmäßig abbrennt. Nach 2 Stunden ist die Kerze noch 12,5 cm hoch, nach 5 Stunden nur noch 11 cm.

a) Wie hoch war die Kerze ursprünglich?

b) Wie viele Stunden kann die Kerze insgesamt brennen?

* **47** Leon lässt sich Kartoffeln nach Hause liefern.
Das Kilo Kartoffeln kostet 1,50 €. Die Lieferung kostet einmalig 3 € und wenn Leon mindestens 10 kg abnimmt, ist die Lieferung sogar umsonst.
Stelle diese Situation für $0 \leqq x \leqq 14$ grafisch dar.

Lineare Gleichungssysteme

1 Lösbarkeit linearer Gleichungssysteme

Lineare Gleichungen mit einer Variablen sind dir bereits bekannt. In diesem Kapitel lernst du Gleichungen mit zwei Unbekannten kennen. Wenn zwei Variablen zwei lineare Gleichungen gleichzeitig erfüllen sollen, spricht man von einem **linearen Gleichungssystem**. Die Gleichungen nummeriert man mit römischen Ziffern und um zu verdeutlichen, dass sie gleichzeitig gelten müssen, setzt man das mathematische Zeichen „$\wedge$" zwischen sie, das „**und zugleich**" bedeutet. Als Ergebnis erhältst du keine einzelne Zahl, sondern ein Zahlenpaar, das beide Gleichungen löst.

Hinweis: Es gibt auch größere Gleichungssysteme mit mehr als zwei Gleichungen und Variablen. Da du dich in diesem Schuljahr aber nur mit Gleichungen mit zwei Variablen beschäftigen wirst, werden nur diese im Folgenden betrachtet. Die Verfahren, die du kennenlernen wirst, sind auch auf die größeren Systeme übertragbar.

- Durch die Verknüpfung zweier linearer Gleichungen mit zwei Variablen durch das Zeichen $\wedge$ („und zugleich") erhält man ein **lineares Gleichungssystem**.
- Die **Lösungsmenge** $\mathbb{L}$ eines linearen Gleichungssystems beinhaltet alle Paare $(x \mid y)$ der Grundmenge $\mathbb{G}$, die **beide** Gleichungen erfüllen.

Beispiel

Finde das Zahlenpaar $(x \mid y) \in \mathbb{G} = \mathbb{Q} \times \mathbb{Q}$, das folgende Bedingungen erfüllt:
Bedingung I: Die Summe aus x und 2y ist 5.
Bedingung II: Die Differenz aus 2x und y ist 0.

Lösung:
Die beiden Bedingungen kannst du als **lineare Gleichungen** schreiben:
Bedingung I: $x + 2y = 5$
Bedingung II: $2x - y = 0$

Damit erhältst du folgendes **lineares Gleichungssystem**:

$$\begin{array}{|lr} & x + 2y = 5 \quad \text{(I)} \\ \wedge & 2x - y = 0 \quad \text{(II)} \end{array}$$

Du kannst leicht prüfen, dass beide Gleichungen für $x = 1$ und $y = 2$ erfüllt sind:

$$\begin{array}{|lr} & 1 + 2 \cdot 2 = 5 \quad \text{(I)} \\ \wedge & 2 \cdot 1 - 2 = 0 \quad \text{(II)} \end{array}$$

Weitere Lösungen gibt es nicht (warum das so ist, erfährst du auf der nächsten Seite). Deshalb lautet die **Lösungsmenge** $\mathbb{L} = \{(1 \mid 2)\}$.

Wie du bereits gelernt hast, kann jede **(lineare) Gleichung** eines linearen Gleichungssystems **grafisch** als **Gerade** im Koordinatensystem dargestellt werden. Betrachte dazu wieder das obige Beispiel.

Beispiel

Gegeben ist folgendes lineares Gleichungssystem:

$$\begin{array}{|ll} \quad x+2y=5 & \text{(I)} \\ \wedge \quad 2x-y=0 & \text{(II)} \end{array}$$

Löse die beiden Gleichungen nach y auf und bringe sie so in die Form von Geradengleichungen:

$$\begin{array}{|ll} \quad y=-0{,}5x+2{,}5 & \text{(I)} \\ \wedge \quad y=2x & \text{(II)} \end{array}$$

Grafische Darstellung als Geraden:
Zeichne die beiden Geraden mithilfe von Steigungsdreieck und y-Achsenabschnitt in ein Koordinatensystem.

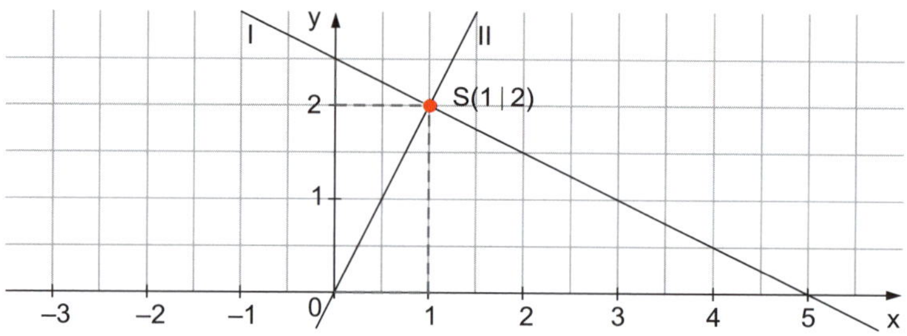

Aus der Zeichnung kannst du den Schnittpunkt S(1 | 2) ablesen. Dieser liegt auf beiden Geraden und erfüllt somit beide Gleichungen.

Das Gleichungssystem im Beispiel hat genau eine Lösung. Allgemein gibt es bei linearen Gleichungssystemen **3 mögliche Fälle**:

Anzahl der Lösungen eines linearen Gleichungssystems

Die Anzahl der Lösungen eines Gleichungssystems kann man den zugehörigen Geradengleichungen entnehmen. Ein lineares Gleichungssystem hat:

- **keine Lösung**, wenn die Geraden **parallel** verlaufen **($\mathbb{L} = \emptyset$)**,

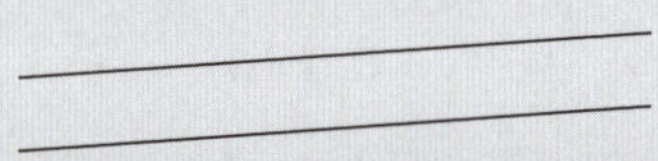

- **genau eine Lösung**, wenn sich die Geraden **schneiden** **($\mathbb{L} = \{(x \mid y)\}$)**,

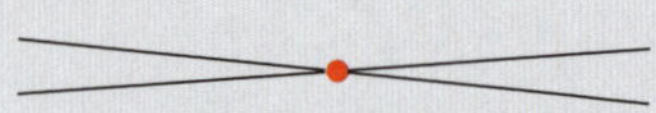

- **unendlich viele Lösungen**, wenn die Geraden **aufeinanderliegen** **($\mathbb{L} = \{(x \mid y) \mid y = mx + t\}$)**.

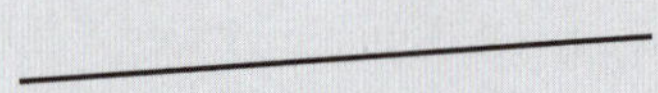

Beispiel

Bestimme, ohne zu rechnen und ohne zu zeichnen, die Anzahl der Lösungen von folgendem Gleichungssystem über der Grundmenge $\mathbb{G} = \mathbb{Q} \times \mathbb{Q}$:

$$\begin{array}{|ll} \quad y = 2x + 1 & \text{(I)} \\ \wedge \; y = 2x - 2 & \text{(II)} \end{array}$$

Lösung:
Vergleiche die Steigungen und die y-Achsenabschnitte der beiden Geradengleichungen:

$$\begin{array}{|ll} \quad y = \mathbf{2}x + 1 & \text{(I)} \\ \wedge \; y = \mathbf{2}x - 2 & \text{(II)} \end{array}$$

Da die beiden Geradengleichungen dieselbe Steigung haben, aber nicht in ihren y-Achsenabschnitten übereinstimmen, sind die zugehörigen Geraden **parallel** und liegen nicht aufeinander. Somit hat das Gleichungssystem **keine Lösung**.

48 Bestimme, ohne zu zeichnen, die Anzahl der Lösungen der folgenden linearen Gleichungssysteme über der Grundmenge $\mathbb{G} = \mathbb{Q} \times \mathbb{Q}$.

a) $$\begin{array}{|l} \quad y = 3x + 4 \\ \wedge \; y = -2x + 4 \end{array}$$

b) $$\begin{array}{|l} \quad 2x + 4y = 8 \\ \wedge \; 3y = 6 - 1{,}5x \end{array}$$

c) $$\begin{array}{|l} \quad y = 3x + 5 \\ \wedge \; 3x + 2y + 3 = 0 \end{array}$$

d) $$\begin{array}{|l} \quad y = -3x + 2 \\ \wedge \; \frac{1}{3}y = -x - \frac{2}{3} \end{array}$$

2 Grafisches Lösungsverfahren

Da eine gemeinsame Lösung zweier linearer Gleichungen einem gemeinsamen Punkt der zugehörigen Geraden entspricht, also dem **Geradenschnittpunkt**, kannst du die Lösungsmenge linearer Gleichungssysteme grafisch bestimmen.

Vorgehen beim grafischen Lösungsverfahren

- Zeichne die beiden Geraden, die zu den Gleichungen des linearen Gleichungssystems gehören, in ein gemeinsames Koordinatensystem.
- Lies die Koordinaten des Schnittpunktes $S(x_S \mid y_S)$ aus der Zeichnung ab.
  Wenn ein Schnittpunkt existiert und seine Koordinaten zur gegebenen Grundmenge gehören, bilden sie die Lösungsmenge $\mathbb{L} = \{(x_S \mid y_S)\}$.
- Mache die Probe, indem du die Koordinaten des Schnittpunktes in beide (ursprünglichen) linearen Gleichungen einsetzt.

Beispiel

Bestimme mithilfe des grafischen Lösungsverfahrens die Lösungsmenge des folgenden linearen Gleichungssystems über den gegebenen Grundmengen.

$$\left| \begin{array}{l} \frac{1}{4}y - 1 = x \\ \wedge \quad y - 1 = 2x \end{array} \right.$$

a) $\mathbb{G} = \mathbb{N} \times \mathbb{N}$ b) $\mathbb{G} = \mathbb{Z} \times \mathbb{Z}$ c) $\mathbb{G} = \mathbb{Q} \times \mathbb{Q}$

Lösung:

Gehe mithilfe des grafischen Lösungsverfahrens folgendermaßen vor:

- Löse zunächst die beiden Gleichungen nach y auf und bringe sie so auf die Normalform von Geradengleichungen:

$$\left| \begin{array}{ll} \frac{1}{4}y - 1 = x & |+1 \\ \wedge \quad y - 1 = 2x & |+1 \end{array} \right.$$

$$\Leftrightarrow \left| \begin{array}{ll} \frac{1}{4}y = x + 1 & |\cdot 4 \\ \wedge \quad y = 2x + 1 & \end{array} \right.$$

$$\Leftrightarrow \left| \begin{array}{ll} y = 4x + 4 & \text{(I)} \\ \wedge \quad y = 2x + 1 & \text{(II)} \end{array} \right.$$

- Zeichne die Geraden, die zu den linearen Gleichungen gehören, in ein gemeinsames Koordinatensystem und lies den Schnittpunkt ab:

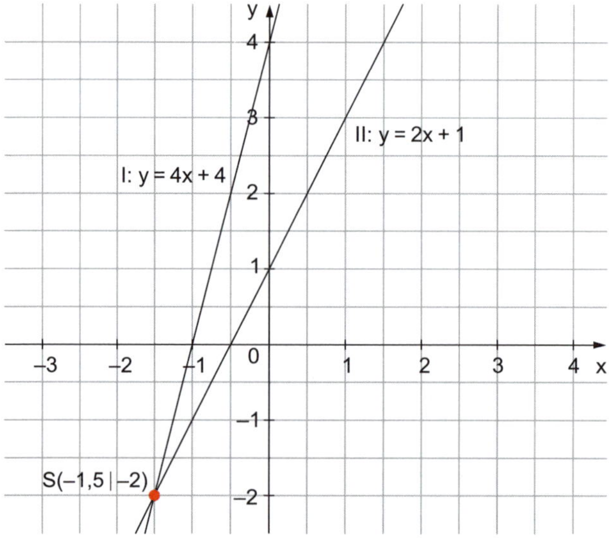

- Der Schnittpunkt ist S(–1,5 | –2), also ist x = –1,5 und y = –2.

- Probe:

$$\left|\begin{array}{l} \frac{1}{4}\cdot(-2)-1=-1{,}5 \\ \wedge\quad -2-1=2\cdot(-1{,}5) \end{array}\right. \quad\Leftrightarrow\quad \left|\begin{array}{ll} -1{,}5=-1{,}5 & \text{(wahr)} \\ \wedge\quad -3=-3 & \text{(wahr)} \end{array}\right.$$

a) Da $(-1{,}5\,|\,-2)\notin \mathbb{N}\times\mathbb{N}$ ist, also **nicht** zur Grundmenge gehört, gilt: $\mathbb{L}=\varnothing$

b) Da $(-1{,}5\,|\,-2)\notin \mathbb{Z}\times\mathbb{Z}$ ist, also **nicht** zur Grundmenge gehört, gilt: $\mathbb{L}=\varnothing$

c) Da $(-1{,}5\,|\,-2)\in \mathbb{Q}\times\mathbb{Q}$ ist, also zur Grundmenge gehört, gilt: $\mathbb{L}=\{(-1{,}5\,|\,-2)\}$

Hinweis: Das grafische Lösen ist nicht immer sinnvoll, denn wie sollte man z. B. den Schnittpunkt $S(3{,}78\,|\,-1{,}02)$ exakt aus einer Zeichnung ablesen? Deshalb nutzt man meist rechnerische Verfahren, die im nachfolgenden Kapitel erklärt werden.

49 Stelle anhand der Zeichnungen die zugehörigen linearen Gleichungssysteme auf. Gib außerdem jeweils die Lösungsmenge über der Grundmenge $\mathbb{G}=\mathbb{Q}\times\mathbb{Q}$ an.

a)
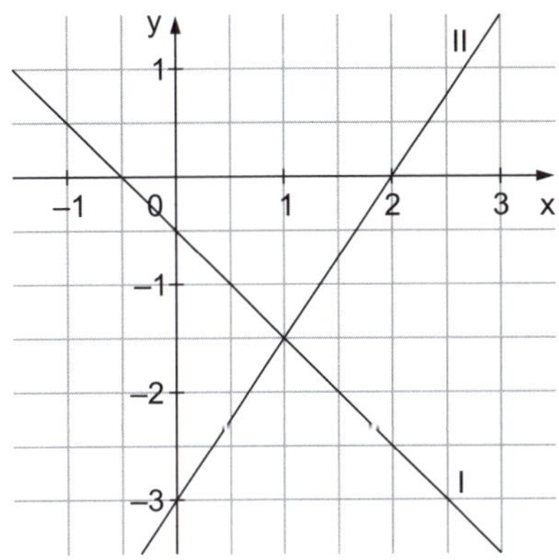

b)
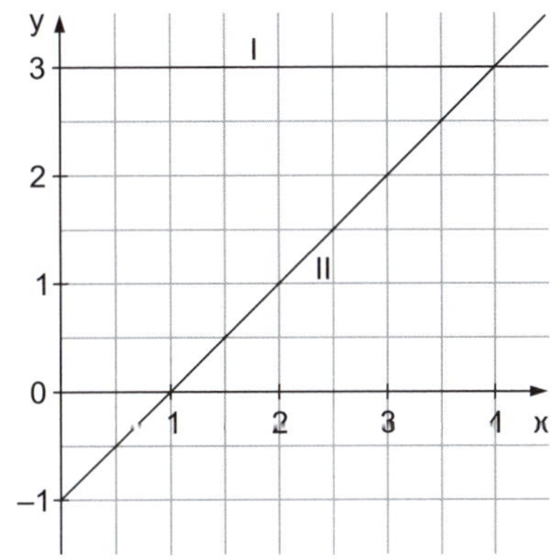

c)
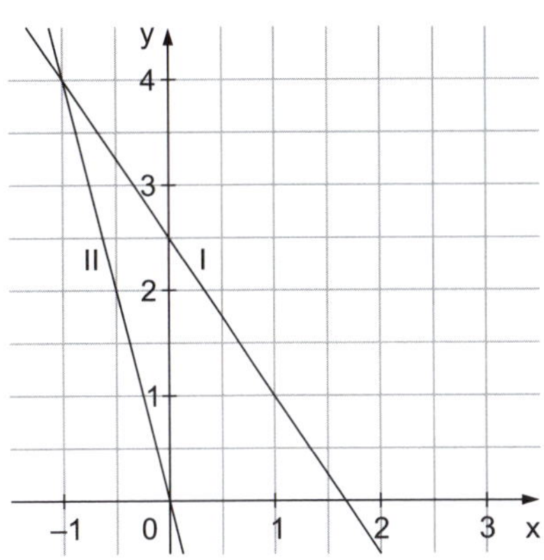

d)
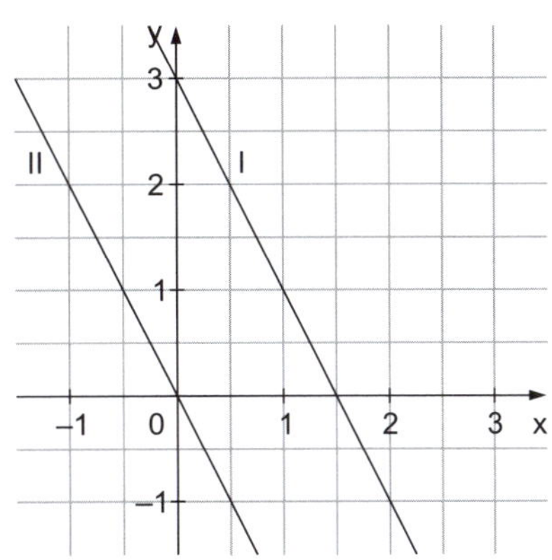

50 Bestimme die Lösungsmenge jeweils grafisch. Die Grundmenge ist $\mathbb{G} = \mathbb{Q} \times \mathbb{Q}$.

a) $\begin{vmatrix} & y = 3x \\ \wedge & y = -\frac{1}{4}x \end{vmatrix}$

b) $\begin{vmatrix} & 4 = \frac{4}{3}x + y \\ \wedge & 0 = \frac{1}{3}x - y - 1 \end{vmatrix}$

c) $\begin{vmatrix} & y = -0{,}5 \\ \wedge & -y = 1{,}5 \end{vmatrix}$

d) $\begin{vmatrix} & 5y = 5x - 5 \\ \wedge & y + 2x = -1 \end{vmatrix}$

3 Rechnerische Lösungsverfahren

Wie im vorherigen Kapitel angedeutet, ist das grafische Lösen von linearen Gleichungssystemen nicht immer sinnvoll. Zwar kann man so leicht entscheiden, wie viele Lösungen das Gleichungssystem besitzt, die genaue Lösung lässt sich aber nicht immer exakt ermitteln. Betrachte z. B. folgendes lineares Gleichungssystem:

$\begin{vmatrix} & y = x - 2 & \text{(I)} \\ \wedge & y = -0{,}5x + 2 & \text{(II)} \end{vmatrix}$

Grafische Lösung:

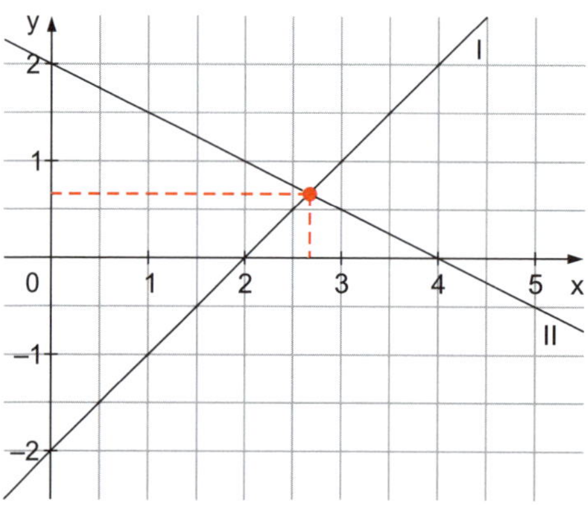

Die Schnittpunktkoordinaten kannst du nur ungefähr ablesen. Wenn du sehr genau zeichnest, kannst du z. B. vermuten, dass der Schnittpunkt etwa S(2,7 | 0,7) lautet.

Probe:

$\begin{vmatrix} & \mathbf{0{,}7} = \mathbf{2{,}7} - 2 \\ \wedge & \mathbf{0{,}7} = -0{,}5 \cdot \mathbf{2{,}7} + 2 \end{vmatrix} \Leftrightarrow \begin{vmatrix} & 0{,}7 = 0{,}7 & \text{(wahr)} \\ \wedge & 0{,}7 = 0{,}65 & \text{(falsch)} \end{vmatrix}$

Der vermutete Punkt S(2,7 | 0,7) erfüllt Gleichung II nicht. Somit kannst du aus der Zeichnung **nicht** die **exakte** Lösung ablesen.

Zur exakten Lösung solcher Gleichungssysteme gibt es folgende Lösungsverfahren:

- Gleichsetzungsverfahren
- Einsetzungsverfahren
- Additionsverfahren
- Determinantenverfahren

Bei den ersten drei Verfahren wandelst du oftmals zunächst das Gleichungssystem durch Äquivalenzumformungen in ein Gleichungssystem um, das leichter zu lösen ist. Beide Gleichungssysteme haben dieselbe Lösungsmenge und sind somit **äquivalent**.

3.1 Gleichsetzungsverfahren

Betrachte noch einmal das lineare Gleichungssystem aus dem Beispiel:

$$\begin{array}{|lll} & y = x - 2 & \text{(I)} \\ \wedge & y = -0{,}5x + 2 & \text{(II)} \\ \hline \end{array}$$

Da bei beiden Gleichungen auf der linken Seite nur die Variable **y** steht, sind die linken Seiten identisch und somit müssen auch die rechten Seiten übereinstimmen. Setzt du die rechten Seiten gleich, erhältst du eine Gleichung mit einer Unbekannten, der Variablen x. Die Gleichung kannst du mit Äquivalenzumformungen lösen.

Vorgehen beim Gleichsetzungsverfahren

- Löse beide Gleichungen nach derselben Variablen auf.
- Setze die beiden rechten Seiten gleich und löse die so entstandene Gleichung nach der verbliebenen Variablen auf.
- Setze den berechneten Wert für die Variable in eine der beiden (umgestellten) Gleichungen ein, um die zweite Variable zu bestimmen.
- Gib die Lösungsmenge an.

Beispiele

1. Lösen des Gleichungssystems aus dem Beispiel:

$$\begin{array}{|lll} & y = x - 2 & \text{(I)} \\ \wedge & y = -0{,}5x + 2 & \text{(II)} \\ \hline \end{array}$$

Da beide Gleichungen nach y aufgelöst sind, kannst du die rechten Seiten direkt gleichsetzen.

Gleichsetzen liefert:

$$\begin{aligned} && x - 2 &= -0{,}5x + 2 \quad && |+0{,}5x+2 \\ &\Leftrightarrow & 1{,}5x &= 4 && |:1{,}5 \\ &\Leftrightarrow & x &= \frac{8}{3} \end{aligned}$$

Die Gleichung enthält nur noch die Unbekannte x. Löse nach x auf.

Einsetzen in (I) liefert:

$$y = \frac{8}{3} - 2 = \frac{2}{3}$$

$$\mathbb{L} = \left\{\left(\frac{8}{3} \,\middle|\, \frac{2}{3}\right)\right\}$$

Berechne y, indem du $x = \frac{8}{3}$ in (I) einsetzt.
Hinweis: Alternativ könntest du $x = \frac{8}{3}$ auch in (II) einsetzen.

2. Löse mit dem Gleichsetzungsverfahren über der Grundmenge $\mathbb{G} = \mathbb{Q} \times \mathbb{Q}$:

a) $\begin{vmatrix} 2y = -4x + 8 \\ \wedge\ 3x + y = 1 \end{vmatrix}$ b) $\begin{vmatrix} y = 7x + 9 \\ \wedge\ y = 7x - 4 \end{vmatrix}$

Lösung:

a) $\begin{vmatrix} 2y = -4x + 8 & |:2 \\ \wedge\ 3x + y = 1 & |-3x \end{vmatrix}$

Löse beide Gleichungen nach y auf.

$\Leftrightarrow \begin{vmatrix} y = -2x + 4 & \text{(I)} \\ \wedge\ y = -3x + 1 & \text{(II)} \end{vmatrix}$

Setze die beiden rechten Seiten gleich. Die entstehende Gleichung enthält nur noch die Unbekannte x.

Gleichsetzen liefert:

$-2x + 4 = -3x + 1 \quad |+3x - 4$

$\Leftrightarrow \quad x = -3$

Löse die Gleichung nach x auf.

Einsetzen in (I) liefert:

$y = -2 \cdot (-3) + 4 = 10$

Berechne y, indem du $x = -3$ in (I) einsetzt.

$\mathbb{L} = \{(-3 \mid 10)\}$

b) $\begin{vmatrix} y = 7x + 9 & \text{(I)} \\ \wedge\ y = 7x - 4 & \text{(II)} \end{vmatrix}$

Setze die rechten Seiten direkt gleich.

Gleichsetzen liefert:

$7x + 9 = 7x - 4 \quad |-7x$

$\Leftrightarrow \quad 9 = -4 \quad \text{(falsch)}$

Löse nach x auf.
x fällt weg und die Aussage ist falsch.

Da die Aussage falsch ist, hat das Gleichungssystem **keine Lösung**:
$\mathbb{L} = \varnothing$

Da die Geradengleichungen in der Steigung, aber nicht im y-Achsenabschnitt übereinstimmen, sind die Geraden **parallel**, liegen aber **nicht aufeinander**.

3. Bestimme den Schnittpunkt der linearen Funktionen:

I: $y = -2x + 5$

II: $y = -x + 3$

Lösung:

Die Berechnung des Schnittpunktes zweier linearer Funktionen entspricht dem Lösen des zugehörigen linearen Gleichungssystems:

$\begin{vmatrix} y = -2x + 5 & \text{(I)} \\ \wedge\ y = -x + 3 & \text{(II)} \end{vmatrix}$

Setze die rechten Seiten direkt gleich.

Gleichsetzen liefert:

$-2x + 5 = -x + 3 \quad |+2x - 3$

$\Leftrightarrow \quad x = 2$

Löse die Gleichung nach x auf.

Einsetzen in (I) liefert:

$y = -2 \cdot 2 + 5 = 1$

Berechne y, indem du $x = 2$ in (I) einsetzt.

$\mathbb{L} = \{(2 \mid 1)\}$

Der Schnittpunkt der beiden Geraden lautet $S(2 \mid 1)$.

51 Löse mithilfe des Gleichsetzungsverfahrens. Die Grundmenge ist $\mathbb{G} = \mathbb{Q} \times \mathbb{Q}$.

a) $\begin{array}{|l} y = -1{,}3x + 2{,}7 \\ \wedge\ y = 2{,}2x - 4{,}3 \end{array}$

b) $\begin{array}{|l} y = 3x + 5 \\ \wedge\ y = -2{,}5x + 5 \end{array}$

c) $\begin{array}{|l} y = -3x \\ \wedge\ y = -4x \end{array}$

d) $\begin{array}{|r} 2y = 3x + 8 \\ \wedge\ -1{,}5x + y = 8 \end{array}$

3.2 Einsetzungsverfahren

Martin will für seine Meerschweinchen im Garten einen rechteckigen Auslauf bauen. Der Auslauf soll doppelt so lang wie breit werden. Insgesamt hat er 9 m Zaun zur Verfügung.
Wie lang und breit wird der Auslauf?

Zunächst musst du wieder ein lineares Gleichungssystem aufstellen:
x: Länge des Auslaufs
y: Breite des Auslaufs

Damit erhältst du folgendes lineares Gleichungssystem:

$$\begin{array}{|ll} 9 = 2\mathbf{x} + 2y & \text{(I)} \\ \wedge\ x = \mathbf{2y} & \text{(II)} \end{array}$$

Er hat insgesamt 9 m Zaun zur Verfügung.
Der Auslauf ist doppelt so lang wie breit.

Um das Gleichungssystem mit dem Gleichsetzungsverfahren zu lösen, müsstest du zunächst beide Gleichungen nach einer Variablen auflösen. In diesem Fall ist es jedoch leichter, in Gleichung I anstelle von **x** den Term **2y** einzusetzen. So erhältst du wieder eine Gleichung mit einer Unbekannten.

Vorgehen beim Einsetzungsverfahren

- Löse eine der beiden Gleichungen nach einer Variablen auf.
- Setze den Term für die Variable in die andere Gleichung ein und löse diese Gleichung nach der verbliebenen Variablen auf.
- Setze den berechneten Wert für die Variable in eine der beiden (umgestellten) Gleichungen ein, um die zweite Variable zu bestimmen.
- Gib die Lösungsmenge an.

Beispiele

1. Lösen des Gleichungssystems aus dem Beispiel:

$$\begin{array}{|ll} 9 = 2\mathbf{x} + 2y & \text{(I)} \\ \wedge\ x = \mathbf{2y} & \text{(II)} \end{array}$$

Da Gleichung II nach x aufgelöst ist, kannst du den Term für x (= 2y) direkt in Gleichung I einsetzen.

Einsetzen von (II) in (I) liefert:

$9 = 2 \cdot \mathbf{2y} + 2y$

$\Leftrightarrow \quad 9 = 6y \qquad |:6$

$\Leftrightarrow \quad y = 1{,}5$

Löse die Gleichung nach y auf.

Einsetzen in (II) liefert:

$x = 2 \cdot \mathbf{1{,}5} = 3$

Setze y = 1,5 in (II) ein.
Damit gilt: $\mathbb{L} = \{(3 \mid 1{,}5)\}$

Antwort: Der Auslauf wird 3 m lang und 1,5 m breit.

2. Löse mit dem Einsetzungsverfahren über der Grundmenge $\mathbb{G} = \mathbb{Q} \times \mathbb{Q}$.

$$\begin{array}{|l} \quad 1{,}5y = 9x + 7{,}5 \\ \wedge \; -9x + 1{,}5y = 7{,}5 \end{array}$$

Lösung:

$$\begin{array}{|l} \quad 1{,}5y = \mathbf{9x + 7{,}5} \quad \text{(I)} \\ \wedge \; -9x + \mathbf{1{,}5y} = 7{,}5 \quad \text{(II)} \end{array}$$

Statt Gleichung I nach y aufzulösen, kannst du auch den Term für **1,5y** in Gleichung II einsetzen.

Einsetzen von (I) in (II) liefert:

$-9x + \mathbf{9x + 7{,}5} = 7{,}5$

$\Leftrightarrow \quad \mathbf{7{,}5 = 7{,}5}$ (wahr)

x fällt weg und die Aussage ist wahr.

Da die Aussage wahr ist, gibt es **unendlich viele Lösungen**: $\mathbb{L} = \{(x \mid y) \mid y = 6x + 5\}$

Die zugehörigen Geraden sind **identisch**.

52 Löse jeweils mithilfe des Einsetzungsverfahrens. Die Grundmenge ist $\mathbb{G} = \mathbb{Q} \times \mathbb{Q}$.

a) $\begin{array}{|l} \quad 4y - x = 7 \\ \wedge \quad x = 2y - 9 \end{array}$

b) $\begin{array}{|l} \quad y = 3x + 4 \\ \wedge \; x = 2y - 3 \end{array}$

c) $\begin{array}{|l} \quad y = -1{,}5x + 0{,}5 \\ \wedge \; 3x + 2y = -3 \end{array}$

d) $\begin{array}{|l} \quad 5x = 10y \\ \wedge \; -3y + 2x = -4 \end{array}$

3.3 Additionsverfahren

Tina und Max spielen Monopoly. Ihr kleiner Bruder Tim kommt hinzu und will wissen, wer wie viel Geld besitzt. Tina stellt ihm daraufhin folgendes Zahlenrätsel:
„Addierst du zur Hälfte meines Geldes das 1,5-Fache von Max' Geld, erhältst du 16 600 €. Ziehst du vom Doppelten meines Geldes das 1,5-Fache von Max' Geld ab, erhältst du 1 900 €."
Wie viel Geld hat Tina, wie viel Geld hat Max?

Um die Aufgabe zu lösen, musst du ein lineares Gleichungssystem aufstellen:
x: Geld von Tina in €
y: Geld von Max in €

Damit erhältst du folgendes lineares Gleichungssystem (ohne Einheiten):

$$\begin{array}{|lrl} & 0{,}5x + 1{,}5y = 16\,600 & \text{(I)} \\ \wedge & 2x - 1{,}5y = 1\,900 & \text{(II)} \end{array}$$

Um das Gleichungssystem mit dem Gleichsetzungs- oder Einsetzungsverfahren zu lösen, müsstest du zunächst mindestens eine der Gleichungen umformen. In diesem Fall ist es jedoch leichter, die beiden Gleichungen zu addieren, und zwar die linke Seite mit der linken Seite und die rechte Seite mit der rechten Seite:

$$0{,}5x + 1{,}5y + 2x - 1{,}5y = 16\,600 + 1\,900$$

Da die Koeffizienten der Variablen y bis auf das Vorzeichen gleich sind, verschwindet die Variable y, sodass du wieder eine Gleichung mit einer Unbekannten erhältst.

Vorgehen beim Additionsverfahren

- Bringe beide Gleichungen auf die Form $ax + by = c$.
- Multipliziere, falls nötig, eine oder beide Gleichungen mit geeigneten Zahlen, sodass die Koeffizienten einer Variablen bis auf das Vorzeichen gleich sind.
- Addiere die Gleichungen, indem du die linke zur linken und die rechte zur rechten Seite addierst. Die so erzeugte Gleichung enthält nur noch eine Variable.
- Löse diese Gleichung nach der verbliebenen Variablen auf.
- Setze den berechneten Wert für die Variable in eine der beiden (umgestellten) Gleichungen ein, um die zweite Variable zu bestimmen.
- Gib die Lösungsmenge an.

Beispiele

1. Lösen des Gleichungssystems aus dem Beispiel:

$$\begin{array}{|lrl} & 0{,}5x + 1{,}5y = 16\,600 & \text{(I)} \\ \wedge & 2x - 1{,}5y = 1\,900 & \text{(II)} \end{array}$$

Addiere die Gleichungen. Es entsteht eine Gleichung, die nur noch die Variable x enthält.

(I) + (II) liefert:

$$0{,}5x + 1{,}5y + (2x - 1{,}5y) = 16\,600 + 1\,900$$

Löse die Klammer auf.

$$\Leftrightarrow \quad 0{,}5x + 1{,}5y + 2x - 1{,}5y = 16\,600 + 1\,900$$

Fasse zusammen.

$$\Leftrightarrow \quad 2{,}5x = 18\,500 \quad |:2{,}5$$

Löse nach x auf.

$$\Leftrightarrow \quad x = 7\,400$$

Einsetzen in (I) liefert:

$$0{,}5 \cdot 7\,400 + 1{,}5y = 16\,600 \quad |-3\,700$$

Setze $x = 7\,400$ in (I) ein.

$$\Leftrightarrow \quad 1{,}5y = 12\,900 \quad |:1{,}5$$

$$\Leftrightarrow \quad y = 8\,600$$

Damit gilt:
$\mathbb{L} = \{(7\,400 \,|\, 8\,600)\}$

Antwort: Tina hat 7 400 € und Max hat 8 600 €.

2. Löse mit dem Additionsverfahren über der Grundmenge $\mathbb{G} = \mathbb{Q} \times \mathbb{Q}$:

$$\begin{vmatrix} -5x + 2y = 17 \\ \wedge\ 7{,}5x - 3y = -25{,}5 \end{vmatrix}$$

Lösung:

$$\begin{vmatrix} -5x + 2y = 17 \\ \wedge\ 7{,}5x - 3y = -25{,}5 \end{vmatrix} \quad \begin{vmatrix} \cdot 3 \\ \cdot 2 \end{vmatrix}$$

Multipliziere beide Gleichungen so, dass die Koeffizienten vor y bis auf das Vorzeichen gleich sind.

$$\Leftrightarrow \begin{vmatrix} -15x + 6y = 51 & \text{(I)} \\ \wedge\ 15x - 6y = -51 & \text{(II)} \end{vmatrix}$$

Addiere die Gleichungen.

(I) + (II) liefert:

$$-15x + 6y + 15x - 6y = 51 - 51$$

$$\Leftrightarrow \quad 0 = 0 \quad \text{(wahr)}$$

x und y fallen weg. Da die Aussage wahr ist, gibt es **unendlich viele Lösungen**.

Berechnung der Lösungsmenge:

$$-5x + 2y = 17 \quad | + 5x$$

$$\Leftrightarrow \quad 2y = 5x + 17 \quad | : 2$$

$$\Leftrightarrow \quad y = 2{,}5x + 8{,}5$$

Du musst eine der beiden ursprünglichen Gleichungen nach y auflösen.

Die Lösungsmenge ist somit $\mathbb{L} = \{(x\,|\,y)\,|\,y = 2{,}5x + 8{,}5\}$.

53 Löse jeweils mit dem Additionsverfahren über der Grundmenge $\mathbb{G} = \mathbb{Q} \times \mathbb{Q}$.

a) $\begin{vmatrix} 3x + 7y = 10 \\ \wedge\ -5x - 7y = 2 \end{vmatrix}$

b) $\begin{vmatrix} 3x + 4y = -3 \\ \wedge\ -4y = 8x + 18 \end{vmatrix}$

c) $\begin{vmatrix} 5x + 0{,}25y = -7 \\ \wedge\ -2x + 1{,}3y = 3{,}5 \end{vmatrix}$

d) $\begin{vmatrix} -2x = -8 + 2y \\ \wedge\ 3x + 3y - 12 = 0 \end{vmatrix}$

3.4 Determinantenverfahren

Determinanten sind ein wichtiges Hilfsmittel der Mathematik. Mit ihnen kannst du u. a. feststellen, ob ein lineares Gleichungssystem eindeutig lösbar ist, und die Lösungsmenge berechnen. Vor allem bei komplizierteren Gleichungen mit „krummen“ Zahlen oder Wurzeln kannst du das Determinantenverfahren gut einsetzen.

Unter der **Determinante** $D = \begin{vmatrix} a & b \\ c & d \end{vmatrix}$ versteht man den Term $a \cdot d - c \cdot b$:

$$\mathbf{D} = \begin{vmatrix} \mathbf{a} & \mathbf{b} \\ \mathbf{c} & \mathbf{d} \end{vmatrix} = \mathbf{a \cdot d - c \cdot b}$$

Merke: *„Links oben mal rechts unten minus links unten mal rechts oben.“*

eispiele

1. $D = \begin{vmatrix} 4 & 5 \\ 3 & 8 \end{vmatrix} = 4 \cdot 8 - 3 \cdot 5 = 32 - 15 = 17$

Links oben mal **rechts unten**
minus
links unten mal **rechts oben**.

2. Statt der Formel $D = \begin{vmatrix} a & b \\ c & d \end{vmatrix} = a \cdot d - c \cdot b$ kannst du dir auch den **Fisch** merken:

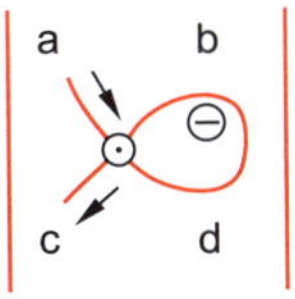

$= a \cdot d - b \cdot c$

Zeichne vom ersten Feld aus einen Fisch (mit Minus-Auge) ein. Folge beim Aufstellen des Terms der Fischform.

Wegen des **Kommutativgesetzes** gilt $\mathbf{c \cdot b = b \cdot c}$. Somit entspricht die Formel im Kasten der „Fisch-Formel“:

$D = \begin{vmatrix} a & b \\ c & d \end{vmatrix} = a \cdot d - \mathbf{c \cdot b} = a \cdot d - \mathbf{b \cdot c}$

Mithilfe von Determinanten kannst du lineare Gleichungssysteme wie folgt lösen.

Vorgehen beim Determinantenverfahren

- Bringe das lineare Gleichungssystem auf die Form: $\begin{array}{|l} \quad a_1x + b_1y = c_1 \\ \wedge \ a_2x + b_2y = c_2 \end{array}$
- Berechne die Determinanten D_N, D_x und D_y:

  Nennerdeterminante D_N:

  $D_N = \begin{vmatrix} a_1 & b_1 \\ a_2 & b_2 \end{vmatrix} = a_1 \cdot b_2 - a_2 \cdot b_1$ mit den Koeffizienten von x und y

  Zählerdeterminante D_x für x:

  $D_x = \begin{vmatrix} c_1 & b_1 \\ c_2 & b_2 \end{vmatrix} = c_1 \cdot b_2 - c_2 \cdot b_1$ ohne die Koeffizienten von x

  Zählerdeterminante D_y für y:

  $D_y = \begin{vmatrix} a_1 & c_1 \\ a_2 & c_2 \end{vmatrix} = a_1 \cdot c_2 - a_2 \cdot c_1$ ohne die Koeffizienten von y

- Es sind folgende 3 Fälle möglich:
  1. $\mathbf{D_N \neq 0}$
     Das Gleichungssystem hat **genau eine Lösung**, nämlich: $\mathbf{x} = \frac{D_x}{D_N}$ und $\mathbf{y} = \frac{D_y}{D_N}$
  2. $\mathbf{D_N = 0}$ und zugleich $\mathbf{D_x \neq 0}$ oder $\mathbf{D_y \neq 0}$
     Das Gleichungssystem hat **keine Lösung**.
  3. $\mathbf{D_N = 0}$ und zugleich $\mathbf{D_x = D_y = 0}$
     Das Gleichungssystem hat **unendlich viele Lösungen**.
- Gib die Lösungsmenge an.

Beispiel

Löse jeweils mit dem Determinantenverfahren über $\mathbb{G} = \mathbb{Q} \times \mathbb{Q}$.

a) $$\begin{array}{l} 3x + 4y = 19 \\ \wedge\ 4x + 5y = 8 \end{array}$$

b) $$\begin{array}{l} 2x - 3y = 10 \\ \wedge\ 1{,}2x = 7{,}2 + 1{,}8y \end{array}$$

c) $$\begin{array}{l} -2{,}6x + 6{,}5y = 3{,}9 \\ \wedge\ -8{,}5y = -3{,}4x - 5{,}1 \end{array}$$

Lösung:

a) Beide Gleichungen haben bereits die Form $ax + by = c$.

$$\begin{array}{l} 3x + 4y = 19 \\ \wedge\ 4x + 5y = 8 \end{array}$$

Es gilt:
$a_1 = 3;\ b_1 = 4;\ c_1 = 19$
$a_2 = 4;\ b_2 = 5;\ c_2 = 8$

Nennerdeterminante:

$$D_N = \begin{vmatrix} a_1 & b_1 \\ a_2 & b_2 \end{vmatrix} = \begin{vmatrix} 3 & 4 \\ 4 & 5 \end{vmatrix} = 3 \cdot 5 - 4 \cdot 4 = -1$$

Da $D_N \neq 0$ ist, gibt es **genau eine** Lösung.

Zählerdeterminante für x:

$$D_x = \begin{vmatrix} c_1 & b_1 \\ c_2 & b_2 \end{vmatrix} = \begin{vmatrix} 19 & 4 \\ 8 & 5 \end{vmatrix} = 19 \cdot 5 - 8 \cdot 4 = 63$$

D_x wird ohne die Koeffizienten von x gebildet.

Zählerdeterminante für y:

$$D_y = \begin{vmatrix} a_1 & c_1 \\ a_2 & c_2 \end{vmatrix} = \begin{vmatrix} 3 & 19 \\ 4 & 8 \end{vmatrix} = 3 \cdot 8 - 4 \cdot 19 = -52$$

D_y wird ohne die Koeffizienten von y gebildet.

Berechnung der Lösung:

$$x = \frac{D_x}{D_N} = \frac{63}{-1} = -63; \quad y = \frac{D_y}{D_N} = \frac{-52}{-1} = 52$$

Die Lösungsmenge ist $\mathbb{L} = \{(-63 \mid 52)\}$.

b) Zunächst musst du Gleichung II auf die Form $ax + by = c$ bringen:

$$\begin{array}{ll} 2x - 3y = 10 & \\ \wedge\ 1{,}2x = 7{,}2 + 1{,}8y & \mid -1{,}8y \end{array}$$

$$\Leftrightarrow \begin{array}{l} 2x - 3y = 10 \\ \wedge\ 1{,}2x - 1{,}8y = 7{,}2 \end{array}$$

Es gilt:
$a_1 = 2;\ b_1 = -3;\ c_1 = 10$
$a_2 = 1{,}2;\ b_2 = -1{,}8;\ c_2 = 7{,}2$

Nennerdeterminante:

$$D_N = \begin{vmatrix} a_1 & b_1 \\ a_2 & b_2 \end{vmatrix} = \begin{vmatrix} 2 & -3 \\ 1{,}2 & -1{,}8 \end{vmatrix} = 2 \cdot (-1{,}8) - 1{,}2 \cdot (-3) = 0$$

Da $D_N = 0$ ist, hat das Gleichungssystem **nicht** genau eine Lösung.

Zählerdeterminante für x:

$$D_x = \begin{vmatrix} c_1 & b_1 \\ c_2 & b_2 \end{vmatrix} = \begin{vmatrix} 10 & -3 \\ 7{,}2 & -1{,}8 \end{vmatrix} = 10 \cdot (-1{,}8) - 7{,}2 \cdot (-3) = 3{,}6$$

Da $D_x \neq 0$ ist, hat das Gleichungssystem **keine** Lösung.

Zählerdeterminante für y:

$$D_y = \begin{vmatrix} a_1 & c_1 \\ a_2 & c_2 \end{vmatrix} = \begin{vmatrix} 2 & 10 \\ 1,2 & 7,2 \end{vmatrix} = 2 \cdot 7,2 - 1,2 \cdot 10 = 2,4$$

Da bereits $D_x \neq 0$ ist, musst du D_y eigentlich gar nicht berechnen.

Da die **Nennerdeterminante null**, aber mindestens eine **Zählerdeterminante ungleich null** ist, hat das Gleichungssystem **keine Lösung**: $\mathbb{L} = \varnothing$

c) Zunächst musst du Gleichung II auf die Form $ax + by = c$ bringen:

$$\begin{vmatrix} -2,6x + 6,5y = 3,9 \\ \wedge \quad -8,5y = -3,4x - 5,1 \end{vmatrix} \quad |+3,4x$$

$$\Leftrightarrow \begin{vmatrix} -2,6x + 6,5y = 3,9 \\ \wedge \quad 3,4x - 8,5y = -5,1 \end{vmatrix}$$

Es gilt:
$a_1 = -2,6$; $b_1 = 6,5$; $c_1 = 3,9$
$a_2 = 3,4$; $b_2 = -8,5$; $c_2 = -5,1$

Nennerdeterminante:

$$D_N = \begin{vmatrix} -2,6 & 6,5 \\ 3,4 & -8,5 \end{vmatrix} = -2,6 \cdot (-8,5) - 3,4 \cdot 6,5 = 0$$

Da $D_N = 0$ ist, hat das Gleichungssystem **nicht** genau eine Lösung.

Zählerdeterminante für x:

$$D_x = \begin{vmatrix} 3,9 & 6,5 \\ -5,1 & -8,5 \end{vmatrix} = 3,9 \cdot (-8,5) - (-5,1) \cdot 6,5 = 0$$

Zählerdeterminante für y:

$$D_y = \begin{vmatrix} -2,6 & 3,9 \\ 3,4 & -5,1 \end{vmatrix} = -2,6 \cdot (-5,1) - 3,4 \cdot 3,9 = 0$$

Da die Nenner- und beide Zählerdeterminanten **null** sind, hat das Gleichungssystem **unendlich viele Lösungen**. Um die Lösungsmenge angeben zu können, musst du eine der ursprünglichen Gleichungen nach y auflösen:

$$-8,5y = -3,4x - 5,1 \quad |:(-8,5)$$
$$\Leftrightarrow \quad y = 0,4x + 0,6$$

Die Lösungsmenge ist somit $\mathbb{L} = \{(x \mid y) \mid y = 0,4x + 0,6\}$.

54 Löse jeweils mit dem Determinantenverfahren über der Grundmenge $\mathbb{G} = \mathbb{Q} \times \mathbb{Q}$.

a) $\begin{vmatrix} -2x + 3y = -19 \\ \wedge \quad 4x - 5y = 13 \end{vmatrix}$

b) $\begin{vmatrix} 2,5x = 10y + 6 \\ \wedge \quad x - 4y + 3 = 0 \end{vmatrix}$

c) $\begin{vmatrix} \frac{1}{3}x + \frac{1}{6}y = \frac{2}{7} \\ \wedge \quad \frac{2}{3}x + \frac{5}{6}y = \frac{1}{7} \end{vmatrix}$

d) $\begin{vmatrix} \frac{1}{4}x + \frac{3}{2}y = \frac{1}{2} \\ \wedge \quad \frac{2}{9}x + \frac{4}{3}y - \frac{4}{9} = 0 \end{vmatrix}$

3.5 Wahl des geeigneten Lösungsverfahrens

Grundsätzlich kannst du jedes Gleichungssystem mit jedem Verfahren lösen. Da das **grafische Lösungsverfahren** aber oftmals zu **ungenau** ist, solltest du es nur dann verwenden, wenn es ausdrücklich in der Aufgabe gefordert wird. Stattdessen solltest du eines der rechnerischen Verfahren benutzen. Oft bietet sich ein bestimmtes Verfahren an, mit dem das Gleichungssystem besonders schnell und einfach zu lösen ist. Die folgenden Regeln helfen dir bei der Wahl des Verfahrens.

Wahl des Lösungsverfahrens

- Das **Gleichsetzungsverfahren** bietet sich an, wenn beide Gleichungen nach derselben Variablen (demselben Vielfachen der Variablen) aufgelöst sind bzw. wenn man die Gleichungen schnell nach derselben Variablen auflösen kann.
- Das **Einsetzungsverfahren** bietet sich an, wenn eine Gleichung nach einer Variablen aufgelöst ist bzw. wenn man eine Gleichung leicht nach einer Variablen auflösen kann.
- Das **Additionsverfahren** bietet sich an, wenn die Koeffizienten vor einer Variablen bis auf das Vorzeichen übereinstimmen bzw. wenn man dies einfach durch Umformungen erreichen kann.
- Das **Determinantenverfahren** bietet sich an, wenn die Gleichungen „krumme“ Zahlen oder sogar Wurzeln als Koeffizienten vor den Variablen enthalten.

Hinweis: Einige **Taschenrechner** können Gleichungssysteme lösen bzw. Schnittpunkte von Funktionen bestimmen. Frag deinen Lehrer, wie du den Lösungsweg angeben sollst, wenn dein für die Schule zugelassener Taschenrechner das kann.

Beispiele

1. Löse die folgenden Gleichungssysteme rechnerisch über der Grundmenge $\mathbb{G} = \mathbb{Q} \times \mathbb{Q}$ und begründe die von dir getroffene Wahl des Verfahrens.

a) $\begin{array}{|l} 2y = x - 1 \\ \wedge \quad x = y + 4 \end{array}$

b) $\begin{array}{|l} 3{,}2x + 3{,}5y = 12{,}8 \\ \wedge \quad 4{,}8x + 8{,}375y = -13{,}8 \end{array}$

Lösung:

a) Es bietet sich das **Einsetzungsverfahren** an, da Gleichung II schon nach x aufgelöst ist.

$\begin{array}{|ll} 2y = x - 1 & \text{(I)} \\ \wedge \quad \mathbf{x =} y + 4 & \text{(II)} \end{array}$

Setze den Term für x in Gleichung I ein.

Einsetzen von (II) in (I) liefert:

$$2y = y + 4 - 1 \quad | - y$$
$$\Leftrightarrow \quad y = 3$$

Die Gleichung enthält nur noch die Unbekannte y. Löse also nach y auf.

Einsetzen in (II) liefert:
$x = 3 + 4 = 7$

$\mathbb{L} = \{(7 \mid 3)\}$

Berechne x, indem du y = 3 in (II) einsetzt.

b) Es bietet sich das **Determinantenverfahren** an, da die Koeffizienten Dezimalzahlen mit (mehreren) Nachkommastellen („krumme“ Zahlen) sind.

$$\begin{array}{|l} \quad 3{,}2x + 3{,}5y = 12{,}8 \\ \wedge \; 4{,}8x + 8{,}375y = -13{,}8 \\ \hline \end{array}$$

Es gilt:
$a_1 = 3{,}2;\ b_1 = 3{,}5;\ c_1 = 12{,}8$
$a_2 = 4{,}8;\ b_2 = 8{,}375;\ c_2 = -13{,}8$

Berechnen der Determinanten:

$$D_N = \begin{vmatrix} 3{,}2 & 3{,}5 \\ 4{,}8 & 8{,}375 \end{vmatrix} = 3{,}2 \cdot 8{,}375 - 4{,}8 \cdot 3{,}5 = 10$$

Da $D_N \neq 0$ ist, gibt es **genau eine** Lösung.

$$D_x = \begin{vmatrix} 12{,}8 & 3{,}5 \\ -13{,}8 & 8{,}375 \end{vmatrix} = 12{,}8 \cdot 8{,}375 - (-13{,}8) \cdot 3{,}5 = 155{,}5$$

$$D_y = \begin{vmatrix} 3{,}2 & 12{,}8 \\ 4{,}8 & -13{,}8 \end{vmatrix} = 3{,}2 \cdot (-13{,}8) - 4{,}8 \cdot 12{,}8 = -105{,}6$$

Berechnen der Lösung:

$$x = \frac{D_x}{D_N} = \frac{155{,}5}{10} = 15{,}55; \quad y = \frac{D_y}{D_N} = \frac{-105{,}6}{10} = -10{,}56$$

$\mathbb{L} = \{(15{,}55 \mid -10{,}56)\}$

2. Oft gibt es Gleichungssysteme, bei denen sich mehrere Lösungsverfahren anbieten. Nimm in so einem Fall das Verfahren, das dir leichterfällt. Betrachte beispielsweise das folgende Gleichungssystem:

$$\begin{array}{|l} \quad y = -2x + 5 \\ \wedge \; y = 2x - 9 \\ \hline \end{array}$$

Es sind das **Gleichsetzungs-** sowie das **Additionsverfahren** gut geeignet:

Gleichsetzungsverfahren:

$$\begin{array}{|ll} \quad \mathbf{y} = -2x + 5 & \text{(I)} \\ \wedge \; \mathbf{y} = 2x - 9 & \text{(II)} \\ \hline \end{array}$$

Gleichsetzen liefert:

$$\begin{aligned} & -2x + 5 = 2x - 9 && \mid +2x + 9 \\ \Leftrightarrow \; & 14 = 4x && \mid :4 \\ \Leftrightarrow \; & x = 3{,}5 \end{aligned}$$

Einsetzen in (I) liefert:
$y = -2 \cdot 3{,}5 + 5$
$y = -2$

Additionsverfahren:

$$\begin{array}{|ll} \quad y = \mathbf{-2x} + 5 & \text{(I)} \\ \wedge \; y = \mathbf{2x} - 9 & \text{(II)} \\ \hline \end{array}$$

(I) + (II) liefert:

$$\begin{aligned} & 2y = -4 && \mid :2 \\ \Leftrightarrow \; & y = -2 \end{aligned}$$

Einsetzen in (I) liefert:

$$\begin{aligned} & -2 = -2x + 5 && \mid -5 \\ \Leftrightarrow \; & -7 = -2x && \mid :(-2) \\ \Leftrightarrow \; & x = 3{,}5 \end{aligned}$$

Die Lösungsmenge ist in beiden Fällen $\mathbb{L} = \{(3{,}5 \mid -2)\}$.

55 Löse jeweils mit dem Verfahren, das dir am einfachsten erscheint, über $\mathbb{G} = \mathbb{Q} \times \mathbb{Q}$.

a) $\begin{array}{|rl} & y = 3x + 5 \\ \wedge & y = -2x + 8 \end{array}$

b) $\begin{array}{|rl} & 3x + 2y = 5 \\ \wedge & -2x - 2y = 8 \end{array}$

c) $\begin{array}{|rr} & 3x - 5y = -19 \\ \wedge & x = 2y - 5 \end{array}$

d) $\begin{array}{|rr} & 0{,}6x = 2y + 0{,}32 \\ \wedge & -0{,}12x - y = 0{,}244 \end{array}$

e) $\begin{array}{|rl} & 4x + 3y = 8 \\ \wedge & 2x + 5y = -3 \end{array}$

f) $\begin{array}{|rr} & \sqrt{6}x + 4y = 0 \\ \wedge & -3x + \sqrt{6}y + 5 = -31 \end{array}$

Hinweis: Bearbeite Teilaufgabe f) nur, wenn du Wurzeln schon kennst.

4 Vorgehen bei Anwendungsaufgaben

Neben den klassischen Aufgaben zu linearen Gleichungssystemen erwarten dich oft auch Anwendungsaufgaben in Form von Textaufgaben, die mithilfe eines linearen Gleichungssystems gelöst werden können. Das Vorgehen dabei ist ähnlich zum Vorgehen beim Lösen von Textaufgaben zu Gleichungen.

Vorgehen beim Lösen von Anwendungsaufgaben

- Ordne den beiden Werten, die gesucht sind, Variablen zu.
- Stelle das lineare Gleichungssystem auf.
  Tipp: Wenn alle Größenangaben gleich sind, kannst du die Einheiten weglassen und mit einer sogenannten Maßzahlengleichung rechnen.
- Löse das lineare Gleichungssystem mit einem vorteilhaften Verfahren.
- Führe eine Probe am Text durch.
- Formuliere einen Antwortsatz. Lies dazu die Aufgabenstellung genau durch, oft sind nicht nur die beiden Variablen gesucht.

Beispiel

Flo hat Hühner und Schweine. Zusammen haben die Tiere 32 Köpfe und 80 Beine. Wie viele Hühner und Schweine hat Flo?

Lösung:

Gesucht ist die Anzahl der Hühner und die Anzahl der Schweine:

x: Anzahl der Hühner

y: Anzahl der Schweine

Du kannst auch andere Variablen nehmen, z. B. h für Hühner und s für Schweine.

Damit erhältst du folgendes Gleichungssystem:

$$\begin{array}{|rrl} & x + y = 32 & \text{(I)} \\ \wedge & 2x + 4y = 80 & \text{(II)} \end{array}$$

Die Tiere haben zusammen 32 Köpfe.
Die Tiere haben zusammen 80 Beine. Hühner haben 2 und Schweine 4 Beine.

Lösen mit dem Additionsverfahren:

$$\left|\begin{array}{rl} x+y=32 & \\ \wedge\ 2x+4y=80 & \quad |:(-2) \end{array}\right.$$

Multipliziere Gleichung II so, dass die Koeffizienten vor x bis auf das Vorzeichen gleich sind.

$$\Leftrightarrow \left|\begin{array}{rl} x+y=32 & \quad (I) \\ \wedge\ -x-2y=-40 & \quad (II) \end{array}\right.$$

Addiere die Gleichungen.

(I) + (II) liefert:

$$-y=-8 \quad |\cdot(-1)$$
$$\Leftrightarrow \quad y=8$$

Einsetzen in (I) liefert:

$$x+8=32 \quad |-8$$
$$\Leftrightarrow \quad x=24$$

Berechne x, indem du y = 8 in (I) einsetzt.

$\mathbb{L}=\{(24\,|\,8)\}$

Probe am Text:

Anzahl der Köpfe: $\mathbf{24}+\mathbf{8}=32$

Anzahl der Beine: $2\cdot\mathbf{24}+4\cdot\mathbf{8}=80$

Antwort: Flo hat **24 Hühner** und **8 Schweine**.

56 In Fabians Dorf gibt es seine Lieblingsschokoriegel nur an der Tankstelle, bei der ein Riegel 1 € kostet. In der nächstgrößeren Stadt gibt es die Schokoriegel zwar für 0,50 € pro Stück, dafür kostet die Fahrt mit dem Bus in die Stadt pro Richtung 1 €.
Wie viele Schokoriegel muss sich Fabian mindestens in der Stadt kaufen, damit sich die Fahrt dahin auch lohnt und er wirklich Geld spart?
Stelle ein lineares Gleichungssystem auf und löse es grafisch.

57 Paula kann zwischen 2 Handytarifen wählen, Tarif A und Tarif B.

a) Paula telefoniert im Schnitt 2 Stunden im Monat mit ihrem Handy. Welchen Tarif sollte sie wählen?

b) Bei welcher Gesprächszeit wären die Kosten in beiden Fällen gleich? Wie hoch ist in diesem Fall die Handyrechnung?

Tarif A:

Nur 1 ct/Minute!
bei 9,90 € monatlicher Grundgebühr

Tarif B:

Keine Grundgebühr!
Kosten pro Minute: 7 ct

58 An der Imbissbude holt Simon 1 Döner und 1 Stück Pizza und zahlt 7 €.
Jorina kauft 3 Döner und 1 Stück Pizza und bezahlt 16 €.
Wie viel kostet ein Döner und wie viel kostet ein Stück Pizza?

59 Lisas Opa ist 13-mal so alt wie Lisa. In 10 Jahren wird Lisas Opa nur noch 5-mal so alt wie Lisa sein.
Wie alt sind die beiden?

60 Anna sagt zu ihrem Bruder Jan:
„Du hast doppelt so viele Gummibärchen wie ich!“
Darauf antwortet Jan:
„Wenn du mir noch eines abgibst, habe ich sogar dreimal so viele wie du!“
Wie viele Gummibärchen haben die beiden zusammen?

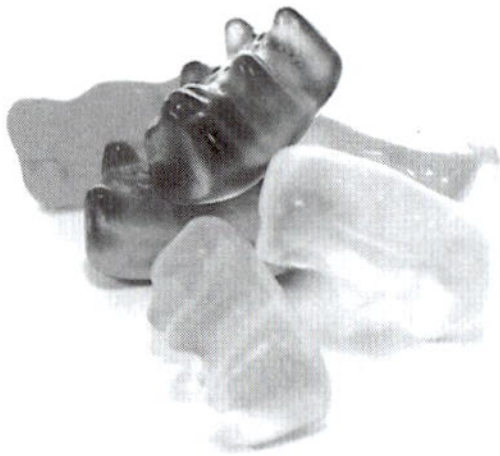

61 Das Wellnesshotel „Sonnenblick“ hat insgesamt 48 Zimmer mit zusammen 90 Betten. Es bietet sowohl Einzel- als auch Doppelzimmer an. Die Preise sind nebenstehend dargestellt. Wie hoch sind die Einnahmen für die Übernachtungen pro Tag, wenn das Hotel komplett belegt ist?

Textaufgaben erwarten dich häufig aus den Anwendungsbereichen Geometrie, Mischvorgänge und Bewegungsaufgaben. Für diese Aufgabenbereiche lernst du nun zusätzliche Hilfen, die dir das Lösen der Aufgaben erleichtern.

4.1 Anwendungsaufgaben aus der Geometrie

Besonderheiten bei Anwendungsaufgaben aus der Geometrie

- Fertige eine **Skizze** an, die dir die Situation veranschaulicht.
- Bezeichne unbekannte Strecken, Flächen und Volumina mit Buchstaben, meist x und y, bezeichne unbekannte Winkel mit α oder β.
- Manchmal ist nur eine Gleichung gegeben. Die zweite Gleichung erhältst du oft über **geometrische Zusammenhänge**, z. B. die Winkelsumme im Dreieck.

Beispiel

In einem gleichschenkligen Dreieck ist die Basis 5 cm länger als die Schenkel. Wie lang sind die Seiten, wenn der Umfang des Dreiecks 38 cm beträgt?

Lösung:

Lege zunächst die Variablen fest:

x: Länge der Basis in cm

y: Länge der Schenkel in cm

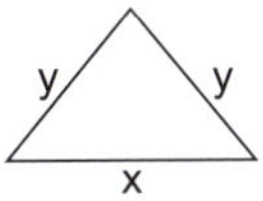

Damit erhältst du als Gleichungssystem (ohne Einheiten):

$$\begin{vmatrix} x = y + 5 & \text{(I)} \\ \wedge \ x + 2y = 38 & \text{(II)} \end{vmatrix}$$

Die Basis ist 5 cm länger als die Schenkel.

Der Umfang beträgt 38 cm. Ein gleichschenkliges Dreieck hat 2 Schenkel.

Lösen mit dem Einsetzungsverfahren:

$$\begin{vmatrix} x = y + 5 & \text{(I)} \\ \wedge \ x + 2y = 38 & \text{(II)} \end{vmatrix}$$

Setze den Term für x in Gleichung II ein.

Einsetzen von (I) in (II) liefert:

$$y + 5 + 2y = 38 \quad |-5$$
$$\Leftrightarrow \quad 3y = 33 \quad |:3$$
$$\Leftrightarrow \quad y = 11$$

Die Gleichung enthält nur noch die Unbekannte y. Löse also nach y auf.

Einsetzen in (I) liefert:

$x = 11 + 5 = 16$

Setze y = 11 in (I) ein.

$\mathbb{L} = \{(16|11)\}$

Probe am Text:

Länge der Basis: **11** cm + 5 cm = **16** cm

Umfang des Dreiecks: **16** cm + 2 · **11** cm = 38 cm

Antwort: Die Basis des Dreiecks ist **16 cm** lang und die beiden Schenkel sind jeweils **11 cm** lang.

62 Ein Rechteck hat einen Umfang von 23 cm. Eine Seite ist um 2 cm kürzer als das Doppelte der anderen Seite.
Wie lang sind die Seiten des Rechtecks?

63 In einem Dreieck beträgt ein Winkel 36°. Von den anderen beiden Winkeln ist einer doppelt so groß wie der andere.
Wie groß sind die Winkel?

✳ **64** Ein quaderförmiges Paket ist 20 cm hoch und eineinhalbmal so lang wie breit. Um es zu verpacken, braucht man insgesamt 2 m Paketschnur. Von diesen 2 m Paketschnur benötigt man allein für den Knoten und die Schleife 20 cm.
Welches Volumen (in Litern) hat das Paket?

4.2 Mischaufgaben mit prozentualem Gehalt

Besonderheiten bei Mischaufgaben mit prozentualem Gehalt

- Fertige gegebenenfalls eine **Skizze** an, die dir die Situation veranschaulicht.
- Bezeichne unbekannte Größen mit x und y. Wandle jeweils die gegebenen **Prozentsätze** in Dezimalzahlen oder Hunderterbrüche um.
- **Gleichung I** erhältst du, wenn du die **Mengengleichung** aufstellst:
  Die Summe der Einzelmengen ergibt die Gesamtmenge der Mischung.
  Gleichung II erhältst du, wenn du die **Prozentgleichung** aufstellst:
  Die Summe der einzelnen Prozentwerte ergibt den Prozentwert der Mischung.

Beispiel

Ein Kunde will in einer Apotheke 200 mℓ 37 %igen Alkohol kaufen. Der Apotheker hat aber nur 20 %igen und 40 %igen Alkohol vorrätig.
Wie viel muss er jeweils nehmen, um die gewünschte Mischung herzustellen?

Lösung:

Lege zunächst die Variablen fest:
x: Menge des 20 %igen Alkohols in mℓ
y: Menge des 40 %igen Alkohols in mℓ

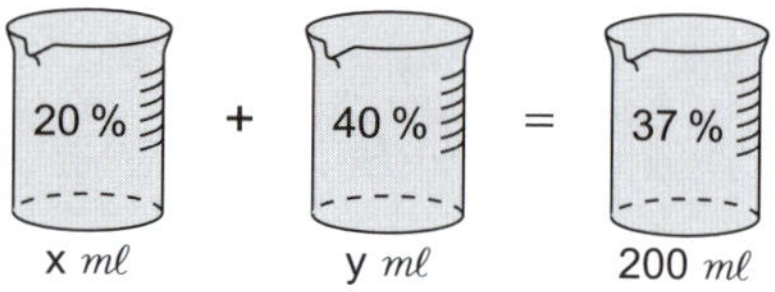

Wandle die gegebenen Prozentsätze um:

$$37\,\% = \frac{37}{100} = 0{,}37; \quad 20\,\% = \frac{20}{100} = 0{,}2; \quad 40\,\% = \frac{40}{100} = 0{,}4$$

Damit erhältst du als Gleichungssystem (ohne Einheiten):

$$\begin{vmatrix} & x + y = 200 \\ \wedge & 0{,}2x + 0{,}4y = 0{,}37 \cdot 200 \end{vmatrix} \quad \begin{matrix} \text{(I)} \\ \text{(II)} \end{matrix}$$

Volumen der Mischung in mℓ
Alkoholanteil in der Mischung

Lösen mit dem Additionsverfahren:

$$\begin{vmatrix} & x + y = 200 \\ \wedge & 0{,}2x + 0{,}4y = 74 \end{vmatrix} \quad \begin{matrix} \\ |\cdot(-5) \end{matrix}$$

Multipliziere Gleichung II so, dass die Koeffizienten vor x bis auf das Vorzeichen gleich sind.

$$\Leftrightarrow \begin{vmatrix} & x + y = 200 \\ \wedge & -x - 2y = -370 \end{vmatrix} \quad \begin{matrix} \text{(I)} \\ \text{(II)} \end{matrix}$$

Addiere die Gleichungen.

(I) + (II) liefert:

$$-y = -170 \quad |\cdot(-1)$$
$$\Leftrightarrow \quad y = 170$$

Löse nach y auf.

Einsetzen in (I) liefert:

$$x + 170 = 200 \quad |-170$$
$$\Leftrightarrow \quad x = 30$$

Setze y = 170 in (I) ein.

$\mathbb{L} = \{(30\,|\,170)\}$

Probe am Text:

Volumen der Mischung: **30** $m\ell$ + **170** $m\ell$ = 200 $m\ell$

Alkoholanteil der Mischung: 0,2 · **30** $m\ell$ + 0,4 · **170** $m\ell$ = 74 $m\ell$ = 0,37 · 200 $m\ell$

Antwort: Der Apotheker muss **30** $m\ell$ von dem 20 %igen Alkohol und **170** $m\ell$ von dem 40 %igen Alkohol zusammenmischen.

65 Gold mit dem Feingehalt 750 bedeutet, dass die Goldlegierung zu $\frac{750}{1\,000}$ aus reinem Gold besteht.

Wie viel Gold vom Feingehalt 750 und vom Feingehalt 333 muss ein Goldschmied verschmelzen, um 13,9 g Gold vom Feingehalt 585 zu bekommen?

66 Lara hat 2,25 Liter Apfelsaft zu Hause.
Wie viel Mineralwasser muss sie hinzugeben, um Apfelschorle mit einem Fruchtgehalt von 45 % zu erhalten? Wie viel Apfelschorle ergibt das?

* **67** Lisa liest das Etikett von ihrem 150-g-Erdbeerjoghurt und stellt fest, dass er sehr wenig Erdbeeren enthält. Sie schneidet sich noch 25 g Erdbeeren in ihren Joghurt und verachtfacht so den prozentualen Erdbeeranteil in ihrem Joghurt.
Wie groß war der prozentuale Erdbeeranteil im ursprünglichen Joghurt?

4.3 Bewegungsaufgaben mit konstanter Geschwindigkeit

Besonderheiten bei Bewegungsaufgaben mit konstanter Geschwindigkeit

- Bewegungen mit konstanter Geschwindigkeit werden mithilfe von **Geradengleichungen** beschrieben.
  Punkt-Steigungs-Form: $\mathbf{y = m \cdot (x - x_S) + y_S}$
  Dabei ist:
  m: Steigung der Geraden, gegeben durch die Geschwindigkeit $v = m\,\frac{km}{h}$
  $S(x_S \mid y_S)$: Punkt der Geraden, i. Allg. der Startpunkt
- Es gibt zwei Arten von Bewegungsaufgaben:
  Überholaufgaben:
  Die Objekte bewegen sich in **dieselbe Richtung**, die **Steigungen** der zugehörigen Geradengleichungen haben also **dasselbe Vorzeichen.**
  Begegnungsaufgaben:
  Die Objekte bewegen sich **entgegengesetzt**, die **Steigungen** der zugehörigen Geradengleichungen haben also **verschiedene Vorzeichen.**

Beispiele

1. Die Nachbarinnen Lara und Sarah fahren gemeinsam mit ihren Familien auf den 732 km entfernten Campingplatz. Lara startet um 8 Uhr mit einem Wohnwagen, mit dem sie nur $100\,\frac{km}{h}$ fahren darf. Sarah startet um 9:30 Uhr und fährt mit ihrem Auto $130\,\frac{km}{h}$. Beide fahren mit konstanter Geschwindigkeit. Wann und nach wie vielen Kilometern überholt Sarah Lara?

Lösung:

Es handelt sich um eine **Überholaufgabe**. Fertige zunächst eine Skizze an:

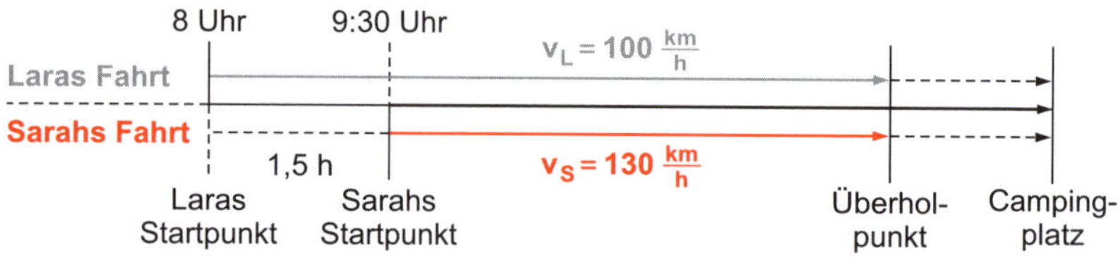

Lege die Variablen fest:
x: Anzahl der Stunden, die Lara unterwegs ist
y: zurückgelegte Entfernung in km

Damit erhältst du als Gleichungssystem (ohne Einheiten):

$$\begin{aligned} & y = 100 \cdot (x - 0) + 0 && \text{(I)} \\ \wedge\; & y = 130 \cdot (x - 1{,}5) + 0 && \text{(II)} \end{aligned}$$

Laras Geradengleichung: $y = m_L \cdot (x - x_L) + y_L$
- Steigung $m_L = 100$, weil Lara $100\,\frac{km}{h}$ fährt.
- Startpunkt $L(0 \mid 0)$ von Lara (nach $x_L = 0$ h ist Lara $y_L = 0$ km gefahren).

Sarahs Geradengleichung: $y = m_S \cdot (x - x_S) + y_S$
- Steigung $m_S = 130$, weil Sarah $130\,\frac{km}{h}$ fährt.
- Startpunkt $S(1{,}5 \mid 0)$, weil Sarah $x_S = 1{,}5$ h nach Lara startet ($y_S = 0$).

Lösen mit dem Gleichsetzungsverfahren:

$$\begin{vmatrix} & y = 100x & \text{(I)} \\ \wedge & y = 130 \cdot (x - 1{,}5) & \text{(II)} \end{vmatrix}$$

Setze die rechten Seiten gleich.

Gleichsetzen liefert:

$$100x = 130x - 195 \quad |-130x$$
$$\Leftrightarrow \quad -30x = -195 \quad |:(-30)$$
$$\Leftrightarrow \quad x = 6{,}5$$

Löse die Gleichung nach x auf.

Einsetzen in (I) liefert:

$$y = 100 \cdot 6{,}5 = 650$$

Setze $x = 6{,}5$ in (I) ein.

$\mathbb{L} = \{(6{,}5 \mid 650)\}$

Probe am Text:

Weg, den Lara in **6,5** Stunden gefahren ist: $100 \cdot \mathbf{6{,}5} = \mathbf{650}$

Weg, den Sarah in diesen **6,5** Stunden gefahren ist: $130 \cdot (\mathbf{6{,}5} - 1{,}5) = \mathbf{650}$

Antwort: Um **14:30 Uhr** (6,5 h nach 8:00 Uhr) überholt Sarah nach **650 km**.

2. Mia und Ben haben sich in der Eisdiele verabredet, die direkt an der Verbindungsstraße von ihren 9 km voneinander entfernten Dörfern liegt. Beide starten um 14 Uhr mit dem Fahrrad und kommen gleichzeitig an der Eisdiele an. Wie weit ist die Eisdiele von Mias Dorf entfernt, wenn Mia im Schnitt 12 $\frac{km}{h}$ und Ben im Schnitt 15 $\frac{km}{h}$ fährt?

Lösung:

Es handelt sich um eine **Begegnungsaufgabe**. Fertige zunächst eine Skizze an:

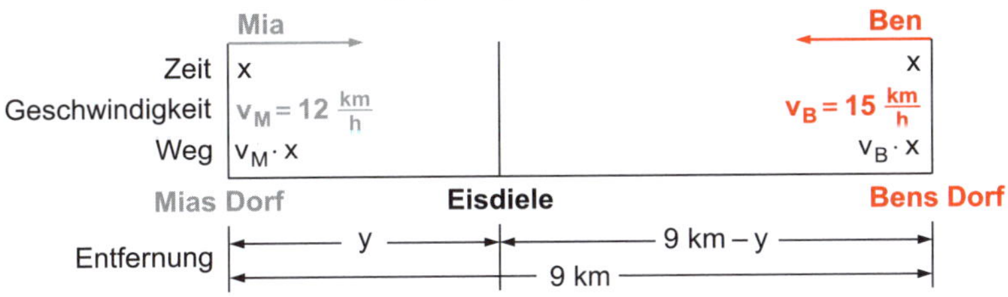

Lege die Variablen fest:

x: Anzahl der Stunden, die Mia und Ben unterwegs sind

y: Entfernung von Mias Dorf

Damit erhältst du als Gleichungssystem (ohne Einheiten):

$$\begin{vmatrix} & y = 12 \cdot (x - 0) + 0 & \text{(I)} \\ \wedge & y = -15 \cdot (x - 0) + 9 & \text{(II)} \end{vmatrix}$$

Mias Geradengleichung: $y = m_M \cdot (x - x_M) + y_M$

- Steigung $m_M = 12$, weil sich Mia mit 12 $\frac{km}{h}$ von ihrem Dorf entfernt.
- Startpunkt $M(0 \mid 0)$ von Mia (nach $x_M = 0$ h ist Mia $y_M = 0$ km von ihrem Dorf entfernt).

Bens Geradengleichung: $y = m_B \cdot (x - x_B) + y_B$

- Steigung $m_B = -15$, weil sich Ben mit 15 $\frac{km}{h}$ dem Dorf von Mia nähert.
- Startpunkt $B(0 \mid 9)$, weil Ben nach $x_B = 0$ h $y_B = 9$ km von Mias Dorf entfernt ist.

Lösen mit dem Gleichsetzungsverfahren:

$$\begin{vmatrix} & y = 12x & \text{(I)} \\ \wedge & y = -15x + 9 & \text{(II)} \end{vmatrix}$$

Setze die rechten Seiten gleich.

Gleichsetzen liefert:

$$12x = -15x + 9 \quad | +15x$$

$$\Leftrightarrow \quad 27x = 9 \quad | :27$$

$$\Leftrightarrow \quad x = \frac{1}{3}$$

Löse die Gleichung nach x auf.

Einsetzen in (I) liefert:

$$y = 12 \cdot \frac{1}{3} = 4$$

Setze $x = \frac{1}{3}$ in (I) ein.

$$\mathbb{L} = \left\{\left(\tfrac{1}{3} \mid 4\right)\right\}$$

Probe am Text:

Mias Entfernung von ihrem Dorf nach $\frac{1}{3}$ Stunde: $12 \cdot \frac{1}{3} = 4$

Bens Entfernung von Mias Dorf nach $\frac{1}{3}$ Stunde: $-15 \cdot \frac{1}{3} + 9 = 4$

Antwort: Die Eisdiele ist **4 km** von Mias Dorf entfernt.

68 Max klingelt bei Tim und fragt, ob er mit an den 5 km entfernten See kommt. Tim schickt Max mit dem Rad vor und will in 18 min mit dem Motorroller nachkommen. Wann und wo begegnen sie sich, wenn Max 20 $\frac{\text{km}}{\text{h}}$ und Tim 50 $\frac{\text{km}}{\text{h}}$ fährt?

69 Um 14 Uhr geht Birgit von der Schule im Schnitt mit 5 $\frac{\text{km}}{\text{h}}$ zu Fuß nach Hause. Ihre Schwester Maja fährt zur gleichen Zeit zu Hause mit dem Fahrrad los, weil sie in Birgits Schule Orchesterprobe hat. Sie ist im Schnitt 15 $\frac{\text{km}}{\text{h}}$ schnell. Wann und in welcher Entfernung von der Schule begegnen sich die Schwestern, wenn ihr Schulweg 3 km lang ist?

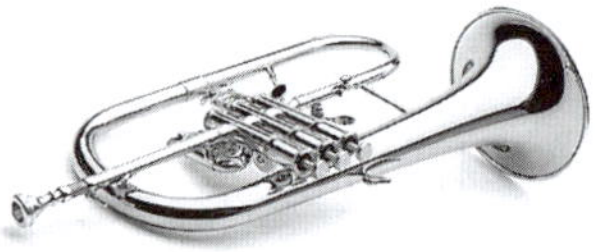

Reelle Zahlen

1 Die Quadratwurzel

Willst du von einem Quadrat mit der bekannten Seitenlänge a den Flächeninhalt A bestimmen, musst du die Seitenlänge a **quadrieren**. Du erhältst eine **Quadratzahl**, das Quadrat der Seitenlänge: $A = a^2$

Willst du von einem Quadrat mit bekanntem Flächeninhalt A die Seitenlänge a bestimmen, musst du die nichtnegative Zahl a finden, die mit sich selbst multipliziert A ergibt. Dafür **ziehst** du die **Wurzel** aus dem Flächeninhalt und erhältst eine **Quadratwurzel**: $a = \sqrt{A}$

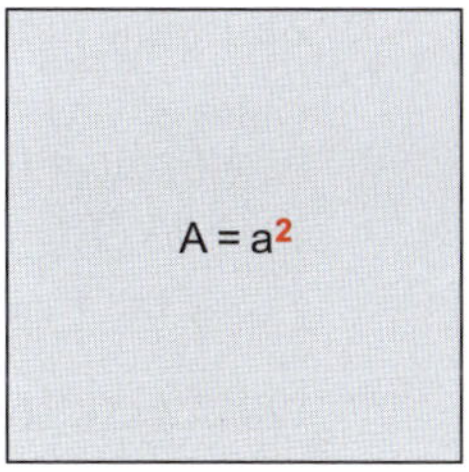

$a = \sqrt{A}$

Die **Quadratwurzel** aus einer **nichtnegativen Zahl a** ist die **nichtnegative Zahl b**, die mit sich selbst multipliziert a ergibt:

$$b^2 = a \Rightarrow b = \sqrt{a} \qquad \text{mit } a, b \geqq 0$$

Radikand (a)

(Quadrat-)Wurzel ($\sqrt{a}$)

Für die Quadratwurzel gilt:

$\sqrt{0} = 0$ und $\sqrt{1} = 1$ und $\sqrt{a^2} = a$ für $a > 0$

Für einfache quadratische Gleichungen gilt:

Die Lösungsmenge der Gleichung $x^2 = a$ mit $a > 0$ lautet:

$\mathbb{L} = \{-\sqrt{a}; \sqrt{a}\}$

Beispiele

1. a) $\sqrt{25} = 5$; denn $5 \cdot 5 = 5^2 = 25$ *„Die Wurzel aus 25 ist 5."*

b) $\sqrt{\frac{16}{49}} = \frac{4}{7}$; denn $\frac{4}{7} \cdot \frac{4}{7} = \left(\frac{4}{7}\right)^2 = \frac{16}{49}$

c) $\sqrt{0{,}81x^2} = 0{,}9x$; denn $0{,}9x \cdot 0{,}9x = 0{,}81x^2$ Hier muss gelten: $x \geqq 0$

d) $\sqrt{-9}$ ist nicht definiert!

Beachte: Aus einer negativen Zahl kannst du **nicht** die Wurzel ziehen, denn es gibt keine Zahl, die mit sich selbst multipliziert eine negative Zahl ergibt („$+ \cdot + = +$" und „$- \cdot - = +$").

2. Wenn nicht klar ist, ob die Variable a wirklich positiv ist, musst du Betragsstriche setzen:

- $\sqrt{a^2} = |a|$ **mit Betragsstrichen**, denn z. B. $\sqrt{(-5)^2} = \sqrt{25} = 5 = |-5|$.
- $\sqrt{a^4} = a^2$ **ohne Betragsstriche**, denn ist a negativ, fällt das negative Vorzeichen von a durch das Quadrieren weg, z. B. $(-5)^2 = +25$.

3. Bestimme die Lösungsmenge der Gleichung $x^2 = 169$.

Lösung:
Es gibt zwei Lösungen:
$13^2 = 13 \cdot 13 = 169$ und $(-13)^2 = (-13) \cdot (-13) = 169$
$\mathbb{L} = \{-13; 13\}$

Vorsicht: $\sqrt{169}$ ist aber nur $+13$!

Die **Wurzel** ist **nichtnegativ**.

Für nichtnegative Zahlen ist das Quadrieren die Umkehrung des Wurzelziehens (Radizierens):

- Durch **Quadrieren** kannst du das **Radizieren** rückgängig machen: $\left(\sqrt{a}\right)^2 = a$ **für $a \geq 0$**

  $\sqrt{a}$ —Quadrieren→ a ; a —Wurzelziehen→ $\sqrt{a}$

- Durch **Radizieren** kannst du das **Quadrieren** rückgängig machen: $\sqrt{a^2} = a$ **für $a \geq 0$**

  a^2 —Wurzelziehen→ a ; a —Quadrieren→ a^2

Beispiele

1. $\sqrt{36}^2 = 6^2 = 36$

Quadrierst du die Quadratwurzel, erhältst du die ursprüngliche Zahl.

2. $\sqrt{2^2} = \sqrt{4} = 2$

Ziehst du die Wurzel aus einer Quadratzahl, erhältst du die ursprüngliche Zahl.

3. $\sqrt{(-5)^2} \neq -5$, denn $\sqrt{(-5)^2} = \sqrt{25} = +5$

Tipps zum Wurzelziehen im Kopf

- Lässt sich eine Zahl als Produkt aus einer **Quadratzahl** und einer **Zehnerpotenz mit geradem Exponenten** schreiben, kannst du die Wurzel aus der Zahl ziehen, indem du die Wurzel aus der Quadratzahl ziehst und die Potenz der Zehnerpotenz halbierst.
- Wiederhole die ersten **20 Quadratzahlen**. Kennst du sie, kennst du auch die ersten 20 Quadratwurzeln (z. B. $16^2 = 256 \Rightarrow \sqrt{256} = 16$).

Beispiel

Ziehe jeweils im Kopf die Wurzel.

a) $\sqrt{14\,400\,000\,000}$

b) $\sqrt{3,24}$

Lösung:

a) Es gilt:

$14\,400\,000\,000 = 144 \cdot 10^8 = 12^2 \cdot 10^8$

Zerlege in ein Produkt aus Quadratzahl und Zehnerpotenz. Da es **8** Nullen sind, ist die Zehnerpotenz 10^8.

Das Ergebnis ist somit:

$\sqrt{14\,400\,000\,000} = \sqrt{144 \cdot 10^8} = \sqrt{12^2 \cdot 10^8} = 12 \cdot 10^{\frac{8}{2}} = 12 \cdot 10^4 = 120\,000$

b) Es gilt:

$3,24 = 324 \cdot 10^{-2} = 18^2 \cdot 10^{-2}$

Da es **2** Nachkommastellen sind, lautet die Zehnerpotenz 10^{-2}.

Das Ergebnis ist somit:

$\sqrt{3,24} = \sqrt{324 \cdot 10^{-2}} = \sqrt{18^2 \cdot 10^{-2}} = 18 \cdot 10^{\frac{-2}{2}} = 18 \cdot 10^{-1} = 1,8$

70 Ziehe die Quadratwurzel im Kopf.

a) $\sqrt{81}$

b) $\sqrt{0,01}$

c) $\sqrt{1,21}$

d) $\sqrt{250\,000}$

71 Berechne mit dem Taschenrechner. Runde auf 3 Stellen nach dem Komma.

a) $\sqrt{3+\sqrt{\frac{7}{\sqrt{5}}}}$

b) $\sqrt{4,25^2 - 6,12 \cdot 3,58}$

72 Schreibe als Wurzel.

a) 8

b) x^2

c) $x+2 \quad \text{mit } x \geqq -2$

d) -3

73 Welche Ziffer(n) musst du jeweils einsetzen, damit die Gleichung stimmt?

a) $\sqrt{4\square} = 7$

b) $\sqrt{0,36} = \square,6$

c) $\sqrt{2\square 6} = \square 6$

d) $\sqrt{\frac{16}{\square}} = \frac{2}{5}$

74 Bestimme jeweils die Lösungsmenge. Die Grundmenge ist $\mathbb{G} = \mathbb{R}$.

a) $x^2 - 9 = 0$

b) $x^2 = -2$

75 Die beiden folgenden Figuren haben jeweils einen Flächeninhalt von 6 cm². Zeichne die Figuren. Runde bei Hilfsberechnungen auf eine Nachkommastelle.

a) Rechteck, das 1,5-mal so lang wie breit ist

b) Kreis

2 Irrationale und reelle Zahlen

Aus den vorangegangenen Klassenstufen ist dir bereits die **Menge der rationalen Zahlen $\mathbb{Q}$** bekannt. Die Menge der rationalen Zahlen besteht aus allen Zahlen, die sich als Brüche darstellen lassen:

$$\mathbb{Q} = \left\{ \frac{a}{b} \;\middle|\; a, b \in \mathbb{Z};\, b \neq 0 \right\}$$

Mit den **Wurzeln** kommt nun eine neue Zahlenmenge hinzu, denn die meisten Wurzeln lassen sich nicht als Bruch darstellen. Solche Zahlen nennt man **irrationale Zahlen**. Zusammen mit den rationalen Zahlen bilden sie die **Menge der reellen Zahlen $\mathbb{R}$**.

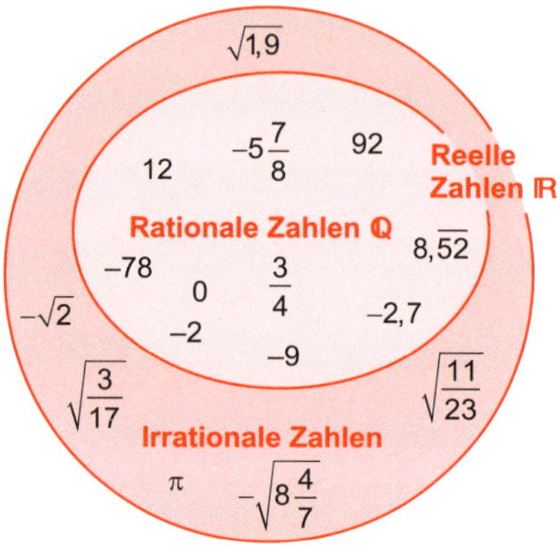

Rationale und irrationale Zahlen

- Eine Zahl heißt **irrational**, wenn sie sich **nicht als Bruch** schreiben lässt. Irrationale Zahlen kann man nur als **unendliche, nichtperiodische Dezimalbrüche** darstellen.
- Eine Zahl heißt **rational**, wenn sie sich als Bruch schreiben lässt. Rationale Zahlen kann man als **endliche** oder **periodische Dezimalbrüche** darstellen.

Die Menge der reellen Zahlen

Die Menge der rationalen Zahlen $\mathbb{Q}$ und die Menge der irrationalen Zahlen bilden zusammen die **Menge der reellen Zahlen $\mathbb{R}$**.

Beispiele

1. $-\sqrt{\frac{1}{36}} = -\sqrt{\left(\frac{1}{6}\right)^2} = -\frac{1}{6} = -0{,}1\overline{6}$

ist eine **rationale** Zahl.

$-\sqrt{5} = -2{,}236067\ldots$

ist eine **irrationale** Zahl.

Die Nachkommastellen wiederholen sich bei irrationalen Zahlen nicht regelmäßig (anders als bei periodischen Dezimalbrüchen).

2. Jeder reellen Zahl wird genau ein Punkt auf der Zahlengeraden zugeordnet:

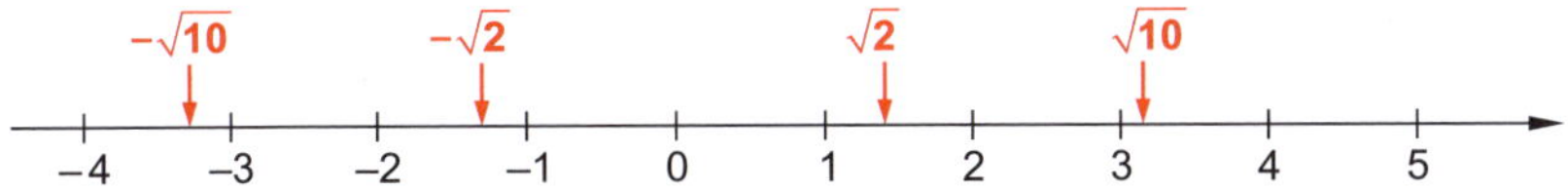

Es gilt: Die Punkte der Zahlengeraden bilden die Menge der reellen Zahlen.

3. Es gibt **unendlich viele rationale** und **unendlich viele irrationale** Zahlen.

76 Welche Zahlen gehören zu den rationalen Zahlen, welche zu den irrationalen?

a) $\frac{\sqrt{36}}{\sqrt{49}}$

b) $\sqrt{36-9}$

c) $\frac{3}{4}\pi$

d) $3{,}\overline{58}$

e) 0,1211211121111211111 2…

f) $\sqrt{100-36}$

g) $\sqrt{0{,}16}$

h) $\sqrt{\sqrt{9}}$

77 Du hast nun die Zahlenmengen $\mathbb{N}$, $\mathbb{Z}$, $\mathbb{Q}$ und $\mathbb{R}$ kennengelernt.
Gib jeweils alle Zahlenmengen an, zu denen die folgenden Zahlen gehören.

a) $2,\overline{5}$

b) $\sqrt{2{,}5}$

c) $-\sqrt{25}$

d) $\sqrt{0{,}25}$

78 Ordne die folgenden Zahlen der Größe nach und beginne mit der kleinsten Zahl.

$5{,}8$ $\quad 5\frac{\sqrt{9}}{\sqrt{16}}$ $\quad -\sqrt{80}$

$5{,}\overline{85}$ $\quad 5\frac{2}{3}$ $\quad -8{,}25$

3 Rechnen mit reellen Zahlen und Vereinfachen von Wurzeltermen

Alle **Rechenregeln**, die du für die Zahlenmengen $\mathbb{N}$, $\mathbb{Z}$ und $\mathbb{Q}$ kennengelernt hast, gelten auch für die **reellen Zahlen**. Für a, b, c $\in \mathbb{R}$; $c \neq 0$ gilt:

Kommutativgesetz	Assoziativgesetz	Distributivgesetz
$a+b=b+a$ $a \cdot b = b \cdot a$	$a+(b+c)=(a+b)+c$ $a \cdot (b \cdot c) = (a \cdot b) \cdot c$	$(a \pm b) \cdot c = a \cdot c \pm b \cdot c$ $(a \pm b) : c = a : c \pm b : c$

Daraus kannst du die folgenden Rechenregeln für die Addition und Subtraktion von Wurzeltermen herleiten:

Addition und Subtraktion von Wurzeltermen

Quadratwurzeln mit **gleichem Radikanden** kannst du mithilfe des **Distributivgesetzes** zusammenfassen. Für a, b, c $\in \mathbb{R}$; $c > 0$ gilt:

$a\sqrt{c} \pm b\sqrt{c} = (a \pm b) \cdot \sqrt{c}$

Beispiele

1. $3\sqrt{7} + 2\sqrt{7} = (3+2)\sqrt{7} = 5\sqrt{7}$ — Klammere $\sqrt{7}$ aus und berechne.

2. $8\sqrt{361} - 5\sqrt{361} + \sqrt{361} = (8-5+1)\sqrt{361}$ — Klammere aus und fasse zusammen. Ziehe dann die Wurzel.

$= 4\sqrt{361}$

$= 4 \cdot 19$

$= 76$

Multiplizierst oder dividierst du Quadratwurzeln, gelten darüber hinaus folgende Rechengesetze, die sogenannten **Quadratwurzelgesetze**.

Multiplikation und Division von Wurzeltermen

- Quadratwurzeln **multiplizierst** du miteinander, indem du zunächst die Radikanden multiplizierst und dann die Quadratwurzel ziehst:

  $\sqrt{a} \cdot \sqrt{b} = \sqrt{a \cdot b}$ **für $a, b \geqq 0$**

- Quadratwurzeln **dividierst** du, indem du zunächst die Radikanden dividierst und dann die Quadratwurzel ziehst:

  $\frac{\sqrt{a}}{\sqrt{b}} = \sqrt{\frac{a}{b}}$ *bzw.* $\sqrt{a} : \sqrt{b} = \sqrt{a : b}$ **für $a \geqq 0; b > 0$**

Achtung: Für Addition und Subtraktion gibt es **keine** entsprechenden Regeln!

eispiele

1. Berechne und vereinfache mithilfe der Quadratwurzelgesetze.

a) $\sqrt{2}\cdot\sqrt{8}$

b) $\sqrt{196\cdot 4}$

c) $\sqrt{\frac{25}{81}}$

d) $\frac{\sqrt{200x}}{\sqrt{2x}}$ $(x>0)$

Lösung:

a) $\sqrt{2}\cdot\sqrt{8}=\sqrt{2\cdot 8}=\sqrt{16}=4$

Multipliziere erst die Radikanden und ziehe dann die Wurzel.

b) $\sqrt{196\cdot 4}=\sqrt{196}\cdot\sqrt{4}=14\cdot 2=28$

Diese Rechnung ist leichter, wenn du erst die Wurzeln ziehst und dann multiplizierst.

c) $\sqrt{\frac{25}{81}}=\frac{\sqrt{25}}{\sqrt{81}}=\frac{5}{9}$

Ziehe erst die Wurzeln und dividiere dann.

d) $\frac{\sqrt{200x}}{\sqrt{2x}}=\sqrt{\frac{200x}{2x}}=\sqrt{100}=10$

Diese Rechnung ist leichter, wenn du erst die Radikanden dividierst und dann die Wurzel ziehst.

2. *Achtung:* $\sqrt{16}+\sqrt{9}\neq\sqrt{16+9}$

$4+3\neq\sqrt{25}$

$7\neq 5$

Es gibt **keine** entsprechende Regel für die Addition (und Subtraktion) von Wurzeln!

Generell solltest du Terme mit Wurzeln immer so weit wie möglich vereinfachen. Ein Weg dafür ist das **teilweise Radizieren (teilweise Wurzelziehen)**.

Teilweises Radizieren

Wenn du den Radikanden einer Wurzel in ein Produkt zerlegen kannst, von dem mindestens einer der Faktoren ein Quadrat ist, kannst du **teilweise radizieren**.

Für $a\neq 0$ und $b\geqq 0$ gilt:

$\sqrt{a^2\cdot b}=\sqrt{a^2}\cdot\sqrt{b}=|a|\cdot\sqrt{b}$

$\sqrt{\frac{b}{a^2}}=\frac{\sqrt{b}}{\sqrt{a^2}}=\frac{1}{|a|}\cdot\sqrt{b}$

Beispiele

1. Vereinfache so weit wie möglich.

a) $\sqrt{12}$

b) $\sqrt{\frac{15}{108}}$

Lösung:

a) $\sqrt{12}=\sqrt{4\cdot 3}=\sqrt{4}\cdot\sqrt{3}=2\sqrt{3}$

Zerlege in ein Produkt mit einem Quadrat. Ziehe teilweise die Wurzel.

b) $\sqrt{\frac{15}{108}}=\sqrt{\frac{3\cdot 5}{3\cdot 36}}=\sqrt{\frac{5}{36}}=\frac{\sqrt{5}}{\sqrt{36}}=\frac{\sqrt{5}}{6}$

Kürze zunächst, damit du dann im Nenner die Wurzel ziehen kannst.

2. $2\sqrt{\frac{7}{8}} = \sqrt{2^2} \cdot \sqrt{\frac{7}{8}} = \sqrt{4 \cdot \frac{7}{8}} = \sqrt{\frac{7}{2}} = \sqrt{3{,}5}$

Du kannst einen nichtnegativen Term auch **unter die Wurzel ziehen**.

3. $\sqrt{5a^2} = |a|\sqrt{5}$

Achtung: Variablen, die du vor die Wurzel ziehst, musst du in den Betrag setzen, außer du weißt, dass sie positiv sind.

79 Berechne im Kopf.

a) $\sqrt{64+36}$

b) $\sqrt{2} \cdot \sqrt{32}$

c) $\sqrt{64} + \sqrt{36}$

d) $\frac{\sqrt{147}}{\sqrt{3}}$

e) $\sqrt{10} \cdot \sqrt{0{,}009}$

f) $\sqrt{\frac{1}{35}} : \sqrt{\frac{1}{140}}$

80 Radiziere teilweise.

a) $\sqrt{50}$

b) $\sqrt{8x^3}$ $(x \geqq 0)$

c) $\sqrt{18a^2}$

d) $\sqrt{ab^2c^4}$ $(a \geqq 0)$

81 Vereinfache so weit wie möglich.

a) $5\sqrt{17} + 3\sqrt{17}$

b) $5\sqrt{5} - 8\sqrt{5}$

c) $\sqrt{8} + \sqrt{2} + 3\sqrt{2}$

d) $3\sqrt{2} + 2\sqrt{5} - 2\sqrt{2} + 4\sqrt{5}$

82 Fasse folgende Terme mithilfe der Wurzelgesetze so weit wie möglich zusammen. Es gilt a, b, c > 0.

a) $3\sqrt{a} + \sqrt{a} + \sqrt{b}$

b) $\sqrt{3ab^2} \cdot \sqrt{12a}$

c) $\sqrt{25} - \sqrt{18a} + \sqrt{32a} - \sqrt{2a^2}$

d) $\frac{\sqrt{32a^5b^4c}}{\sqrt{2abc}}$

Vermischte Aufgaben

83 Berechne im Kopf.

a) $\sqrt{60} \cdot \sqrt{15}$

b) $\sqrt{27} : \sqrt{3}$

c) $\sqrt{1\,960\,000}$

d) $\sqrt{0{,}00000081}$

84 Welche Zahl musst du jeweils einsetzen, damit die Gleichung stimmt?

a) $\sqrt{8} \cdot \sqrt{\square} = 12$

b) $\sqrt{125} : \sqrt{\square} = 5$

c) $\sqrt{3{,}5} \cdot \sqrt{14} = \square$

d) $\dfrac{\sqrt{\square}}{\sqrt{0{,}5}} = 8$

85 Multipliziere aus und fasse so weit wie möglich zusammen.

a) $\sqrt{15} \cdot (\sqrt{3} - \sqrt{5})$

b) $(\sqrt{7} + \sqrt{6}) \cdot \sqrt{21}$

c) $(\sqrt{5} + \sqrt{17})(\sqrt{5} - \sqrt{17})$

d) $(\sqrt{3} - \sqrt{27})^2$

86 Vereinfache so weit wie möglich. Bestimme dann die Lösungsmenge über $\mathbb{G} = \mathbb{R}$.

a) $(x+7)(x-5) + (x+5)(x-7) = -20$

b) $(2x-2)(x+8) - (x-4)^2 = 22x + 89$

87 Ein Rechteck hat die Maße $\ell = \sqrt{12}$ cm und $b = \sqrt{3}$ cm.
Berechne seinen Umfang und seinen Flächeninhalt. Gib die Ergebnisse exakt an.

88 Ein Quadrat hat einen Flächeninhalt von $A = 28\ \text{cm}^2$.
Berechne den Umfang des Quadrats. Gib das Ergebnis exakt an und vereinfache es so weit wie möglich. Ziehe dafür teilweise die Wurzel.

89 Gegeben sind die folgenden Funktionen mit der Grundmenge $\mathbb{G} = \mathbb{R} \times \mathbb{R}$.
Gib jeweils die Definitionsmenge an.

a) $f(x) = \sqrt{x+1}$

b) $f(x) = \sqrt{-x}$

c) $f(x) = \sqrt{5-x}$

d) $f(x) = \sqrt{x^2}$

90 Die Gerade g geht durch die Punkte $A(\sqrt{20} \mid \sqrt{5})$ und $B(\sqrt{8} \mid \sqrt{2})$.
Gib die Geradengleichung von g in Normalform an.

Flächeninhalt ebener Vielecke

1 Zerlegungsgleichheit von Vielecken

Betrachte die rechts abgebildeten Figuren. Das gleichschenklige Dreieck und das Rechteck haben auf den ersten Blick nicht viel gemeinsam. Tatsächlich sind beide Figuren **zerlegungsgleich**, da sie so in Teilflächen zerlegt werden können, dass diese paarweise kongruent sind.

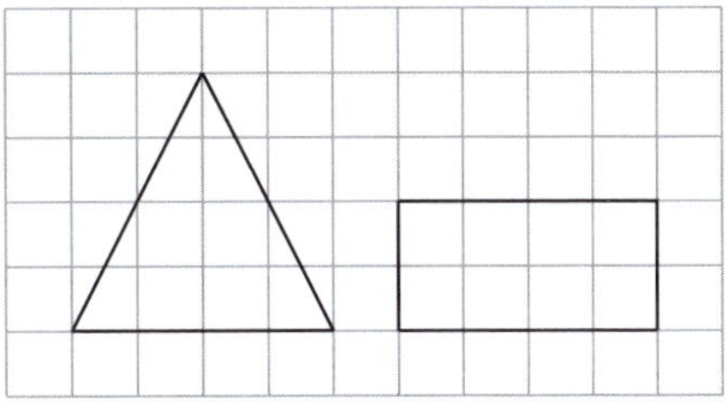

Vielecke sind **zerlegungsgleich**, wenn sie in endlich viele paarweise kongruente Teilvielecke zerlegt werden können.

Es gilt:
Zerlegungsgleiche Vielecke besitzen den **gleichen Flächeninhalt** und sind somit **flächengleich**.

Beispiel

Zeige, dass die oben abgebildeten Figuren zerlegungsgleich sind.

Lösung:
Beide Figuren lassen sich z. B. in 4 rechtwinklige Dreiecke und 1 Quadrat zerlegen. Da die Dreiecke der Figuren kongruent sind und die Quadrate dieselben Maße haben, sind die beiden Figuren **zerlegungsgleich** und damit auch **flächengleich**.

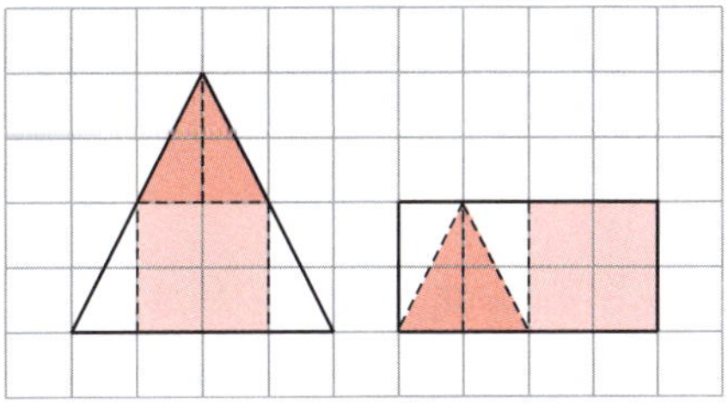

Hinweis: Es kann mehrere Zerlegungen geben. Du kannst im Beispiel z. B. das Dreieck durch seine Höhe senkrecht halbieren und das Rechteck durch eine Diagonale teilen. Die entstehenden Dreiecke sind ebenfalls kongruent.

91 Zeige durch Zerlegen, dass folgende Vielecke denselben Flächeninhalt besitzen.

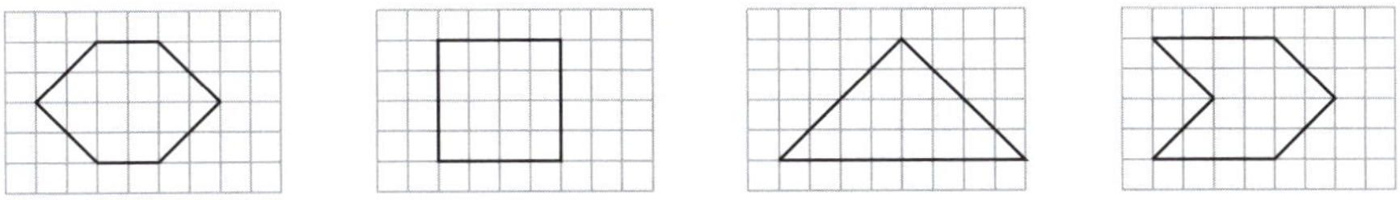

2 Flächenberechnungen

2.1 Dreieck

Die **Höhe eines Dreiecks** ist das Lot von einem Eckpunkt auf die gegenüberliegende Seite. Da jedes Dreieck drei Eckpunkte hat, hat es auch drei Höhen. Diese können entweder innerhalb oder außerhalb des Dreiecks verlaufen.

Höhe innerhalb des Dreiecks:

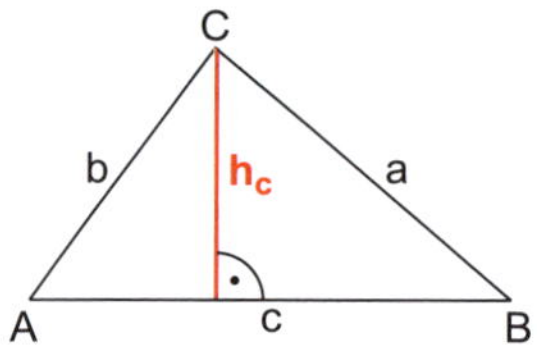

Höhe außerhalb des Dreiecks:

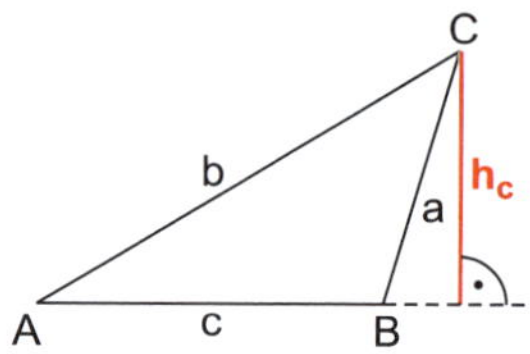

Dabei bezeichnet h_c die Höhe auf die Seite c.

Allgemeines Dreieck

Den Flächeninhalt eines Dreiecks kannst du folgendermaßen berechnen:

$$A = \frac{1}{2} \cdot \text{Grundseite} \cdot \text{zugehörige Höhe}$$

$$A = \frac{1}{2} \cdot g \cdot h$$

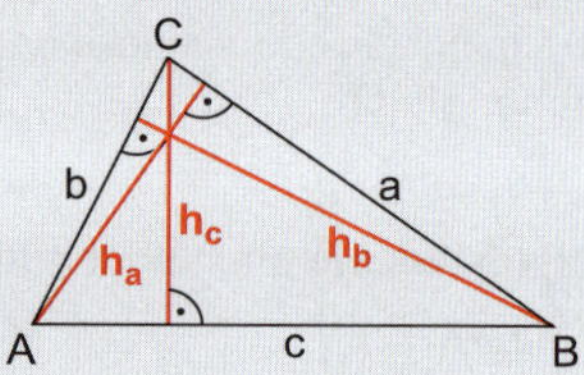

Für den Flächeninhalt des Dreiecks ABC gilt:

$$A_{ABC} = \frac{1}{2} \cdot a \cdot h_a \qquad A_{ABC} = \frac{1}{2} \cdot b \cdot h_b \qquad A_{ABC} = \frac{1}{2} \cdot c \cdot h_c$$

Beispiele

1. Flächeninhalt des Dreiecks ABC mit $a = 3$ cm und $h_a = 4$ cm:

$$A = \frac{1}{2} \cdot a \cdot h_a = \frac{1}{2} \cdot 3\text{ cm} \cdot 4\text{ cm} = 6\text{ cm}^2$$

2. Berechne den Flächeninhalt der Dreiecke ABC und ABD.
Was fällt dir auf?

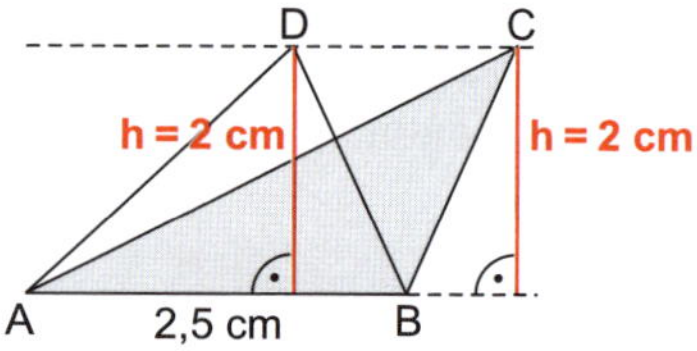

Lösung:

Flächeninhalt des Dreiecks ABC:

$$A_{ABC} = \frac{1}{2} \cdot g \cdot h = \frac{1}{2} \cdot \overline{AB} \cdot h = \frac{1}{2} \cdot 2{,}5\text{ cm} \cdot 2\text{ cm} = \mathbf{2{,}5\text{ cm}^2}$$

Flächeninhalt des Dreiecks ABD:

$$A_{ABD} = \frac{1}{2} \cdot g \cdot h = \frac{1}{2} \cdot \overline{AB} \cdot h = \frac{1}{2} \cdot 2{,}5\text{ cm} \cdot 2\text{ cm} = \mathbf{2{,}5\text{ cm}^2}$$

Die Flächeninhalte sind gleich groß.

Allgemein gilt:
Dreiecke mit der gleichen Höhe und der gleichen Grundseite haben denselben Flächeninhalt, unabhängig davon, ob sie kongruent sind oder nicht.

3. Bei stumpfwinkligen Dreiecken liegen zwei Höhen außerhalb des Dreiecks:

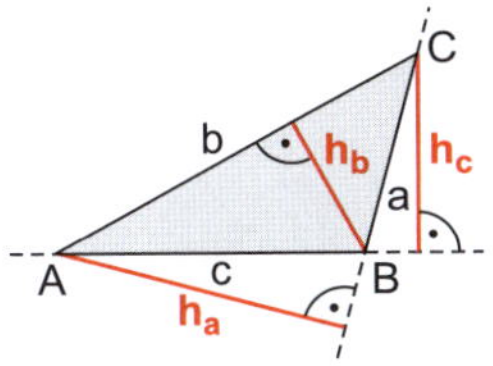

Ein Dreieck, bei dem ein Winkel 90° beträgt, heißt **rechtwinkliges Dreieck**. Bei rechtwinkligen Dreiecken fallen zwei der drei Höhen mit den Katheten zusammen.

Rechtwinkliges Dreieck
Den Flächeninhalt eines rechtwinkligen Dreiecks mit den Katheten a und b kannst du folgendermaßen berechnen:

$$A = \frac{1}{2} \cdot \textbf{Produkt der Katheten}$$

$$A = \frac{1}{2} \cdot a \cdot b$$

Hinweis: Die Hypotenuse ist die längste Seite.

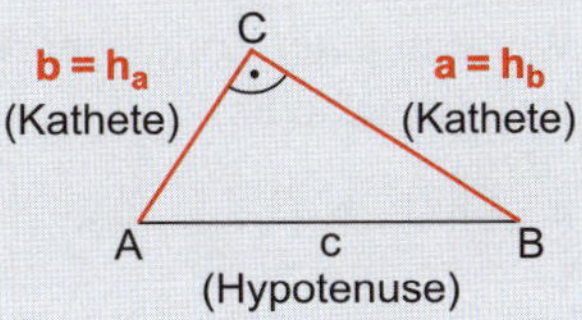

Beispiele

1. Im rechtwinkligen Dreieck ABC gilt a = 1,5 cm, b = 2 cm und c = 2,5 cm.
a) Konstruiere das Dreieck und zeichne die Höhen ein.
b) Berechne den Flächeninhalt A und den Umfang u des Dreiecks.

Lösung:
a) Konstruktion:

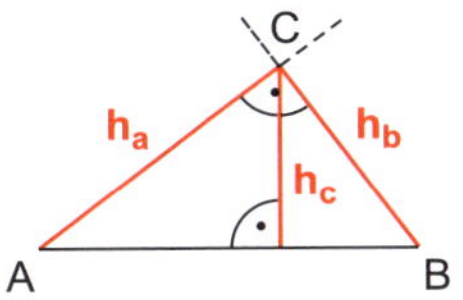

Konstruiere das Dreieck z. B. nach sss. Im Dreieck ABC ist c = 2,5 cm die längste Seite und damit die Hypotenuse. Der rechte Winkel liegt also bei C und die Seiten a und b sind die Katheten.

b) Flächeninhalt des Dreiecks ABC:

$$A = \frac{1}{2} \cdot a \cdot b = \frac{1}{2} \cdot 1{,}5\ \text{cm} \cdot 2\ \text{cm} = 1{,}5\ \text{cm}^2$$

Umfang des Dreiecks ABC:
$u = a + b + c = 1{,}5\ \text{cm} + 2\ \text{cm} + 2{,}5\ \text{cm} = 6\ \text{cm}$

2. Das rechtwinklige Dreieck ABC hat einen Flächeninhalt von 36 cm². Die Kathete a ist 4,5 cm lang.
Welche Länge hat die Kathete b?

Lösung:
Berechnung der Länge der Kathete b:

$$A = \frac{1}{2} \cdot a \cdot b \qquad | \cdot 2$$

Löse die Flächenformel nach der Unbekannten b auf.

$$\Leftrightarrow \quad 2A = a \cdot b \qquad | : a$$

$$\Leftrightarrow \quad b = \frac{2A}{a}$$

Setze den Flächeninhalt A und die Länge der Kathete a ein und berechne b.

$$\Leftrightarrow \quad b = \frac{2 \cdot 36\ \text{cm}^2}{4{,}5\ \text{cm}}$$

$$\Leftrightarrow \quad b = 16\ \text{cm}$$

Die Kathete b ist 16 cm lang.

92 Die Werte in jeder Zeile gehören zu einem Dreieck.
Ergänze die Tabelle.

a	b	c	h_a	h_b	h_c	A	u
3 cm	2 cm		2 cm		1,5 cm		
25 m		30 m		15 m			75 m

93 Ein rechtwinkliges Dreieck hat die Kathetenlängen a = 3 cm und b = 4 cm.

a) Berechne den Flächeninhalt des Dreiecks.

b) Die Hypotenuse c des Dreiecks ist 5 cm lang.
Wie groß ist h_c?

94 Bei einem Dreieck ist eine Seite doppelt so lang wie die zugehörige Höhe. Das Dreieck hat einen Flächeninhalt von 9 cm².
Wie lang ist die besagte Seite und wie lang ist die zugehörige Höhe?

2.2 Parallelogramm

Ein **Parallelogramm** ist ein Viereck, bei dem die gegenüberliegenden Seiten parallel und gleich lang sind. Außerdem halbieren sich die Diagonalen gegenseitig.

Parallelogramm

Den Flächeninhalt eines Parallelogramms kannst du folgendermaßen berechnen:

A = Grundseite · Höhe

$A = g \cdot h$

$A = a \cdot h_a$

$A = b \cdot h_b$

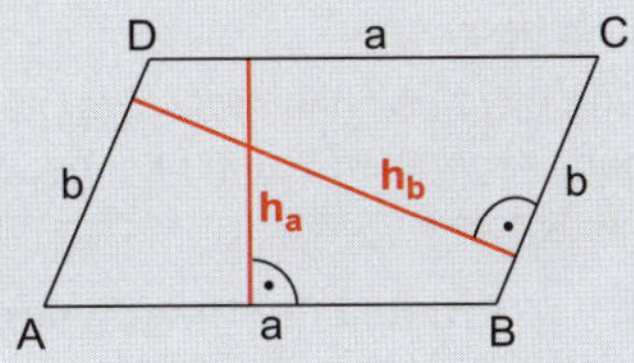

Die **Höhe** des Parallelogramms ist der Abstand der betrachteten Grundseite von der zu ihr parallelen Seite.

Beispiel

Ein Parallelogramm hat einen Flächeninhalt von $A = 16\ \text{cm}^2$.
Berechne die Länge der Höhe h_a, wenn die zugehörige Seite $a = 8$ cm lang ist.

Lösung:

Berechnung der Höhe h_a:

$$A = a \cdot h_a \quad |:a$$

$$\Leftrightarrow \quad h_a = \frac{A}{a}$$

$$\Leftrightarrow \quad h_a = \frac{16\ \text{cm}^2}{8\ \text{cm}} = 2\ \text{cm}$$

Löse die Flächenformel nach der Unbekannten h_a auf.
Setze den Flächeninhalt A und die Seitenlänge a ein und berechne h_a.

95 Die Werte jeder Zeile gehören zu einem Parallelogramm. Ergänze die Tabelle.

a	b	h_a	h_b	A	u
5 cm		4 cm			30 cm
	25 mm	0,8 dm		24 cm²	

96 Bei einem Parallelogramm ist h_a um 5 cm länger als h_b. b ist 40 cm lang.
Wie groß ist der Umfang des Parallelogramms, wenn der Flächeninhalt 800 cm² ist?

97 Die nebenstehend abgebildete Figur ist achsensymmetrisch.

a) Wie groß ist die rote Fläche?

b) Um wie viel Prozent ist die rote Fläche kleiner als die graue Fläche?

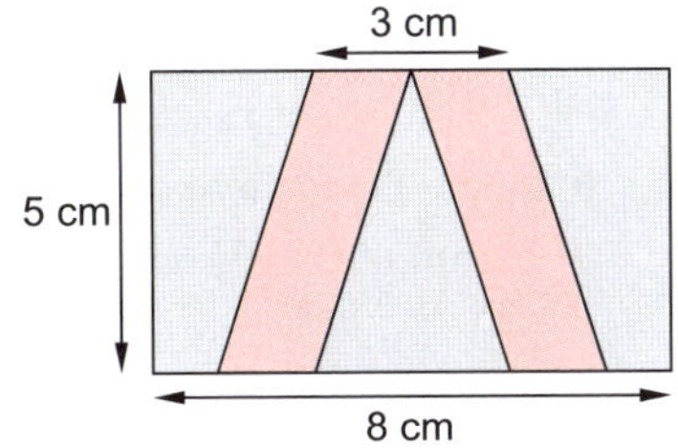

2.3 Drachenviereck und Raute

Ein **Drachenviereck** ist ein Viereck, das zwei Paare gleich langer benachbarter Seiten besitzt. Die Diagonalen stehen senkrecht aufeinander und es besitzt eine Symmetrieachse.

Drachenviereck

Den Flächeninhalt eines Drachenvierecks mit den Diagonalen e und f kannst du folgendermaßen berechnen:

$A = \frac{1}{2} \cdot$ **Produkt der Diagonalen**

$A = \frac{1}{2} \cdot e \cdot f$

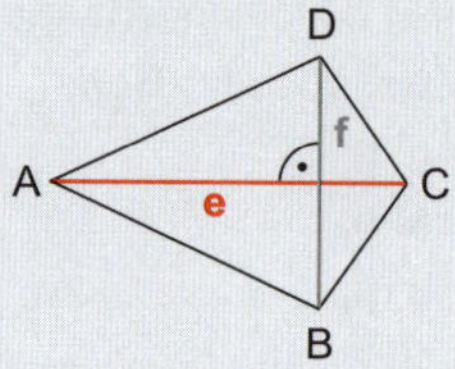

Tipp:

Notiere für die richtige Benennung der Diagonalen **ABCDef**.

Dann gilt: **[AC] = e**; [BD] = f

Beispiele

1. Flächeninhalt eines Drachenvierecks mit e = 14 dm und f = 21 dm:

$A = \frac{1}{2} \cdot e \cdot f = \frac{1}{2} \cdot 14\ \text{dm} \cdot 21\ \text{dm} = 147\ \text{dm}^2$

2. Ein Drachenviereck hat einen Flächeninhalt von $A = 32\ \text{cm}^2$.

Wie lang ist die Diagonale f, wenn die Diagonale e = 4 cm lang ist?

Lösung:

Berechnung der Länge der Diagonalen f:

$$A = \frac{1}{2} \cdot e \cdot f \quad | \cdot 2$$

Löse die Flächenformel nach der Unbekannten f auf.

$$\Leftrightarrow \quad 2A = e \cdot f \quad | : e$$

$$\Leftrightarrow \quad f = \frac{2A}{e}$$

Setze den Flächeninhalt A und die Länge der Diagonalen e ein und berechne f.

$$\Leftrightarrow \quad f = \frac{2 \cdot 32\ \text{cm}^2}{4\ \text{cm}}$$

$$\Leftrightarrow \quad f = 16\ \text{cm}$$

Die Diagonale f ist 16 cm lang.

98 a) Ein Drachenviereck hat die Diagonalen e = 5 cm und f = 4 cm.
Wie groß ist der Flächeninhalt des Drachenvierecks?

b) In einem Drachenviereck ABCD gilt $\overline{AC} = 10$ cm.
Wie groß muss $\overline{BD}$ sein, damit das Drachenviereck einen Flächeninhalt von $A = 45\ \text{cm}^2$ hat?

Eine **Raute** ist ein Sonderfall eines Drachenvierecks. Bei einer Raute sind alle vier Seiten gleich lang und die gegenüberliegenden Seiten sind parallel. Außerdem stehen die Diagonalen senkrecht aufeinander und halbieren sich gegenseitig.

Raute

Den Flächeninhalt einer Raute mit den Diagonalen e und f kannst du folgendermaßen berechnen:

$$A = \frac{1}{2} \cdot \text{Produkt der Diagonalen}$$

$$A = \frac{1}{2} \cdot e \cdot f$$

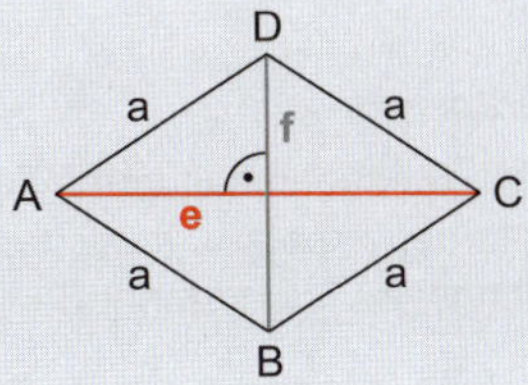

Beispiel

Konstruiere eine Raute mit den Diagonalen e = 4 cm und f = 3 cm.
Berechne anschließend den Flächeninhalt der Raute.

Lösung:

Konstruktion:

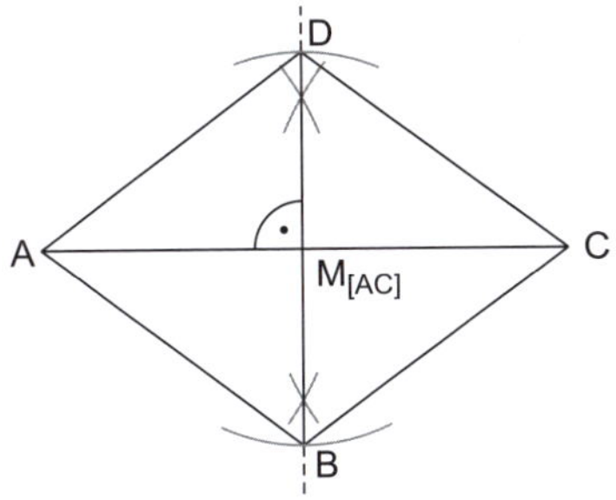

Bei einer **Raute** stehen die **Diagonalen senkrecht** aufeinander und **halbieren sich**.

Konstruktionsbeschreibung:

- Zeichne die Diagonale $e = \overline{AC} = 4$ cm.
- Konstruiere die Mittelsenkrechte der Diagonalen e.
- Trage die Diagonale f so an der Mittelsenkrechten an, dass e die Diagonale f halbiert.
  Beachte: Die Bezeichnung der Punkte erfolgt gegen den Uhrzeigersinn!
- Verbinde die Eckpunkte.

Berechnung des Flächeninhalts:

$$A = \frac{1}{2} \cdot e \cdot f = \frac{1}{2} \cdot 4\text{ cm} \cdot 3\text{ cm} = 6\text{ cm}^2$$

Setze in die Flächenformel ein.

99 Bei einer Raute mit dem Flächeninhalt $A = 15\text{ cm}^2$ beträgt die Länge einer der Diagonalen 5 cm.
Wie lang ist die zweite Diagonale?

100 Bei einer Raute mit dem Flächeninhalt $A = 12\text{ cm}^2$ ist die Diagonale e eineinhalbmal so lang wie die Diagonale f.
Zeichne die Raute.

2.4 Trapez

Ein **Trapez** ist ein Viereck, bei dem ein Paar gegenüberliegender Seiten parallel ist. Ein **gleichschenkliges Trapez** ist ein Sonderfall eines Trapezes. Bei einem gleichschenkligen Trapez sind die Seiten des nicht parallelen Seitenpaares gleich lang.

Trapez

Den Flächeninhalt eines Trapezes mit $a \parallel c$ und dem Abstand h der parallelen Seiten kannst du folgendermaßen berechnen:

$\mathbf{A = \frac{1}{2} \cdot (a + c) \cdot h}$

$\mathbf{A = m \cdot h}$

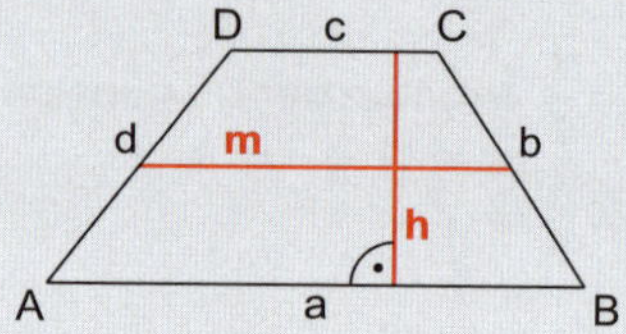

Die **Mittellinie m** des Trapezes kannst du mit $\mathbf{m = \frac{1}{2} \cdot (a + c)}$ berechnen.

Beispiele

1. Ein Trapez mit $A = 27\ \text{cm}^2$ hat die parallelen Seiten $a = 10$ cm und $c = 8$ cm. Welchen Abstand haben a und c voneinander?

Lösung:

Berechnung des Abstandes h:

$$A = \frac{1}{2} \cdot (a + c) \cdot h \qquad | \cdot 2$$
$$\Leftrightarrow \quad 2A = (a + c) \cdot h \qquad | : (a + c)$$
$$\Leftrightarrow \quad h = \frac{2A}{a + c}$$
$$\Leftrightarrow \quad h = \frac{2 \cdot 27\ \text{cm}^2}{10\ \text{cm} + 8\ \text{cm}}$$
$$\Leftrightarrow \quad h = 3\ \text{cm}$$

Die beiden Seiten haben einen Abstand von 3 cm.

Der gesuchte Abstand von a und c entspricht der Höhe h. Löse die Flächenformel nach der Unbekannten h auf.

Setze den Flächeninhalt A und die Seitenlängen a und c ein und berechne h.

2. Die Mittellinie eines Trapezes mit der Höhe $h = 0{,}5$ dm ist 180 mm lang. Berechne den Flächeninhalt des Trapezes und gib ihn in cm^2 an.

Lösung:

Umrechnung der gegebenen Werte in cm:

$h = 0{,}5\ \text{dm} = 5\ \text{cm}$

$m = 180\ \text{mm} = 18\ \text{cm}$

Berechnung des Flächeninhaltes:

$A = m \cdot h = 5\ \text{cm} \cdot 18\ \text{cm} = 90\ \text{cm}^2$

Das Trapez hat einen Flächeninhalt von $90\ \text{cm}^2$.

Rechne zunächst alle Längen in dieselbe Einheit um. Hier bieten sich cm an.

Da die Länge der Mittellinie gegeben ist, kannst du die verkürzte Formel verwenden.

101 Die Werte jeder Zeile gehören zu einem Trapez mit a || c. Ergänze die Tabelle.

a	c	h	A
5 cm	3 cm	4 cm	
3,8 cm	5,4 cm		6,9 cm^2
2,5 cm		4,2 cm	14,7 cm^2

102 Betrachte die folgenden Trapeze:

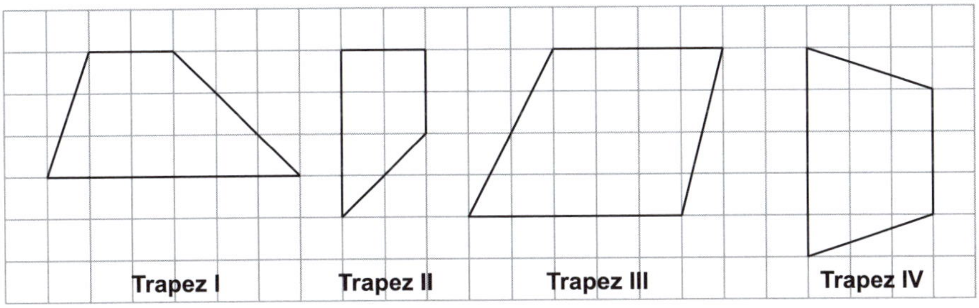

a) Markiere jeweils die parallelen Seiten a und c farbig. Zeichne die Höhe h ein.

b) Berechne jeweils den Flächeninhalt. Entnimm dafür die Maße der Zeichnung.

103 Bei einem Trapez mit der Höhe h = 2,7 cm ist eine der parallelen Seiten viermal so lang wie die andere. Das Trapez hat einen Flächeninhalt von A = 16,2 cm^2. Berechne die Längen der parallelen Seiten.

104 Berechne die Querschnittsfläche des Bauteils. Alle Maße sind in mm angegeben.

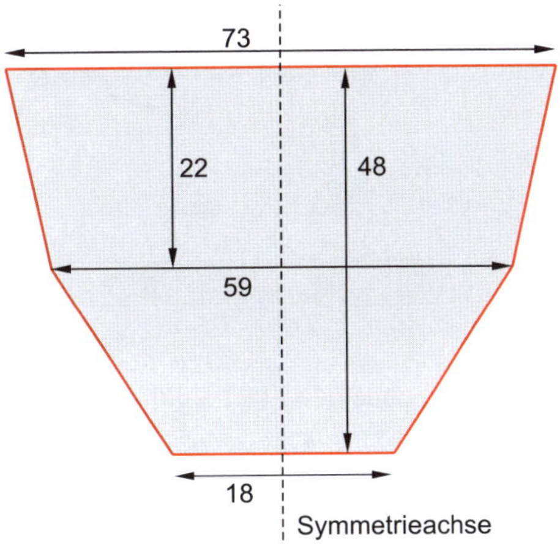

3 Flächenberechnungen im Koordinatensystem

Sind die Punkte eines ebenen Vielecks in Koordinatenschreibweise gegeben, musst du zunächst überlegen, ob du dem Koordinatensystem die benötigten Seitenlängen entnehmen und den Flächeninhalt mit den bekannten Formeln berechnen kannst.

3.1 Waagerechte und senkrechte Seiten im Koordinatensystem

Haben zwei Punkte dieselbe x-Koordinate oder dieselbe y-Koordinate, kannst du ganz einfach die Länge der zugehörigen Strecke berechnen.

- Die Strecke zwischen zwei Punkten $A(x \mid y_A)$ und $B(x \mid y_B)$ mit derselben **x-Koordinate** (Abszisse) verläuft **senkrecht**. Die Länge der Strecke lautet: $\overline{AB} = |y_B - y_A|$ LE
- Die Strecke zwischen zwei Punkten $A(x_A \mid y)$ und $B(x_B \mid y)$ mit derselben **y-Koordinate** (Ordinate) verläuft **waagerecht**. Die Länge der Strecke lautet: $\overline{AB} = |x_B - x_A|$ LE

Beispiel

Betrachte das Drachenviereck ABCD mit $A(0 \mid 2)$, $B(1 \mid 1)$, $C(4 \mid 2)$ und $D(1 \mid 3)$. Berechne den Flächeninhalt des Drachenvierecks ABCD.

Lösung:

Längen der Diagonalen:

Die Strecke durch $A(0 \mid 2)$ und $C(4 \mid 2)$ verläuft **waagerecht**:

$\overline{AC} = |x_C - x_A|\,\text{LE} = |4 - 0|\,\text{LE} = 4\,\text{LE}$

Die Strecke durch $B(1 \mid 1)$ und $D(1 \mid 3)$ verläuft **senkrecht**:

$\overline{BD} = |y_D - y_B|\,\text{LE} = |3 - 1|\,\text{LE} = 2\,\text{LE}$

Flächeninhalt:

$A = \frac{1}{2} \cdot \overline{AC} \cdot \overline{BD} = \frac{1}{2} \cdot 4\,\text{LE} \cdot 2\,\text{LE} = 4\,\text{FE}$

Zeichnung:

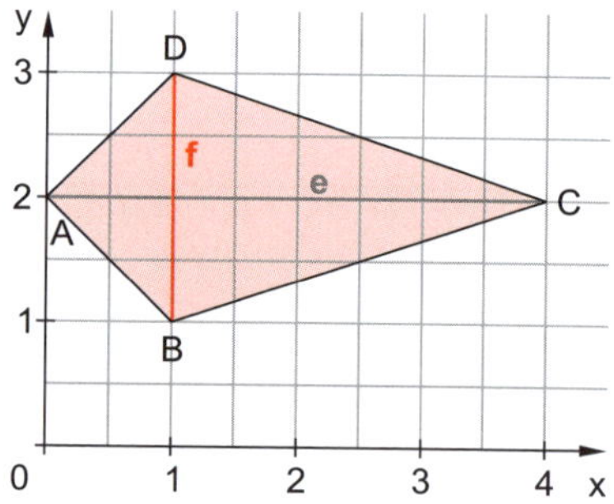

105 Zeichne jeweils in ein Koordinatensystem und berechne den Flächeninhalt.

a) Dreieck ABC mit $A(0{,}5 \mid 1)$, $B(2 \mid 1{,}5)$ und $C(0{,}5 \mid 3)$

b) Dreieck ABC mit $A(0 \mid 0)$, $B(3 \mid 0)$ und $C(0 \mid 2)$

c) Trapez ABCD mit $A(0 \mid 0)$, $B(3 \mid 0)$, $C(3 \mid 1)$ und $D(0 \mid 3)$

d) Parallelogramm ABCD mit $A(-1 \mid -2)$, $B(2 \mid -1)$, $C(2 \mid 1)$ und $D(-1 \mid 0)$

3.2 Flächenberechnungen mit Determinante

Bei linearen Gleichungssystemen sind dir Determinanten bereits beim Determinantenverfahren begegnet. Nun wirst du eine weitere Anwendung kennenlernen. Sind ebene Vielecke im Koordinatensystem gegeben, kannst du ihren **Flächeninhalt** leicht mithilfe der **Determinante der aufspannenden Vektoren** bestimmen.

Unter der **Determinante** $D = \begin{vmatrix} a_x & b_x \\ a_y & b_y \end{vmatrix}$ versteht man den Term $a_x b_y - a_y b_x$:

$$\mathbf{D = \begin{vmatrix} a_x & b_x \\ a_y & b_y \end{vmatrix} = a_x b_y - a_y b_x}$$

Merke: *„Links oben mal rechts unten minus links unten mal rechts oben."*

Beispiele

1. $D = \begin{vmatrix} 1 & 3 \\ 2 & 4 \end{vmatrix} = 1 \cdot 4 - 2 \cdot 3 = 4 - 6 = -2$

Links oben mal **rechts unten**
minus
links unten mal **rechts oben.**

2. Statt der Formel $D = \begin{vmatrix} a_x & b_x \\ a_y & b_y \end{vmatrix} = a_x b_y - a_y b_x$ kannst du dir den **Fisch** merken:

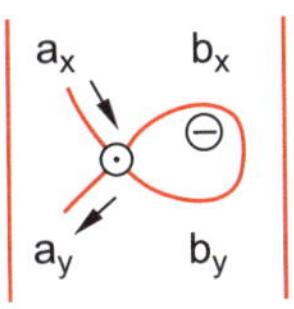

$= a_x \cdot b_y - b_x \cdot a_y$

Zeichne vom ersten Feld aus einen Fisch (mit Minus-Auge) ein. Folge beim Aufstellen des Terms der Fischform.

Wegen des **Kommutativgesetzes** gilt $\mathbf{b_x \cdot a_y = a_y \cdot b_x}$. Somit entspricht die Formel im Kasten der „Fisch-Formel":

$$D = \begin{vmatrix} a_x & b_x \\ a_y & b_y \end{vmatrix} = a_x \cdot b_y - \mathbf{a_y \cdot b_x} = a_x \cdot b_y - \mathbf{b_x \cdot a_y}$$

Die Determinante hilft dir folgendermaßen bei der Flächenberechnung.

Flächeninhalt eines Dreiecks

Wird ein Dreieck durch die Vektoren $\vec{a} = \begin{pmatrix} a_x \\ a_y \end{pmatrix}$ und $\vec{b} = \begin{pmatrix} b_x \\ b_y \end{pmatrix}$ aufgespannt, kannst du seinen Flächeninhalt folgendermaßen mit der Determinante berechnen:

$$\mathbf{A = \frac{1}{2} \cdot \begin{vmatrix} a_x & b_x \\ a_y & b_y \end{vmatrix} FE = \frac{1}{2} \cdot (a_x b_y - a_y b_x)\, FE}$$

Dabei muss gelten:

- $\vec{a}$ und $\vec{b}$ müssen den **gleichen Anfangspunkt** (Fußpunkt) haben.
- Die **Reihenfolge** von $\vec{a}$ und $\vec{b}$ **in der Determinante** musst du so wählen, dass zuerst der Vektor kommt, der die Dreiecksfläche **gegen den Uhrzeigersinn** überstreicht, wenn du ihn auf den anderen Vektor drehst.

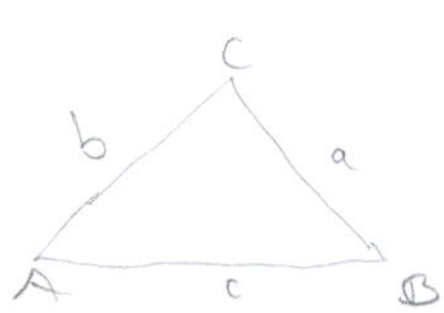

Beispiele

1. Berechne den Flächeninhalt des Dreiecks ABC mit A(1 | 1), B(4 | 2), C(2 | 5).

Lösung:

Das Dreieck ABC ist durch die Vektoren $\overrightarrow{AB}$ und $\overrightarrow{AC}$ mit dem gemeinsamen Anfangspunkt A **eindeutig festgelegt**. Es wird also durch die Vektoren $\overrightarrow{AB}$ und $\overrightarrow{AC}$ **aufgespannt**. Drehst du $\overrightarrow{AB}$ gegen den Uhrzeigersinn auf $\overrightarrow{AC}$, überstreicht $\overrightarrow{AB}$ die Dreiecksfläche. Somit steht zuerst $\overrightarrow{AB}$ in der Determinante.

Aufspannende Vektoren:

$$\overrightarrow{AB} = \begin{pmatrix} x_B - x_A \\ y_B - y_A \end{pmatrix} = \begin{pmatrix} 4-1 \\ 2-1 \end{pmatrix} = \begin{pmatrix} 3 \\ 1 \end{pmatrix}$$

$$\overrightarrow{AC} = \begin{pmatrix} x_C - x_A \\ y_C - y_A \end{pmatrix} = \begin{pmatrix} 2-1 \\ 5-1 \end{pmatrix} = \begin{pmatrix} 1 \\ 4 \end{pmatrix}$$

Flächeninhalt:

$$A = \frac{1}{2} \cdot \left| \overrightarrow{AB} \quad \overrightarrow{AC} \right| \text{FE}$$

$$A = \frac{1}{2} \cdot \begin{vmatrix} 3 & 1 \\ 1 & 4 \end{vmatrix} \text{FE}$$

$$A = \frac{1}{2} \cdot (3 \cdot 4 - 1 \cdot 1) \text{ FE}$$

$$A = 5{,}5 \text{ FE}$$

Zeichnung:

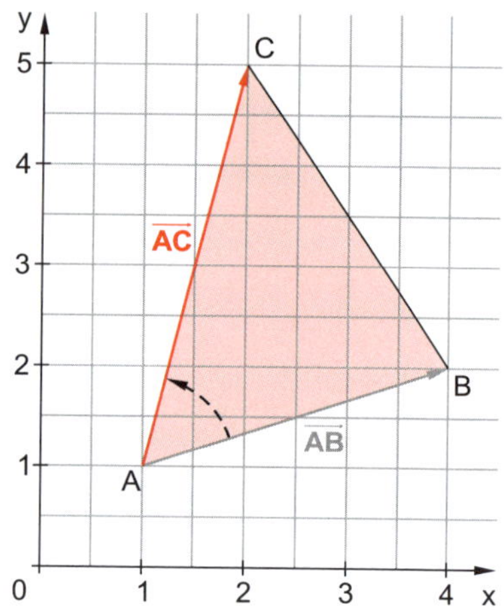

Hinweis:

Setzt du die Vektoren in der falschen Reihenfolge in die Determinante ein, erhältst du einen negativen Wert für den Flächeninhalt:

$$A = \frac{1}{2} \cdot \left| \overrightarrow{AC} \quad \overrightarrow{AB} \right| \text{FE} = \frac{1}{2} \cdot \begin{vmatrix} 1 & 3 \\ 4 & 1 \end{vmatrix} \text{FE} = \frac{1}{2} \cdot (1 \cdot 1 - 4 \cdot 3) \text{ FE} = -5{,}5 \text{ FE}$$ ↯

2. *Tipp zur Bestimmung der Reihenfolge der aufspannenden Vektoren:*

Je nachdem, welchen Punkt des Dreiecks ABC du als Anfangspunkt wählst, erhältst du andere aufspannende Vektoren. Um die richtige Reihenfolge der Vektoren in der Determinante auch ohne Zeichnung zu finden, schreibe als Hilfe zunächst die Dreiecksbenennung zweimal hintereinander. (Hier nutzt du aus, dass Dreiecke gegen den Uhrzeigersinn beschriftet werden.)

Anfangspunkt A:

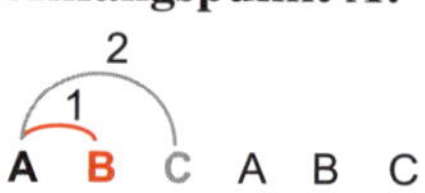

Vektoren:

erst $\overrightarrow{AB}$, dann $\overrightarrow{AC}$

Flächeninhalt:

$$A = \frac{1}{2} \cdot \left| \overrightarrow{AB} \quad \overrightarrow{AC} \right| \text{FE}$$

Anfangspunkt B:

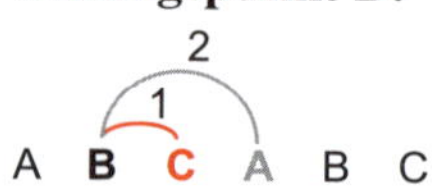

Vektoren:

erst $\overrightarrow{BC}$, dann $\overrightarrow{BA}$

Flächeninhalt:

$$A = \frac{1}{2} \cdot \left| \overrightarrow{BC} \quad \overrightarrow{BA} \right| \text{FE}$$

Anfangspunkt C:

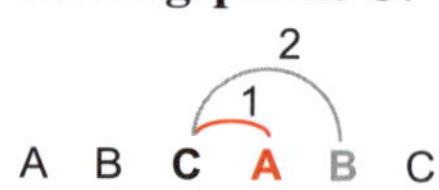

Vektoren:

erst $\overrightarrow{CA}$, dann $\overrightarrow{CB}$

Flächeninhalt:

$$A = \frac{1}{2} \cdot \left| \overrightarrow{CA} \quad \overrightarrow{CB} \right| \text{FE}$$

106 Welche Vektoren spannen das Dreieck PQR auf?
Gib alle Möglichkeiten an. Notiere ebenfalls die zugehörigen Formeln zur Flächenberechnung. Achte dabei auf die richtige Reihenfolge der Vektoren.

107 Berechne die Flächeninhalte der Dreiecke mithilfe von Determinanten.

a) Dreieck ABC mit A(–1 | –3), B(2 | 1) und C(1 | 5)

b) Dreieck DFE mit D(3 | –4), E(–2 | –1) und F(4,5 | 0)

c) Dreieck MNO mit M(4 | –3), N(5 | 2) und O(0 | 0)

Ein **Parallelogramm** wird durch jede Diagonale **in zwei kongruente (und damit flächengleiche) Dreiecke zerlegt**. Den Flächeninhalt eines Parallelogramms im Koordinatensystem kannst du somit auf diese Teildreiecke zurückführen und ebenfalls mithilfe der **Determinante** berechnen. Bei der Wahl der aufspannenden Vektoren musst du wieder auf denselben Anfangspunkt und die Drehrichtung achten:

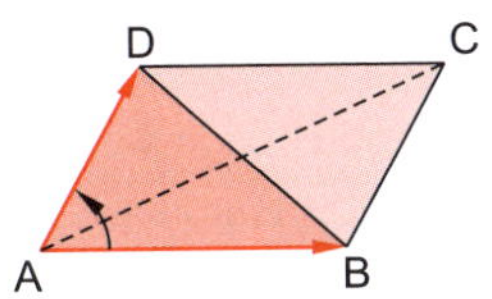

Vektoren:
erst $\overrightarrow{AB}$, dann $\overrightarrow{AD}$

Flächeninhalt:
$A = 2 \cdot \frac{1}{2} \cdot \left| \overrightarrow{AB} \;\; \overrightarrow{AD} \right|$ FE

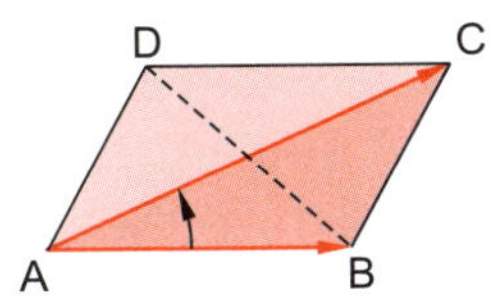

Vektoren:
erst $\overrightarrow{AB}$, dann $\overrightarrow{AC}$

Flächeninhalt:
$A = 2 \cdot \frac{1}{2} \cdot \left| \overrightarrow{AB} \;\; \overrightarrow{AC} \right|$ FE

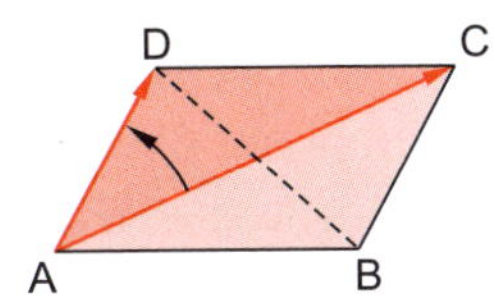

Vektoren:
erst $\overrightarrow{AC}$, dann $\overrightarrow{AD}$

Flächeninhalt:
$A = 2 \cdot \frac{1}{2} \cdot \left| \overrightarrow{AC} \;\; \overrightarrow{AD} \right|$ FE

Flächeninhalt eines Parallelogramms

Wird ein Parallelogramm durch die Vektoren $\vec{a} = \begin{pmatrix} a_x \\ a_y \end{pmatrix}$ und $\vec{b} = \begin{pmatrix} b_x \\ b_y \end{pmatrix}$ aufgespannt, kannst du den Flächeninhalt folgendermaßen mit der Determinante berechnen:

$$A = \begin{vmatrix} a_x & b_x \\ a_y & b_y \end{vmatrix} \text{FE} = (a_x b_y - a_y b_x)\ \text{FE}$$

Dabei muss gelten:

- $\vec{a}$ und $\vec{b}$ müssen den **gleichen Anfangspunkt** (Fußpunkt) haben.
- Die **Reihenfolge** von $\vec{a}$ und $\vec{b}$ **in der Determinante** musst du so wählen, dass zuerst der Vektor kommt, der die Fläche eines Teildreiecks **gegen den Uhrzeigersinn** überstreicht, wenn du ihn auf den anderen Vektor drehst.

Beispiel

Berechne den Flächeninhalt des Parallelogramms ABCD mit A(1 | 1), B(3,5 | 0), C(2,5 | 3) und D(0 | 4).

Lösung:
Das Parallelogramm ist durch die Vektoren $\overrightarrow{AB}$ und $\overrightarrow{AD}$ mit dem gemeinsamen Anfangspunkt A **eindeutig festgelegt**. Es wird durch $\overrightarrow{AB}$ und $\overrightarrow{AD}$ **aufgespannt**.

Aufspannende Vektoren:

$$\overrightarrow{AB} = \begin{pmatrix} x_B - x_A \\ y_B - y_A \end{pmatrix} = \begin{pmatrix} 3{,}5 - 1 \\ 0 - 1 \end{pmatrix} = \begin{pmatrix} 2{,}5 \\ -1 \end{pmatrix}$$

$$\overrightarrow{AD} = \begin{pmatrix} x_D - x_A \\ y_D - y_A \end{pmatrix} = \begin{pmatrix} 0 - 1 \\ 4 - 1 \end{pmatrix} = \begin{pmatrix} -1 \\ 3 \end{pmatrix}$$

Flächeninhalt:

$$A = \left| \overrightarrow{AB} \quad \overrightarrow{AD} \right| \text{FE}$$

$$A = \begin{vmatrix} 2{,}5 & -1 \\ -1 & 3 \end{vmatrix} \text{FE}$$

$$A = [2{,}5 \cdot 3 - (-1) \cdot (-1)] \text{ FE}$$

$$A = 6{,}5 \text{ FE}$$

Zeichnung:

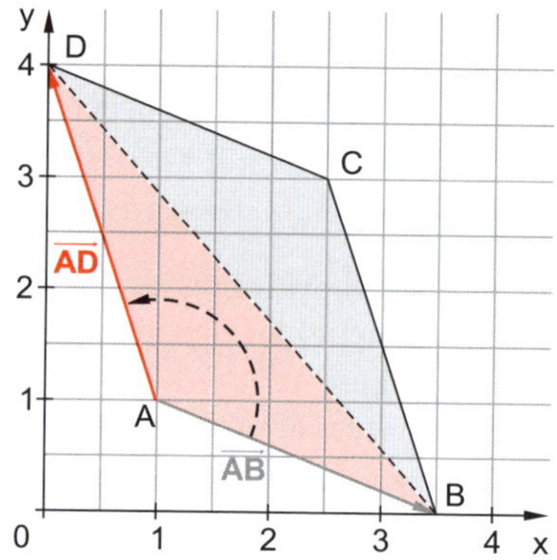

Hinweis: Wie du bereits auf der letzten Seite gelesen hast, gibt es noch weitere Möglichkeiten für die Wahl der aufspannenden Vektoren (z. B. $\overrightarrow{AB}$ und $\overrightarrow{AC}$).

108 Berechne die Flächeninhalte der Parallelogramme mithilfe von Determinanten.

a) Parallelogramm ABCD mit A(2 | 2), B(2 | 5), C(–2 | 1) und D(–2 | –2)

b) Parallelogramm PQRS mit P(–4 | –4), Q(1 | 0), R(4 | 5) und S(–1 | 1)

✱ **109** Gegeben ist das Parallelogramm ABCD mit A(–3 | 2), B(–4 | –1) und C(–2 | –3). Bestimme den Flächeninhalt des Parallelogramms sowie die Koordinaten von D.
Tipp: Bilde für die Berechnung der Koordinaten von D eine Vektorkette.

Wie schon das Parallelogramm kannst du auch beliebige (größere) **Vielecke in Dreiecke zerlegen**. Den Flächeninhalt eines ebenen Vielecks im Koordinatensystem kannst du daher ebenfalls mithilfe der **Determinante** berechnen.

Flächeninhalt eines ebenen Vielecks

- Zerlege das Vieleck in Dreiecke.
- Berechne die aufspannenden Vektoren der Dreiecke.
  Tipp: Verwende immer **denselben Fußpunkt**, dann kannst du Vektoren doppelt benutzen.
- Berechne die Flächeninhalte der Dreiecke mithilfe der Determinante.
- Addiere die Flächeninhalte der Dreiecke.

Beispiel

Berechne den Flächeninhalt des Fünfecks STARK mit S(1 | 0,5), T(3 | 1), A(2 | 2,5), R(0 | 3) und K(–1 | 1,5).

Lösung:

Zerlege das Fünfeck in drei Teildreiecke und berechne deren Flächeninhalt.

Aufspannende Vektoren:

$$\overrightarrow{ST} = \begin{pmatrix} x_T - x_S \\ y_T - y_S \end{pmatrix} = \begin{pmatrix} 3-1 \\ 1-0,5 \end{pmatrix} = \begin{pmatrix} 2 \\ 0,5 \end{pmatrix}$$

$$\overrightarrow{SA} = \begin{pmatrix} x_A - x_S \\ y_A - y_S \end{pmatrix} = \begin{pmatrix} 2-1 \\ 2,5-0,5 \end{pmatrix} = \begin{pmatrix} 1 \\ 2 \end{pmatrix}$$

$$\overrightarrow{SR} = \begin{pmatrix} x_R - x_S \\ y_R - y_S \end{pmatrix} = \begin{pmatrix} 0-1 \\ 3-0,5 \end{pmatrix} = \begin{pmatrix} -1 \\ 2,5 \end{pmatrix}$$

$$\overrightarrow{SK} = \begin{pmatrix} x_K - x_S \\ y_K - y_S \end{pmatrix} = \begin{pmatrix} -1-1 \\ 1,5-0,5 \end{pmatrix} = \begin{pmatrix} -2 \\ 1 \end{pmatrix}$$

Zeichnung:

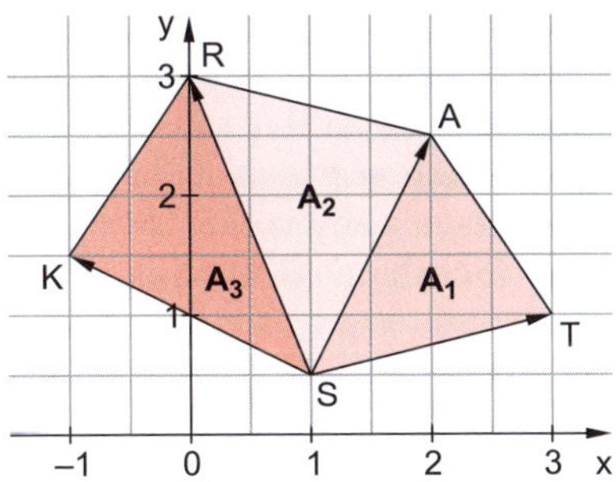

Flächeninhalt der Teildreiecke:

$$A_1 = \frac{1}{2} \cdot |\overrightarrow{ST}\ \ \overrightarrow{SA}|\ FE = \frac{1}{2} \cdot \begin{vmatrix} 2 & 1 \\ 0,5 & 2 \end{vmatrix}\ FE = \frac{1}{2} \cdot (2 \cdot 2 - 0,5 \cdot 1)\ FE = 1,75\ FE$$

$$A_2 = \frac{1}{2} \cdot |\overrightarrow{SA}\ \ \overrightarrow{SR}|\ FE = \frac{1}{2} \cdot \begin{vmatrix} 1 & -1 \\ 2 & 2,5 \end{vmatrix}\ FE = \frac{1}{2} \cdot [1 \cdot 2,5 - 2 \cdot (-1)]\ FE = 2,25\ FE$$

$$A_3 = \frac{1}{2} \cdot |\overrightarrow{SR}\ \ \overrightarrow{SK}|\ FE = \frac{1}{2} \cdot \begin{vmatrix} -1 & -2 \\ 2,5 & 1 \end{vmatrix}\ FE = \frac{1}{2} \cdot [-1 \cdot 1 - 2,5 \cdot (-2)]\ FE = 2\ FE$$

Flächeninhalt des Fünfecks:

$$A = A_1 + A_2 + A_3 = 1,75\ FE + 2,25\ FE + 2\ FE = 6\ FE$$

110 Berechne den Flächeninhalt des Fünfecks ABCDE mit A(–3 | 2), B(–2 | –4), C(3 | –1), D(4 | 3) und E(1 | 4).

4 Funktionale Abhängigkeit

Betrachte ein Rechteck mit den Seitenlängen 4 cm und 2 cm. **Verkürzt** du die längere Seite des Rechtecks um x cm und **verlängerst** gleichzeitig die kürzere Seite um x cm, erhältst du neue Rechtecke. Diese bilden zusammen eine **Rechtecksschar**. Der Flächeninhalt **A(x)** der Rechtecke lässt sich mithilfe einer Funktionsgleichung in Abhängigkeit vom **Parameter x** ausdrücken. Man spricht hier von einer **funktionalen Abhängigkeit**.

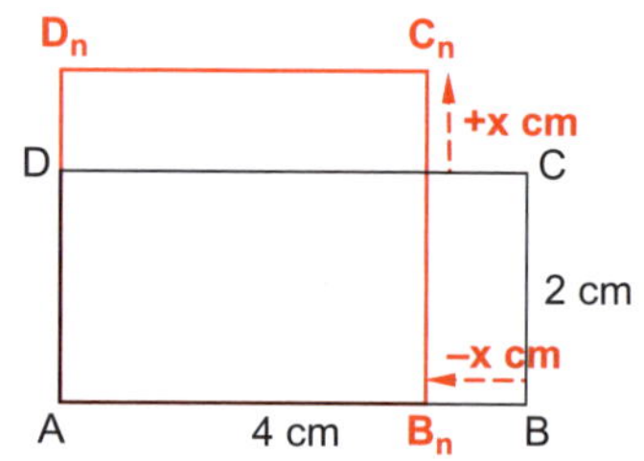

Funktionale Abhängigkeit

Zwischen zwei Größen x und y besteht eine **funktionale Abhängigkeit**, wenn du die Größe y mithilfe einer Funktionsgleichung durch die Größe x ausdrücken kannst. Die Größe x bezeichnet man dabei als **Parameter**.

Beispiel

Betrachte die folgende Angabe:
In einem gleichschenkligen Dreieck ABC ist die Basis c halb so lang wie die beiden Schenkel a und b.
Du kannst die Länge der Basis c mithilfe einer Funktionsgleichung **in Abhängigkeit von der Schenkellänge a** angeben:

$$c(a) = \frac{1}{2} \cdot a$$

Wie du eingangs gesehen hast, treten funktionale Abhängigkeiten häufig in Aufgaben auf, bei denen Seitenlängen von Vielecken **verlängert** oder **verkürzt** werden. Folgende Tipps helfen dir, solche Aufgaben sinnvoll anzugehen.

Hinweise zum Lösen von Aufgaben zum Verlängern und Verkürzen

- Fertige eine **Skizze** an und markiere gegebenenfalls mit farbigen Pfeilen, welche Seite verlängert und welche Seite verkürzt wird.
- Achte auf das Wort **„jeweils“**. Oft werden Strecken in beide Richtungen verlängert oder verkürzt.
- Lass dich nicht davon abschrecken, dass **Längen bzw. Flächen** nicht mehr nur durch Zahlen, sondern auch durch **Terme mit x** gegeben sind.
- Achte auf die **neuen Eckpunkte**: Entstehen z. B. neue Dreiecke AB_nC_n, erkennst du am Index n, dass sich die Punkte B und C bewegen, der Punkt A hingegen nicht.

eispiele

1. Die Grundseite g eines Dreiecks wird von beiden Seiten um **x cm verkürzt** und die zugehörige Höhe h um **2x cm verlängert**.

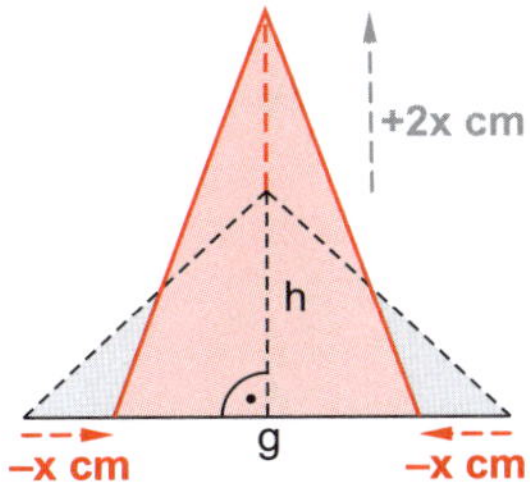

Damit gilt:

neue Grundseite: $g_{neu} = g - 2 \cdot x\text{ cm}$

neue Höhe: $h_{neu} = h + 2x\text{ cm}$

Flächeninhalt der Dreiecksschar:

$$A(x) = \frac{1}{2} \cdot g_{neu} \cdot h_{neu} = \frac{1}{2} \cdot (g - 2x\text{ cm}) \cdot (h + 2x\text{ cm})$$

2. Betrachte das Rechteck ABCD mit a = 4 cm und b = 3 cm. Es entstehen Rechtecke $AB_nC_nD_n$, wenn du a um x cm verkürzt und b um 1,5x cm verlängerst.

a) Zeichne die Rechtecke ABCD und $AB_1C_1D_1$ für x = 1. Berechne den Flächeninhalt vom Rechteck $AB_1C_1D_1$.

b) Berechne die Fläche der Rechtecke $AB_nC_nD_n$ in Abhängigkeit von x.

c) Für welche Werte von x existieren Rechtecke? Gib das Intervall an.

d) Für welche Belegung von x entsteht ein Quadrat?

Lösung:

a) Zeichnung im Maßstab 1 : 2:

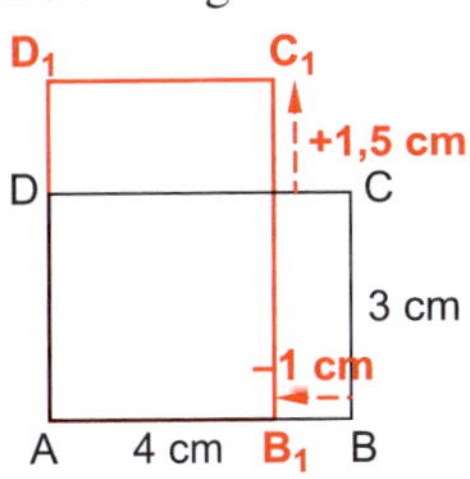

Seitenlängen des Rechtecks $AB_1C_1D_1$:

$a_1 = 4\text{ cm} - 1\text{ cm} = 3\text{ cm}$ — a = 4 cm wird um 1 cm verkürzt.

$b_1 = 3\text{ cm} + 1{,}5 \cdot 1\text{ cm} = 4{,}5\text{ cm}$ — b = 3 cm wird um 1,5 cm verlängert.

Flächeninhalt des Rechtecks $AB_1C_1D_1$:

$A_1 = a_1 \cdot b_1 = 3\text{ cm} \cdot 4{,}5\text{ cm} = 13{,}5\text{ cm}^2$ — Setze in die Flächenformel ein.

b) Seitenlängen der Rechtecke $AB_nC_nD_n$:

$a_n = 4\text{ cm} - x\text{ cm}$ — a = 4 cm wird um x cm verkürzt.

$b_n = 3\text{ cm} + 1{,}5 \cdot x\text{ cm}$ — b = 3 cm wird um 1,5x cm verlängert.

Flächeninhalt der Rechtecke $AB_nC_nD_n$:

$A(x) = a_n \cdot b_n$ — A(x) bedeutet: *Der Flächeninhalt in Abhängigkeit von x.*

$A(x) = (4\text{ cm} - x\text{ cm}) \cdot (3\text{ cm} + 1{,}5x\text{ cm})$

$A(x) = (12 + 6x - 3x - 1{,}5x^2)\text{ cm}^2$

$A(x) = (-1{,}5x^2 + 3x + 12)\text{ cm}^2$

c) Obere Grenze für x:
Damit Rechtecke existieren, muss die neue Seitenlänge $a_n > 0$ cm sein:

$$\begin{aligned} & a_n > 0\,\text{cm} \\ \Leftrightarrow\quad & 4\,\text{cm} - x\,\text{cm} > 0\,\text{cm} \quad \big|-4\,\text{cm} \\ \Leftrightarrow\quad & -x\,\text{cm} > -4\,\text{cm} \quad \big|:(-1\,\text{cm}) \\ \Leftrightarrow\quad & \mathbf{x < 4} \end{aligned}$$

Inversionsgesetz

Untere Grenze für x:
$\mathbf{0 \leqq x}$

Eine Verkürzung um einen negativen Wert ist eine Verlängerung. Für $x = 0$ erhältst du das Rechteck ABCD.

Insgesamt gilt:
$\mathbf{0 \leqq x < 4}$ *oder* $\mathbf{x \in [0; 4[}$
Es existieren Rechtecke für $x \in [0; 4[$.

d) Bei einem Quadrat sind alle Seiten gleich lang. Damit muss gelten:

$$\begin{aligned} & a_n = b_n \\ \Leftrightarrow\quad & 4\,\text{cm} - x\,\text{cm} = 3\,\text{cm} + 1{,}5x\,\text{cm} \quad \big|+x\,\text{cm} - 3\,\text{cm} \\ \Leftrightarrow\quad & 1\,\text{cm} = 2{,}5x\,\text{cm} \quad \big|:(2{,}5\,\text{cm}) \\ \Leftrightarrow\quad & x = 0{,}4 \end{aligned}$$

Ein Quadrat entsteht für $x = 0{,}4$.

Bei den Aufgaben zu funktionalen Abhängigkeiten erwarten dich häufig **Extremwertbetrachtungen**. Dabei musst du die vom Parameter x abhängige Größe hinsichtlich ihres größten oder kleinsten Termwerts untersuchen und die zugehörige Belegung von x angeben. Wird der Extremwert eines quadratischen Terms gesucht, ist die **quadratische Ergänzung** dafür ein gutes Hilfsmittel.

Extremwertbestimmung mithilfe der quadratischen Ergänzung

- Klammere den Faktor vor x^2 aus.
- Ergänze quadratisch.
- Fasse in der Klammer zusammen und bilde mithilfe der binomischen Formeln das Binom.
  1. binomische Formel: $(a+b)^2 = a^2 + 2ab + b^2$
  2. binomische Formel: $(a-b)^2 = a^2 - 2ab + b^2$
- Multipliziere die Klammer aus.
- Lies den Extremwert und die zugehörige Extremstelle ab.

Hinweis: Kann dein Taschenrechner den Extremwert direkt bestimmen, musst du deine Lehrkraft fragen, wie du den zugehörigen Lösungsweg aufschreiben sollst.

eispiele

1. Bestimme von $y = 2x^2 - 8x + 12$ den Extremwert und die zugehörige Extremstelle mithilfe der quadratischen Ergänzung.

Lösung:

$y = 2x^2 - 8x + 12$	Klammere den Faktor vor x^2 aus.
$y = 2 \cdot (x^2 - 4x + 6)$	Ergänze quadratisch.
$y = 2[(x^2 - 2 \cdot 2 \cdot x + \mathbf{2^2}) - \mathbf{2^2} + 6]$	Fasse zusammen und bilde das Binom.
$y = 2[(x-2)^2 + 2]$	Multipliziere die Klammer aus.
$y = 2(x-2)^2 + \mathbf{4}$	Lies den Extremwert ab: Der Ausdruck ist minimal, wenn die Klammer 0 wird.
$\Rightarrow \quad y_{min} = \mathbf{4}$ für $x = 2$	

2. Betrachte das Beispiel von oben:
Der Flächeninhalt der Rechtecke $AB_nC_nD_n$ berechnet sich als:
$A(x) = (-1{,}5x^2 + 3x + 12)\ cm^2$
Gib den maximalen Flächeninhalt und den zugehörigen Wert für x an.

Lösung:

Quadratische Ergänzung:	Gesucht ist das Maximum von A(x).
$A(x) = (-1{,}5x^2 + 3x + 12)\ cm^2$	
$A(x) = -1{,}5 \cdot (x^2 - 2x - 8)\ cm^2$	
$A(x) = -1{,}5 \cdot [(x^2 - 2x + \mathbf{1^2}) - \mathbf{1^2} - 8]\ cm^2$	
$A(x) = -1{,}5 \cdot [(x-1)^2 - 9]\ cm^2$	
$A(x) = [-1{,}5 \cdot (x-1)^2\ \mathbf{+13{,}5}]\ cm^2$	Lies den Extremwert ab: Der Ausdruck ist maximal, wenn die Klammer 0 wird.
$\Rightarrow \quad A_{max} = \mathbf{13{,}5\ cm^2}$ für $x = 1$	

111 Gib jeweils die Maße der neuen ebenen Figur in Abhängigkeit vom Parameter an. Lege dafür gegebenenfalls einen Parameter fest.

a) Eine Kathete eines rechtwinkligen Dreiecks ist halb so lang wie die andere.

b) Bei einem Drachenviereck wird die 7 cm lange Diagonale um 1,5x cm verkürzt, während die 4 cm lange Diagonale um x cm verlängert wird.

112 Gegeben ist das gleichschenklig-rechtwinklige Dreieck ABC mit den Katheten $a = b = 6$ cm. Es entstehen neue rechtwinklige Dreiecke A_nB_nC, wenn man die eine Kathete über A hinaus um x cm verlängert und die andere Kathete von B aus um 0,5x cm verkürzt.

a) Zeichne das Dreieck ABC und das Dreieck A_1B_1C für $x = 4$. Berechne die Flächeninhalte der beiden Dreiecke.

b) Stelle den Flächeninhalt der Dreiecke in Abhängigkeit von x dar.

c) Gib das Intervall aller x-Werte an, für die Dreiecke existieren.

d) Ermittle die Belegung von x im Dreieck A_0B_0C mit dem größten Flächeninhalt.

113 Gegeben ist die Raute ABCD mit e = 8 cm und f = 12 cm. Es entstehen Rauten $A_nB_nC_nD_n$, indem man die kürzere Diagonale über A und C hinaus um jeweils x cm verlängert und die längere Diagonale von B und D aus um jeweils 0,75x cm verkürzt.

a) Zeichne die Rauten ABCD und $A_1B_1C_1D_1$ für x = 2.
Berechne die Flächeninhalte dieser beiden Rauten.

b) Gib den Flächeninhalt der Rauten $A_nB_nC_nD_n$ in Abhängigkeit von x an.

c) Für welche Werte von x existieren Rauten $A_nB_nC_nD_n$?

d) Unter den Rauten $A_nB_nC_nD_n$ hat die Raute $A_0B_0C_0D_0$ den maximalen Flächeninhalt.
Gib den maximalen Flächeninhalt und den dazugehörigen Wert für x an.

* e) Für welchen Wert von x ergibt sich ein Quadrat?

114 Gegeben ist das Drachenviereck ABCD mit BD als Symmetrieachse und dem Diagonalenschnittpunkt M. Die Diagonalen des Drachenvierecks sind e = 7 cm und f = 9 cm. Außerdem ist $\overline{DM} = 2$ cm.
Es entstehen Drachenvierecke $A_nB_nC_nD$, indem man die kürzere Diagonale über A und C hinaus um jeweils x cm verlängert und die längere Diagonale von B aus um 2x cm verkürzt.

a) Zeichne die Drachenvierecke ABCD und $A_1B_1C_1D$ für x = 3.
Berechne die Flächeninhalte dieser beiden Drachenvierecke.

b) Gib den Flächeninhalt der Drachenvierecke $A_nB_nC_nD$ in Abhängigkeit von x an.

c) Welche Werte kann x annehmen?

d) Unter allen Drachenvierecken $A_nB_nC_nD$ hat das Drachenviereck $A_0B_0C_0D$ den maximalen Flächeninhalt.
Gib den maximalen Flächeninhalt und den dazugehörigen Wert für x an.

* e) Für welchen Wert von x entsteht eine Raute?

5 Funktionale Abhängigkeit im Koordinatensystem

Bei Aufgaben zu **funktionalen Abhängigkeiten** im **Koordinatensystem** liegen oftmals Punkte P_n auf einem Funktionsgraphen, sodass ihre y-Koordinate von der x-Koordinate und der **Funktionsvorschrift** abhängt. Streckenlängen und Flächeninhalte gibst du daher meist in Abhängigkeit von der **x-Koordinate** von P_n an.

Hinweise zu funktionalen Abhängigkeiten im Koordinatensystem
- Punkte P_n, die auf dem Graphen einer Funktion f liegen, haben die **Koordinaten** $P_n(x \mid f(x))$.
- Berechne **Flächeninhalte** von Dreiecken mithilfe der **Determinante**.
- Gib Längen in **Längeneinheiten LE** und Flächen in **Flächeneinheiten FE** an.
- Vermeide **Rechenaufwand**: Verwende beim Aufstellen der aufspannenden Vektoren den „flexiblen" Punkt P_n **nicht** als Anfangspunkt.

eispiele

1. Liegen Punkte P_n auf der Geraden $g(x) = 4x + 3$, gilt für ihre Koordinaten:
$g(x) = \mathbf{4x + 3} \quad \Rightarrow \quad P_n(x \mid g(x)) = P_n(x \mid \mathbf{4x + 3})$

2. Gegeben ist das Dreieck ABC_n mit $A(-3 \mid 1)$ und $B(1 \mid -3)$. Die Punkte C_n liegen auf der Geraden g mit der Gleichung $y = \mathbf{0{,}5x + 4}$.

a) Zeichne die Gerade g sowie die Dreiecke ABC_1 für $x = -2$ und ABC_2 für $x = 2$ in ein Koordinatensystem. Berechne den Flächeninhalt von ABC_1.

b) Gib den Flächeninhalt der Dreiecke ABC_n in Abhängigkeit von x an.

c) Für welche Werte von x existieren Dreiecke? Gib das Intervall an.

d) Bestimme C_3 so, dass das Dreieck ABC_3 den Flächeninhalt 21 FE hat.

Lösung:

Da C_n auf g liegen, gilt: $C_n(x \mid \mathbf{0{,}5x + 4})$

a) Koordinaten von C_1:
Setze $x = -2$ in $C_n(x \mid 0{,}5x + 4)$ ein:
$C_1(\mathbf{-2} \mid 0{,}5 \cdot (\mathbf{-2}) + 4)$
$C_1(-2 \mid 3)$

Koordinaten von C_2:
Setze $x = 2$ in $C_n(x \mid 0{,}5x + 4)$ ein:
$C_2(\mathbf{2} \mid 0{,}5 \cdot \mathbf{2} + 4)$
$C_2(2 \mid 5)$

Hinweis: Du kannst auch die Gerade g zeichnen und dann C_1 bei $x = -2$ sowie C_2 bei $x = 2$ auf g einzeichnen.

Zeichnung im Maßstab 1 : 2:

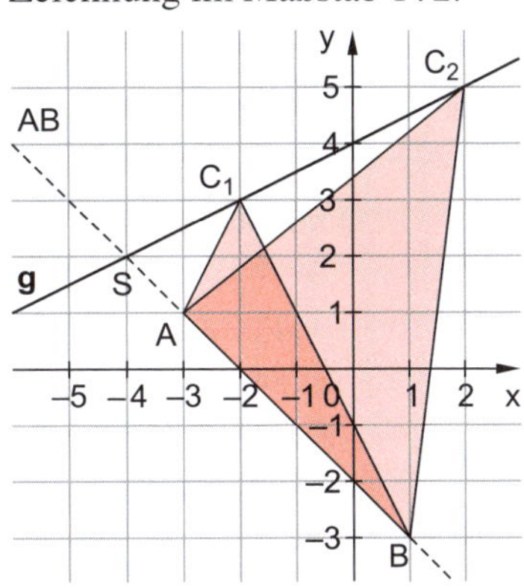

Aufspannende Vektoren des Dreiecks ABC_1:

$$\overrightarrow{AB} = \begin{pmatrix} x_B - x_A \\ y_B - y_A \end{pmatrix} = \begin{pmatrix} 1-(-3) \\ -3-1 \end{pmatrix} = \begin{pmatrix} 4 \\ -4 \end{pmatrix}$$

$$\overrightarrow{AC_1} = \begin{pmatrix} x_{C_1} - x_A \\ y_{C_1} - y_A \end{pmatrix} = \begin{pmatrix} -2-(-3) \\ 3-1 \end{pmatrix} = \begin{pmatrix} 1 \\ 2 \end{pmatrix}$$

Flächeninhalt des Dreiecks ABC_1:

$$A_1 = \frac{1}{2} \cdot \left| \overrightarrow{AB} \quad \overrightarrow{AC_1} \right| \text{FE} = \frac{1}{2} \cdot \begin{vmatrix} 4 & 1 \\ -4 & 2 \end{vmatrix} \text{FE} = \frac{1}{2} \cdot [4 \cdot 2 - (-4) \cdot 1] \text{ FE} = 6 \text{ FE}$$

b) Aufspannende Vektoren:

$$\overrightarrow{AB} = \begin{pmatrix} 4 \\ -4 \end{pmatrix}$$

$$\overrightarrow{AC_n} = \begin{pmatrix} x_{C_n} - x_A \\ y_{C_n} - y_A \end{pmatrix} = \begin{pmatrix} x-(-3) \\ 0,5x+4-1 \end{pmatrix} = \begin{pmatrix} x+3 \\ 0,5x+3 \end{pmatrix}$$

Du musst die allgemeinen Koordinaten von C_n verwenden.

Flächeninhalt der Dreiecke ABC_n:

$$A(x) = \frac{1}{2} \cdot \left| \overrightarrow{AB} \quad \overrightarrow{AC_n} \right| \text{FE}$$

Achte auf die richtige Reihenfolge der Vektoren in der Determinante.

$$A(x) = \frac{1}{2} \cdot \begin{vmatrix} 4 & x+3 \\ -4 & 0,5x+3 \end{vmatrix} \text{FE}$$

$$A(x) = \frac{1}{2} \cdot [4 \cdot (0,5x+3) - (-4) \cdot (x+3)] \text{ FE}$$

$$A(x) = \frac{1}{2} \cdot (2x + 12 + 4x + 12) \text{ FE}$$

$$A(x) = \frac{1}{2} \cdot (6x + 24) \text{ FE}$$

$$A(x) = 3x \text{ FE} + 12 \text{ FE}$$

c) Es existieren Dreiecke, wenn der Flächeninhalt größer als null ist:

$$A(x) > 0 \text{ FE}$$
$$\Leftrightarrow \quad 3x \text{ FE} + 12 \text{ FE} > 0 \text{ FE} \qquad | -12 \text{ FE}$$
$$\Leftrightarrow \quad 3x \text{ FE} > -12 \text{ FE} \qquad | : 3 \text{ FE}$$
$$\Leftrightarrow \quad x > -4$$

Damit die Umlaufrichtung des Dreiecks stimmt, muss sich C_n „rechts“ von AB befinden. Liegen A, B und C_n auf einer Linie, existieren keine Dreiecke mehr.

Nach rechts gibt es keine Einschränkung für C_n.

Intervall für x:

$-4 < x$ *oder* **$x \in]-4; \infty[$**

Alternative Lösungsmöglichkeit:

Schnittpunkt der Geraden AB und g:

S(**−4**|2)

Es existieren keine Dreiecke, wenn C_n auf den Schnittpunkt von AB und g fällt. Entnimm den Schnittpunkt der Zeichnung. In der Prüfung musst du ihn berechnen.

Intervall für x:

$-4 < x$ *oder* **$x \in]-4; \infty[$**

d) Setze $A(x) = 21$ FE und löse nach x auf:

$$
\begin{aligned}
&& A(x) &= 21\text{ FE} && \\
\Leftrightarrow && 3x\text{ FE} + 12\text{ FE} &= 21\text{ FE} && |-12\text{ FE} \\
\Leftrightarrow && 3x\text{ FE} &= 9\text{ FE} && |:3\text{ FE} \\
\Leftrightarrow && x &= 3 &&
\end{aligned}
$$

Koordinaten von C_3:

$C_3(3\,|\,0{,}5 \cdot 3 + 4)$ — Setze $x = 3$ in $C_n(x\,|\,0{,}5x + 4)$ ein.

$C_3(3\,|\,5{,}5)$

115 Gegeben sind die Dreiecke AB_nC mit $A(4\,|\,1)$ und $C(-2\,|\,-5)$. Die Punkte B_n liegen auf der Geraden g mit der Gleichung $y = 2x + 5$.

a) Zeichne die Gerade g und das Dreieck AB_1C für $x = 1$ in ein Koordinatensystem.

b) Berechne den Flächeninhalt des Dreiecks AB_1C.

c) Bestimme den Flächeninhalt der Dreiecke AB_nC in Abhängigkeit von x.

d) Welche Werte kann x annehmen?

* e) Zeichne das Dreieck AB_2C mit $B_2(-4\,|\,-3)$ in das Koordinatensystem.
Zeige, dass das Dreieck AB_2C rechtwinklig ist.
Tipp: Überlege, was für die Steigungen gilt, wenn Geraden senkrecht stehen.

116 Gegeben ist eine Schar von Parallelogrammen PQR_nS_n mit $P(-2\,|\,1)$ und $Q(2\,|\,2)$. Die Punkte R_n liegen auf der Geraden g mit der Gleichung $y = -0{,}25x + 6$.

a) Zeichne g und PQR_1S_1 für $x = 4$ in ein Koordinatensystem.
Entnimm deiner Zeichnung die Koordinaten von S_1.

b) Gib den Flächeninhalt des Parallelogramms PQR_1S_1 an.

c) Bestimme den Flächeninhalt von PQR_nS_n in Abhängigkeit von x.

d) Für welche Werte von x existieren Parallelogramme? Gib ein Intervall an.

e) Bestimme R_2 so, dass PQR_2S_2 einen Flächeninhalt von 8 FE besitzt.

117 Gegeben ist eine Schar von Dreiecken A_nB_nC mit $C(5\,|\,3)$. Die Punkte A_n liegen auf der Geraden g: $y = 0{,}75x + 4$ und die Punkte B_n liegen auf der Geraden h: $y = -0{,}25x - 2$. Die Punkte A_n und B_n haben dieselbe Abszisse (x-Koordinate).

a) Zeichne g und h sowie das Dreieck A_1B_1C für $x = 4$ in ein Koordinatensystem.

b) Welchen Flächeninhalt hat das Dreieck A_1B_1C?

c) Gib den Flächeninhalt der Dreiecke A_nB_nC in Abhängigkeit von x an.

d) Welche Werte kann x annehmen?

e) Für welchen x-Wert hat das Dreieck A_nB_nC den maximalen Flächeninhalt?

Vermischte Aufgaben

118 Berechne den Flächeninhalt des Querschnitts der nebenstehend abgebildeten Modellrakete. Die Rakete ist achsensymmetrisch.
Lies die Maße der Rakete aus der Zeichnung ab.

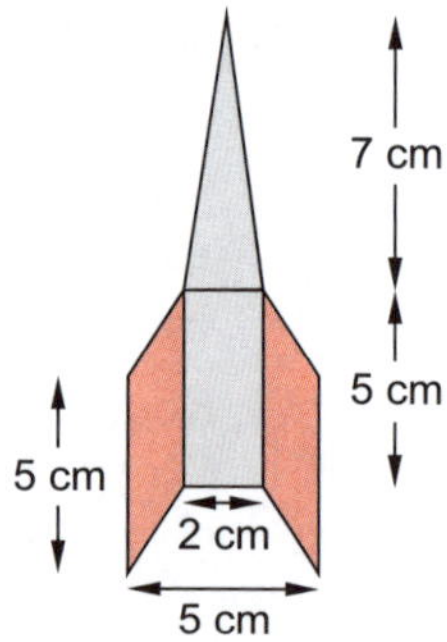

119 Ein Händler bietet folgende trapezförmige und rechteckige Konferenztische an:

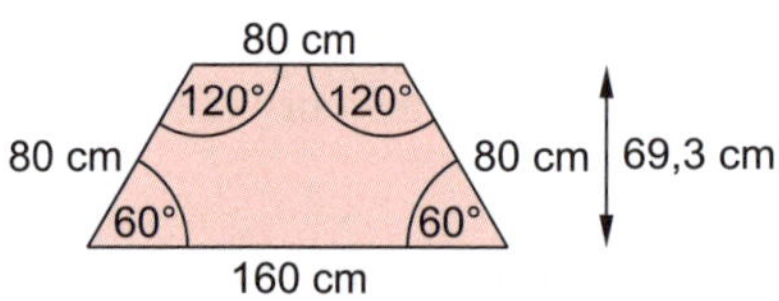

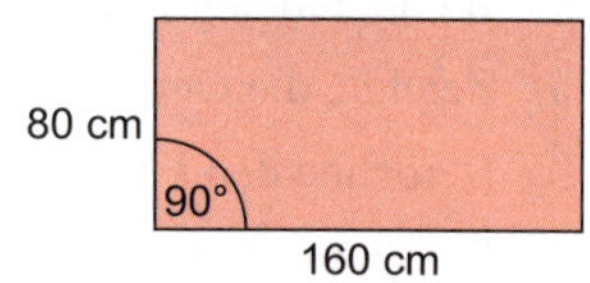

Durch den 60°-Winkel ergeben sich viele Anordnungsmöglichkeiten, z. B.:

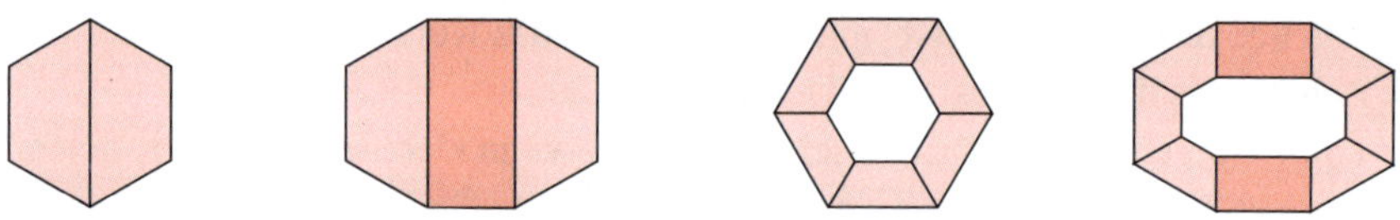

Anordnung 1 *Anordnung 2* *Anordnung 3* *Anordnung 4*

Für jeden Sitzplatz werden 80 cm Tischlänge benötigt.
Bei welcher dieser Anordnungen steht jeder Person im Schnitt am meisten Tischfläche zur Verfügung?

Beachte: Bei kreisförmigen Anordnungen werden nur die äußeren Plätze besetzt.

* **120** Um wie viel musst du den waagerechten Holzstab des Drachens kürzen, damit eine möglichst große Raute entsteht?
Um wie viel Prozent ist ihr Flächeninhalt kleiner als der des ursprünglichen Drachenvierecks?

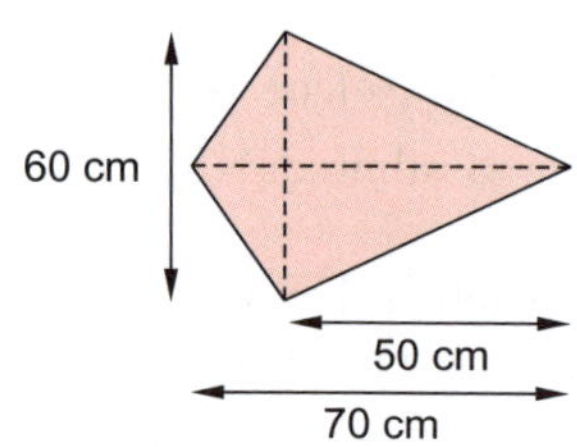

121 Gegeben ist das Dreieck ABC mit $A(-3\,|\,1)$, $B(-1\,|\,-4)$ und $C(3\,|\,y_C)$.
Bestimme y_C so, dass der Flächeninhalt des Dreiecks 16 FE beträgt.

122 Gegeben ist die Dreiecksschar DEF_n mit $D(-2\,|\,1)$, $E(4\,|\,1)$ und $F_n(x\,|\,4)$.
Gib ohne Berechnung von Vektoren den Flächeninhalt der Dreiecke an.

Tipp: Fertige dafür zunächst eine Zeichnung an.

Abbildung durch zentrische Streckung

1 Maßstab

Entwirft ein Architekt ein Gebäude, kann er dieses natürlich nicht in Originalgröße zeichnen. Es ist aber entscheidend, dass die Größenverhältnisse stimmen. Deshalb fertigt er eine **maßstäbliche Zeichnung** an, um bei der Planung keine Fehler zu machen. Wichtig für seine Zeichnung ist dabei die Wahl eines geeigneten **Maßstabs**.

Der **Maßstab k** einer Zeichnung ist das **Verhältnis von Bild- zu Originalgröße**:

$$\textbf{Maßstab k} = \frac{\textbf{Größe im Bild}}{\textbf{Größe im Original}}$$

Bild- und Originalgröße müssen in derselben Einheit angegeben sein.

Für den Maßstab k gilt:

- **0 < k < 1:** Es handelt sich um eine maßstäbliche **Verkleinerung**.
- **k = 1:** Es handelt sich um die **identische Abbildung**.
- **k > 1:** Es handelt sich um eine maßstäbliche **Vergrößerung**.

*Maßstab **a** : **b** bedeutet:*
a LE im Bild entsprechen **b LE** im Original.

Beispiele

1. Eine Landkarte im Maßstab 1 : 40 000 bedeutet:
1 cm auf der Karte entspricht 40 000 cm = 400 m in der Wirklichkeit.

2. Welcher Maßstab wurde benutzt?

a) 5 cm im Bild entsprechen 250 000 cm in Wirklichkeit.

b) 18 cm im Bild entsprechen 3 mm in Wirklichkeit.

Lösung:

a) 5 cm ≙ 250 000 cm
1 cm ≙ 50 000 cm

Teile beide Seiten durch die Maßzahl der kleineren Seite (hier 5), um auf einer Seite die „1“ zu erhalten.

Damit lautet der Maßstab 1 : 50 000.

b) 18 cm ≙ 3 mm
180 mm ≙ 3 mm
60 mm ≙ 1 mm

Bringe beide Seiten auf dieselbe Einheit.

Teile beide Seiten durch 3, um auf der rechten Seite die „1“ zu erhalten.

Damit lautet der Maßstab 60 : 1.

3. Auf einem Stadtplan von München beträgt der Maßstab 1 : 50 000.
Wie lang ist die 3,6 km lange Leopoldstraße auf dem Stadtplan?

Lösung:

Umrechnung:

3,6 km = 3 600 m = 360 000 cm

Rechne zunächst um.

Länge der Leopoldstraße auf dem Stadtplan:

1 cm $\hat{=}$ 50 000 cm

0,02 cm $\hat{=}$ 1 000 cm

7,2 cm $\hat{=}$ 360 000 cm

Der Maßstab 1 : 50 000 bedeutet: 1 cm auf dem Stadtplan entspricht 50 000 cm in Wirklichkeit.

Auf dem Stadtplan ist die Leopoldstraße 7,2 cm lang.

4. Zur besseren Vorstellung kann es hilfreich sein, wenn du den Maßstab als Bruch darstellst:

- Den Maßstab 1 : 2 kannst du als Bruch $1:2 = \frac{1}{2}$ schreiben.

  Im Bild ist eine Länge also **$\frac{1}{2}$-mal** so lang wie im Original.

- Den Maßstab 3 : 1 kannst du als Bruch: 3 : 1 = **3** schreiben.
  Im Bild ist eine Länge also **3-mal** so lang wie im Original.

123 Welcher Maßstab wurde benutzt?

a)

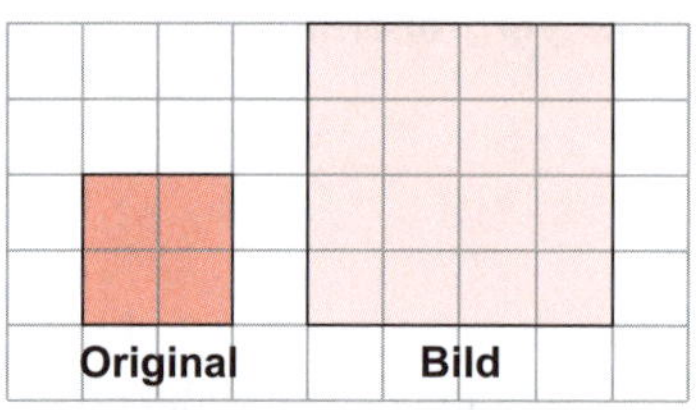

b)

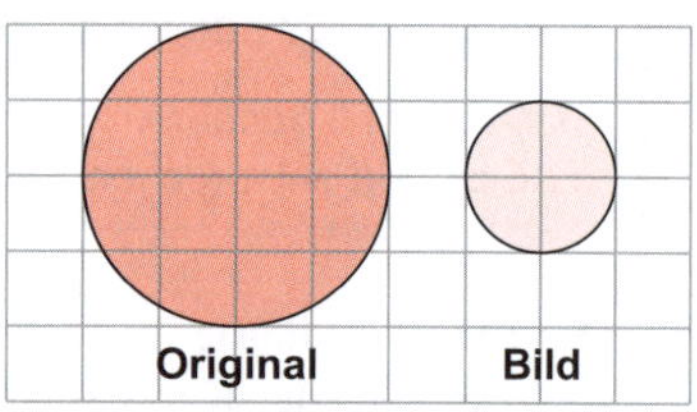

c)

Original

Bild

124 Zeichne das nebenstehende Bild in den angegebenen Maßstäben.

a) Maßstab 1 : 2

b) Maßstab 1,5 : 1

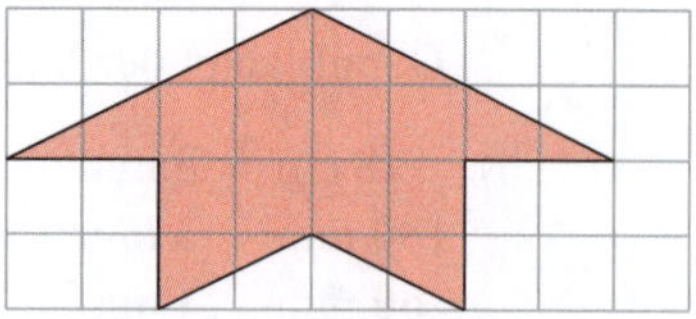

2 Zentrische Streckung

2.1 Abbildungsvorschrift der zentrischen Streckung

Das kennst du bestimmt: Hältst du im Dunkeln einen Gegenstand vor eine Taschenlampe, erscheint er (oder besser gesagt sein Schatten) vergrößert auf der Wand. In der Mathematik nennt man diese Art der Vergrößerung eine **zentrische Streckung**.

- Eine **zentrische Streckung** ist eine Abbildung, die **Strecken oder Figuren** mithilfe eines **Streckungszentrums Z** und eines **Streckungsfaktors** $k \in \mathbb{R}\setminus\{0\}$ **maßstäblich vergrößert** oder **verkleinert**.
  Jeder (Ur-)Punkt P wird dabei folgendermaßen auf den Bildpunkt P' abgebildet:
  $\overline{ZP'} = |k| \cdot \overline{ZP} \;\wedge\; [ZP'] \subset ZP$

  Schreibweise: $P \xmapsto{Z;\,k} P'$

- *Für jede zentrische Streckung* $P \xmapsto{Z;\,k} P'$ *gilt:*
  - Die Punkte P, P' und Z liegen auf einer Geraden.
    Der Punkt Z ist ein **Fixpunkt** (d. h., Z wird auf sich selbst abgebildet).
  - **k > 0:** P und P' liegen auf **derselben Seite** von Z.
    k < 0: P und P' liegen auf **unterschiedlichen Seiten** von Z.

Beispiele

Zentrische Streckung einer Strecke:

1. k = 2: **Vergrößerung**

Die Strecke $\overline{ZP}$ wird von Z aus mit dem Streckungsfaktor k = 2 gestreckt. Die Bildstrecke $\overline{ZP'}$ ist doppelt so lang wie $\overline{ZP}$:

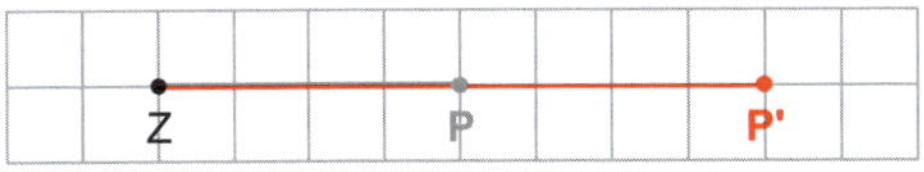

- Wegen **k > 0** liegen P und P' auf **derselben Seite** von Z.
- Es gilt:
  $\overline{ZP'} = |2| \cdot \overline{ZP} \;\Rightarrow\; \frac{\overline{ZP'}}{\overline{ZP}} = 2 = \frac{2}{1}$
  Zeichne die Strecke $\overline{ZP}$ im **Maßstab 2 : 1** als Strecke $\overline{ZP'}$.

2. $k = \frac{1}{2}$: **Verkleinerung**

Die Strecke $\overline{ZP}$ wird von Z aus mit dem Streckungsfaktor $k = \frac{1}{2}$ gestreckt. Die Bildstrecke $\overline{ZP'}$ ist halb so lang wie $\overline{ZP}$:

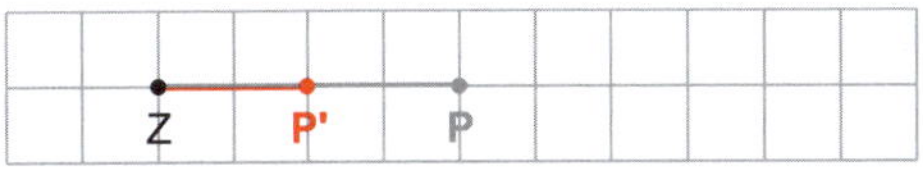

- Wegen **k > 0** liegen P und P' auf **derselben Seite** von Z.
- Es gilt:
  $\overline{ZP'} = \left|\frac{1}{2}\right| \cdot \overline{ZP} \;\Rightarrow\; \frac{\overline{ZP'}}{\overline{ZP}} = \frac{1}{2}$
  Zeichne die Strecke $\overline{ZP}$ im **Maßstab 1 : 2** als Strecke $\overline{ZP'}$.

3. k = –1: **Punktspiegelung**

Die Strecke $\overline{ZP}$ wird am Zentrum Z gespiegelt. Wegen |k| = 1 ist die Bildstrecke $\overline{ZP'}$ genauso lang wie $\overline{ZP}$:

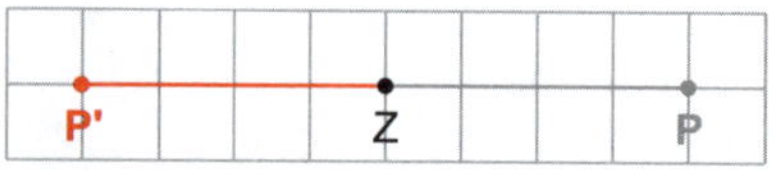

- Wegen **k < 0** liegen P und P' auf **verschiedenen Seiten** von Z.
  Bei **k = –1** wird die Strecke $\overline{ZP}$ an Z **gespiegelt**.
- Z ist **Fixpunkt**.

Durchführung einer zentrischen Streckung

Für jeden Punkt P erhältst du folgendermaßen den zugehörigen Bildpunkt P':
- Verbinde den Punkt P mit dem Streckungszentrum Z.
- Miss die Länge der Strecke $\overline{ZP}$.
- Trage von Z aus die Strecke $\overline{ZP'} = |k| \cdot \overline{ZP}$ auf der Geraden ZP an.
  Du erhältst den Bildpunkt P'. Beachte, auf welcher Seite von Z dabei P' liegt.

Beispiele

1. Bilde den Punkt P(4|5) durch eine **zentrische Streckung** mit dem Zentrum Z(2|4) und dem Streckungsfaktor k = –3 auf P' ab:

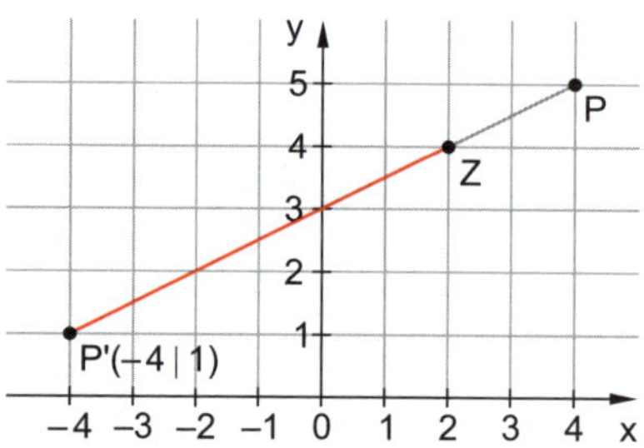

Vorgehen:
- Verbinde P und Z.
- Wegen **k < 0** liegen P und P' auf **verschiedenen Seiten** von Z.
- Trage $\overline{ZP'} = |-3| \cdot \overline{ZP} = 3 \cdot \overline{ZP}$ von Z aus auf der anderen Seite als P an.
- Zeichne P' ein.

2. Der Punkt P wird durch eine zentrische Streckung mit dem Zentrum Z(–4|5) und dem Streckungsfaktor k = 0,5 auf den Bildpunkt P'(0|3) abgebildet. Welche Koordinaten hat der **Urpunkt P**?

Lösung:

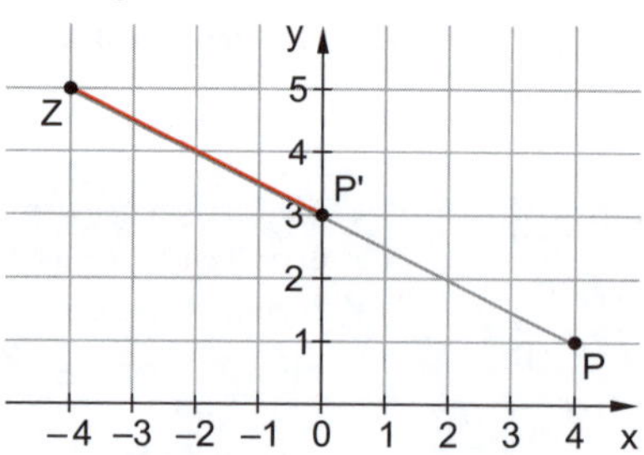

Der Punkt P hat die Koordinaten P(4|1).

Vorgehen:
- Verbinde P' und Z.
- Wegen **k > 0** liegen P und P' auf **derselben Seite** von Z.
- Um P zu finden, musst du die zentrische Streckung „rückgängig" machen. Führe dazu eine zentrische Streckung mit dem **Streckungsfaktor k'** durch:
  $\mathbf{k' = \frac{1}{k}} = \frac{1}{0,5} = 2$
- Trage $\overline{ZP} = |\mathbf{k'}| \cdot \overline{ZP'} = 2 \cdot \overline{ZP'}$ von Z aus auf derselben Seite wie P' an.

Konstruktion des Zentrums Z einer zentrischen Streckung

- Zeichne zwei parallele Geraden g und g' mit $P \in g$ und Bildpunkt $P' \in g'$.
- Zeichne auf den parallelen Geraden die Punkte Q und Q' so ein, dass gilt:
  - Ist **k > 0**, liegen Q und Q' auf **derselben Seite** von PP'.
    Ist **k < 0**, liegen Q und Q' auf **verschiedenen Seiten** von PP'.
  - Das Verhältnis der Abstände entspricht dem Betrag des Streckungsfaktors:
    $|k| = \frac{\overline{P'Q'}}{\overline{PQ}}$
- Der Schnittpunkt der Geraden PP' und QQ' ist das Streckungszentrum Z.

eispiele

1. k = 1,5:

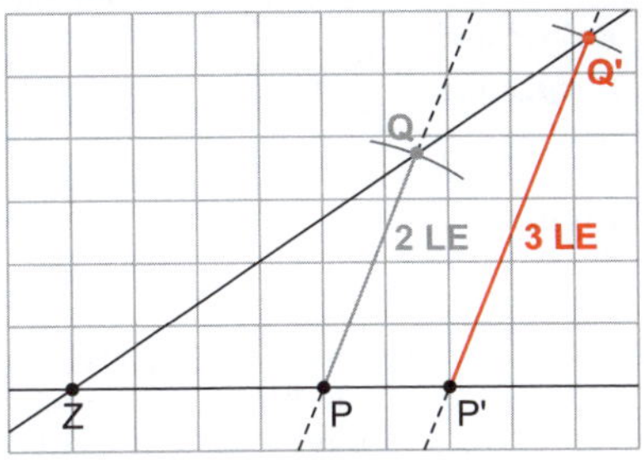

Vorgehen:
- Zeichne 2 parallele Geraden durch P und P'.
- Schreibe den Streckungsfaktor als Bruch:
  $|k| = 1{,}5 = \frac{3}{2} = \frac{\overline{P'Q'}}{\overline{PQ}}$
- Zeichne wegen **k > 0** auf **derselben Seite** von PP' auf den parallelen Geraden 2 LE an P und **3 LE an P'** an. Du erhältst Q und Q'.
- Der Schnittpunkt von PP' und QQ' ist Z:
  $PP' \cap QQ' = \{Z\}$

2. k = –2:

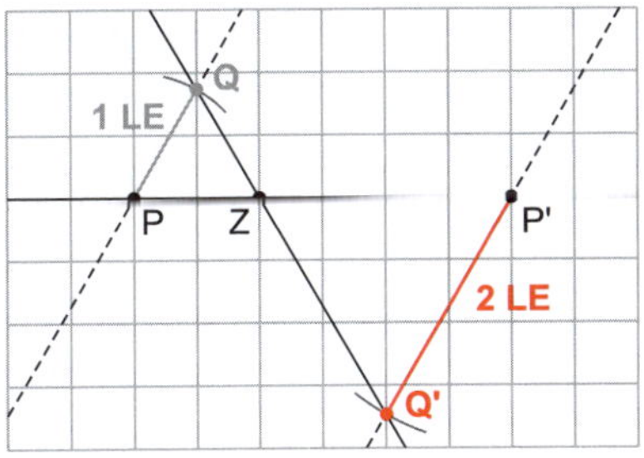

Vorgehen:
- Zeichne 2 parallele Geraden durch P und P'.
- Schreibe den Streckungsfaktor als Bruch:
  $|k| = 2 = \frac{2}{1} = \frac{\overline{P'Q'}}{\overline{PQ}}$
- Zeichne wegen **k < 0** auf **verschiedenen Seiten** von PP' auf den parallelen Geraden 1 LE an P und **2 LE an P'** an. Du erhältst Q und Q'.
- Der Schnittpunkt von PP' und QQ' ist Z:
  $PP' \cap QQ' = \{Z\}$

125 Ermittle jeweils zeichnerisch die Koordinaten von P', wenn $P \xmapsto{Z;\,k} P'$ gilt.

a) P(3 | 4); Z(0 | 0); k = 0,5 b) P(3 | 2); Z(1 | 1,5); k = –2

126 P wird durch eine zentrische Streckung mit dem Zentrum Z auf P' abgebildet. Gib jeweils den Streckungsfaktor k an. Löse mithilfe einer Zeichnung.

a) P(–1 | –1); P'(3 | 2); Z(1 | 0,5) b) P(–5 | 0); P'(0 | 2); Z(2,5 | 3)

127 P'(2 | –2) ist Bildpunkt von P bei einer zentrischen Streckung mit Zentrum Z(–2 | 2). Ermittle die Koordinaten von P.

a) k = 4 b) k = –4

128 a) Der Punkt P'(3 | 0) entsteht durch zentrische Streckung aus dem Punkt P(–1 | –1). Gib die Koordinaten des Zentrums Z an, wenn k = 0,6 gilt. Löse zeichnerisch.

b) Ermittle mithilfe einer Zeichnung das Zentrum Z einer zentrischen Streckung, die die Punkte A(1 | 2) und B(4 | 1) auf A'(0 | 0,5) und B'(1,5 | 0) abbildet.

Du kannst nicht nur einzelne Punkte, sondern auch ebene **Figuren zentrisch strecken**, indem du die einzelnen Punkte der Figur zentrisch streckst und verbindest. Wie bei Strecken wird die Figur so maßstäblich **verkleinert** oder **vergrößert**.

Zentrische Streckung von Figuren

Für die zentrische Streckung einer Figur mit dem Streckungsfaktor k gilt:

- **|k| < 1:** Die Figur wird maßstäblich **verkleinert**.
- **|k| > 1:** Die Figur wird maßstäblich **vergrößert**.

Beispiele

Zentrische Streckung einer (ebenen) Figur:

1. k = 2: **Vergrößerung**

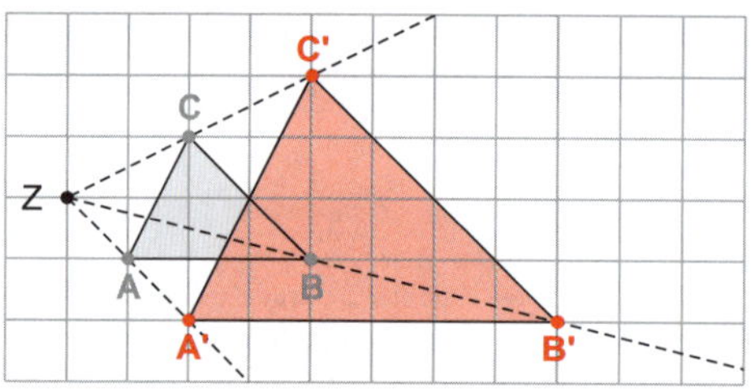

Wegen **k > 0** liegen die Dreiecke auf **derselben Seite** von Z. Das Dreieck A'B'C' wird im **Maßstab 2 : 1** gezeichnet. Es gilt:

- $\overline{ZA'}$ ist **doppelt so lang** wie $\overline{ZA}$.
- $\overline{ZB'}$ ist **doppelt so lang** wie $\overline{ZB}$.
- $\overline{ZC'}$ ist **doppelt so lang** wie $\overline{ZC}$.

2. $k = -\frac{1}{2}$: **Verkleinerung**

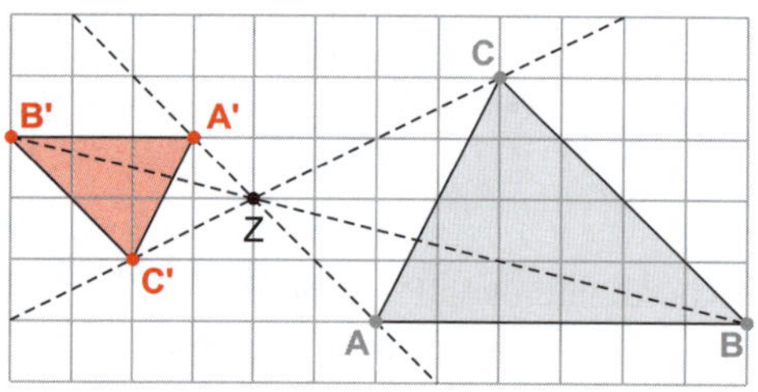

Wegen **k < 0** liegen die Dreiecke auf **verschiedenen Seiten** von Z. Das Dreieck A'B'C' wird im **Maßstab 1 : 2** gezeichnet. Es gilt:

- $\overline{ZA'}$ ist **halb so lang** wie $\overline{ZA}$.
- $\overline{ZB'}$ ist **halb so lang** wie $\overline{ZB}$.
- $\overline{ZC'}$ ist **halb so lang** wie $\overline{ZC}$.

129 Bilde das Quadrat ABCD mit A(–1 | 1), B(3 | 1), C(3 | 5) und D(–1 | 5) durch eine zentrische Streckung mit Zentrum Z = A und k = –0,5 auf das Quadrat A'B'C'D' ab.

130 Das Dreieck ABC mit A(0 | –1) wird durch zentrische Streckung mit Zentrum Z(–1 | –3) und k = –2 auf das Dreieck A'B'C' mit B'(5 | 1) und C'(–3 | 3) abgebildet. Bestimme zeichnerisch die Koordinaten von A', B und C. Zeichne die Dreiecke ein.

2.2 Eigenschaften der zentrischen Streckung

Wie du bereits gelernt hast, kannst du nicht nur einzelne Punkte, sondern auch ebene Figuren zentrisch strecken. Ur- und Bildfigur haben dabei denselben Umlaufsinn. Dies ist eine der wichtigen Eigenschaften der zentrischen Streckung.

Eigenschaften der zentrischen Streckung

- Sie ist **geradentreu, kreistreu und winkeltreu**, d. h., Geraden werden auf Geraden und Kreise auf Kreise abgebildet und die Maße der Winkel in der Urfigur bleiben in der Bildfigur erhalten.
- Sie ist **verhältnistreu**, d. h., die Längenverhältnisse von Strecken bleiben gleich:
  $\frac{\overline{AB}}{\overline{AC}} = \frac{\overline{A'B'}}{\overline{A'C'}}$
- Ur- und Bildfigur haben den **gleichen Umlaufsinn**.
- Ur- und Bildstrecke sind zueinander **parallel**.
- **Längen** werden um den **Faktor | k | gestreckt**:
  $\overline{A'B'} = |k| \cdot \overline{AB}$
- **Flächeninhalte** ändern sich um den **Faktor k^2**:
  $A_{Bildfigur} = k^2 \cdot A_{Urfigur}$

Beispiel

Die Raute ABCD mit A(0 | 3), B(2 | 2), C(4 | 3) und D(2 | 4) wird durch zentrische Streckung mit dem Zentrum Z(–1 | 2) und dem Streckungsfaktor k = **–2** auf die Raute A'B'C'D' abgebildet. Betrachte die Zeichnung im Maßstab 1 : 2:

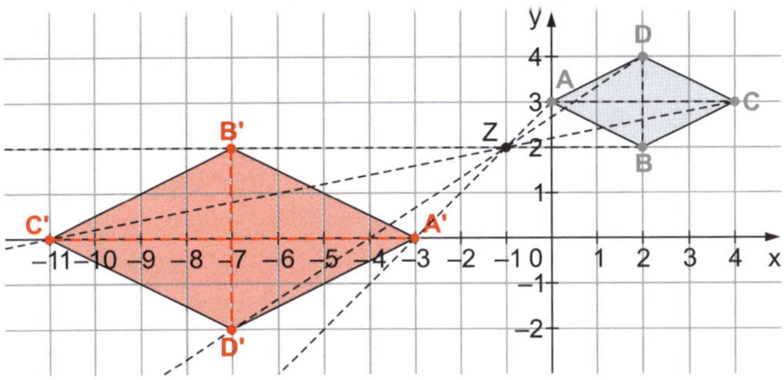

Es gilt:

- $\overline{A'B'} = \mathbf{2} \cdot \overline{AB}$
  $\overline{B'C'} = \mathbf{2} \cdot \overline{BC}$
  $\overline{C'D'} = \mathbf{2} \cdot \overline{CD}$
  $\overline{D'A'} = \mathbf{2} \cdot \overline{DA}$
- [AB] || [A'B']
  [BC] || [B'C']
  [CD] || [C'D']
  [DA] || [D'A']

Flächeninhalt der Raute ABCD:

$$A = \frac{1}{2} \cdot e \cdot f = \frac{1}{2} \cdot \overline{AC} \cdot \overline{BD} = \frac{1}{2} \cdot 4\text{ LE} \cdot 2\text{ LE} = 4\text{ FE}$$

Entnimm die Längen der Diagonalen e und f der Zeichnung.

Flächeninhalt der Raute A'B'C'D':

$$A' = k^2 \cdot A = (-2)^2 \cdot 4\text{ FE} = 16\text{ FE}$$

131 Führe folgende zentrische Streckungen nacheinander durch:

- Bilde den Kreis k mit Mittelpunkt M(3 | 4) und r = 2 LE durch eine zentrische Streckung mit dem Streckungszentrum $Z_1(3\,|\,10)$ und dem Streckungsfaktor $k_1 = 0{,}5$ auf den Kreis k' ab.
- Bilde anschließend den Kreis k' durch eine zentrische Streckung mit dem Streckungszentrum $Z_2(3\,|\,5)$ und dem Streckungsfaktor $k_2 = -3$ auf den Kreis k'' ab.

Welches „winterliche Motiv" ergibt sich? Berechne den Flächeninhalt der zusammengesetzten Figur. Runde dabei auf zwei Nachkommastellen.

Hinweis:
Ein Kreis wird zentrisch gestreckt, indem du den Mittelpunkt M und einen Punkt P der Kreislinie zentrisch auf M' und P' streckst und den neuen Kreis mit Mittelpunkt M' zeichnest, der durch P' geht.

132 Gegeben ist die Gerade g: $y = 2x + 4$.

a) Bilde die Gerade g durch zentrische Streckung mit dem Streckungszentrum Z(0 | 0) und dem Streckungsfaktor $k = 0{,}25$ auf die Gerade g' ab.
Gib die Geradengleichung von g' an.

b) Wie würde die Gleichung der Geraden g' lauten, wenn das Streckungszentrum $Z_1(-1\,|\,2)$ wäre?

Hinweis:
Eine Gerade wird zentrisch gestreckt, indem du zwei Punkte der Geraden durch die zentrische Streckung abbildest und dann die Gerade durch die Bildpunkte zeichnest.

133 Das Dreieck ABC mit A(–1 | –1), B(0 | 1) und C(–2 | 2) wird durch eine zentrische Streckung mit dem Streckungszentrum Z(1 | 0) und dem Streckungsfaktor $k = -1{,}5$ auf das Dreieck A'B'C' abgebildet.
Zeichne die beiden Dreiecke in ein Koordinatensystem. Berechne anschließend die Flächeninhalte der Dreiecke ABC und A'B'C'.

2.3 Zentrische Streckung mithilfe von Vektoren

Sind die Punkte und das Streckungszentrum bei einer zentrischen Streckung in **Koordinatenschreibweise** gegeben, kannst du die Koordinaten der Bildpunkte sowie den Streckungsfaktor mithilfe von Vektoren berechnen.

Zentrische Streckung mithilfe von Vektoren

Bei einer zentrischen Streckung mit dem Streckungszentrum Z und dem Streckungsfaktor k gilt für jeden Punkt P und seinen Bildpunkt P':

$\overrightarrow{ZP'} = k \cdot \overrightarrow{ZP}$

Beispiel

Der Punkt P(–3 | 5,5) wird durch zentrische Streckung mit Z(4 | –1) und k = –2 auf P' abgebildet. Die Koordinaten von P' kannst du wie folgt berechnen:

$$\overrightarrow{ZP'} = k \cdot \overrightarrow{ZP}$$

$$\Leftrightarrow \begin{pmatrix} x_{P'} - x_Z \\ y_{P'} - y_Z \end{pmatrix} = k \cdot \begin{pmatrix} x_P - x_Z \\ y_P - y_Z \end{pmatrix}$$

$$\Leftrightarrow \begin{pmatrix} x_{P'} - 4 \\ y_{P'} - (-1) \end{pmatrix} = -2 \cdot \begin{pmatrix} -3 - 4 \\ 5{,}5 - (-1) \end{pmatrix}$$

$$\Leftrightarrow \begin{pmatrix} x_{P'} - 4 \\ y_{P'} + 1 \end{pmatrix} = \begin{pmatrix} 14 \\ -13 \end{pmatrix}$$

Damit erhältst du ein lineares Gleichungssystem:

$$\left| \begin{array}{ll} & x_{P'} - 4 = 14 \\ \wedge & y_{P'} + 1 = -13 \end{array} \right. \quad \begin{array}{l} |+4 \\ |-1 \end{array}$$

$$\Leftrightarrow \left| \begin{array}{ll} & x_{P'} = 18 \\ \wedge & y_{P'} = -14 \end{array} \right.$$

Die Koordinaten von P' lauten somit: **P'(18 | –14)**

134 Die Werte in jeder Zeile gehören zu einer zentrischen Streckung. Ergänze die Tabelle. Rechne mithilfe von Vektoren.

(Ur-)Punkt P	Bildpunkt P'	Zentrum Z	Faktor k
(2 | 2)		(–4 | 5)	–0,5
	(3 | 4)	(–5 | –7)	1,25
(–8 | 3)	(5 | –1)		2
(1,5 | 9)	(5 | –12)	(2 | 6)	

3 Vierstreckensätze

Eine direkte Folgerung aus den Eigenschaften der zentrischen Streckung sind die sogenannten **Vierstreckensätze** (oder auch **Strahlensätze** genannt). Mit ihnen kannst du **Streckenlängen** über die Streckenverhältnisse berechnen.

Werden zwei sich schneidende Geraden mit dem Schnittpunkt Z von einem Parallelenpaar in vier Punkten geschnitten, gilt:

1. Vierstreckensatz
Die Längen zweier Strecken auf der einen Geraden verhalten sich wie die Längen der entsprechenden Strecken auf der anderen Geraden.

V-Figur (k > 0):

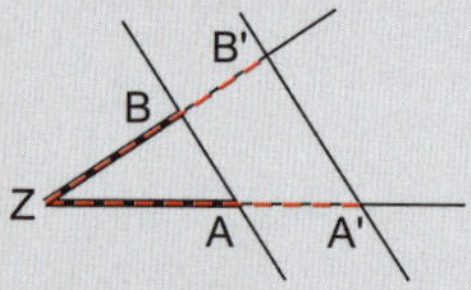

$$\frac{\overline{ZA'}}{\overline{ZA}} = \frac{\overline{ZB'}}{\overline{ZB}}$$

X-Figur (k < 0):

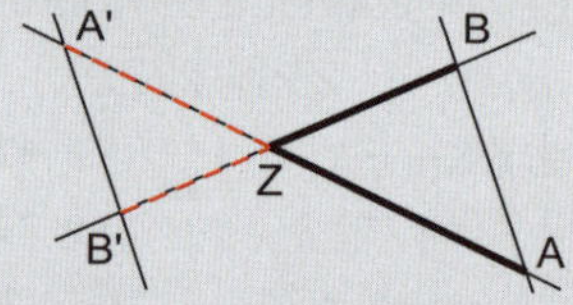

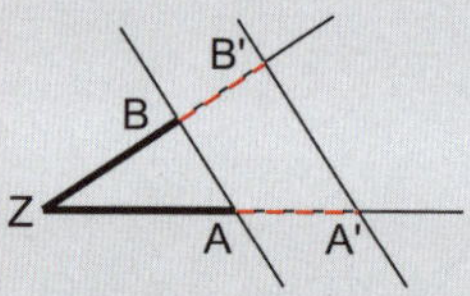

$$\frac{\overline{AA'}}{\overline{ZA}} = \frac{\overline{BB'}}{\overline{ZB}}$$

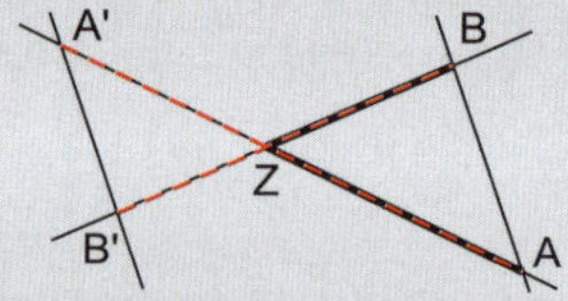

2. Vierstreckensatz
Die Längen der Strecken auf den Parallelen verhalten sich wie die Entfernungen entsprechender Endpunkte der Parallelen vom Schnittpunkt Z.

V-Figur (k > 0):

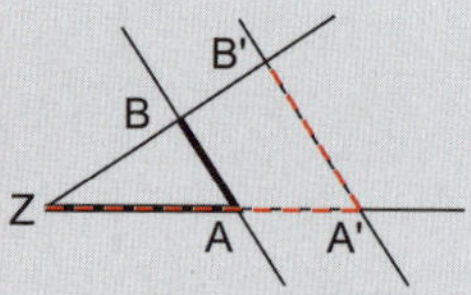

$$\frac{\overline{A'B'}}{\overline{AB}} = \frac{\overline{ZA'}}{\overline{ZA}}$$

bzw.

$$\frac{\overline{A'B'}}{\overline{AB}} = \frac{\overline{ZB'}}{\overline{ZB}}$$

X-Figur (k < 0):

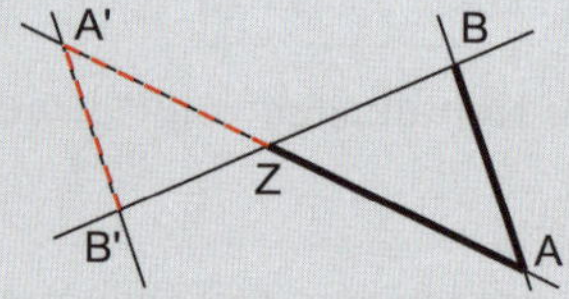

Hinweis: Du kannst auch bei jedem Verhältnis Zähler und Nenner tauschen. Für deine Berechnungen ist es leichter, wenn die gesuchte Länge im Zähler steht.

Beispiele

1. In der nebenstehenden Zeichnung gilt $AB \parallel A'B'$.
Wie lang ist die Strecke [ZB]?
Beachte: Die nebenstehende Zeichnung ist nicht maßstabsgerecht.

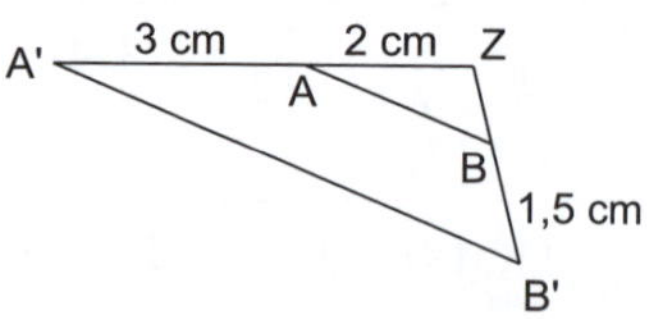

Lösung:

Berechnung von $\overline{ZB}$ mithilfe des 1. Vierstreckensatzes:

$$\frac{\overline{ZB}}{\overline{BB'}} = \frac{\overline{ZA}}{\overline{AA'}} \quad \Big| \cdot \overline{BB'}$$

$$\Leftrightarrow \quad \overline{ZB} = \frac{\overline{BB'} \cdot \overline{ZA}}{\overline{AA'}}$$

$$\Leftrightarrow \quad \overline{ZB} = \frac{1{,}5\text{ cm} \cdot 2\text{ cm}}{3\text{ cm}}$$

$$\Leftrightarrow \quad \overline{ZB} = 1\text{ cm}$$

Es ist stets vorteilhaft, wenn du die gesuchte Länge in den Zähler schreibst.

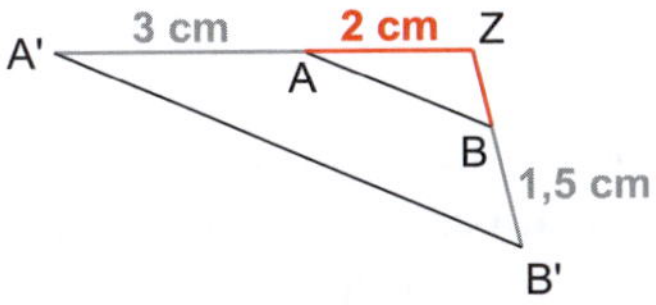

Die Strecke [ZB] ist 1 cm lang.

Hinweis: Da die Längen $\overline{ZA'}$ und $\overline{ZB'}$ nur abschnittsweise gegeben sind, bietet sich diese Variante des 1. Vierstreckensatzes an.

2. In der nebenstehenden Zeichnung gilt AB ∥ A'B'.
Wie lang ist die Strecke [AB]?
Beachte: Die nebenstehende Zeichnung ist nicht maßstabsgerecht.

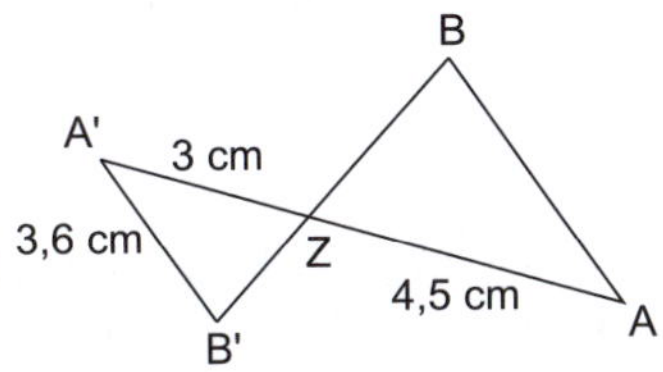

Lösung:

Berechnung von $\overline{AB}$ mithilfe des 2. Vierstreckensatzes:

$$\frac{\overline{AB}}{\overline{A'B'}} = \frac{\overline{ZA}}{\overline{ZA'}} \quad \Big| \cdot \overline{A'B'}$$

$$\Leftrightarrow \quad \overline{AB} = \frac{\overline{A'B'} \cdot \overline{ZA}}{\overline{ZA'}}$$

$$\Leftrightarrow \quad \overline{AB} = \frac{3{,}6\text{ cm} \cdot 4{,}5\text{ cm}}{3\text{ cm}}$$

$$\Leftrightarrow \quad \overline{AB} = 5{,}4\text{ cm}$$

Es ist stets vorteilhaft, wenn du die gesuchte Länge in den Zähler schreibst.

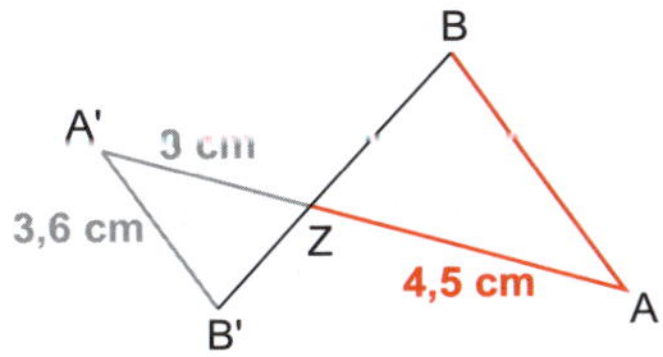

Die Strecke [AB] ist 5,4 cm lang.

135 Berechne die gesuchten Längen x und y.
Die Zeichnungen sind **nicht** maßstabsgetreu. Alle Angaben sind in cm.

a) AC ∥ DE

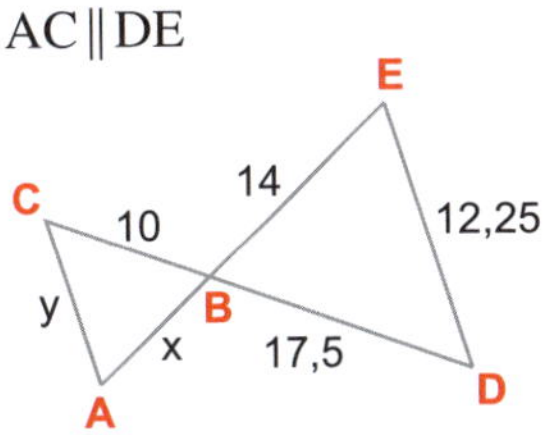

b) RS ∥ TU

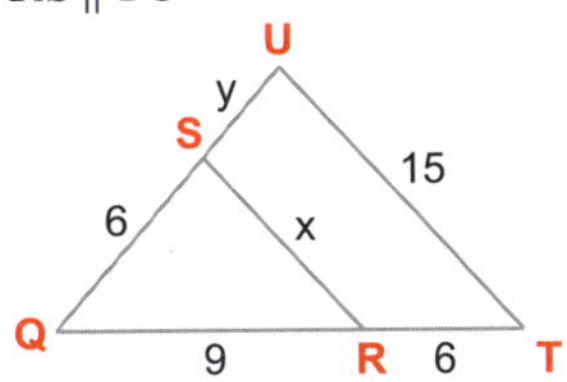

136 In nebenstehender Figur ist AB || A'B'.
Erkläre, warum gilt:

$$\frac{\overline{ZC}}{\overline{ZC'}} = \frac{\overline{AB}}{\overline{A'B'}}$$

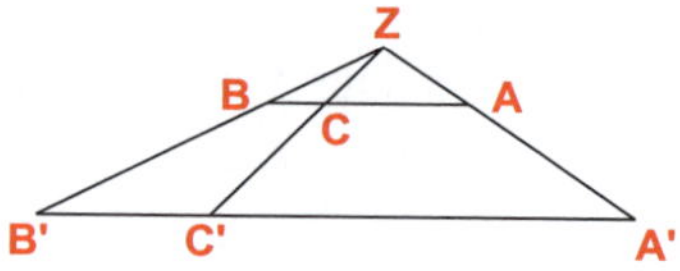

137 Um die Breite des Flusses zu bestimmen, wurden Hilfsmessungen durchgeführt und in der nebenstehenden Zeichnung eingetragen. Die 8 m lange Strecke und die 12 m lange Strecke sind parallel. Welche Breite x hat der Fluss?

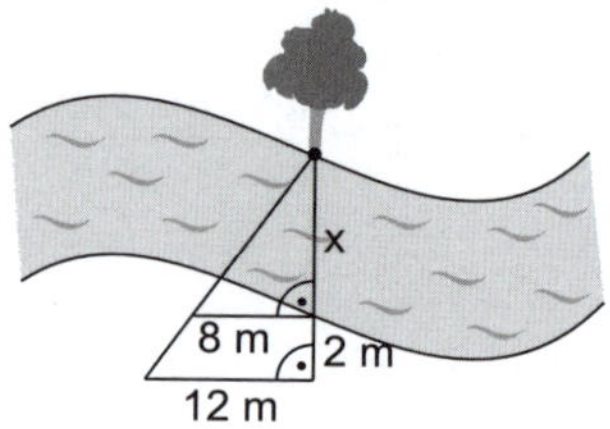

138 Leon versucht, die Höhe eines Gebäudes zu bestimmen. Dafür peilt er die Spitze des Gebäudes über seinen 5 cm langen Daumen hinweg an. Wie hoch ist das Gebäude, wenn sich Leons Daumen waagerecht 20 cm von seinem Auge entfernt und parallel zur Gebäudewand befindet? Die Zeichnung ist nicht maßstabsgerecht.

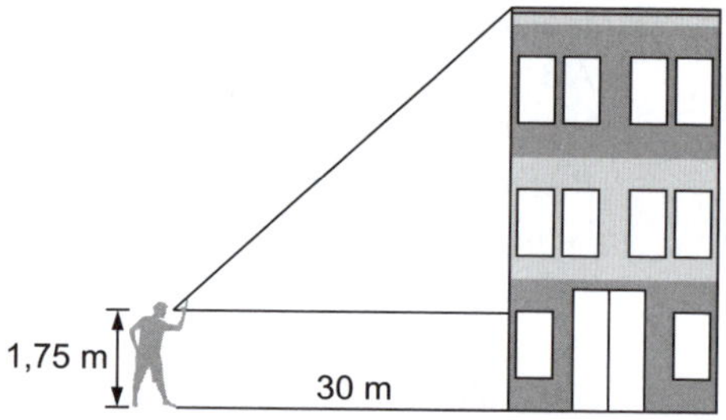

139 Welchen Abstand haben die Scherenspitzen voneinander, wenn du die Schere öffnest und die Griffe dabei 4 cm weit auseinanderziehst? Die Zeichnung ist nicht maßstabsgerecht.

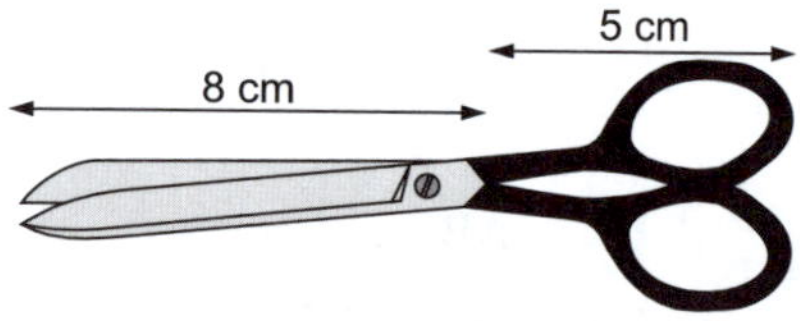

* **140** Paul ist 1,80 m groß, sehr schlank und mag es nicht, wenn ihm die Sonne auf den Kopf scheint. Die 2,50 m hohe Hecke am Nachbargrundstück wirft einen 2 m langen Schatten auf den Weg.
Wie weit kann Paul höchstens von der Hecke entfernt stehen, wenn er der Sonne vollständig entgehen will?

4 Einbeschreibungsaufgaben

Neben klassischen Anwendungen von zentrischer Streckung und Vierstreckensätzen erwarten dich **Einbeschreibungsaufgaben**, die auf den ersten Blick nichts mit dieser Thematik zu tun haben. Gehe bei deren Lösung nach folgendem Schema vor.

Vorgehen beim Lösen von Einbeschreibungsaufgaben

- Zeichne die **Grundfigur** und konstruiere eine **Probefigur** der einbeschriebenen Figur. Die Seiten der Probefigur müssen dasselbe Längenverhältnis haben wie die gesuchte Figur, es müssen aber noch nicht alle Punkte auf der Grundfigur liegen.
- Bringe die Probefigur durch **zentrische Streckung** auf die gesuchte Größe.
- Verwende bei der Berechnung von Streckenlängen die **Vierstreckensätze**.

Beispiel

Dem Dreieck ABC mit A(–1 | 0), B(4 | 0) und C(2 | 3) soll ein Quadrat PQRS einbeschrieben werden mit $[PQ] \subseteq [AB]$, $S \in [AC]$ und $R \in [BC]$.
Konstruiere das Quadrat PQRS und berechne anschließend seine Seitenlänge.

Lösung:
Zeichne ABC und ein Probequadrat $P_1Q_1R_1S_1$ mit $[P_1Q_1] \subseteq [AB]$ und $S_1 \in [AC]$:

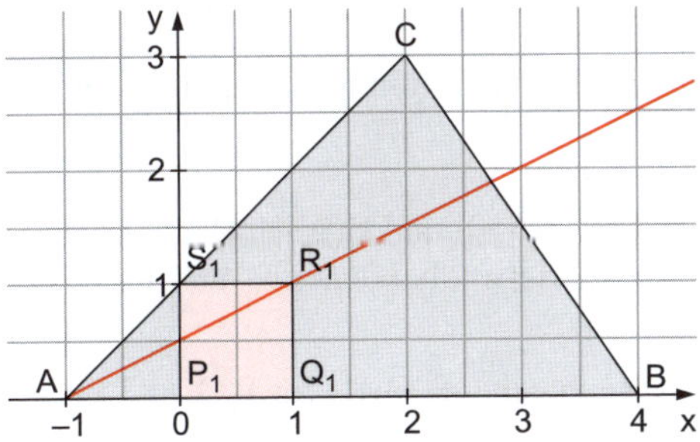

- Zeichne einen Punkt $P_1(x\,|\,0) \in [AB]$ mit $-1 < x < 2$. Gehe von P_1 aus senkrecht nach oben. Der Schnittpunkt mit [AC] ist der Punkt S_1. Vervollständige zum Quadrat $P_1Q_1R_1S_1$.
- *Es gilt:*
  Alle möglichen Punkte R_n liegen auf einer Geraden durch A, somit auch R.
  Gleichzeitig gilt:
  Wegen $R \in [BC]$ ist R der Schnittpunkt der Geraden AR_1 und der Seite [BC].

Zeichne das gesuchte Quadrat PQRS ein:

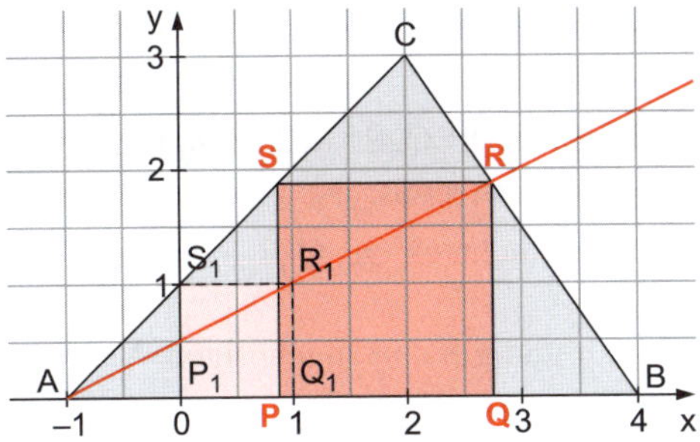

- Zeichne den Punkt R.
- Der Punkt S ist der Schnittpunkt der Parallelen zu AB durch R mit der Geraden AC.
- Der Punkt Q liegt senkrecht unter dem Punkt R auf [AB] und der Punkt P liegt senkrecht unter dem Punkt S auf [AB]. Fälle also jeweils das Lot auf [AB].

Hinweis: Mathematisch gesehen wird das Quadrat $P_1Q_1R_1S_1$ zentrisch mit dem Zentrum A gestreckt, sodass R_1 auf dem gesuchten Punkt $R \in [BC]$ abgebildet wird.

Berechnung der Seitenlänge x LE des Quadrats mit der Folgerung aus dem 2. Vierstreckensatz (mit Zentrum C) aus Aufgabe 136:

$$\frac{\overline{SR}}{\overline{AB}} = \frac{h - x\ \text{LE}}{h}$$

$$\Leftrightarrow \quad \frac{x\ \text{LE}}{5\ \text{LE}} = \frac{3\ \text{LE} - x\ \text{LE}}{3\ \text{LE}} \quad | \cdot 5 \cdot 3$$

$$\Leftrightarrow \quad 3x = 5 \cdot (3 - x)$$

$$\Leftrightarrow \quad 3x = 15 - 5x \quad | +5x$$

$$\Leftrightarrow \quad 8x = 15 \quad | :8$$

$$\Leftrightarrow \quad x = 1{,}875$$

Die Seitenlänge des Quadrats ist **1,875 LE**.

Zeichne dafür die Dreieckshöhe h = 3 LE ein.
Es gilt: $\overline{AB} = 5$ LE

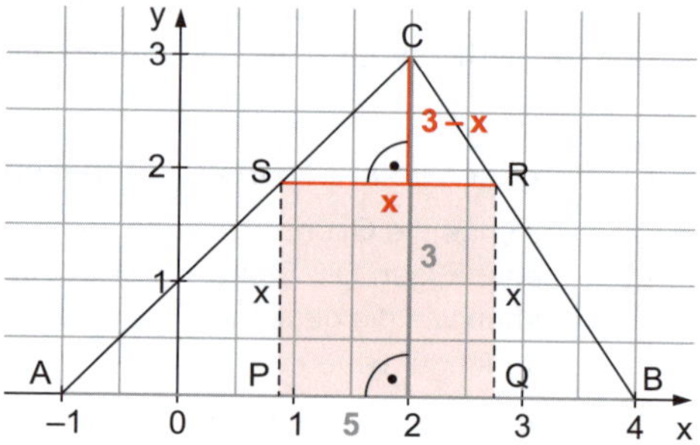

141 Einem gleichschenkligen Dreieck ABC mit der Basis $\overline{AB} = 6$ cm und der Höhe h = 3 cm wird ein Rechteck PQRS einbeschrieben. Dabei ist $[PQ] \subseteq [AB]$ und $\overline{PQ} = 2{,}5 \cdot \overline{PS}$.

a) Zeichne das Dreieck ABC sowie das Rechteck PQRS.

b) Berechne die Seitenlängen des Rechtecks PQRS.

c) Wie viel Prozent der Fläche des Dreiecks ABC nimmt das Rechteck PQRS ein?

142 Gegeben ist das Dreieck OAB mit O(0|0), A(5|0) und B(0|4). Dem Dreieck OAB werden Rechtecke $OP_nQ_nR_n$ einbeschrieben, bei denen P_n auf der positiven x-Achse liegt.

a) Zeichne das Dreieck OAB und das Rechteck $OP_1Q_1R_1$ für $\overline{P_1Q_1} = 3$ LE. Berechne anschließend $\overline{Q_1R_1}$.

b) Es seien nun $\overline{OP_n} = x$ LE und $\overline{P_nQ_n} = y$ LE die Seitenlängen der Rechtecke. Für welche Werte von $x, y \in \mathbb{R}$ existieren Rechtecke $OP_nQ_nR_n$? Gib jeweils ein Intervall an.

c) Bestimme den Flächeninhalt der Rechtecke $OP_nQ_nR_n$ in Abhängigkeit von x. *Tipp:* Drücke zunächst y in Abhängigkeit von x aus.

d) Unter den Rechtecken $OP_nQ_nR_n$ hat das Rechteck $OP_0Q_0R_0$ den maximalen Flächeninhalt.
Berechne den maximalen Flächeninhalt und gib den zugehörigen Wert für x an.

5 Ähnlichkeitssätze für Dreiecke

Anfangs hast du gesehen, dass ein Architekt bei der Planung eines Gebäudes zunächst eine **maßstäbliche Zeichnung** des Grundrisses anfertigt. Zeichnung und Grundriss stimmen natürlich nicht in der Größe, aber in den Größenverhältnissen und Winkeln überein. Mathematisch bedeutet das, dass es **ähnliche Figuren** sind.

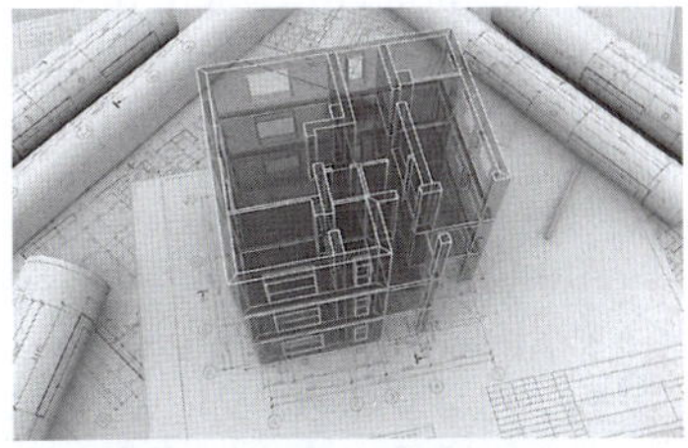

Zwei Figuren F_1 und F_2 heißen **ähnlich** zueinander, wenn du sie durch zentrische Streckungen und Kongruenzabbildungen (z. B. Spiegeln, Drehen, Verschieben) aufeinander abbilden kannst.

Schreibweise: $F_1 \sim F_2$

Eine Verknüpfung von zentrischen Streckungen und Kongruenzabbildungen nennt man **Ähnlichkeitsabbildung**.

Es gilt:
- Ähnliche Figuren stimmen im **Verhältnis der Längen entsprechender Seiten** und in den **Maßen sich entsprechender Winkel** überein.
- Stimmen zwei Figuren im Verhältnis der Längen entsprechender Seiten und in den Maßen sich entsprechender Winkel überein, sind sie **ähnlich**.

Beispiel

Die folgenden beiden Figuren sind **ähnlich**:

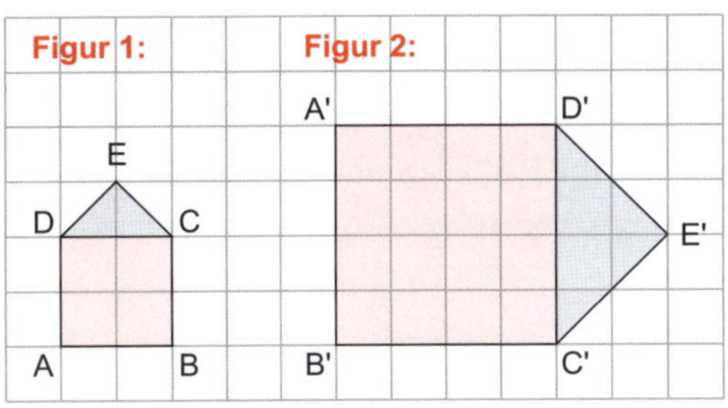

Du kannst Figur 1 folgendermaßen auf Figur 2 abbilden:
- Strecke Figur 1 mit dem Streckungsfaktor $k = 2$.
- Drehe anschließend die gestreckte Figur um 90° nach rechts.

143 Welche dieser Rechtecke sind zueinander ähnlich?

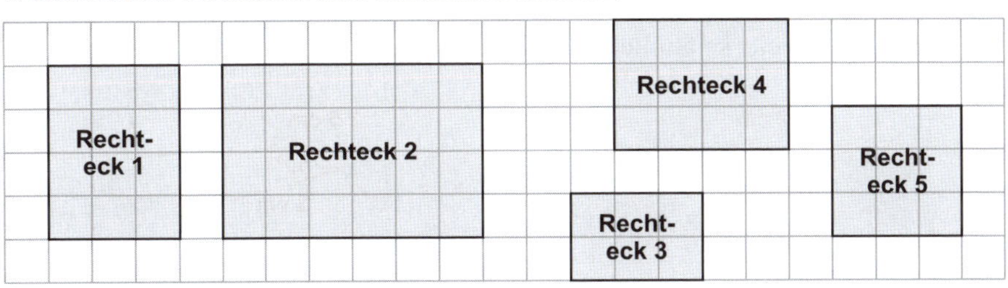

Wie du bereits weißt, sind zwei Dreiecke **ähnlich**, wenn sie durch eine **Ähnlichkeitsabbildung** aufeinander abgebildet werden können. Oft genügt es zum Lösen einer Aufgabe zu wissen, dass zwei Dreiecke ähnlich sind, ohne die Ähnlichkeitsabbildung genau zu kennen. Mithilfe der folgenden **Ähnlichkeitssätze** kannst du ohne die Abbildung herausfinden, ob zwei Dreiecke ähnlich sind.

Ähnlichkeitssätze für Dreiecke

1. Ähnlichkeitssatz (www)
Dreiecke sind ähnlich, wenn sie in den Maßen **zweier Winkel** übereinstimmen.
$\alpha = \alpha'$ und $\beta = \beta'$

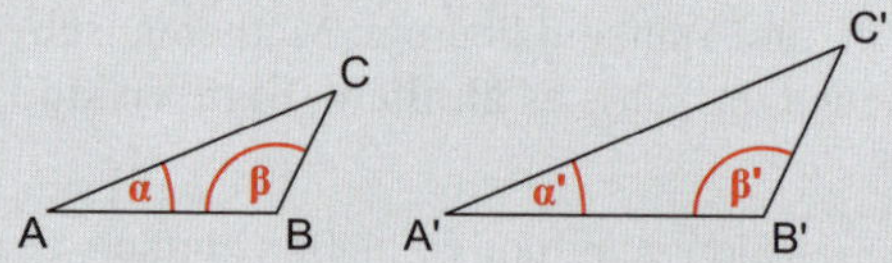

2. Ähnlichkeitssatz (sss)
Dreiecke sind ähnlich, wenn sie in den **Verhältnissen der Längen der drei Seiten** übereinstimmen.
$a : b : c = a' : b' : c'$

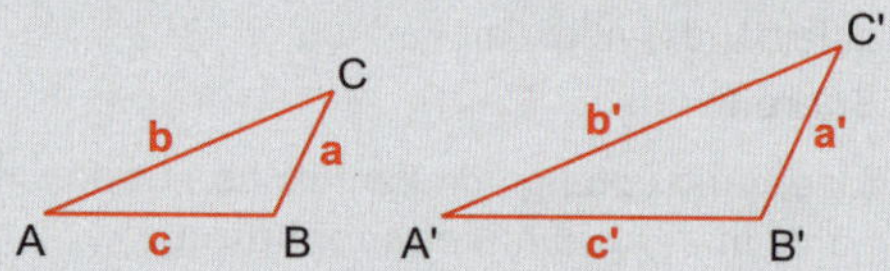

3. Ähnlichkeitssatz (sws)
Dreiecke sind ähnlich, wenn sie im **Verhältnis der Längen zweier Seiten** und im Maß des **eingeschlossenen Winkels** übereinstimmen.
$a : c = a' : c'$ und $\beta = \beta'$

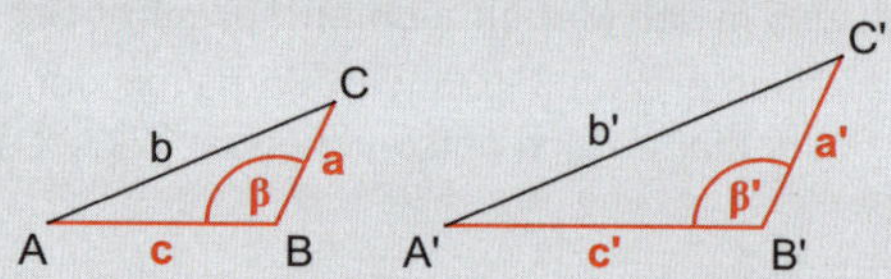

4. Ähnlichkeitssatz (Ssw)
Dreiecke sind ähnlich, wenn sie im **Verhältnis der Längen zweier Seiten** und im Maß des **Winkels**, der der **größeren Seite gegenüberliegt**, übereinstimmen.
$a : b = a' : b'$ und $\beta = \beta'$

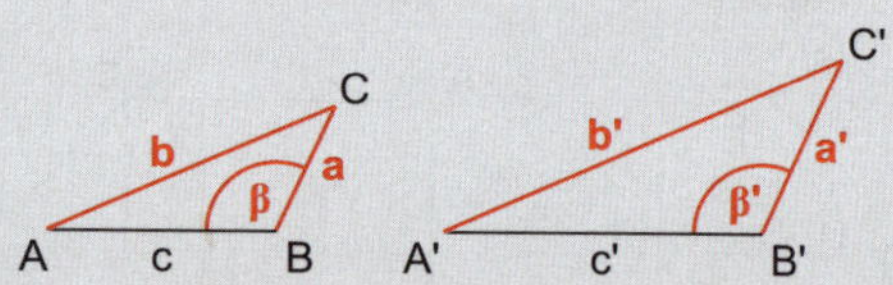

Hinweis: Stimmen zwei Dreiecke in den Maßen zweier Winkel überein, stimmen aufgrund der Winkelsumme im Dreieck auch die Maße der dritten Winkel überein.

Beispiele

1. Sind die Dreiecke ähnlich? Die Zeichnungen sind **nicht** maßstabsgetreu.

a)

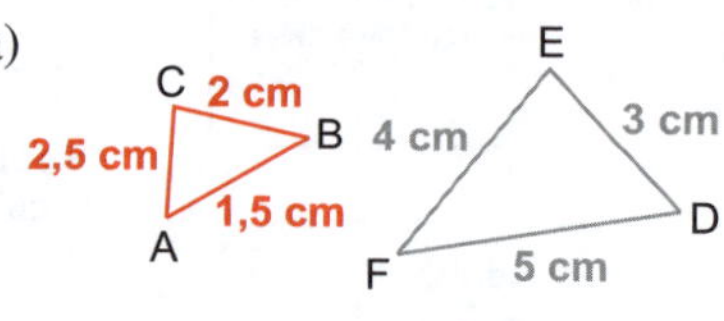

b)

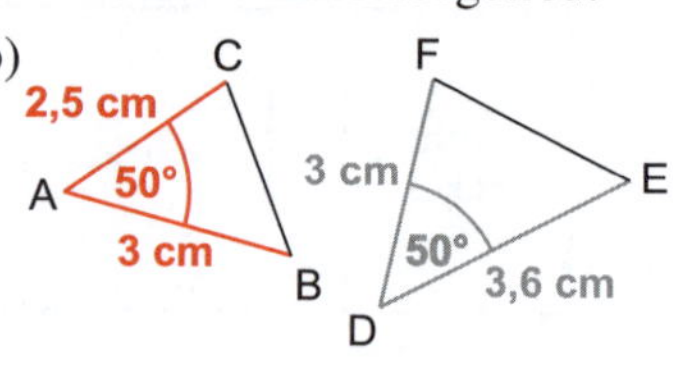

Lösung:

a) Prüfe, ob die Dreiecke nach sss ähnlich sind, da die drei Seitenlängen gegeben sind. Ordne die Seiten entsprechend ihrer Länge (kurz, mittel, lang) zu. Es gilt:

$$\frac{\overline{AB}}{\overline{BC}} \stackrel{?}{=} \frac{\overline{DE}}{\overline{EF}} \qquad \frac{\overline{AB}}{\overline{CA}} \stackrel{?}{=} \frac{\overline{DE}}{\overline{FD}} \qquad \frac{\overline{BC}}{\overline{CA}} \stackrel{?}{=} \frac{\overline{EF}}{\overline{FD}}$$

$$\Leftrightarrow \frac{1{,}5\text{ cm}}{2\text{ cm}} \stackrel{?}{=} \frac{3\text{ cm}}{4\text{ cm}} \qquad \Leftrightarrow \frac{1{,}5\text{ cm}}{2{,}5\text{ cm}} \stackrel{?}{=} \frac{3\text{ cm}}{5\text{ cm}} \qquad \Leftrightarrow \frac{2\text{ cm}}{2{,}5\text{ cm}} \stackrel{?}{=} \frac{4\text{ cm}}{5\text{ cm}}$$

$$\Leftrightarrow 0{,}75 = 0{,}75 \qquad \Leftrightarrow 0{,}6 = 0{,}6 \qquad \Leftrightarrow 0{,}8 = 0{,}8$$

Da die Dreiecke in den Verhältnissen der Längen ihrer drei Seiten übereinstimmen, sind sie nach dem **Ähnlichkeitssatz sss** ähnlich.

b) Prüfe, ob die Dreiecke nach sws ähnlich sind, da zwei Seitenlängen und das Maß des eingeschlossenen Winkels gegeben sind. Es gilt:

$$\frac{\overline{AB}}{\overline{CA}} \stackrel{?}{=} \frac{\overline{DE}}{\overline{FD}}$$

$$\Leftrightarrow \frac{3\text{ cm}}{2{,}5\text{ cm}} \stackrel{?}{=} \frac{3{,}6\text{ cm}}{3\text{ cm}}$$

$$\Leftrightarrow 1{,}2 = 1{,}2$$

Ordne beim Ansatz die Seitenlängen wieder der Länge nach:

$$\frac{\text{lang}}{\text{kurz}} = \frac{\text{lang}}{\text{kurz}}$$

Da auch $\sphericalangle BAC = \sphericalangle EDF = 50°$ gilt, stimmen die Dreiecke im Verhältnis der Längen zweier Seiten und im Maß des eingeschlossenen Winkels überein. Sie sind somit nach dem **Ähnlichkeitssatz sws** ähnlich.

2. In ähnlichen Dreiecken kannst du leicht Längen von Strecken berechnen: Für die nebenstehend abgebildeten Dreiecke ABC und DEF, gilt:
$\Delta ABC \sim \Delta DEF$
Berechne die Länge der Seite [EF].

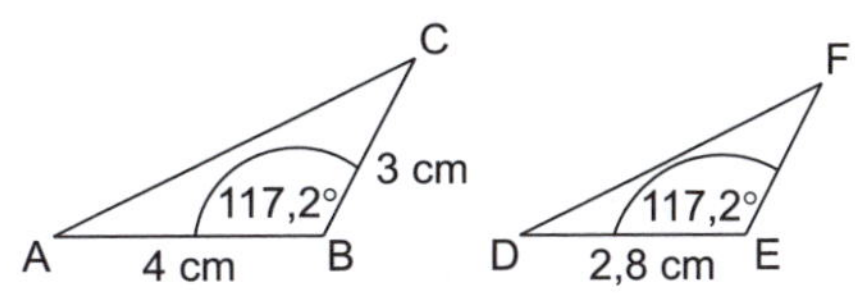

Lösung:

Da die Dreiecke ähnlich sind, stimmen sie in den Verhältnissen der Längen ihrer drei Seiten überein. Damit gilt:

$$\frac{\overline{EF}}{\overline{DE}} = \frac{\overline{BC}}{\overline{AB}} \qquad | \cdot \overline{DE}$$

$$\Leftrightarrow \overline{EF} = \frac{\overline{DE} \cdot \overline{BC}}{\overline{AB}}$$

$$\Leftrightarrow \overline{EF} = \frac{2{,}8\text{ cm} \cdot 3\text{ cm}}{4\text{ cm}}$$

$$\Leftrightarrow \overline{EF} = 2{,}1\text{ cm}$$

Die Seite [EF] ist 2,1 cm lang.

144 Welche der Dreiecke sind ähnlich? Die Zeichnungen sind **nicht** maßstabsgetreu.

a)

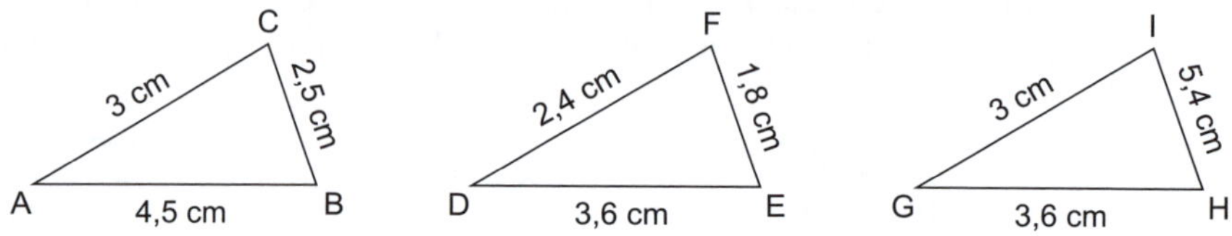

b)

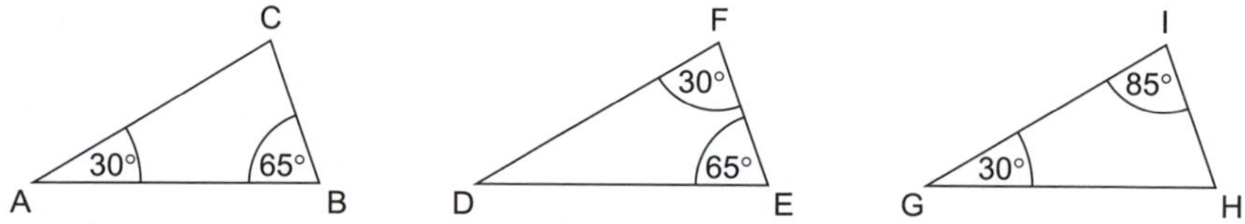

145 Begründe, dass folgende Dreiecke jeweils ähnlich sind.

a) ΔABC und ΔDBE b) ΔABC und ΔADE c) ΔABS und ΔCSD

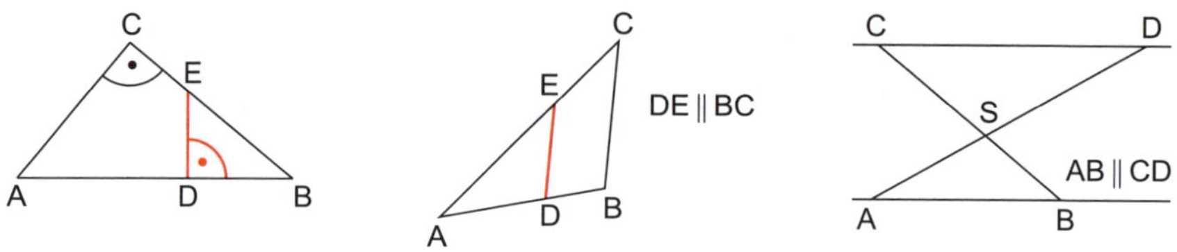

146 Für die nachfolgenden Zeichnungen gilt: ΔABC ~ ΔDEF
Berechne jeweils die gesuchten Streckenlängen.

a)

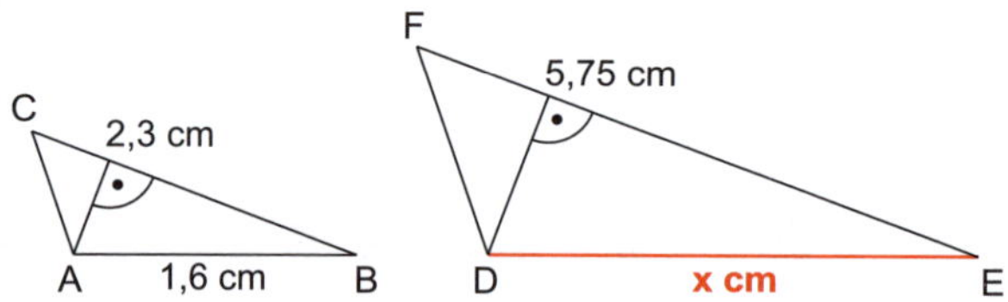

b)

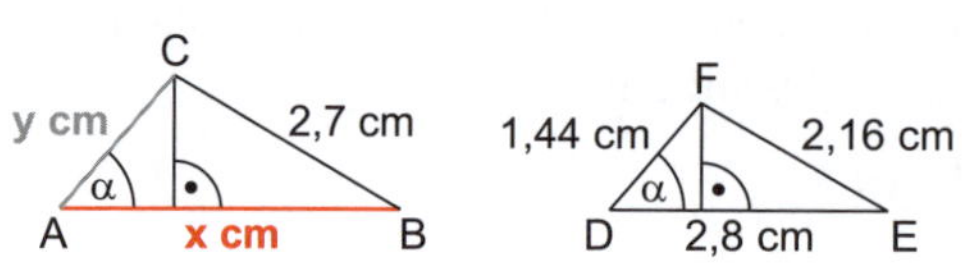

147 Welche dieser Dreiecke sind immer zueinander ähnlich?

a) rechtwinklige Dreiecke
b) gleichseitige Dreiecke
c) gleichschenklige Dreiecke
d) gleichschenklig-rechtwinklige Dreiecke

Flächensätze am rechtwinkligen Dreieck

Betrachte das nebenstehende rechtwinklige Dreieck ABC mit der Hypotenuse [AB]. Die Höhe [CH] auf die Hypotenuse [AB] ist das Lot auf [AB]. Sie teilt das Dreieck ABC in die rechtwinkligen Teildreiecke AHC und HBC, die ähnlich zueinander sind. Außerdem teilt diese Höhe die Hypotenuse in zwei Teilstücke [AH] und [HB], die sogenannten **Hypotenusenabschnitte p** und **q**.

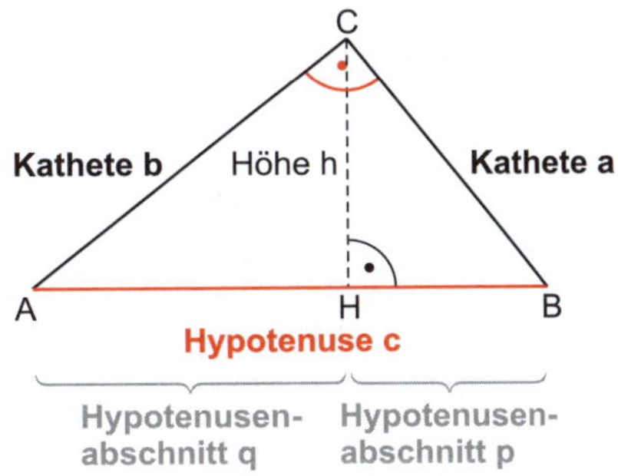

Tipp:
So kannst du dir merken, welcher Hypotenusenabschnitt p und welcher q ist:

q | p

q, die Höhe und p sind **3 Striche** nebeneinander.

In jedem rechtwinkligen Dreieck gelten wichtige Sätze, die als **Flächensätze** oder auch **Satzgruppe des Pythagoras** bezeichnet werden. Dazu gehören die Flächensätze des Euklid, bestehend aus **Kathetensatz** und **Höhensatz**, sowie der **Satz des Pythagoras**.

1 Flächensätze des Euklid: Katheten- und Höhensatz

Da die oben betrachteten Teildreiecke AHC und HBC ähnlich sind, stimmen sie in den Verhältnissen der drei Seitenlängen überein. Daraus ergibt sich der folgende Zusammenhang zwischen Kathetenlängen und Hypotenusenabschnitten.

Kathetensatz

Im rechtwinkligen Dreieck hat das Quadrat über einer Kathete denselben Flächeninhalt wie das Rechteck, dessen Seiten die Hypotenuse und der an der Kathete anliegende Hypotenusenabschnitt sind:

$a^2 = p \cdot c$

$b^2 = q \cdot c$

Außerdem gilt folgende Hypotenusenteilung:

$q + p = c$

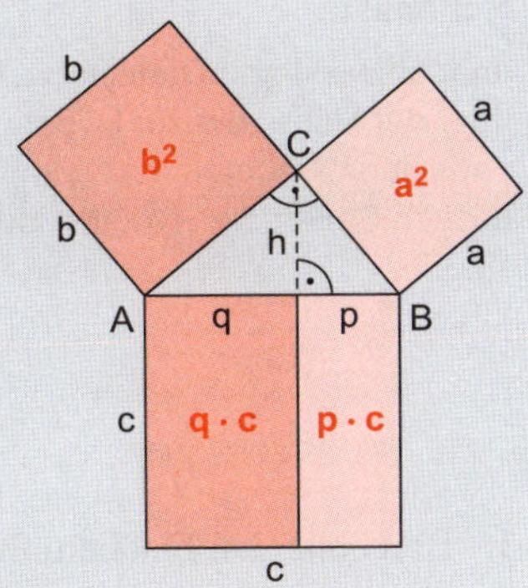

Beispiele

1. Im nebenstehenden Dreieck ABC mit rechtem Winkel bei C sind $\overline{AB} = 5$ cm und $\overline{AH} = 3{,}2$ cm. Berechne die Länge der Seite [CA].

Lösung:

Berechnung von $\overline{CA}$ mit dem Kathetensatz:

$$\overline{CA}^2 = \overline{AH} \cdot \overline{AB} \qquad | \sqrt{}$$
$$\Rightarrow \quad \overline{CA} = \sqrt{\overline{AH} \cdot \overline{AB}}$$
$$\Leftrightarrow \quad \overline{CA} = \sqrt{3{,}2\text{ cm} \cdot 5\text{ cm}}$$
$$\Leftrightarrow \quad \overline{CA} = \sqrt{16\text{ cm}^2}$$
$$\Leftrightarrow \quad \overline{CA} = 4\text{ cm}$$

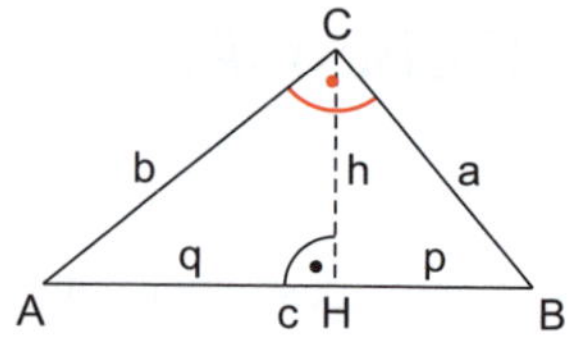

Der Kathetensatz lautet: $b^2 = q \cdot c$

Da es um Seitenlängen geht, kommt die negative Lösung $\overline{CA} = -\sqrt{\overline{AH} \cdot \overline{AB}}$ nicht infrage.

2. Im rechtwinkligen Dreieck KLM mit dem rechten Winkel bei M und dem Höhenfußpunkt H auf [KL] gilt $\overline{LM} = 6$ cm und $\overline{HL} = 4$ cm. Berechne die Länge der Seite [KL].

Lösung:

Berechnung von $\overline{KL}$ mit dem Kathetensatz:

$$\overline{LM}^2 = \overline{HL} \cdot \overline{KL} \qquad |:\overline{HL}$$
$$\Leftrightarrow \quad \overline{KL} = \frac{\overline{LM}^2}{\overline{HL}}$$
$$\Leftrightarrow \quad \overline{KL} = \frac{(6\text{ cm})^2}{4\text{ cm}}$$
$$\Leftrightarrow \quad \overline{KL} = 9\text{ cm}$$

Wenn es dir hilft, kannst du das Dreieck zum Aufstellen der Formel in ABC umbenennen:

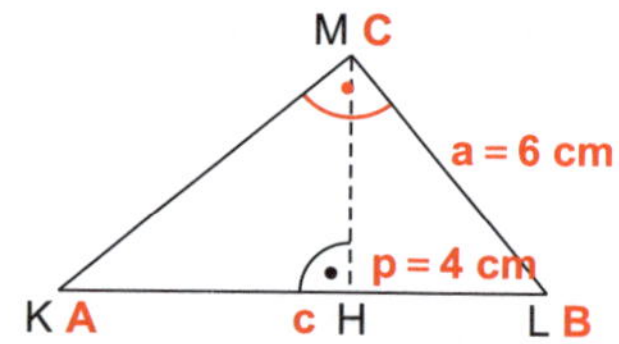

Der Kathetensatz lautet: $a^2 = p \cdot c$
Hier gilt: $a = \overline{LM}$; $p = \overline{HL}$; $c = \overline{KL}$

Ein weiterer wichtiger Satz, der die Größenverhältnisse im rechtwinkligen Dreieck beschreibt, ist der Höhensatz des Euklid.

Höhensatz

Im rechtwinkligen Dreieck hat das Quadrat über der Höhe, die zur Hypotenuse gehört, denselben Flächeninhalt wie das Rechteck, dessen Seiten die Hypotenusenabschnitte sind:

$h^2 = p \cdot q$

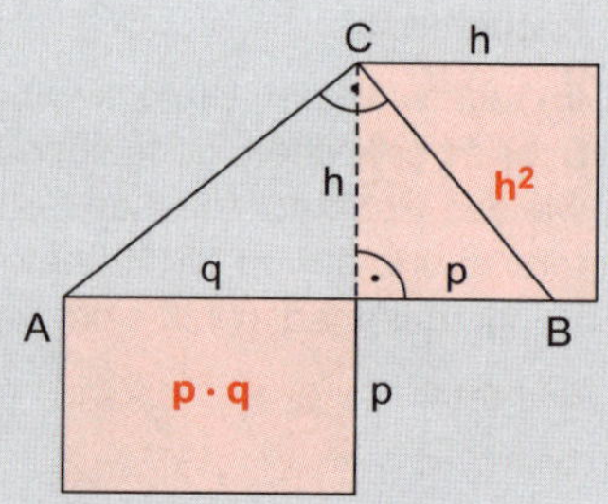

Beispiele

1. Berechne den Flächeninhalt eines rechtwinkligen Dreiecks, dessen Hypotenusenabschnitte q = 9 cm und p = 16 cm sind.

Lösung:
Berechnung der Höhe h mit dem Höhensatz:

$$h^2 = p \cdot q \qquad |\sqrt{}$$
$$\Rightarrow \quad h = \sqrt{p \cdot q}$$
$$\Leftrightarrow \quad h = \sqrt{16\text{ cm} \cdot 9\text{ cm}}$$
$$\Leftrightarrow \quad h = \sqrt{144\text{ cm}^2}$$
$$\Leftrightarrow \quad h = 12\text{ cm}$$

Berechnung des Flächeninhalts A:

$$A = \frac{1}{2} \cdot (q + p) \cdot h = \frac{1}{2} \cdot (9\text{ cm} + 16\text{ cm}) \cdot 12\text{ cm} = 150\text{ cm}^2$$

2. *Anwendung:* Konstruiere $\sqrt{3}$ mithilfe des Höhensatzes.

Lösung:
Konstruktion:

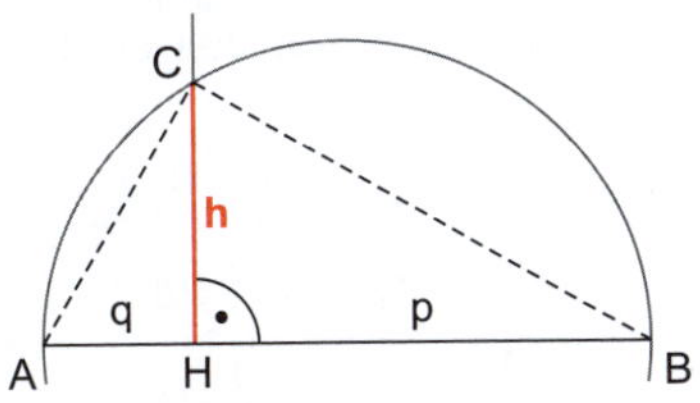

Die Höhe h hat die Länge $\sqrt{3}$ cm.

Konstruktionsbeschreibung:
- Wenn $h = \sqrt{3}$ cm sein soll, muss wegen des Höhensatzes $h^2 = p \cdot q = 3\text{ cm}^2$ gelten. Wähle z. B. $p = 3$ cm und $q = 1$ cm.
- Zeichne die Strecke $\overline{AB} = q + p = 4$ cm.
- Zeichne den Thaleskreis über [AB].
- Zeichne den Punkt $H \in [AB]$ mit $\overline{AH} = q$.
- Errichte das Lot auf AB im Punkt H.

148 Die Werte in jeder Zeile gehören zum Dreieck ABC mit rechtem Winkel bei C. Ergänze die Tabelle.

a	b	c	p	q	h
		5 cm	1,8 cm		
			7,2 cm	12,8 cm	
			1,62 cm		2,16 cm

149 Gegeben ist das rechts skizzierte (nicht maßstäbliche) Dreieck DEF, das rechtwinklig mit dem rechten Winkel im Punkt F ist. Berechne die Länge der Strecke [FD], wenn $\overline{FH} = 57{,}6$ m und $\overline{HE} = 10{,}8$ m ist.

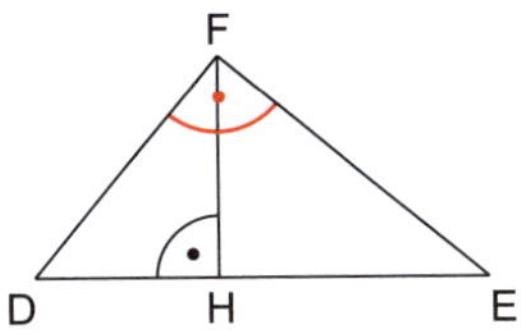

150 Konstruiere folgende Wurzeln.

a) $\sqrt{5}$ mithilfe des Höhensatzes

* b) $\sqrt{7}$ mithilfe des Kathetensatzes

2 Der Satz des Pythagoras

Einer der wichtigsten Sätze der ebenen Geometrie ist der **Satz des Pythagoras**. Er besagt, dass in jedem rechtwinkligen Dreieck die Quadrate über den Katheten zusammen denselben Flächeninhalt haben wie das Quadrat über der Hypotenuse:

$$a^2 + b^2 = c^2$$

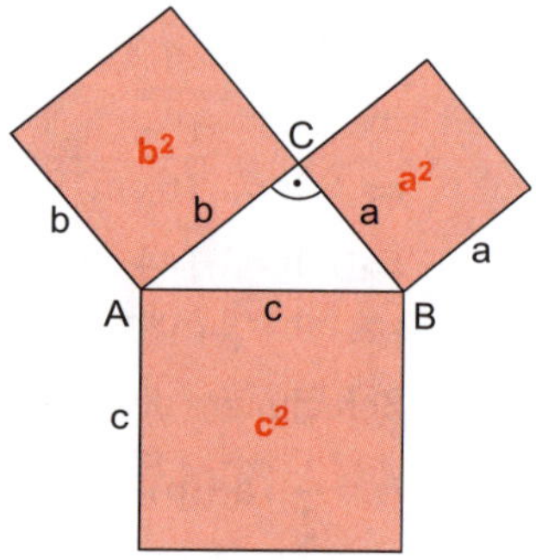

Zur Erinnerung:
Die Hypotenuse liegt dem rechten Winkel gegenüber. Sie ist damit immer die längste Dreiecksseite.

Man kann den Satz des Pythagoras auch folgendermaßen formulieren:

Satz des Pythagoras

Im rechtwinkligen Dreieck ist die Summe der Quadrate der Kathetenlängen gleich dem Quadrat der Hypotenusenlänge:

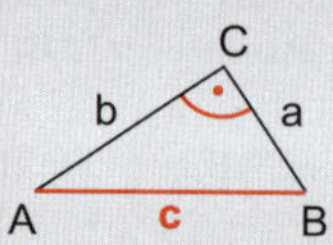

$c^2 = a^2 + b^2$

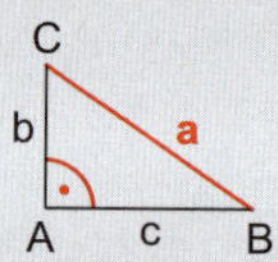

$a^2 = b^2 + c^2$

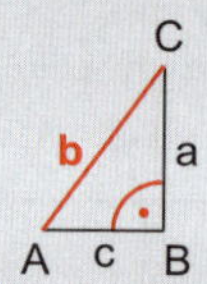

$b^2 = a^2 + c^2$

Beispiele

1. Im Dreieck ABC mit rechtem Winkel bei A sind die Katheten $c = 8$ cm und $b = 6$ cm. Wie lang ist die Hypotenuse a?

Lösung:
Berechnung der Länge der Hypotenuse a mit dem Satz des Pythagoras:

$$a^2 = b^2 + c^2 \qquad |\sqrt{\ }$$
$$\Rightarrow \quad a = \sqrt{b^2 + c^2}$$
$$\Leftrightarrow \quad a = \sqrt{(6\text{ cm})^2 + (8\text{ cm})^2}$$
$$\Leftrightarrow \quad a = \sqrt{100\text{ cm}^2}$$
$$\Leftrightarrow \quad a = 10\text{ cm}$$

Die Hypotenuse ist 10 cm lang.

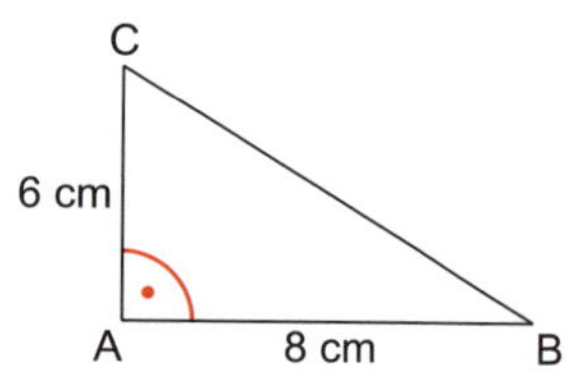

Die Reihenfolge der Katheten spielt keine Rolle!
Da es um Seitenlängen geht, kommt die negative Lösung $a = -\sqrt{b^2 + c^2}$ nicht infrage.

2. In einem rechtwinkligen Dreieck ist die Hypotenuse 8 cm und eine Kathete 3 cm lang.
Wie lang ist die zweite Kathete?

Lösung:
Berechnung der Länge der zweiten Kathete mit dem Satz des Pythagoras:

$$h^2 = k_1^2 + k_2^2 \qquad \Big| -k_1^2$$
$$\Leftrightarrow \quad k_2^2 = h^2 - k_1^2 \qquad \Big| \sqrt{\ }$$
$$\Rightarrow \quad k_2 = \sqrt{h^2 - k_1^2}$$
$$\Leftrightarrow \quad k_2 = \sqrt{(8\text{ cm})^2 - (3\text{ cm})^2}$$
$$\Leftrightarrow \quad k_2 = \sqrt{55\text{ cm}^2}$$
$$\Leftrightarrow \quad k_2 \approx 7{,}42\text{ cm}$$

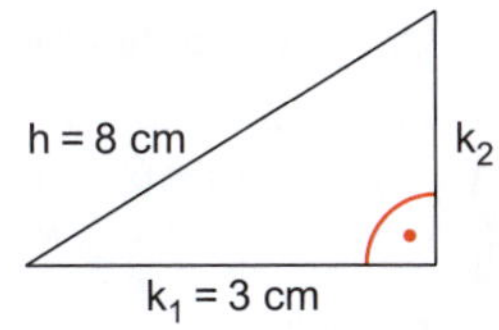

Die zweite Kathete ist etwa 7,42 cm lang.

151 Wie lautet der Satz des Pythagoras in folgenden Dreiecken?

a) 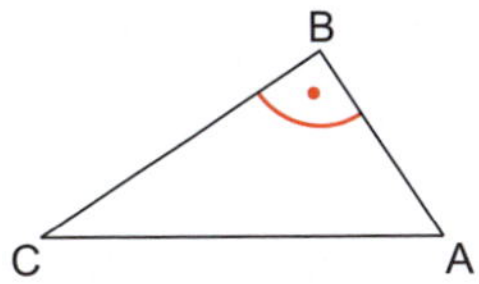

b) 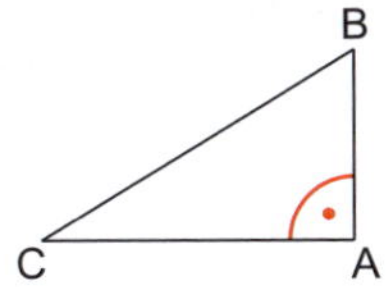

c) 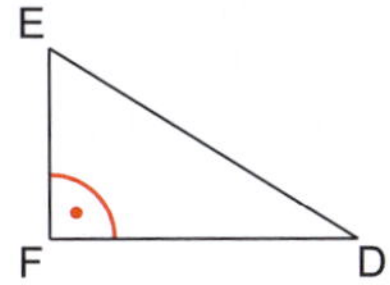

152 Berechne jeweils die fehlende Seitenlänge.

a) 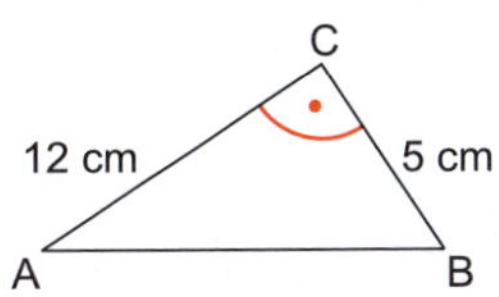

b) 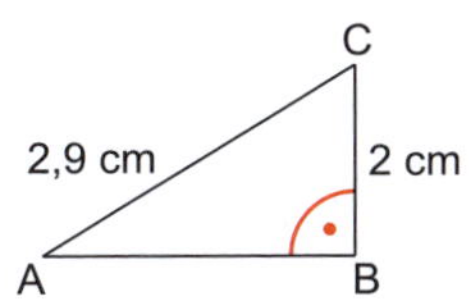

153 Berechne die Länge der fehlenden Seite des rechtwinkligen Dreiecks ABC und runde dabei auf zwei Nachkommastellen. Zeichne zunächst jeweils eine Planfigur.

a) $a = 4{,}3$ cm; $b = 2{,}8$ cm; $\gamma = 90°$

b) $b = 4{,}8$ cm; $c = 1{,}7$ cm; $\beta = 90°$

c) $a = 30$ mm; $c = 0{,}8$ m; $\gamma = 90°$

∗ **154** Dem Quadrat ABCD mit der Seitenlänge 7 cm wird ein kleines Quadrat EFGH einbeschrieben, und zwar so, dass die Eckpunkte immer um 3 cm gegen den Uhrzeigersinn „verschoben" sind (siehe nebenstehende Skizze). Berechne die Seitenlänge s des neuen Quadrats. Um wie viel Prozent ist die Fläche des neuen Quadrats kleiner als die des ursprünglichen Quadrats? Runde auf ganze Prozent.

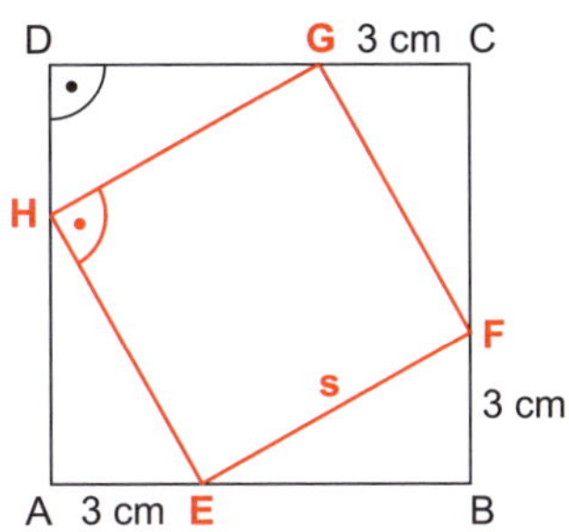

Der **Satz des Pythagoras** gilt auch in der umgekehrten Richtung, sodass du mit seiner Hilfe ein **Dreieck auf Rechtwinkligkeit überprüfen** kannst.

Umkehrung des Satzes des Pythagoras

Gilt im Dreieck ABC mit c als längster Seite der Satz des Pythagoras, d. h. die Gleichung $c^2 = a^2 + b^2$, so ist das Dreieck **rechtwinklig**.

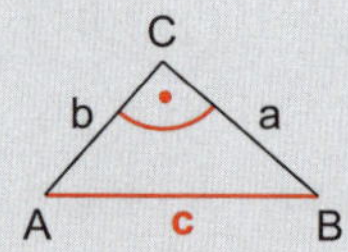

Hinweis:
Außerdem kannst du Dreiecke mithilfe des Satzes des Pythagoras folgendermaßen klassifizieren:

- Gilt im Dreieck ABC mit c als längster Seite die Ungleichung $c^2 < a^2 + b^2$, so ist das Dreieck ABC **spitzwinklig**.

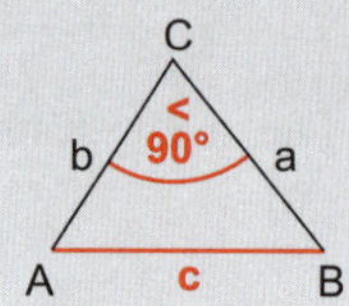

- Gilt im Dreieck ABC mit c als längster Seite die Ungleichung $c^2 > a^2 + b^2$, so ist das Dreieck ABC **stumpfwinklig**.

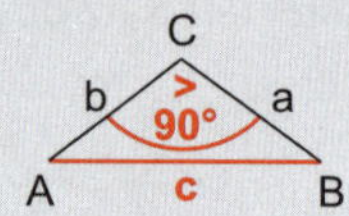

Beispiele

1. Zeige, dass das Dreieck ABC mit den Seitenlängen a = 0,5 cm, b = 1,2 cm und c = 1,3 cm rechtwinklig ist. Wo liegt der rechte Winkel?

Lösung:
Überprüfung:

$$c^2 \stackrel{?}{=} a^2 + b^2$$
$$\Leftrightarrow \quad (1{,}3\text{ cm})^2 \stackrel{?}{=} (0{,}5\text{ cm})^2 + (1{,}2\text{ cm})^2$$
$$\Leftrightarrow \quad 1{,}69\text{ cm}^2 = 1{,}69\text{ cm}^2 \qquad \textbf{(wahr)}$$

Die Seite c ist die **längste Seite** und wäre somit die **Hypotenuse**. Um zu zeigen, dass das Dreieck rechtwinklig ist, musst du prüfen, ob der Satz des Pythagoras gilt.

Da sich eine wahre Aussage ergibt, ist das Dreieck ABC **rechtwinklig**. Die Seite c ist als längste Seite die Hypotenuse. Somit liegt der rechte Winkel beim Punkt C.

2. Entscheide jeweils, ob das Dreieck spitz-, recht- oder stumpfwinklig ist.

a) a = 4 cm; b = 3 cm; c = 2 cm   b) a = 4 mm; b = 0,5 cm; c = 4 mm

Lösung:

a) Überprüfung:

$$a^2 \stackrel{?}{=} b^2 + c^2$$
$$\Leftrightarrow \quad (4\text{ cm})^2 \stackrel{?}{=} (3\text{ cm})^2 + (2\text{ cm})^2$$
$$\Leftrightarrow \quad 16\text{ cm}^2 \neq 13\text{ cm}^2 \qquad \textbf{(falsch)}$$

Die Seite a ist die längste Seite und wäre somit die Hypotenuse. Prüfe, ob der Satz des Pythagoras gilt.

Da sich eine falsche Aussage ergibt, ist das Dreieck **nicht** rechtwinklig.

Da $16\text{ cm}^2 > 13\text{ cm}^2$ gilt, ist das Dreieck **stumpfwinklig**.

b) Umrechnung der Seitenlänge:
$b = 0{,}5\ \text{cm} = 5\ \text{mm}$

Rechne alle Seitenlängen in dieselbe Einheit um.

Überprüfung:

$$b^2 \stackrel{?}{=} a^2 + c^2$$
$$\Leftrightarrow \quad (5\ \text{mm})^2 \stackrel{?}{=} (4\ \text{mm})^2 + (4\ \text{mm})^2$$
$$\Leftrightarrow \quad 25\ \text{mm}^2 \neq 32\ \text{mm}^2 \quad \textbf{(falsch)}$$

Die Seite b ist die längste Seite und wäre somit die Hypotenuse. Prüfe, ob der Satz des Pythagoras gilt.

Da sich eine falsche Aussage ergibt, ist das Dreieck **nicht** rechtwinklig.

Da $25\ \text{mm}^2 < 32\ \text{mm}^2$ gilt, ist das Dreieck **spitzwinklig**.

155 Überprüfe, ob die folgenden Dreiecke ABC rechtwinklig sind.

a) $a = 7$ m; $b = 14$ m; $c = 28$ m
b) $a = 7$ cm; $b = 25$ cm; $c = 24$ cm

156 Ist das Dreieck ABC jeweils spitz-, recht- oder stumpfwinklig?

a) $a = 50$ m; $b = 30$ m; $c = 40$ m
b) $a = 3{,}5$ cm; $b = 10$ cm; $c = 0{,}099$ m

3 Zusammenfassung der Flächensätze

Oft benötigst du zum Lösen der Aufgaben nicht nur einen bestimmten Flächensatz, sondern mehrere in Kombination. Deshalb sind in der folgenden Übersicht noch einmal alle Flächensätze, die du gelernt hast und wissen musst, zusammengefasst.

Formelübersicht: Berechnungen im rechtwinkligen Dreieck

- **Kathetensätze:** $a^2 = p \cdot c$
  $b^2 = q \cdot c$
- **Hypotenusenteilung:** $c = q + p$
- **Höhensatz:** $h^2 = p \cdot q$
- **Satz des Pythagoras:**
  im Dreieck ABC: $c^2 = a^2 + b^2$
  im Dreieck AHC: $b^2 = q^2 + h^2$
  im Dreieck HBC: $a^2 = h^2 + p^2$
- **Flächenberechnung:**
  mithilfe der Höhe: $A = \frac{1}{2} \cdot c \cdot h$
  mit den Katheten: $A = \frac{1}{2} \cdot a \cdot b$

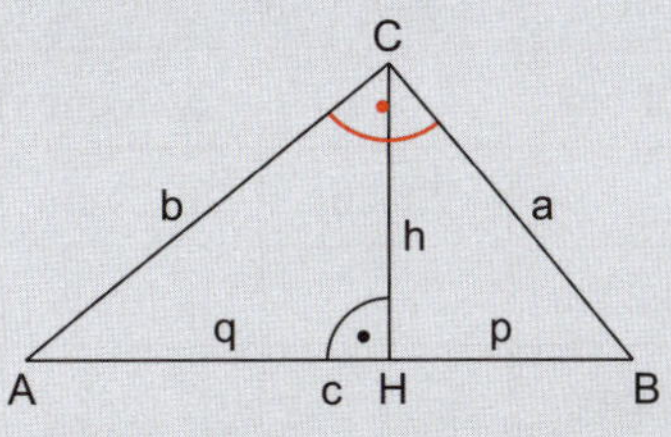

Beispiel

Betrachte das nebenstehende rechtwinklige Dreieck BCA mit dem rechten Winkel im Punkt A.
Wie lang ist die Strecke [TC]?

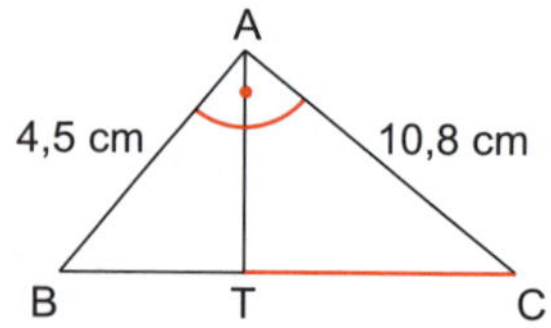

Die Seite $\overline{BC}$ ist die Hypotenuse.

Lösung:

Berechnung von $\overline{BC}$ mit dem Satz des Pythagoras:

$$\overline{BC}^2 = \overline{CA}^2 + \overline{AB}^2 \quad |\sqrt{}$$

$$\Rightarrow \quad \overline{BC} = \sqrt{\overline{CA}^2 + \overline{AB}^2}$$

$$\Leftrightarrow \quad \overline{BC} = \sqrt{(10{,}8\text{ cm})^2 + (4{,}5\text{ cm})^2}$$

$$\Leftrightarrow \quad \overline{BC} = \sqrt{136{,}89\text{ cm}^2}$$

$$\Leftrightarrow \quad \overline{BC} = 11{,}7\text{ cm}$$

Berechnung von $\overline{TC}$ mit dem Kathetensatz:

$$\overline{CA}^2 = \overline{TC} \cdot \overline{BC} \quad |:\overline{BC}$$

Der Kathetensatz lautet: $a^2 = p \cdot c$
Hier gilt: $a = \overline{CA}$; $p = \overline{TC}$; $c = \overline{BC}$

$$\Leftrightarrow \quad \overline{TC} = \frac{\overline{CA}^2}{\overline{BC}}$$

$$\Leftrightarrow \quad \overline{TC} = \frac{(10{,}8\text{ cm})^2}{11{,}7\text{ cm}}$$

$$\Leftrightarrow \quad \overline{TC} \approx 9{,}97\text{ cm}$$

Die Strecke [TC] ist ungefähr 9,97 cm lang.

157 Die Werte in jeder Zeile gehören zum Dreieck ABC mit rechtem Winkel bei C. Ergänze die Tabelle. Runde auf zwei Nachkommastellen, falls nötig.

a	b	c	p	q	h	A
2,1 cm		2,38 cm				
	7,8 cm	20,28 cm				
10,2 cm			9 cm			
8 cm						60 cm²

∗ **158** Gegeben ist das Rechteck ABCD mit den Seitenlängen $\overline{AB} = 8$ cm und $\overline{BC} = 6$ cm. Wie weit ist der Punkt C von der Diagonalen [BD] entfernt? Fertige zur Veranschaulichung eine Skizze an und zeichne die Diagonale [BD] ein.

4 Streckenlängen in ebenen Figuren

Bei Berechnungen von Streckenlängen in ebenen Figuren kannst du oftmals einen der Flächensätze verwenden, obwohl auf den ersten Blick kein rechtwinkliges Dreieck vorliegt. Versuche deshalb, folgendermaßen vorzugehen:

Vorgehen beim Berechnen von Streckenlängen in ebenen Figuren

- Zerlege die **Figur**, wenn möglich, in **rechtwinklige Teildreiecke**.
- Suche dir ein rechtwinkliges Teildreieck, in dem die gesuchte Strecke liegt.
- Überlege, ob du zur Berechnung der gesuchten Streckenlänge den **Satz des Pythagoras**, die **Kathetensätze** oder den **Höhensatz** verwenden kannst.
- **Berechne** die dafür (möglicherweise) fehlenden Streckenlängen in den anderen rechtwinkligen Teildreiecken mithilfe der **Flächensätze**.

Beispiel

Berechne den Flächeninhalt und den Umfang des gleichschenkligen Trapezes ABCD.
Hinweis: Die Zeichnung ist nicht maßstäblich.

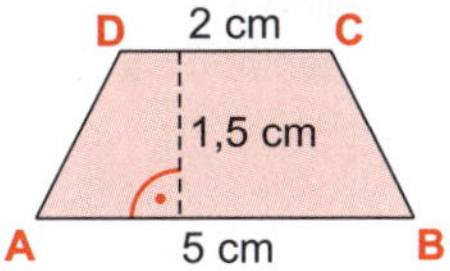

Lösung:
Berechnung des Flächeninhalts:

$$A = \frac{1}{2} \cdot (a + c) \cdot h = \frac{1}{2} \cdot (5\text{ cm} + 2\text{ cm}) \cdot 1{,}5\text{ cm} = \mathbf{5{,}25\text{ cm}^2}$$

Berechnung des Umfangs:
Zunächst Berechnung der fehlenden Seitenlängen:
Im gleichschenkligen Trapez ABCD gilt.
$\overline{BC} = \overline{DA}$

Berechnung von $\overline{BC}$ mit dem Satz des Pythagoras im rechtwinkligen Teildreieck HBC:

$$\overline{BC}^2 = \overline{CH}^2 + \overline{HB}^2 \quad |\sqrt{\ }$$
$$\Rightarrow \quad \overline{BC} = \sqrt{\overline{CH}^2 + \overline{HB}^2}$$
$$\Leftrightarrow \quad \overline{BC} = \sqrt{(1{,}5\text{ cm})^2 + (1{,}5\text{ cm})^2}$$
$$\Leftrightarrow \quad \overline{BC} = \sqrt{4{,}5\text{ cm}^2}$$
$$\Leftrightarrow \quad \overline{BC} \approx 2{,}12\text{ cm}$$

Zeichne zunächst zwei rechtwinklige Dreiecke ein:

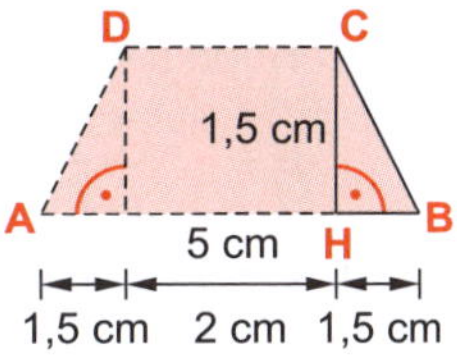

Da das Trapez gleichschenklig (und somit achsensymmetrisch) ist, gilt:

$\overline{HB} = \frac{1}{2} \cdot (5\text{ cm} - 2\text{ cm}) = 1{,}5\text{ cm}$

Umfang:
$u = \overline{AB} + \overline{BC} + \overline{CD} + \overline{DA}$
$u = 5\text{ cm} + 2{,}12\text{ cm} + 2\text{ cm} + 2{,}12\text{ cm}$
$u = \mathbf{11{,}24\text{ cm}}$

Mithilfe des Satzes des Pythagoras kannst du allgemeingültige Formeln herleiten. Wenn du z. B. ein Rechteck, ein Quadrat und ein gleichseitiges Dreieck geschickt zerlegst und den Satz des Pythagoras anwendest, erhältst du folgende Formeln:

Folgerungen aus dem Satz des Pythagoras

- **Länge der Diagonalen d im Rechteck:**
  In einem Rechteck mit den Seitenlängen a und b gilt:
  $d = \sqrt{a^2 + b^2}$

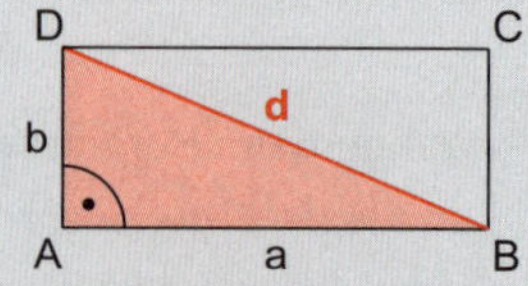

- **Länge der Diagonalen d im Quadrat:**
  In einem Quadrat mit der Seitenlänge a gilt:
  $d = a\sqrt{2}$

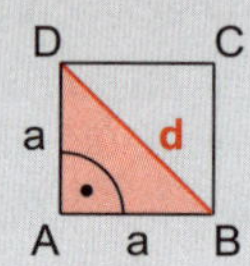

- **Höhe h im gleichseitigen Dreieck**
  In einem gleichseitigen Dreieck mit der Seitenlänge a gilt:
  $h = \frac{a}{2}\sqrt{3}$

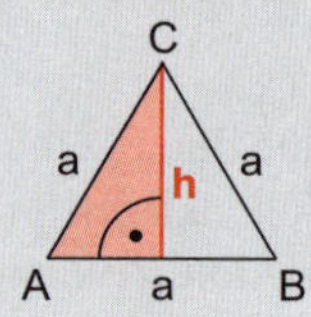

Beispiele

1. Ein Rechteck hat die Seitenlängen a = 1,5 cm und b = 2 cm.
Berechne die Länge der Diagonalen.
Lösung:
Länge d der Diagonalen: Beide Diagonalen sind gleich lang.

$$d = \sqrt{a^2 + b^2} = \sqrt{(1{,}5\text{ cm})^2 + (2\text{ cm})^2} = \sqrt{6{,}25\text{ cm}^2} = 2{,}5\text{ cm}$$

2. Für ein gleichseitiges Dreieck mit der Seitenlänge a = 6 cm gilt:

- Höhe h des Dreiecks:

$$h = \frac{a}{2}\sqrt{3} = \frac{6\text{ cm}}{2}\sqrt{3} \approx 5{,}20\text{ cm}$$

- Flächeninhalt des Dreiecks:

$$A = \frac{1}{2}\cdot a\cdot h = \frac{1}{2}\cdot a\cdot\frac{a}{2}\sqrt{3} = \frac{a^2}{4}\sqrt{3} = \frac{(6\text{ cm})^2}{4}\sqrt{3} \approx 15{,}59\text{ cm}^2$$

159 Berechne jeweils den Umfang und den Flächeninhalt folgender Figuren:

a)

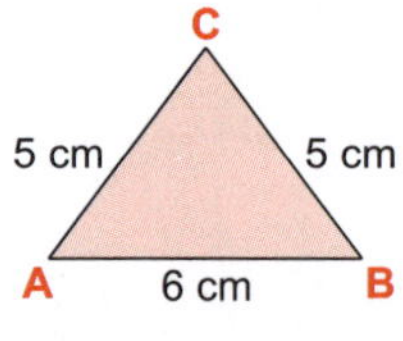

b)

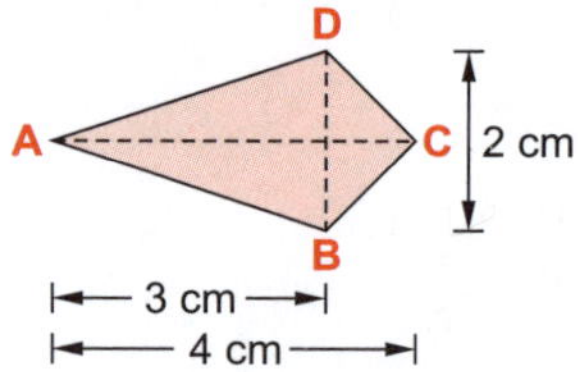

c)

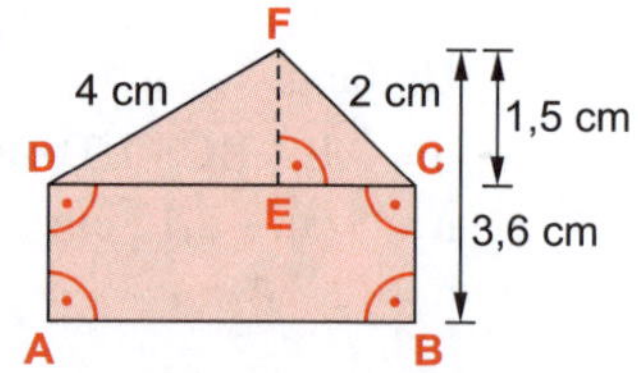

160 a) Die Diagonale eines Quadrats ist 4,8 cm lang.
Wie lang sind die Seiten des Quadrats?

b) Eine Raute hat einen Flächeninhalt von 15,6 cm^2.
Welchen Umfang hat die Raute, wenn eine der Diagonalen 5 cm lang ist?

*** 161** Betrachte folgendes nicht maßstäbliches Netz einer geraden Pyramide mit den Höhen h_a und h_b auf den Seitenflächen.
Bestimme h_b.

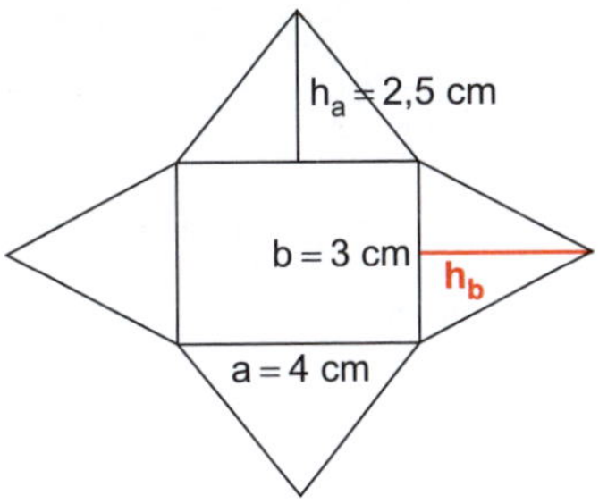

5 Streckenlängen im Koordinatensystem

Den Abstand von Punkten, die in Koordinatenschreibweise gegeben sind oder die du als Schnittpunkte von Geraden im Raum erhältst, kannst du durch Abmessen nur sehr ungenau ermitteln. In vielen Berufen wie z. B. bei Architekten ist es aber entscheidend, dass die Werte genau stimmen. Folgende Formeln ermöglichen es dir, Abstände und Streckenlängen im Koordinatensystem exakt zu bestimmen.

Länge einer Strecke im Koordinatensystem

Für zwei Punkte $A(x_A | y_A)$ und $B(x_B | y_B)$ gilt:

- Pfeil, der von A nach B zeigt:
  $\overrightarrow{AB} = \begin{pmatrix} x_B - x_A \\ y_B - y_A \end{pmatrix}$
- Länge der Strecke [AB]:
  $\overline{AB} = \sqrt{(x_B - x_A)^2 + (y_B - y_A)^2}$ LE

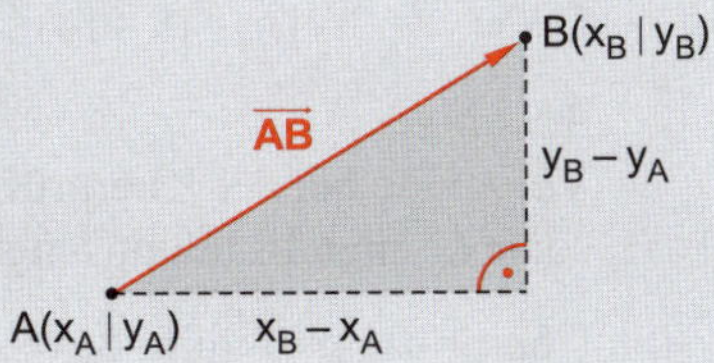

Allgemein gilt:
Der **Betrag eines Vektors** ist die Maßzahl der Länge des zugehörigen Pfeils.

Betrag $|\vec{v}|$ des Vektors $\vec{v} = \begin{pmatrix} v_x \\ v_y \end{pmatrix}$: $|\vec{v}| = \sqrt{{v_x}^2 + {v_y}^2}$

Beispiele

1. Berechne den Abstand der Punkte A(1 | 2) und B(4 | 3) voneinander.

Lösung:

Koordinaten des Pfeils $\overrightarrow{AB}$:

$$\overrightarrow{AB} = \begin{pmatrix} x_B - x_A \\ y_B - y_A \end{pmatrix} = \begin{pmatrix} 4-1 \\ 3-2 \end{pmatrix} = \begin{pmatrix} 3 \\ 1 \end{pmatrix}$$

Betrag des Vektors $\overrightarrow{AB}$:

$$|\overrightarrow{AB}| = \sqrt{3^2 + 1^2} = \sqrt{10} \approx 3{,}16$$

$$\Rightarrow \quad \overline{AB} \approx 3{,}16 \text{ LE}$$

oder

Länge der Strecke [AB]:

$$\overline{AB} = \sqrt{(x_B - x_A)^2 + (y_B - y_A)^2} \text{ LE}$$

$$\overline{AB} = \sqrt{(4-1)^2 + (3-2)^2} \text{ LE}$$

$$\overline{AB} = \sqrt{3^2 + 1^2} \text{ LE}$$

$$\overline{AB} = \sqrt{10} \text{ LE}$$

$$\overline{AB} \approx 3{,}16 \text{ LE}$$

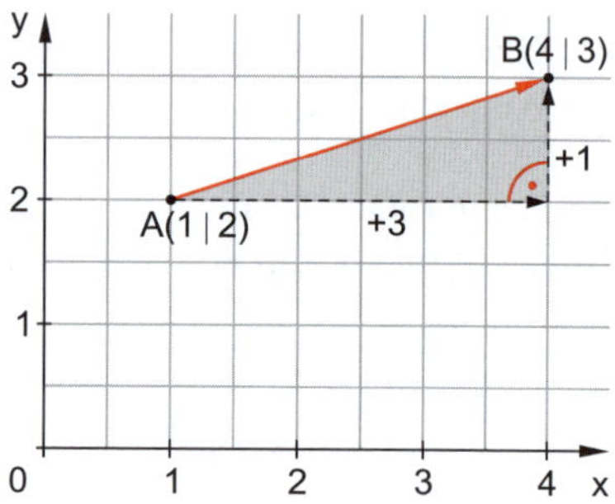

Hinweis: Diese Formel erhältst du, wenn du den Satz des Pythagoras im rechtwinkligen Koordinatendreieck anwendest.

2. Ist das Dreieck ABC mit A(–3 | 8), B(13 | 6) und C(1 | 14) rechtwinklig?

Lösung:

Berechnung der Seitenlängen des Dreiecks:

$$\overline{AB} = \sqrt{(x_B - x_A)^2 + (y_B - y_A)^2} \text{ LE}$$

$$\overline{AB} = \sqrt{[13-(-3)]^2 + (6-8)^2} \text{ LE} = \sqrt{16^2 + (-2)^2} \text{ LE} = \sqrt{260} \text{ LE}$$

$$\overline{BC} = \sqrt{(x_C - x_B)^2 + (y_C - y_B)^2} \text{ LE}$$

$$\overline{BC} = \sqrt{(1-13)^2 + (14-6)^2} \text{ LE} = \sqrt{(-12)^2 + 8^2} \text{ LE} = \sqrt{208} \text{ LE}$$

$$\overline{CA} = \sqrt{(x_A - x_C)^2 + (y_A - y_C)^2} \text{ LE}$$

$$\overline{CA} = \sqrt{(-3-1)^2 + (8-14)^2} \text{ LE} = \sqrt{(-4)^2 + (-6)^2} \text{ LE} = \sqrt{52} \text{ LE}$$

Achtung:

Verwende bei der Überprüfung auf Rechtwinkligkeit nur exakte Werte, sonst können Rundungsungenauigkeiten das Ergebnis verfälschen!

Überprüfung mithilfe des Satzes des Pythagoras:

$$\overline{AB}^2 \stackrel{?}{=} \overline{BC}^2 + \overline{CA}^2$$

$$\Leftrightarrow \quad (\sqrt{260} \text{ LE})^2 \stackrel{?}{=} (\sqrt{208} \text{ LE})^2 + (\sqrt{52} \text{ LE})^2$$

$$\Leftrightarrow \quad 260 \text{ FE} = 260 \text{ FE} \quad \textbf{(wahr)}$$

[AB] wäre als längste Seite die Hypotenuse. Prüfe, ob der Satz des Pythagoras gilt.

Da die Aussage wahr ist, ist das Dreieck rechtwinklig.

Das Dreieck ABC ist also **rechtwinklig**.

162 Berechne jeweils den Betrag des Vektors.

a) $\vec{a} = \begin{pmatrix} 4,5 \\ -2,8 \end{pmatrix}$ b) $\vec{b} = \begin{pmatrix} -8 \\ 6 \end{pmatrix}$

163 Berechne jeweils den Abstand der Punkte voneinander.

a) A(0 | 1); B(3 | 5) b) A(–4 | 3); B(2 | 1)

c) $S\left(\frac{1}{3} \,\middle|\, \frac{1}{8}\right)$; $T\left(-\frac{1}{3} \,\middle|\, -\frac{3}{8}\right)$ d) P(–2,5 | –3,9); Q(–2,5 | 1,8)

164 Entscheide, ob das Dreieck spitzwinklig, rechtwinklig oder stumpfwinklig ist.

a) A(7 | 3); B(4 | –3); C(8 | 1) b) A(–2 | –4); B(4 | –1); C(–3 | –2)

165 Gegeben ist das Dreieck ABC mit A(0,2 | 3,1), B(8,6 | –5,3) und C(3,8 | 4,3).

a) Berechne die Seitenlängen des Dreiecks exakt, ohne zu runden.

b) Ist das Dreieck spitz-, stumpf- oder rechtwinklig?

* c) Zeige, dass der Punkt M(3,8 | –1,7) der Umkreismittelpunkt des Dreiecks ist.

Vermischte Aufgaben

166 Simone lehnt eine 2 m hohe Leiter an eine Wand.

a) In welcher Höhe berührt die Leiter die Wand, wenn sie am Boden 60 cm von der Wand weg steht?

b) Wie weit steht die Leiter am Boden von der Wand weg, wenn sie die Wand in genau 1,8 m Höhe berührt?

167 Opa Müller baut in seiner Garage aus alten Spielsachen neue. Diesmal kombiniert er zwei Puppenhäuser miteinander:
Weil er das Dach des kaputten Puppenhauses auf das andere Puppenhaus setzen möchte, muss er eine Dachseite kürzen, während er die andere Dachseite so lässt, wie sie ist. Dadurch entsteht ein schräges Dach.

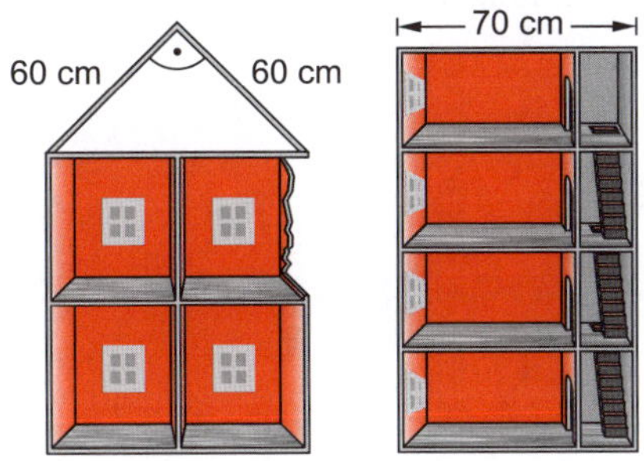

kaputtes Puppenhaus 2. Puppenhaus

a) Auf welche Länge muss er die eine Dachseite kürzen?

* b) Wie hoch ist anschließend das neue Dach?

168 Bei einem Rechteck ist die eine Seite doppelt so lang wie die andere. Welche Seitenlängen hat das Rechteck, wenn seine Diagonalen 20 cm lang sind?

169 Betrachte die nebenstehende Zeichnung. Der äußere Kreis hat einen Durchmesser von 10 cm. Um wie viel Prozent ist der Umfang des inneren Kreises kleiner als der des äußeren Kreises?

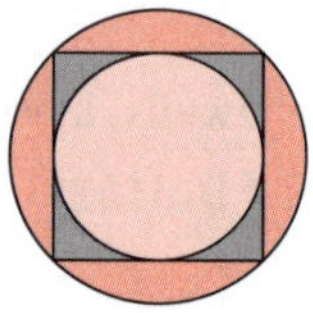

170 Betrachte das Rechteck ABCD mit den Seitenlängen $a = 5$ cm und $b = 3$ cm. Es entstehen neue Rechtecke $AB_nC_nD_n$, wenn du a von B aus um 2x cm verkürzt und b von D aus um x cm verlängerst.

a) Welche Werte kann x annehmen? Gib ein Intervall an.

b) Zeichne das Rechteck ABCD sowie das Rechteck $AB_1C_1D_1$ für $x = 1$. Berechne anschließend die Länge d_1 der Diagonalen des Rechtecks $AB_1C_1D_1$.

c) Berechne die Länge d(x) der Diagonalen des Rechtecks $AB_nC_nD_n$ in Abhängigkeit von x.

d) Für welche Belegung von x wird die Länge der Diagonalen d(x) minimal? Welche Länge hat diese Diagonale?

Hinweis: Der Wert einer Wurzel ist dann minimal, wenn der Radikand (= Wert unter der Wurzel) minimal ist.

171 Gegeben ist die Schar von Dreiecken ABC_n mit $A(-4\,|\,2)$, $B(3\,|\,1)$ und $C_n(x_n\,|\,5)$.

* a) Das Dreieck ABC_0 ist gleichschenklig mit der Basis [AB]. Bestimme die x-Koordinate x_0 von C_0. Gib auch den Punkt C_0 an.

b) Ist das Dreieck aus Teilaufgabe a auch gleichseitig?

* **172** Bestimme den Abstand des Punktes $P(-1\,|\,2)$ von der Geraden g: $y = -0{,}5x + 6$.

Grundlagen der Raumgeometrie

Du hast bereits eine Reihe von geometrischen Körpern kennengelernt und wahrscheinlich in die Gruppen **Prismen**, **Pyramiden** und **Rotationskörper** eingeteilt:

Wichtige Prismen

Würfel | Quader | gerades Prisma | schiefes Prisma

Wichtige Pyramiden

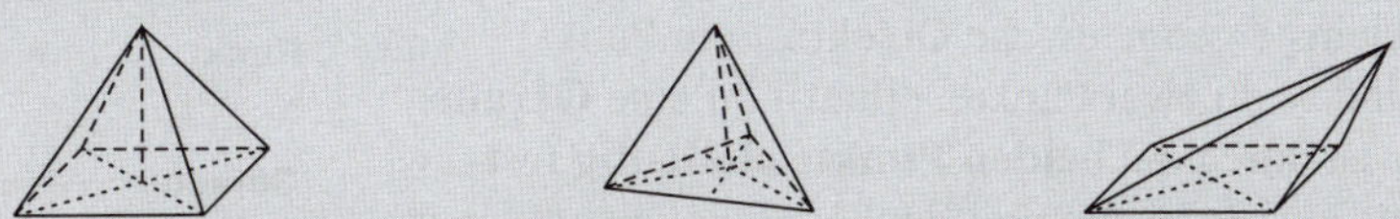

quadratische Pyramide | regulärer Tetraeder | schiefe Pyramide

Wichtige Rotationskörper

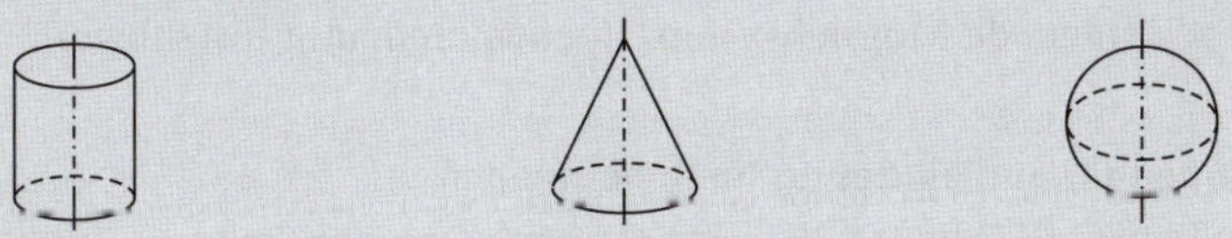

Zylinder | Kegel | Kugel

Bei geometrischen Körpern sind die folgenden Bezeichnungen üblich:

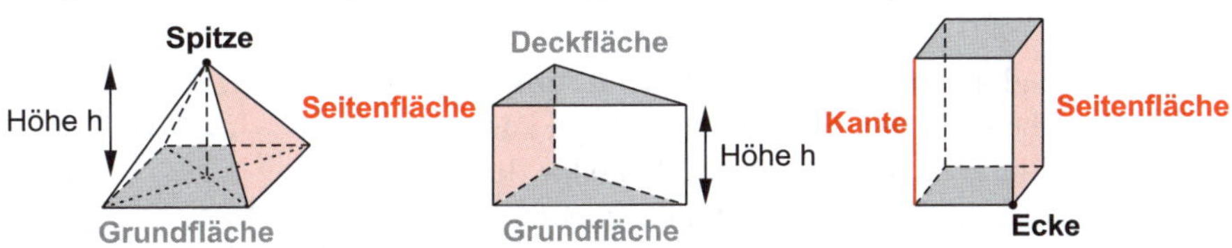

Die Ecken der geometrischen Körper sind **Punkte**. Verlängerst du eine Kante über ihre beiden Eckpunkte hinaus, erhältst du eine **Gerade**. Erweiterst du eine Begrenzungsfläche (Grund-, Deck- und Seitenfläche) nach allen Seiten unbegrenzt, erhältst du eine **Ebene**.

173 Aus welchen (Teil-)Körpern setzen sich folgende Körper zusammen?

a)

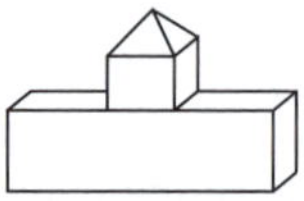

b)

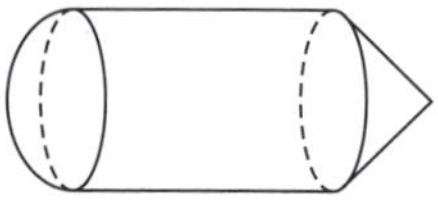

174 Welcher Körper entsteht, wenn die Figur um die eingezeichnete Achse rotiert?

a)

b)

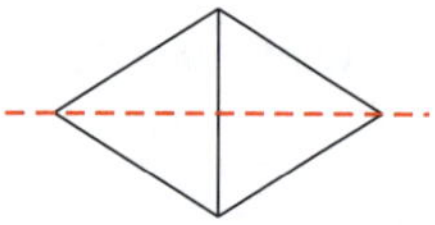

1 Ebenen im Raum

Das kleinste geometrische Objekt ist ein Punkt. Verbindest du zwei Punkte, erhältst du eine **Gerade**. Diese ist durch die **beiden Punkte eindeutig festgelegt**. Verbindest du drei Punkte, die nicht auf einer Geraden liegen, erhältst du ein Dreieck, das in einer bestimmten Ebene liegt. Diese **Ebene** wird durch die **drei Punkte eindeutig festgelegt**.

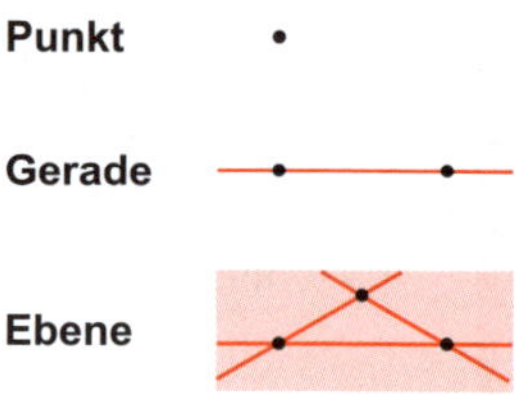

Es gibt noch folgende Möglichkeiten, Ebenen eindeutig festzulegen:

> Eine **Ebene** E wird **eindeutig festgelegt** durch:
> - drei Punkte P, Q und R, die nicht auf einer Geraden liegen: **E(PQR)**
> - eine Gerade g und einen Punkt P, der nicht auf der Geraden g liegt **($P \notin g$)**.
> - zwei parallele Geraden p_1 und p_2: **$E(p_1; p_2)$**
> - zwei sich schneidende Geraden g_1 und g_2: **$E(g_1; g_2)$**

Beispiele

1. Meist gibt man Ebenen **durch drei Punkte** an: Die Ebene, in der die rote Fläche liegt, kannst du mithilfe dreier beliebiger Eckpunkte der Seitenfläche BCGF eindeutig benennen: **E(BCF); E(BCG); E(GFB); E(GFC); …**

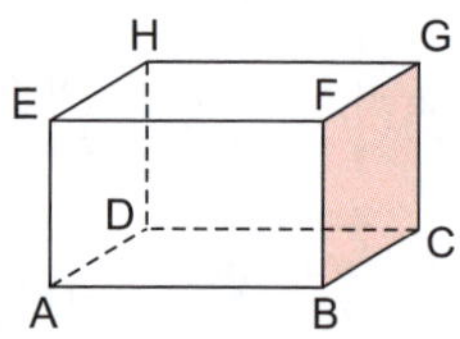

2. Gib zwei verschiedene Möglichkeiten an, wie du die Ebene E(DBS) noch festlegen kannst.
   Lösung:
   1. Möglichkeit: Gerade BD und Punkt S
   2. Möglichkeit: Gerade BD und Gerade BS

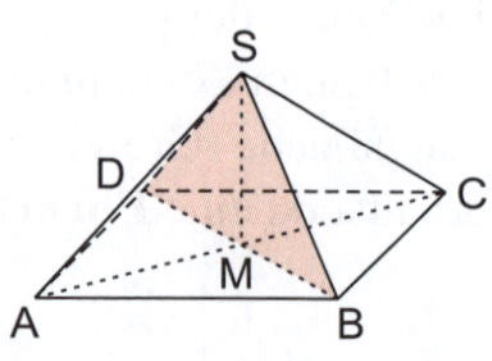

3. Die **Ebenendefinition** kannst du mithilfe eines Stück Kartons, den du als Ebene interpretierst, folgendermaßen **veranschaulichen**:
   - *Definition über 3 Punkte:*
     Der Karton liegt stabil auf drei Fingerspitzen, wenn sich diese nicht auf einer Linie befinden.
   - *Definition über 1 Gerade und 1 Punkt:*
     Der Karton liegt stabil auf einem Finger und einer Fingerspitze.
   - *Definition über 2 Geraden:*
     Der Karton liegt stabil auf zwei Fingern.

Wie die Seitenflächen von Prismen und Pyramiden können auch die Ebenen, in denen sie liegen, **parallel zueinander** sein oder sich **in einer Geraden schneiden**. Diese Gerade nennt man **Schnittgerade**. Die Menge der Ebenen, die sich in einer gemeinsamen Geraden schneiden, nennt man **Ebenenbüschel**.

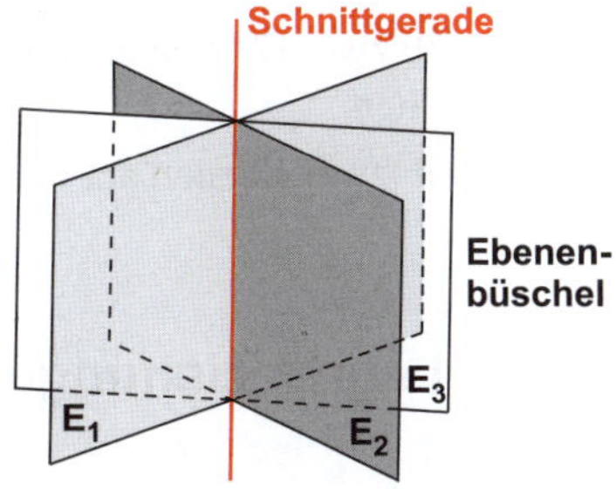

Lagebeziehungen zweier Ebenen E_1 und E_2

- Die Ebenen sind **identisch**: $E_1 = E_2$
- Die Ebenen sind **parallel**: $E_1 \parallel E_2$
- Die Ebenen **schneiden sich** in einer Geraden g, ihrer **Schnittgeraden**: $E_1 \cap E_2 = g$

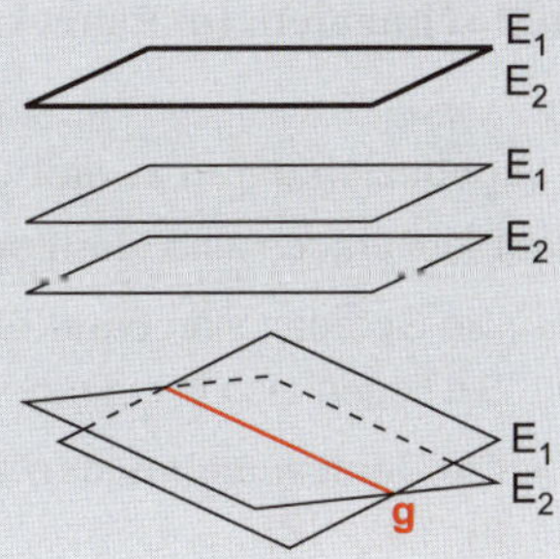

Beispiel

Betrachte jeweils die nebenstehenden Quader.

- Die Ebenen E(BCF) und E(ADH) sind parallel:
  E(BCF) ∥ E(ADH)

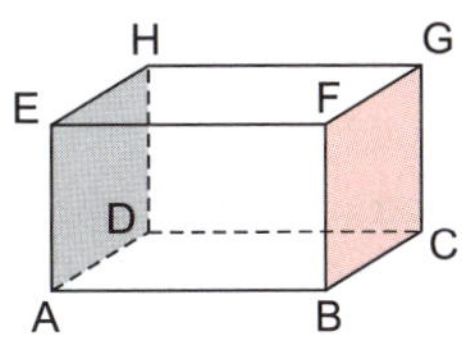

- Die Ebenen E(ABC) und E(DCG) schneiden sich in der Geraden DC:
  E(ABC) ∩ E(DCG) = DC
  Die Ebenen E(ABC) und E(DCG) **stehen** sogar **senkrecht** und sind somit **orthogonale Ebenen**:
  E(ABC) ⊥ E(DCG)

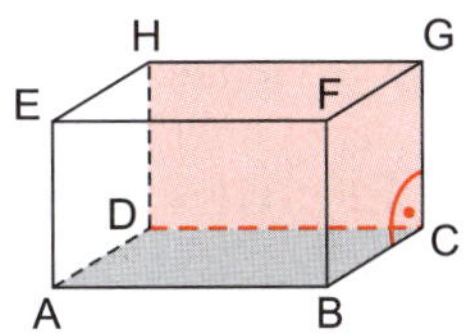

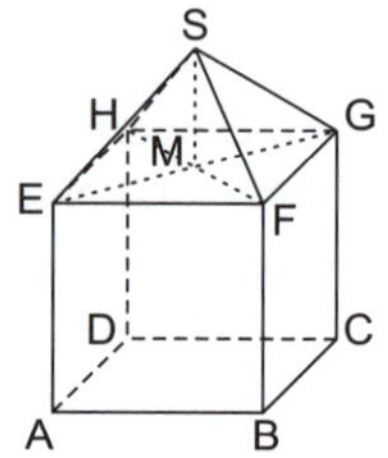

175 Wie liegen die Ebenen jeweils zueinander?
Verwende auch die mathematische Schreibweise.

a) E(ABE) und E(CGH)

b) E(FGM) und E(EMH)

c) E(BCG) und E(FGS)

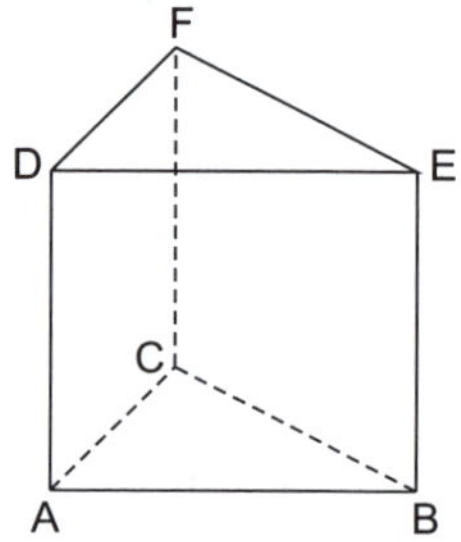

176 Betrachte das nebenstehende gerade Dreiecksprisma.

a) Wie liegen E(ABC) und E(ACD) zueinander?

b) Welche Ebenen besitzen die Schnittgerade AB und welche die Schnittgerade CF?

c) Gib zwei Ebenen an, die senkrecht aufeinander stehen.

d) Gib zwei Ebenen an, die parallel zueinander sind.

2 Lagebeziehungen von Geraden und Ebenen im Raum

Die Lagebeziehungen von **Geraden in einer Ebene** kennst du bereits. In der Ebene können zwei Geraden **identisch** sein, **parallel verlaufen** oder sich **in genau einem Punkt schneiden**. Im Raum kommt nun noch eine weitere Möglichkeit hinzu.

Lagebeziehungen zweier Geraden g_1 und g_2 im Raum

- Die Geraden sind **identisch**: $g_1 = g_2$
- Die Geraden sind **parallel**: $g_1 \parallel g_2$
  Sie liegen also in einer gemeinsamen Ebene und schneiden sich nicht.
- Die Geraden **schneiden sich** in genau einem Punkt P:
  $g_1 \cap g_2 = \{P\}$
- Die Geraden sind **windschief** (sie sind weder parallel noch schneiden sie sich):
  $g_1 \cap g_2 = \emptyset \wedge g_1 \nparallel g_2$

Beispiel

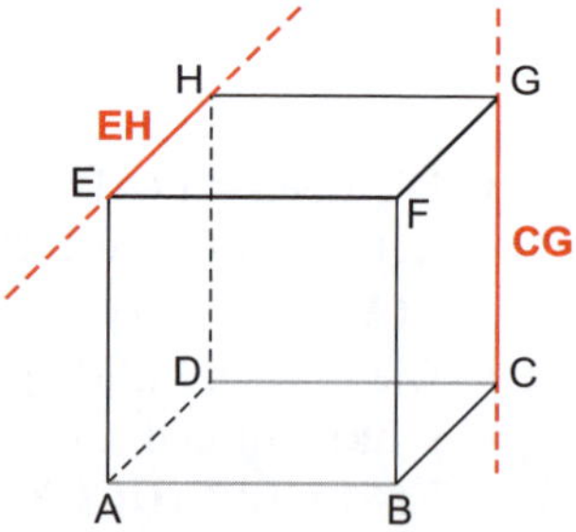

Betrachte den nebenstehenden Würfel:

- Die Geraden AB und CD sind parallel:
  $AB \parallel CD$
- Die Geraden EF und GF schneiden sich in dem Punkt F:
  $EF \cap GF = \{F\}$
- Die Geraden EH und CG sind **windschief**:
  $EH \cap CG = \emptyset \wedge EH \nparallel CG$

Neben ihren Lagebeziehungen untereinander existieren im Raum folgende **Lagebeziehungen zwischen Geraden und Ebenen**:

Lagebeziehungen einer Geraden g und einer Ebene E im Raum
- Die Gerade liegt **in der Ebene**: $g \subseteq E$
- Die Gerade liegt **parallel zur Ebene**: $g \parallel E$
- Die Gerade **schneidet die Ebene** in genau einem Punkt P: $g \cap E = \{P\}$

Beispiel

Betrachte jeweils die nebenstehenden Quader.
- Die Gerade DC liegt in der Ebene E(DCG), d. h., **alle Punkte** der Geraden liegen in der Ebene: **$DC \subseteq E(DCG)$**
  Die Gerade AB liegt parallel zur Ebene E(DCG), d. h., **kein Punkt** der Geraden liegt in der Ebene: **$AB \parallel E(DCG)$**

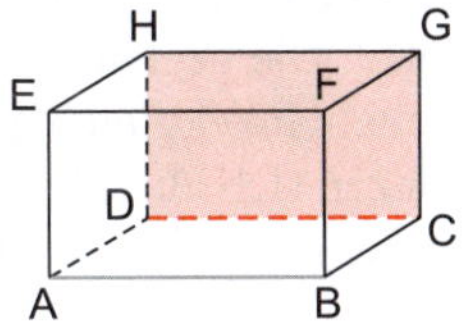

- Die Gerade BC schneidet die Ebene E(DCG) im Punkt C, d. h., **genau ein Punkt** der Geraden liegt in der Ebene: **$BC \cap E(DCG) = \{C\}$**
  Die Gerade BC steht senkrecht auf E(DCG): **$BC \perp E(DCG)$**

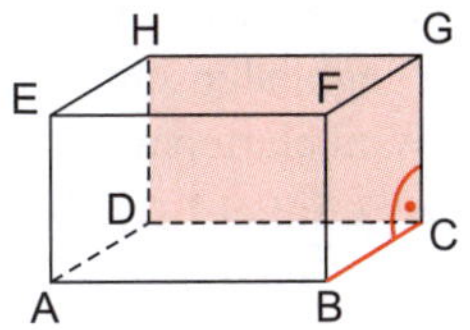

177 Betrachte den nebenstehend abgebildeten Körper.

a) Notiere alle Ebenen, die senkrecht auf der Ebene E(BCG) stehen.

b) Wie liegen folgende Punktmengen zueinander? Trage das richtige Zeichen (=, ||, ⊥, ⊆) ein.

GH	☐	E(EFM)	AB	☐	BF
CD	☐	EF	EF	☐	E(DCG)

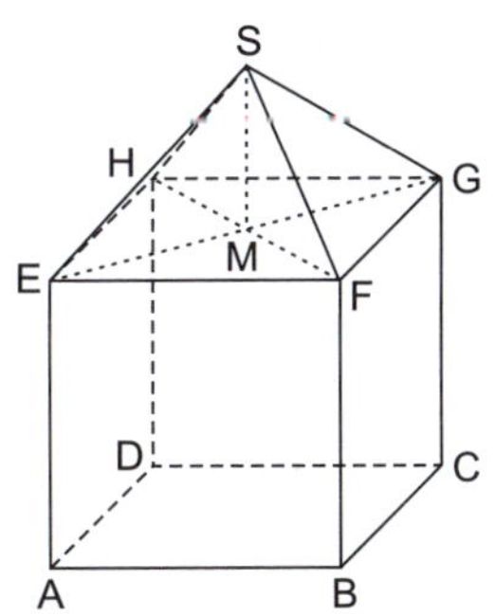

178 Entscheide und begründe, ob in der quadratischen Pyramide die folgenden Zusammenhänge gelten.

a) $AS \parallel DC$

b) $AB \subseteq E(DCM)$

c) $BC \perp E(DAM)$

d) $BM \cap DM = \{M\}$

e) BD und MS sind windschief.

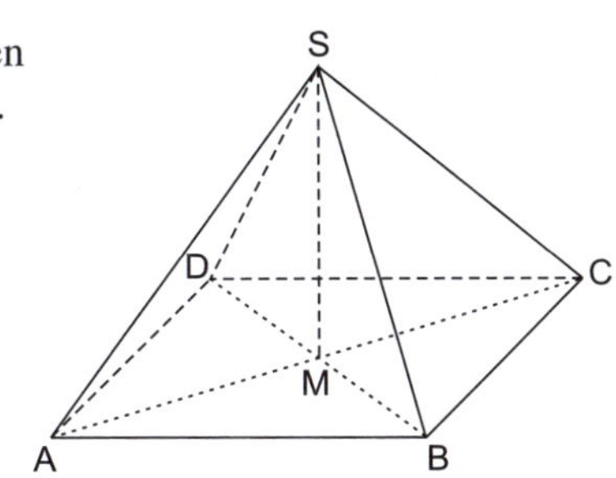

3 Winkel im Raum

Winkel treten **im Raum** auf, wenn sich zwei Geraden (z. B. als Kanten eines Körpers), zwei Ebenen (z. B. als Seitenflächen eines Körpers) oder eine Gerade und eine Ebene (z. B. als Kante und Seitenfläche eines Körpers) schneiden. Normalerweise geht aus der Aufgabenstellung hervor, welchen Winkel du berechnen musst. Sind die Geraden Kanten eines Körpers, ist meist der Winkel **innerhalb** des Körpers gesucht.

Zwei sich schneidende Geraden spannen eine Ebene auf. Daher entspricht ihr Schnittwinkel im Raum ihrem **Schnittwinkel in der Ebene**.
Wenn sich zwei Geraden schneiden, entstehen vier Winkel. Die gegenüberliegenden Winkel sind als Scheitelwinkel gleich groß und die Nachbarwinkel ergänzen sich zu 180°. Im Allgemeinen solltest du den kleineren der beiden Winkel angeben.

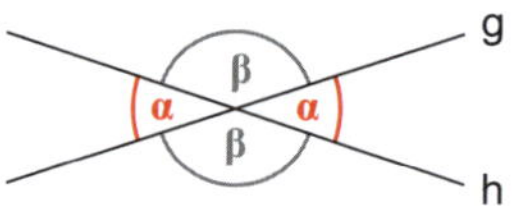

Beispiel

In der geraden Pyramide ABCDS mit der quadratischen Grundfläche ABCD und dem Diagonalenschnittpunkt M treten folgende Winkelarten auf:

- Winkel **BAD** ist ein **rechter Winkel**.
- **$\sphericalangle ASB = \alpha$** ist ein **spitzer Winkel**.
- Winkel **SMA** ist ein **rechter Winkel**.
- **$\sphericalangle SCA = \beta$** ist ein **spitzer Winkel**.

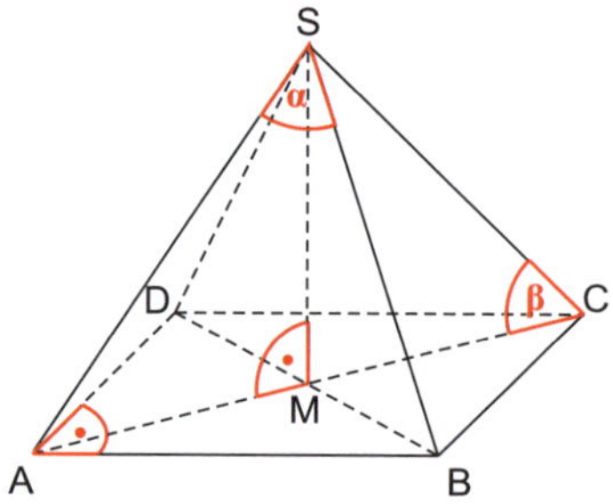

In geometrischen Körpern schneiden sich nicht nur Kanten, sondern auch Seitenflächen sowie Seiten- und Grundfläche, also Ebenen. Um den **Schnittwinkel (Neigungswinkel) zweier Ebenen** zu bestimmen, gehst du folgendermaßen vor:

Winkel zwischen zwei Ebenen E_1 und E_2 mit der Schnittgeraden s

- Zeichne eine **Hilfsebene H**, die **senkrecht auf der Schnittgeraden s** steht.
  Die Hilfsebene H schneidet E_1 in der Schnittgeraden g_1 und E_2 in der Schnittgeraden g_2.
- Bestimme den **Winkel zwischen** den Geraden **g_1 und g_2**.
- Der Winkel zwischen g_1 und g_2 entspricht dem Winkel zwischen E_1 und E_2:
  $\sphericalangle(E_1; E_2) = \sphericalangle(g_1; g_2)$

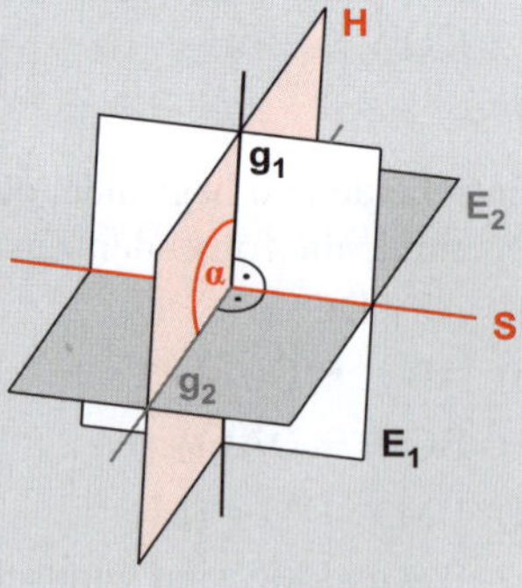

Beispiel

Bei der geraden Pyramide ABCDS mit der quadratischen Grundfläche ABCD liegt die Seitenfläche BCS in der Ebene E(BCS) und die Grundfläche ABCD in E(ABC). Die Schnittgerade der Ebenen E(BCS) und E(ABC) ist die Gerade BC.

Der **Schnittwinkel der Seitenfläche BCS mit der Grundfläche ABCD** entspricht dem Winkel zwischen E(BCS) und E(ABC):

- Zeichne die Hilfsebene H, die senkrecht auf der Schnittgeraden BC steht und durch S verläuft.
- H schneidet E(BCS) in der Geraden PS und E(ABC) in der Geraden MP.
- Der Winkel α zwischen PS und MP entspricht dem gesuchten Schnittwinkel.

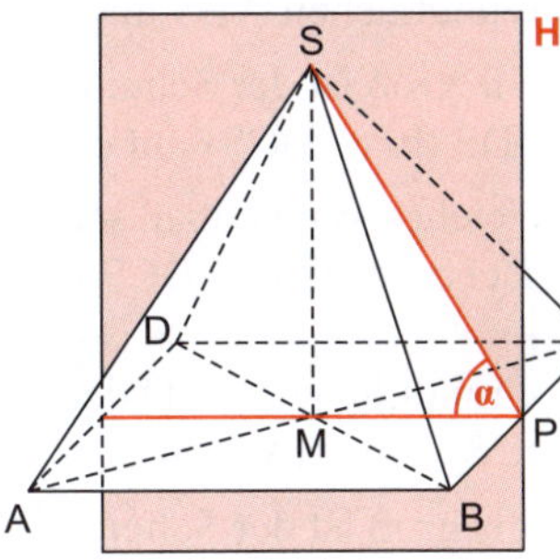

Neben Schnittwinkeln von Kanten und Neigungswinkeln von Ebenen kannst du auch **Schnittwinkel (Neigungswinkel) von Kanten und Ebenen** bestimmen.

Winkel zwischen einer Ebene E und einer Geraden g

- Zeichne eine **Hilfsebene H**, die senkrecht auf der Ebene E steht und die Gerade g enthält. Die Schnittgerade von E und H ist h.
- Bestimme den **Winkel zwischen** den Geraden **g und h**.
- Der Winkel zwischen g und h entspricht dem Winkel zwischen E und g:
  ∢(E; g) = ∢(h; g)

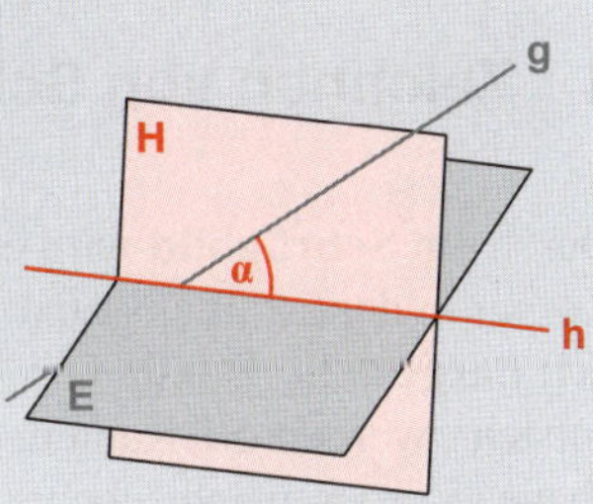

Beispiel

Bei der geraden Pyramide ABCDS mit der quadratischen Grundfläche ABCD liegt die Grundfläche ABCD in E(ABC).

Der **Schnittwinkel der Seitenkante CS mit der Grundfläche ABCD** entspricht dem Winkel zwischen CS und E(ABC):

- Zeichne die Hilfsebene H, die senkrecht auf E(ABC) steht und CS enthält.
- H schneidet E(ABC) in der Geraden AC.
- Der Winkel α zwischen CS und AC entspricht dem gesuchten Schnittwinkel.

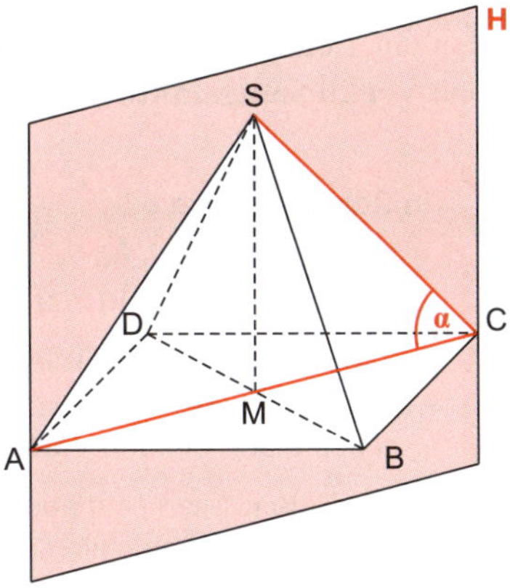

179 Gegeben ist die Pyramide ABCDS mit der quadratischen Grundfläche ABCD. Die Spitze M liegt senkrecht über dem Punkt D.

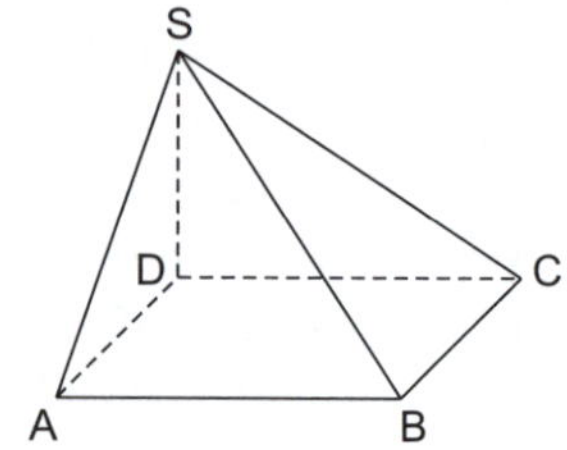

a) Um welche Dreiecksart handelt es sich bei den Seitenflächen ADS und DCS?

b) Wie groß ist der Schnittwinkel der Seitenfläche ADS (bzw. DCS) mit der Grundfläche?

c) Welches Winkelmaß schließen die Seitenflächen ADS und DCS untereinander ein?

180 Die Grundfläche ABCD der geraden Pyramide ABCDS ist ein Quadrat und die Spitze S liegt senkrecht über dem Diagonalenschnittpunkt M.

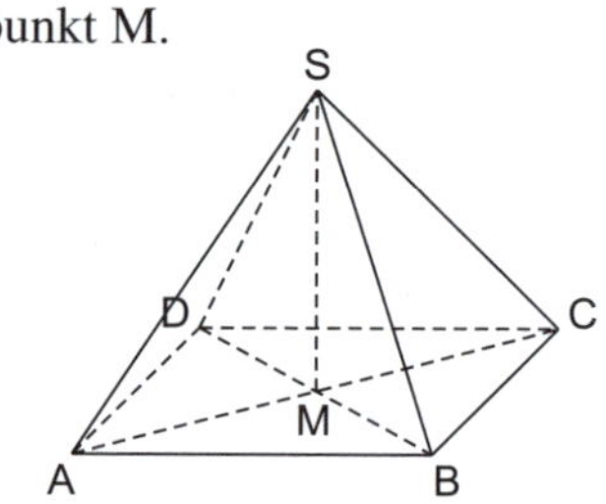

a) Wie groß ist der Schnittwinkel zwischen den Kanten [AB] und [BC]?

b) Zu welcher Winkelart gehört der Schnittwinkel der Grundfläche mit der Seitenfläche ABS?

c) Wie groß ist der Schnittwinkel zwischen der Strecke [MS] und der Ebene E(ABC)?

4 Zeichnen von Schrägbildern

Durch ein **Schrägbild** wird ein 3-dimensionaler Körper in der 2-dimensionalen Zeichenebene **räumlich dargestellt**. Damit der räumliche Eindruck entsteht, werden die Kanten, die in der Zeichenebene (Vorderansichtsebene) oder parallel dazu verlaufen, maßstäblich gezeichnet. Die Kanten, die senkrecht nach hinten (oder vorne) verlaufen, werden unter einem **Verzerrungswinkel** ω und um den **Verkürzungsfaktor** q verkürzt dargestellt.

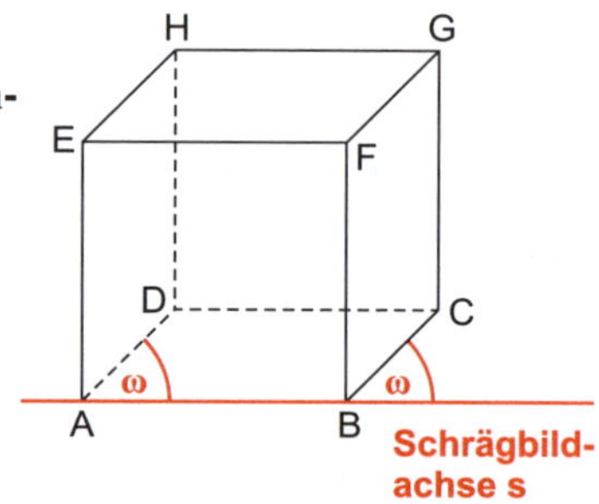

In Schrägbildern gilt:

- Kanten, Flächen und Winkel, die i**n der Zeichenebene oder parallel dazu** verlaufen, werden **in wahrer Größe (maßstabsgetreu)** gezeichnet.
- Kanten, Flächen und Winkel, die **senkrecht zur Zeichenebene** (nach hinten) verlaufen, werden unter dem **Verzerrungswinkel** ω gegenüber der Schrägbildachse s und um den **Verkürzungsfaktor q** verkürzt gezeichnet.
- Parallele Kanten sind auch im Schrägbild **parallel**. Gegenüberliegende Kanten, die in Wirklichkeit gleich lang sind, sind auch im Schrägbild **gleich lang**.

Die **Schrägbilder** der meisten Körper stehen meistens **auf der Grundfläche**. Beim Zeichnen gehst du in diesem Fall folgendermaßen vor:

Schrägbild, das auf der Grundfläche steht

- Zeichne zunächst die **Schrägbildachse s** und zeichne dann in **wahrer Größe** die Seite der Grundfläche, die auf s liegt.
- **Konstruiere die Grundfläche**, indem du alle Strecken, die senkrecht zur Schrägbildachse s (nach hinten) verlaufen, unter dem Verzerrungswinkel ω gegenüber s und um den Faktor q verkürzt zeichnest.
- Zeichne die **Kanten** in **wahrer Größe**, die in der Zeichenebene liegen oder parallel zur Zeichenebene verlaufen.
- Verbinde die Endpunkte der Seitenkanten. Übersichtlicher wird es, wenn du nicht sichtbare Kanten **gestrichelt** oder **feiner** zeichnest.

Beispiel

Für die gerade Pyramide ABCDS mit der Raute ABCD als Grundfläche und dem Diagonalenschnittpunkt M gilt $\overline{AC} = 4$ cm, $\overline{BD} = 3$ cm und $\overline{MS} = 2{,}5$ cm. Zeichne ein Schrägbild der Pyramide, wobei [AC] auf der Schrägbildachse liegen soll. Außerdem gilt: $\omega = 60°$ und $q = \frac{1}{2}$

Lösung:

Hinweis: Da ABCDS eine gerade Pyramide ist, liegt S senkrecht über M.

Zeichnung des Schrägbilds:

1. Schritt:

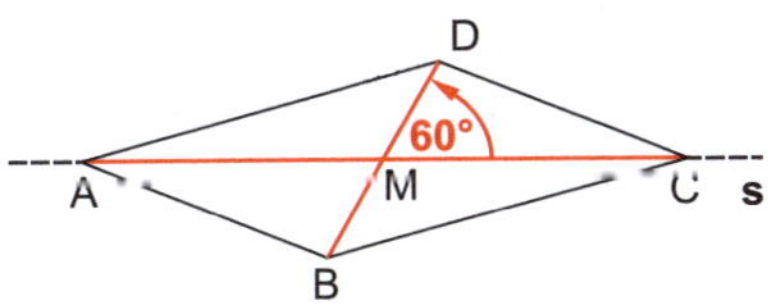

1. Schritt: Konstruktion der Grundfläche

- Zeichne die Schrägbildachse s. Zeichne dann die Strecke **[AC]** in **wahrer Größe** auf s. Der Punkt M ist der Mittelpunkt von [AC].
- Konstruiere die Grundfläche. Da die Diagonalen der Raute senkrecht aufeinander stehen, steht [BD] senkrecht auf s. Zeichne also **[BD]** unter $\omega = 60°$ und auf $3\,\text{cm} \cdot \frac{1}{2} = 1{,}5$ cm **verkürzt** durch M (0,75 cm nach vorne, 0,75 cm nach hinten). Beschrifte die Punkte gegen den Uhrzeigersinn!

2. Schritt:

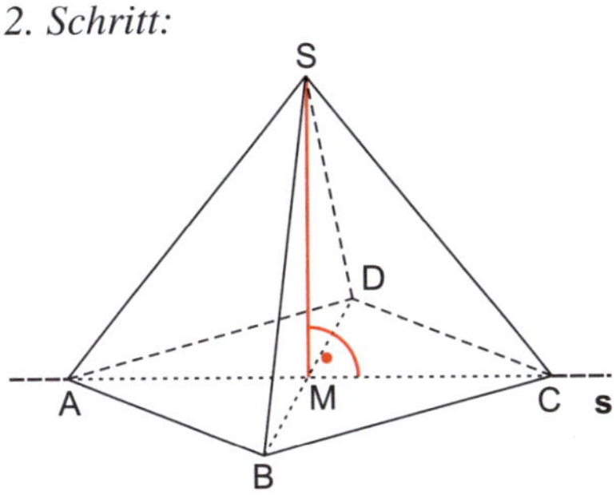

2. Schritt: Zeichnung des Schrägbilds

- Zeichne die Höhe [MS] in **wahrer Größe**, da [MS] in der Zeichenebene liegt. Der Punkt S ist die Spitze der Pyramide.
- Verbinde die Eckpunkte der Grundfläche mit der Spitze und zeichne die nicht sichtbaren Kanten gestrichelt ein.

Hinweis: Meistens gilt im Schrägbild $\omega = 45°$ und $q = 0{,}5$. Diese Darstellung nennt man mitunter auch **Kavalierperspektive**.

Die **Schrägbilder von Prismen** können auch **auf einer Seitenfläche liegen**. Beim Zeichnen gehst du dann folgendermaßen vor:

Schrägbild, das auf einer Seitenfläche liegt

- Zeichne zunächst die **Schrägbildachse s** und zeichne dann die **Grundfläche in wahrer Größe**.
- Zeichne die **Seitenkanten** unter dem **Verzerrungswinkel** ω gegenüber der Schrägbildachse s **verzerrt** und um den **Verkürzungsfaktor q** verkürzt.
- Verbinde die Endpunkte der Seitenkanten. Übersichtlicher wird es, wenn du nicht sichtbaren Kanten **gestrichelt** oder **feiner** zeichnest.

Beispiel

Gegeben ist ein 4 cm hohes Prisma, dessen Grundfläche ein gleichseitiges Dreieck mit der Kantenlänge $a = 3$ cm ist.
Zeichne das Schrägbild des Prismas mit $\omega = 45°$ und $q = \frac{1}{2}$.

Lösung:

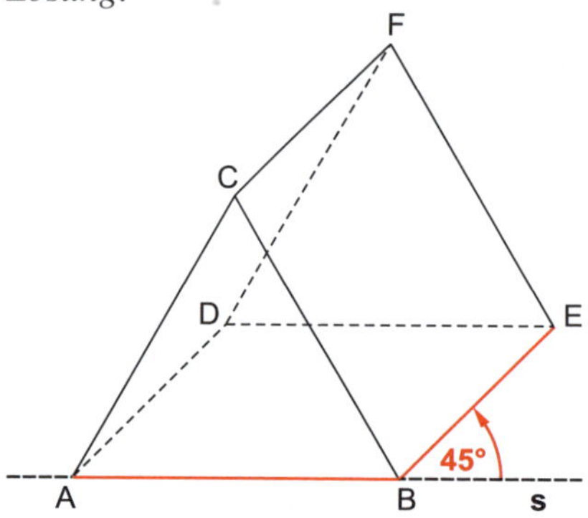

Vorgehen:

- Zeichne die Schrägbildachse s und konstruiere das gleichseitige Dreieck ABC als Grundfläche in **wahrer Größe**.
- Zeichne die nach hinten verlaufenden Seitenkanten des Prismas unter $\omega = 45°$ gegenüber s **verzerrt** und auf $4 \text{ cm} \cdot \frac{1}{2} = 2 \text{ cm}$ **verkürzt**.
  Hinweis: Da die Seitenkanten im Prisma senkrecht auf der Grundfläche stehen, musst du sie im Schrägbild verzerrt zeichnen.
- Verbinde die Eckpunkte und zeichne die nicht sichtbaren Kanten gestrichelt ein.

181 Zeichne das Schrägbild eines Quaders mit $a = 5$ cm, $b = 3$ cm und $c = 4$ cm. Dabei soll a auf der Schrägbildachse liegen und $\omega = 45°$ sowie $q = 0{,}5$ gelten.

182 Das Rechteck ABCD mit $\overline{AB} = 4{,}5$ cm und $\overline{AD} = 6$ cm ist die Grundfläche der Pyramide ABCDS. Die Spitze S liegt senkrecht über A mit $\overline{AS} = 2{,}5$ cm. Zeichne ein Schrägbild der Pyramide ABCDS, wobei [AB] auf der Schrägbildachse liegen soll. Es gilt: $\omega = 40°$; $q = \frac{1}{2}$

183 Zeichne das Schrägbild eines 4 cm hohen geraden Prismas ABCDEF, dessen Grundfläche ABC ein rechtwinkliges Dreieck mit der Hypotenuse [BC] und den Seiten $\overline{AB} = 5$ cm und $\overline{AC} = 4$ cm ist. Das Schrägbild soll auf der Grundfläche stehen. Zudem soll [AB] auf der Schrägbildachse liegen und $\omega = 45°$; $q = 0{,}6$ gelten.

5 Streckenlängen und Winkelmaße in wahrer Größe

In **Schrägbildern** werden die Kanten und Winkel, die nicht in der Zeichenebene (Vorderansichtsebene) liegen oder parallel dazu verlaufen, **verzerrt und verkürzt** dargestellt. Daher kannst du die Längen dieser Kanten und die Maße dieser Winkel nicht einfach im Schrägbild abmessen. Um ihre **wahre Größe** zeichnerisch zu bestimmen, musst du entweder das **Netz des Körpers zeichnen** oder eine **Hilfskonstruktion** mithilfe von **Stützdreiecken** durchführen.

- Ein **Netz eines Körpers** erhältst du, wenn du den Körper entlang seiner Kanten aufschneidest und auseinanderfaltest.
  Im Netz kannst du die gesuchten Streckenlängen und Winkelmaße **abmessen**.

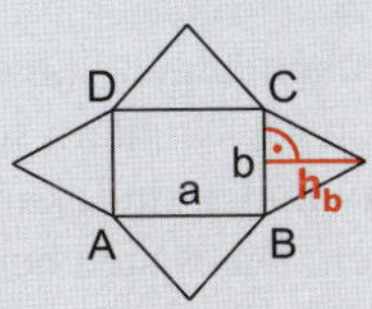

- Suche für die **Hilfskonstruktion** zunächst im Körper ein Dreieck, von dem du genug Größen kennst, um es eindeutig konstruieren zu können. Konstruiere dieses sogenannte **Stützdreieck**.
  Im Stützdreieck kannst du die gesuchten Streckenlängen und Winkelmaße **abmessen**.

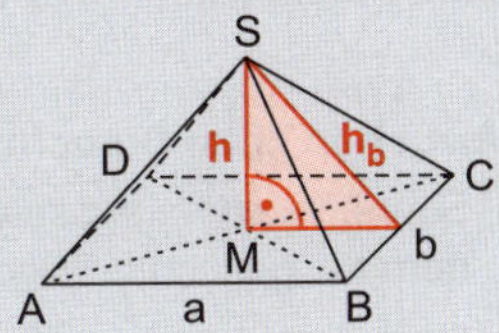

Beispiel

Die rechteckige Grundfläche ABCD der 2 cm hohen geraden Pyramide ABCDS hat die Seitenlängen a = 4 cm und b = 3 cm.
Bestimme durch Konstruktion die Höhe der Seitenfläche ABS sowie das Maß des Neigungswinkels der Seitenfläche ABS gegen die Grundfläche ABCD.

Lösung:
Wähle als **Stützdreieck** das **Dreieck MES**, denn es enthält die gesuchte Strecke $\overline{SE}$ und ist nach SWS eindeutig konstruierbar.

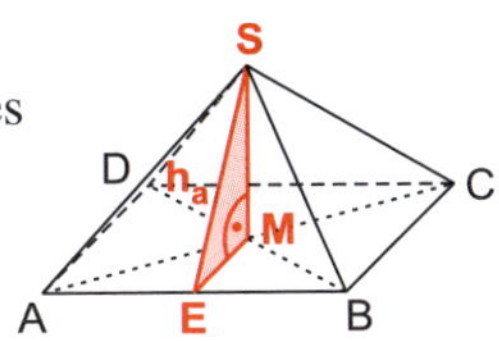

Konstruktion:

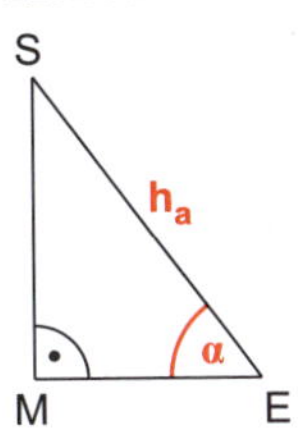

Im Dreieck MES gilt:

$\overline{ME} = \frac{b}{2} = \frac{3\text{ cm}}{2} = 1{,}5\text{ cm}$

$\overline{SM} = h = 2\text{ cm}$

$\sphericalangle EMS = 90°$

Der Winkel α (= ∢ SEM) ist der gesuchte Neigungswinkel, denn α ist der Schnittwinkel der Ebenen E(ABS) (in der die Seitenfläche ABS liegt) und E(ABC) (in der die Grundfläche ABCD liegt).

Abmessen liefert:

Höhe der Seitenfläche: $\overline{ES} = 2{,}5\text{ cm}$

Neigungswinkel: $\beta \approx 53°$

184 Für die gerade Pyramide ABCDS mit dem Rechteck ABCD als Grundfläche und dem Diagonalenschnittpunkt M gilt: $\overline{AC} = 5$ cm; $\overline{AB} = 4$ cm und $\overline{MS} = 6$ cm

a) Bestimme den Neigungswinkel der Seitenfläche BCS gegen die Grundfläche.

b) Bestimme die Länge der Seitenkante [CS] durch eine Konstruktion. Welchen Winkel schließt die Seitenkante [CS] mit der Grundfläche ein?

6 Anwendung der Flächensätze im Raum

Die Streckenlängen, die du mithilfe von Konstruktionen bestimmt hast, sind aufgrund von Messfehlern sehr ungenau. Wenn du die Stützdreiecke so wählst, dass sie rechtwinklig sind, kannst du in ihnen die Streckenlängen aber auch exakt berechnen. Da es sich bei den Dreiecken um ebene Figuren handelt, kannst du dazu die Flächensätze, vor allem den Satz des Pythagoras, anwenden.

Vorgehen beim Berechnen von Streckenlängen im Raum

- Suche in einem passenden **Körperquerschnitt** ein **rechtwinkliges Dreieck**, in dem die gesuchte Strecke liegt und von dem du zwei Streckenlängen kennst.
- Berechne die gesuchte Streckenlänge mit dem **Satz des Pythagoras** (den **Kathetensätzen** oder dem **Höhensatz**).
- **Berechne** dafür (möglicherweise) fehlende Streckenlängen in anderen rechtwinkligen Dreiecken mithilfe der **Flächensätze**.

Beispiel

Für die gerade Pyramide ABCDS mit der rechteckigen Grundfläche ABCD und dem Diagonalenschnittpunkt M gilt: $\overline{AB} = 5$ cm; $\overline{BC} = 6$ cm und $\overline{MS} = 4$ cm

a) Berechne die Länge der Seitenkante [CS].

b) Berechne die Höhe h_b des Dreiecks BCS.

Lösung:

a) Berechnung von $\overline{CA}$ mit dem Satz des Pythagoras im Dreieck ABC:

$$\overline{CA}^2 = \overline{AB}^2 + \overline{BC}^2 \quad |\sqrt{}$$

$$\Rightarrow \quad \overline{CA} = \sqrt{\overline{AB}^2 + \overline{BC}^2}$$

$$\Leftrightarrow \quad \overline{CA} = \sqrt{(5\text{ cm})^2 + (6\text{ cm})^2}$$

$$\Leftrightarrow \quad \overline{CA} = \sqrt{61\text{ cm}^2}$$

$$\Leftrightarrow \quad \overline{CA} \approx 7{,}81\text{ cm}$$

Berechnung von $\overline{MC}$:

$$\overline{MC} = \frac{\overline{AC}}{2} = \frac{7{,}81\text{ cm}}{2} \approx 3{,}91\text{ cm}$$

Um $\overline{CS}$ im rechtwinkligen Dreieck MCS mit dem Satz des Pythagoras berechnen zu können, musst du zunächst $\overline{MC}$ mithilfe von $\overline{CA}$ berechnen.

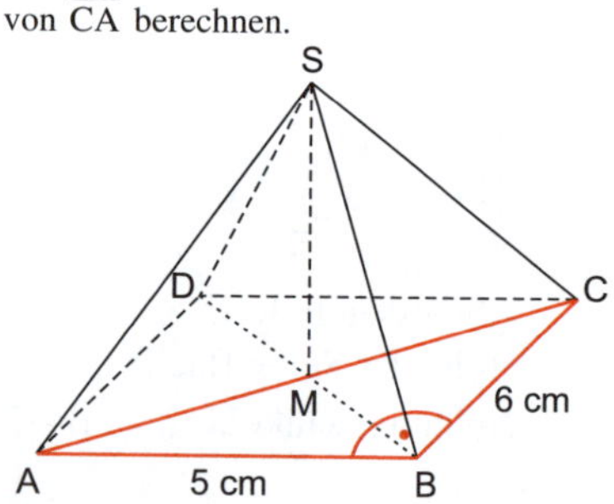

Berechnung von $\overline{CS}$ mit dem Satz des Pythagoras im Dreieck MCS:

$$\overline{CS}^2 = \overline{SM}^2 + \overline{MC}^2 \qquad |\sqrt{\ }$$
$$\Rightarrow \quad \overline{CS} = \sqrt{\overline{SM}^2 + \overline{MC}^2}$$
$$\Leftrightarrow \quad \overline{CS} = \sqrt{(4\text{ cm})^2 + (3{,}91\text{ cm})^2}$$
$$\Leftrightarrow \quad \overline{CS} = \sqrt{31{,}2881\text{ cm}^2}$$
$$\Leftrightarrow \quad \overline{CS} \approx 5{,}59\text{ cm}$$

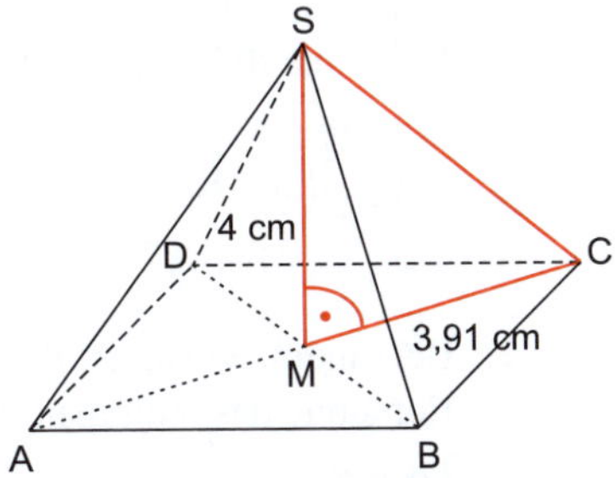

b) Berechnung von $\overline{MM_{[BC]}}$:

$$\overline{MM_{[BC]}} = \frac{\overline{AB}}{2} = \frac{5\text{ cm}}{2} = 2{,}5\text{ cm}$$

Berechnung von h_b mit dem Satz des Pythagoras im Dreieck $MM_{[BC]}S$:

$$h_b^2 = \overline{SM}^2 + \overline{MM_{[BC]}}^2 \qquad |\sqrt{\ }$$
$$\Rightarrow \quad h_b = \sqrt{\overline{SM}^2 + \overline{MM_{[BC]}}^2}$$
$$\Leftrightarrow \quad h_b = \sqrt{(4\text{ cm})^2 + (2{,}5\text{ cm})^2}$$
$$\Leftrightarrow \quad h_b = \sqrt{22{,}25\text{ cm}^2}$$
$$\Leftrightarrow \quad h_b \approx 4{,}72\text{ cm}$$

Die Höhe h_b des Dreiecks BCS kann im rechtwinkligen Dreieck $MM_{[BC]}S$ berechnet werden, wobei $M_{[BC]}$ der Mittelpunkt der Strecke [BC] ist:

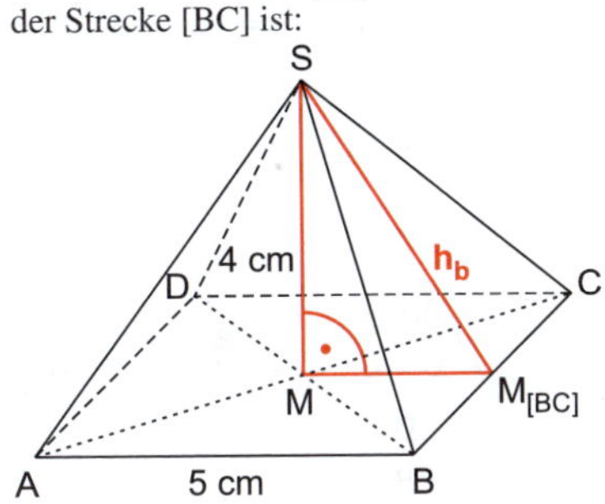

Wie bei Streckenberechnungen in der Ebene kannst du mit dem Satz des Pythagoras auch bei Streckenberechnungen im Raum allgemeingültige Formeln herleiten:

Folgerungen aus den Flächensätzen im Raum

- **Diagonalen im Quader:**
  In einem Quader mit den Kantenlängen a, b und c gilt:
  Länge der Flächendiagonalen: $\mathbf{e = \sqrt{a^2 + b^2}}$
  Länge der Raumdiagonalen: $\mathbf{d = \sqrt{e^2 + c^2}}$
  $\mathbf{d = \sqrt{a^2 + b^2 + c^2}}$

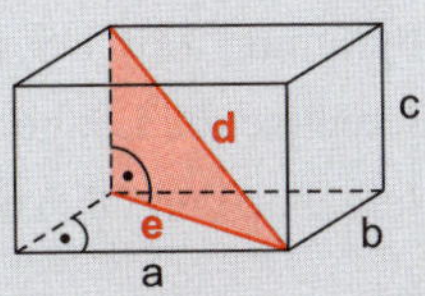

- **Diagonalen im Würfel:**
  In einem Würfel mit der Kantenlänge a gilt:
  Länge der Flächendiagonalen: $\mathbf{e = a\sqrt{2}}$
  Länge der Raumdiagonalen: $\mathbf{d = \sqrt{e^2 + a^2}}$
  $\mathbf{d = \sqrt{3a^2} = a\sqrt{3}}$

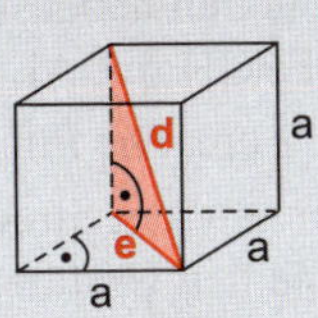

Beispiele

1. Ein Quader hat die Kantenlängen $a=5$ cm, $b=2$ cm und $c=3$ cm.
Berechne die Länge d der Raumdiagonalen. Runde auf eine Dezimale.

Lösung:

Länge d der Raumdiagonalen: Alle 4 Raumdiagonalen sind gleich lang.

$$d=\sqrt{a^2+b^2+c^2}=\sqrt{(5\text{ cm})^2+(2\text{ cm})^2+(3\text{ cm})^2}=\sqrt{38\text{ cm}^2}\approx 6{,}2\text{ cm}$$

2. Bei einem Würfel ist die Raumdiagonale $d=10$ cm lang.
Berechne das Volumen des Würfels.

Lösung:

Berechnung der Kantenlänge des Würfels:

$$d=a\sqrt{3} \quad |:\sqrt{3}$$

$$\Leftrightarrow \quad a=\frac{d}{\sqrt{3}}$$

$$\Leftrightarrow \quad a=\frac{10\text{ cm}}{\sqrt{3}}$$

$$\Leftrightarrow \quad a\approx 5{,}77\text{ cm}$$

Berechnung des Volumens des Würfels:

$$V=a^3=(5{,}77\text{ cm})^3=192{,}10\text{ cm}^3$$

185 Ein Quader hat die Seitenlängen $a=5$ cm, $b=4$ cm und $c=7$ cm.
Berechne die Länge d der Raumdiagonalen.

186
a) Ein Würfel hat die Seitenlänge $a=5$ cm.
Berechne die Länge d der Raumdiagonalen.
b) Bei einem anderen Würfel beträgt die Länge der Raumdiagonalen $d=8$ cm.
Berechne die Oberfläche des Würfels.

187 Das Rechteck ABCD mit $\overline{AB}=6$ cm und $\overline{AD}=8$ cm ist die Grundfläche der geraden Pyramide ABCDS. Es gilt $\overline{MS}=5$ cm, wobei M der Diagonalenschnittpunkt ist.
a) Berechne die Länge der Seitenkanten.
b) Berechne den Oberflächeninhalt der Pyramide.

188 Betrachte den nebenstehend abgebildeten Quader ABCDEFGH mit $\overline{AB}=7{,}5$ cm, $\overline{BC}=3{,}8$ cm und $\overline{BF}=4{,}2$ cm. Die Punkte P, Q und R sind die Mittelpunkte der Strecken [AB], [BC] und [BF].
Berechne den Umfang des Dreiecks PQR.

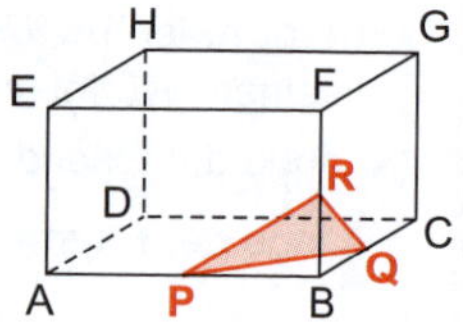

189 Lara zieht um und möchte ihre 1,25 m langen Nordic-Walking-Stöcke in einen Umzugskarton mit den Maßen 100 cm × 60 cm × 60 cm packen.

a) Kann Lara die Stöcke flach in den Umzugskarton legen?

b) Passen die Stöcke schräg in den Karton?

* **190** Ein Schreiner hat eine Palette Kartons mit den Maßen 70 cm × 60 cm × 50 cm zu einem unschlagbar günstigen Preis bekommen.
Welche maximale Fläche kann ein Holzbrett haben, das der Schreiner mit einem Karton verschicken kann? Die Dicke des Bretts und des Verpackungsmaterials sind dafür zu vernachlässigen.
Tipp: Damit die Fläche möglichst groß ist, musst du das Brett schräg in den Karton legen. Überlege zunächst, welche Möglichkeiten es gibt, das Brett in dem Karton zu platzieren.

Vermischte Aufgaben

191 Gegeben sei eine gerade Pyramide ABCDS mit quadratischer Grundfläche ABCD und den Maßen $\overline{AB} = 4$ cm; $\overline{MS} = 3$ cm, wobei M der Diagonalenschnittpunkt ist.

a) Zeichne ein Schrägbild der Pyramide. Dabei soll [AB] auf der Schrägbildachse liegen und $\omega = 45°$, $q = 0{,}5$ sein.

b) Bestimme durch Messung den Neigungswinkel der Seitenflächen gegen die Grundfläche.

192 Für die gerade Pyramide ABCDS mit der Raute ABCD als Grundfläche und dem Diagonalenschnittpunkt M gilt: $\overline{AC} = 5$ cm; $\overline{BD} = 6$ cm und $\overline{CS} = 4{,}5$ cm

a) Zeichne ein Schrägbild der Pyramide in Kavalierperspektive. Dabei soll [AC] auf der Schrägbildachse liegen.

b) Wie hoch ist die Pyramide? Berechne die Pyramidenhöhe $\overline{SM}$.

193 In einem hohlen Plexiglaswürfel (Dicke des Plexiglases: 3 mm) mit der Kantenlänge $a = 10$ cm befindet sich ein bunter Würfel.

a) Welche Kantenlänge darf der bunte Würfel höchstens haben, damit er sich innerhalb des Plexiglaswürfels noch „würfeln" lässt? Gib die Kantenlänge in mm an.

b) Um wie viel Prozent ist das Volumen des größtmöglichen bunten Würfels kleiner als das des Plexiglaswürfels?

194 Ein Designerhaus hat den nebenstehend abgebildeten drachenförmigen Grundriss. Das einstöckige Haus ist insgesamt 6 m hoch, wobei das Dach die Hälfte der Höhe einnimmt. Das Dach ist pyramidenförmig, die Spitze S liegt senkrecht über M.

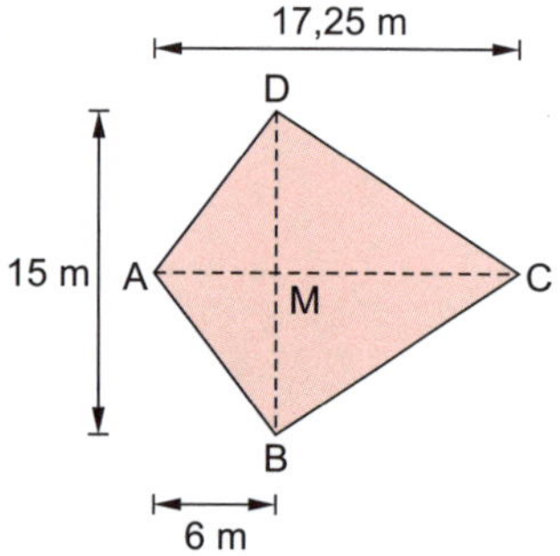

a) Zeichne ein Schrägbild des Hauses im Maßstab 1:300. Dabei soll [AC] auf der Schrägbildachse liegen und $\omega = 45°$; $q = \frac{1}{2}$ gelten.

b) Berechne den Flächeninhalt des Grundrisses.

c) Bilden die Außenwände an einer der vier Ecken einen rechten Winkel? Begründe rechnerisch.

Daten und Zufall

Bei einem **Zufallsexperiment** hängt das Ergebnis (= Ausgang des Experiments) nur vom Zufall ab und lässt sich somit nicht vorhersagen. Es gibt jedoch Zufallsexperimente, bei denen du für die Ergebnisse die Wahrscheinlichkeiten dafür, dass sie eintreten, berechnen kannst. Bisher hast du vor allem **Laplace-Experimente** genauer betrachtet, also Zufallsexperimente, bei denen alle Ergebnisse gleich wahrscheinlich sind. Bei einem Laplace-Experiment berechnest du die Wahrscheinlichkeit eines Ereignisses E mit der Formel:

$$P(E) = \frac{\text{Anzahl der für E günstigen Ergebnisse}}{\text{Anzahl aller möglichen Ergebnisse}}$$

P(E) bedeutet:
Wahrscheinlichkeit, dass E eintritt.
P kommt dabei von *probability*.

1 Zusammengesetzte (mehrstufige) Zufallsexperimente

Ein typisches Laplace-Experiment ist das Werfen einer Münze mit den Ergebnissen Kopf (K) und Zahl (Z). Wirfst du die Münze **einmal**, handelt es sich um ein **einstufiges Zufallsexperiment**. Der Ergebnisraum ist dann $\Omega = \{K; Z\}$ und die Wahrscheinlichkeiten für K und Z betragen:

Kopf (K) Zahl (Z)

$$P(K) = P(Z) = \frac{1}{2} = 0{,}5 = 50\ \%$$

Wirfst du dieselbe Münze dreimal hintereinander, spricht man von einem **dreistufigen Zufallsexperiment**. Bei solchen **zusammengesetzten Zufallsexperimenten**, die aus mehreren **Teilexperimenten** bestehen, kann man oft auf Anhieb gar nicht so leicht erkennen, wie viele Ergebnisse es gibt und wie diese genau aussehen. Hier im Beispiel kann z. B. bei jedem der drei Würfe sowohl Kopf als auch Zahl fallen. Daher solltest du die möglichen Ergebnisse systematisch als geordnete Tripel (KKZ), (KZK), (ZKK) etc. notieren. Ein **Baumdiagramm** kann dir dabei helfen.

Zusammengesetzte (mehrstufige) Zufallsexperimente

- Ein Zufallsexperiment, das aus mehreren gleichzeitig oder nacheinander ablaufenden Teilexperimenten besteht, nennt man **zusammengesetztes Zufallsexperiment** oder auch **mehrstufiges Zufallsexperiment**.
- Die **Anzahl der Ergebnisse** lässt sich mithilfe eines **Baumdiagramms** bestimmen. Jeder **Pfad** im Baumdiagramm führt auf ein mögliches Ergebnis des Zufallsexperiments.

Beispiele

1. Eine Münze (Kopf K; Zahl Z) wird zweimal **hintereinander** geworfen.
Gib den Ergebnisraum mithilfe eines Baumdiagramms an.

Lösung:

Baumdiagramm:

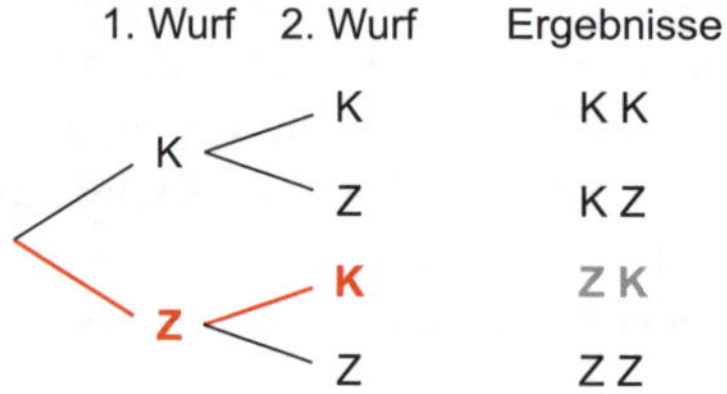

Ergebnisraum:
$\Omega = \{KK; KZ; ZK; ZZ\}$

Da **zweimal** geworfen wird, handelt es sich um ein **zweistufiges** Zufallsexperiment.

Vorgehen beim Zeichnen (von links nach rechts):
- Beim **1. Wurf** kann man K oder Z werfen.
- Beim **2. Wurf** kann man wieder K oder Z werfen, unabhängig davon, was beim 1. Wurf geworfen wurde.

Den Weg vom Start- bis zu einem Endpunkt nennt man **Pfad**. Ein **Ergebnis** bekommst du, wenn du die Einzelereignisse auf dem Pfad hintereinanderschreibst.

Hinweis: Die **Elementarereignisse** müssen nicht hinter das Baumdiagramm geschrieben werden. Es kann aber für das Lösen der Aufgabe hilfreich sein.

2. Zwei identische Münzen (Kopf K; Zahl Z) werden **gleichzeitig** geworfen.
Zeichne das zugehörige Baumdiagramm.
Wie viele Ergebnisse lassen sich insgesamt unterscheiden?

Lösung:

Baumdiagramm:

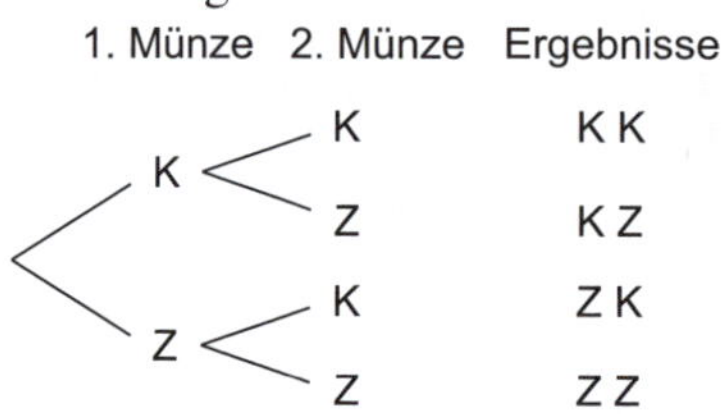

Das gleichzeitige Werfen **zweier** Münzen wird als **zweistufiges** Zufallsexperiment interpretiert.

Beachte: Da die Münzen gleichzeitig geworfen werden, sind die Ergebnisse KZ und ZK **nicht** zu unterscheiden.

Es lassen sich insgesamt 3 der 4 möglichen Ergebnisse **unterscheiden**:
zweimal K; *einmal K und einmal Z*; *zweimal Z*

Beachte: Die Baumdiagramme aus Beispiel 1 und Beispiel 2 stimmen überein. Du kannst aus einem Baumdiagramm allein also **nicht** ablesen, ob die Teilexperimente nacheinander oder gleichzeitig ablaufen. In beiden Fällen handelt es sich aber um **zweistufige Zufallsexperimente**.

195 Welche der folgenden Zufallsexperimente sind mehrstufig?
Gib jeweils die Teilexperimente an, aus denen sie sich zusammensetzen.

a) Aus einer Lostrommel mit 5 Gewinnen und 50 Nieten wird einmal gezogen.

b) Ein Glücksrad mit 2 roten und 4 gelben gleich großen Feldern wird viermal gedreht.

c) Aus einer Urne mit 2 grünen und 3 blauen Kugeln werden 3 Kugeln gezogen.

d) Fünf Laplace-Würfel mit 6 Seiten werden gleichzeitig geworfen.

196 Stelle das Zufallsexperiment *Würfeln mit 2 normalen, unterscheidbaren Würfeln* in einem Baumdiagramm dar und gib den zugehörigen Ergebnisraum Ω an.

197 Du hast 1 roten, 1 gelben und 1 orangen Lolli.
Wie viele verschiedene Reihenfolgen gibt es, sie zu essen?
Ermittle die Anzahl der möglichen Ergebnisse, z. B. mithilfe eines Baumdiagramms.

2 Ziehen mit Zurücklegen und Ziehen ohne Zurücklegen

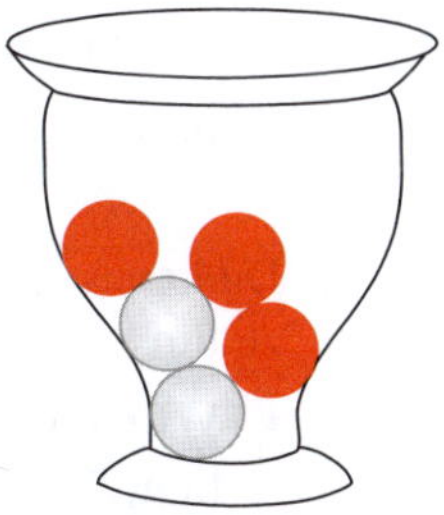

Aus einem Gefäß mit 3 roten und 2 weißen Kugeln, die sonst nicht zu unterscheiden sind, zieht Lara, ohne hinzusehen, 2 Kugeln. Sie stellt sich folgende Fragen:

1. Mit welcher Wahrscheinlichkeit ziehe ich beim ersten Mal eine rote Kugel?
2. Mit welcher Wahrscheinlichkeit ziehe ich beim zweiten Mal eine rote Kugel, wenn ich beim ersten Mal eine rote Kugel gezogen habe?

Laras 1. Frage kannst du mit deinem bisherigen Wissen leicht beantworten: Da die Kugeln nicht unterscheidbar sind, werden sie alle mit der gleichen Wahrscheinlichkeit gezogen. Es handelt sich um ein Laplace-Experiment. Somit gilt:

$$P(\text{erste Kugel rot}) = \frac{\text{Anzahl der roten Kugeln}}{\text{Anzahl aller Kugeln}} = \frac{3}{3+2} = \frac{3}{5} = 0{,}6 = 60\ \%$$

Laras 2. Frage kannst du ohne weitere Informationen nicht beantworten. Denn für Laras zweiten Zug gibt es folgende Möglichkeiten:

a) Lara **legt** die gezogene Kugel **zurück** in das Gefäß.
b) Lara **legt** die gezogene Kugel **nicht zurück** in das Gefäß. Die Wahrscheinlichkeiten ändern sich in diesem Fall mit jedem Zug.

Du kannst eigentlich jedes Zufallsexperiment als Gefäß-Kugel-Modell interpretieren, das sogenannte **Urnenmodell**. Dabei unterscheidet man die beiden folgenden Fälle.

- **Ziehen mit Zurücklegen**
  Die gezogene Kugel wird nach dem Ziehen wieder zurückgelegt.
  Die **Anzahl der Kugeln** in der Urne **bleibt gleich**. Die **Wahrscheinlichkeit**, eine bestimmte Kugel zu ziehen, ist bei jedem Zug **gleich**.
- **Ziehen ohne Zurücklegen**
  Die gezogene Kugel wird nach dem Ziehen **nicht** zurückgelegt.
  Die **Anzahl der Kugeln** in der Urne **verringert sich** mit jedem Zug **um eins**. Die **Wahrscheinlichkeit**, eine bestimmte Kugel zu ziehen, **ändert sich** bei jedem Zug.

Beispiele

1. Für das vorangestellte Beispiel gilt:

a) **Ziehen mit Zurücklegen:**
Legt Lara die gezogene Kugel zurück ins Gefäß, bleibt die Anzahl der Kugeln im Gefäß gleich. Die Wahrscheinlichkeit, eine rote Kugel zu ziehen, ändert sich also **nicht**:

$$P(\text{zweite Kugel rot, wenn erste Kugel rot war}) = \frac{3}{5} = 0{,}6 = 60\ \%$$

b) **Ziehen ohne Zurücklegen:**
Legt Lara die gezogene Kugel **nicht** zurück, ändert sich die Anzahl der Kugeln im Gefäß. Es enthält nur noch $3 - 1 = 2$ rote und 2 weiße Kugeln, also insgesamt 4 Kugeln. Die Wahrscheinlichkeit, eine rote Kugel zu ziehen, ändert sich somit auch:

$$P(\text{zweite Kugel rot, wenn erste Kugel rot war}) = \frac{2}{4} = 0{,}5 = 50\ \%$$

2. Du kannst Zufallsexperimente, die scheinbar nichts mit einem Urnenmodell zu tun haben, als solches modellieren:

- **Würfeln mit einem Würfel:**
Lege 6 Kugeln mit den Zahlen von 1 bis 6 in eine Urne. Das Ziehen einer Kugel entspricht dann dem Würfeln und die gezogene Zahl auf der Kugel entspricht der gewürfelten Zahl. Damit du beim nächsten Zug wie beim Würfeln wieder 6 Möglichkeiten hast, musst du die gezogene Kugel zurücklegen (der Würfel verliert beim Würfeln ja auch nicht seine Punkte). Es handelt sich also um ein **Ziehen mit Zurücklegen**.
- **Auslosen einer Dreiergruppe aus 25 Schülern:**
Lege 25 Kugeln, von denen jede mit dem Namen eines Schülers beschriftet ist, in eine Urne. Um die Schüler für die Dreiergruppe zu bestimmen, musst du drei Kugeln ziehen. Bei diesem Modell darfst du die Kugeln nicht zurücklegen, da sonst ein Schüler doppelt gezogen werden könnte. Es handelt sich also um ein **Ziehen ohne Zurücklegen**.

198 Entscheide, ob das Zufallsexperiment dem Urnenmodell *Ziehen mit Zurücklegen* oder *Ziehen ohne Zurücklegen* entspricht, und begründe.

a) Mehrmaliges Werfen einer Münze mit Kopf (K) und Zahl (Z)

b) Anordnen von 5 verschiedenen Legosteinen

c) Lotto „6 aus 49"

d) Mehrmaliges Drehen eines Glücksrads

3 Pfadregeln

Die Wahrscheinlichkeiten in einem mehrstufigen Zufallsexperiment kannst du mit den **Pfadregeln** berechnen. Stelle dafür zunächst das Experiment grafisch mithilfe eines Baumdiagramms dar und beschrifte die verschiedenen Pfade mit den zugehörigen **Teilwahrscheinlichkeiten**. Achte dabei darauf, ob es sich bei dem Experiment um Ziehen mit Zurücklegen oder Ziehen ohne Zurücklegen handelt.

1. Pfadregel (Produktregel)
Bei mehrstufigen Zufallsexperimenten erhältst du die Wahrscheinlichkeit eines **Ergebnisses**, wenn du alle **Teilwahrscheinlichkeiten** entlang des zugehörigen Pfades im Baumdiagramm miteinander **multiplizierst**.

2. Pfadregel (Additionsregel)
Bei mehrstufigen Zufallsexperimenten erhältst du die Wahrscheinlichkeit eines **Ereignisses**, wenn du die **Wahrscheinlichkeiten der Pfade**, die zu dem Ereignis gehören, **addierst**.

Beachte: Die Summe der Wahrscheinlichkeiten aller Pfade ist 1 (sicheres Ereignis).

Beispiele

1. In einem Gefäß befinden sich 5 rote und 4 weiße Kugeln. Tim zieht 2 Kugeln ohne Zurücklegen.

a) Berechne die Wahrscheinlichkeit dafür, dass Tim genau zwei rote Kugeln zieht.

b) Mit welcher Wahrscheinlichkeit zieht Tim genau eine rote und eine weiße Kugel?

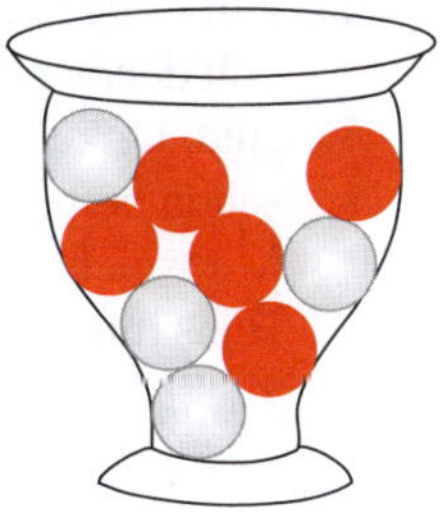

Lösung:

a) Baumdiagramm:

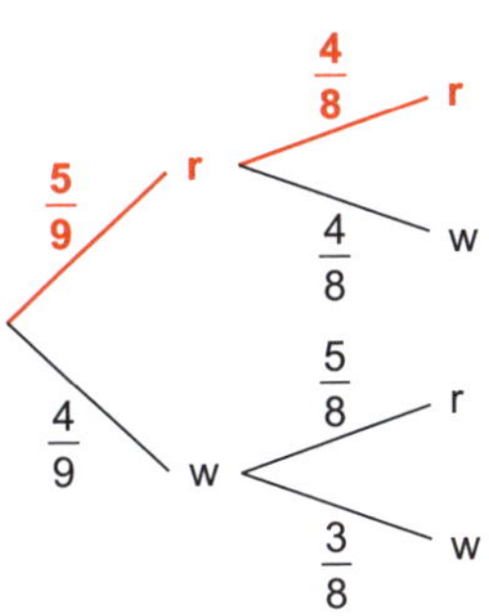

r: Ziehen einer roten Kugel

w: Ziehen einer weißen Kugel

Da **zweimal** gezogen wird, handelt es sich um ein **zweistufiges** Zufallsexperiment.
Trage die Teilwahrscheinlichkeiten entlang der Pfade ein. Da es sich um Ziehen **ohne** Zurücklegen handelt, nimmt die Anzahl der Kugeln im Gefäß mit jedem Zug ab.

Wahrscheinlichkeit:

$$P(\mathbf{rr}) = \frac{5}{9} \cdot \frac{4}{8} = \frac{5}{18} \approx 0,2778 = 27,78\ \%$$

Wende die **Produktregel** an: Multipliziere die Teilwahrscheinlichkeiten entlang des Pfades, der zum Ergebnis $E = \{rr\}$ gehört.

b) Baumdiagramm:

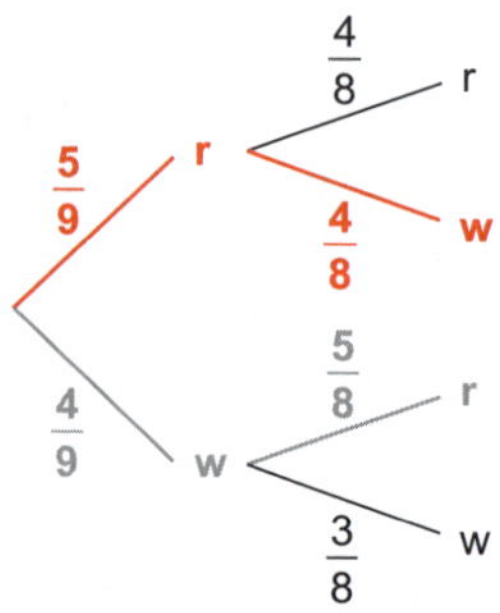

r: Ziehen einer roten Kugel

w: Ziehen einer weißen Kugel

Achtung: Hier kommt es **nicht** auf die Reihenfolge an! Es ist egal, ob Tim zuerst eine rote und dann eine weiße Kugel zieht oder erst eine weiße und dann eine rote Kugel. Zu dem Ereignis gehören also die beiden Ergebnisse {**rw**} und {wr}: E = {rw; wr}

Wahrscheinlichkeit:

$$P(E) = P(\mathbf{rw}) + P(\mathrm{wr})$$

$$P(E) = \frac{5}{9} \cdot \frac{4}{8} + \frac{4}{9} \cdot \frac{5}{8}$$

$$P(E) = \frac{5}{9} \approx 0{,}5556 = 55{,}56\ \%$$

Die Wahrscheinlichkeit beträgt etwa 55,56 %.

Wende die **Additionsregel** an: Addiere die Wahrscheinlichkeiten der Pfade, die zu den Ergebnissen {**rw**} und {wr} gehören.

2. Auf einer Faschingsfeier gibt es 25 Krapfen, von denen gemeinerweise 5 mit Senf gefüllt sind. Onkel Hans kann nicht warten und isst schon beim Aufbauen 2 Krapfen. Mit welcher Wahrscheinlichkeit erwischt Hans mindestens einen Krapfen mit Senf?

Lösung:

Es gibt mehrere Möglichkeiten, die Wahrscheinlichkeit zu berechnen.

1. Möglichkeit: **Pfadregeln**

Baumdiagramm:

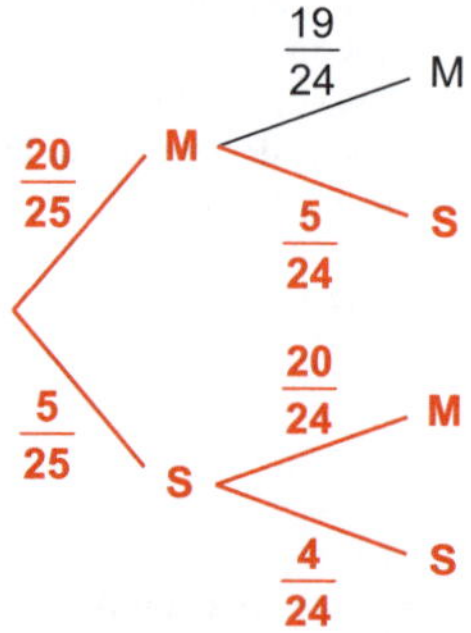

M: Krapfen mit Marmelade

S: Krapfen mit Senf

Da **zwei** Krapfen gegessen werden, handelt es sich um ein **zweistufiges** Zufallsexperiment und um Ziehen **ohne** Zurücklegen (wird ein Krapfen gegessen, ist er weg).

Mindestens einen bedeutet, dass Hans entweder einen mit Marmelade und einen mit Senf oder zwei mit Senf erwischt hat. Damit gilt: E = {MS; SM; SS}

Wahrscheinlichkeit:

$P(E) = P(MS) + P(SM) + P(SS)$

$$P(E) = \frac{20}{25} \cdot \frac{5}{24} + \frac{5}{25} \cdot \frac{20}{24} + \frac{5}{25} \cdot \frac{4}{24}$$

$$P(E) = \frac{11}{30} \approx 0,3667 = 36,67\ \%$$

Die Wahrscheinlichkeit beträgt ca. 36,67 %.

Wende die **Additionsregel** an: Addiere die Wahrscheinlichkeiten der zugehörigen Ergebnisse.

2. Möglichkeit: **Gegenereignis**

Wahrscheinlichkeit, zwei Krapfen mit Marmelade zu erwischen:

$$P(MM) = \frac{20}{25} \cdot \frac{19}{24} = \frac{19}{30}$$

Wahrscheinlichkeit, dass Hans mindestens einen Krapfen mit Senf erwischt:

$$P(E) = 1 - P(MM) = 1 - \frac{19}{30} = \frac{11}{30} \approx 36,37\ \%$$

Die Wahrscheinlichkeit beträgt ca. 36,67 %.

Wenn das Ereignis nicht eintritt, tritt das **Gegenereignis** ein. Das Gegenereignis von *mindestens einmal* ist *keinmal* (keinmal Senf bedeutet also zweimal Marmelade).

Allgemein gilt:

P(Ereignis) = 1 – P(Gegenereignis)

3. Wie groß ist die Wahrscheinlichkeit, beim dreimaligen Würfeln erst zweimal eine 6 und dann keine 6 zu würfeln?

Lösung:

verkürztes Baumdiagramm:

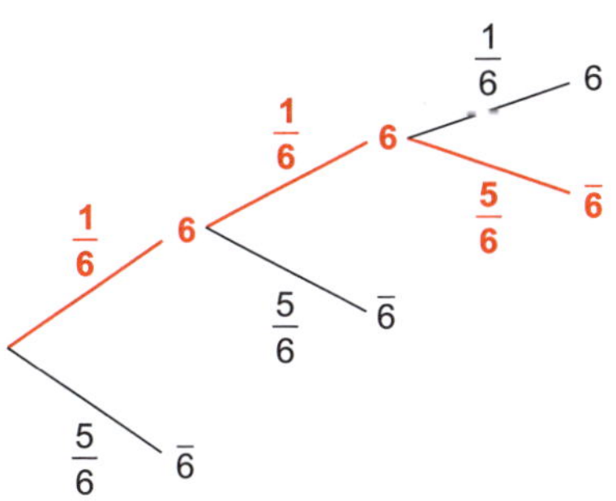

Wahrscheinlichkeit:

$$P(66\overline{6}) = \frac{1}{6} \cdot \frac{1}{6} \cdot \frac{5}{6} = \frac{5}{216} \approx 0,0231 = 2,31\ \%$$

Die Wahrscheinlichkeit beträgt ca. 2,31 %.

Oft genügt zur Lösung der Aufgabe wie hier ein verkürztes Baumdiagramm. Da **dreimal** gewürfelt wird, handelt es sich um ein **dreistufiges** Zufallsexperiment (Würfeln = Ziehen **mit** Zurücklegen). Hier genügt es, zwischen 6 (eine 6 würfeln) und $\overline{6}$ (keine 6 würfeln) zu unterscheiden. Trage die Teilwahrscheinlichkeiten entlang der Pfade ein:

- Wahrscheinlichkeit, eine 6 zu würfeln: $\frac{1}{6}$
- Wahrscheinlichkeit, keine 6 zu würfeln (also eine der anderen 5 Zahlen): $\frac{5}{6}$

199 Lina wirft dreimal hintereinander eine Münze mit Kopf (K) und Zahl (Z). Wie groß ist die Wahrscheinlichkeit, dass genau einmal Kopf (K) oben liegt?

200 In Finns Schublade liegen 10 schwarze, 4 blaue und 2 roten Socken einzeln herum. Weil er morgens zu faul ist, das Licht anzumachen, zieht er sich blind im Dunkeln 2 Socken an.
Mit welcher Wahrscheinlichkeit hat Finn zwei gleichfarbige Socken an?

201 In jedem 7. Überraschungsei steckt eine Figur.
Sarah kauft für jedes ihrer 3 Kinder ein Überraschungsei.
Berechne die Wahrscheinlichkeit dafür, dass keines (eines, zwei, drei) der Überraschungseier eine Figur enthält.
Hinweis: Aufgrund der großen Menge an Überraschungseiern, die es gibt, kannst du hier von *Ziehen mit Zurücklegen* ausgehen.

202 In einer Tüte sind 4 orange, 3 rote, 2 gelbe und 1 weißes Gummibärchen. Leon entnimmt der Tüte nacheinander 2 Gummibärchen und isst sie.

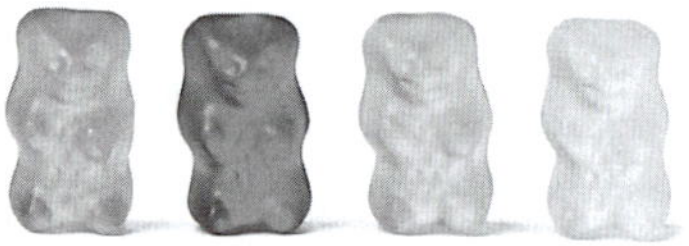

a) Wie viele mögliche Farbkombinationen gibt es für die beiden Gummibärchen, die Leon isst?
b) Berechne die Wahrscheinlichkeit dafür, dass Leon zuerst ein gelbes und dann ein rotes Bärchen erwischt.
c) Mit welcher Wahrscheinlichkeit isst Leon ein gelbes und ein rotes Bärchen?
d) Berechne die Wahrscheinlichkeit dafür, dass er zwei gleichfarbige Bärchen isst.
e) Gib die Wahrscheinlichkeit dafür an, dass er mindestens ein oranges isst.

203 Ein Kurztest zum Ankreuzen besteht aus 5 Fragen mit je 4 Antwortmöglichkeiten, von denen immer nur eine richtig ist. Der Test gilt als bestanden, wenn mehr als die Hälfte der Aufgaben richtig angekreuzt wurde. Max hat vergessen zu lernen und hat dementsprechend von dem Thema gar keine Ahnung. Also muss er raten.

a) Mit welcher Wahrscheinlichkeit kreuzt Max mindestens 1 Frage falsch an?
b) Mit welcher Wahrscheinlichkeit besteht Max den Kurztest?

204 Aus den nebenstehend abgebildeten vier Ziffernkärtchen soll, ohne hinzusehen, eine dreistellige Zahl gelegt werden.

a) Wie viele verschiedene dreistellige Zahlen können gelegt werden?
b) Wie groß ist die Wahrscheinlichkeit dafür, dass die 123 gelegt wird?
c) Mit welcher Wahrscheinlichkeit enthält die dreistellige Zahl nicht die Ziffer 2?
d) Berechne die Wahrscheinlichkeit dafür, dass die gelegte Zahl durch 4 teilbar ist.

Lösungen

1 a) Produktmenge:
$M_1 \times M_2 = \{(0|0); (0|1); (0|2); (1|0); (1|1); (1|2); (2|0); (2|1); (2|2)\}$
Mächtigkeit: $3 \cdot 3 = 9$

b) Produktmenge:
$M_1 \times M_2 = \{(6|♣); (6|♦); (6|♥); (6|♠); (7|♣); (7|♦); (7|♥); (7|♠);$
$(8|♣); (8|♦); (8|♥); (8|♠); (9|♣); (9|♦); (9|♥); (9|♠);$
$(10|♣); (10|♦); (10|♥); (10|♠); (B|♣); (B|♦); (B|♥); (B|♠);$
$(D|♣); (D|♦); (D|♥); (D|♠); (K|♣); (K|♦); (K|♥); (K|♠);$
$(A|♣); (A|♦); (A|♥); (A|♠)\}$
Mächtigkeit: $9 \cdot 4 = 36$

c) Produktmenge:
$M_1 \times M_2 = \{$(Aufgabe 1 | richtig); (Aufgabe 1 | falsch); (Aufgabe 2 | richtig); (Aufgabe 2 | falsch); (Aufgabe 3 | richtig); (Aufgabe 3 | falsch)$\}$
Mächtigkeit: $3 \cdot 2 = 6$

2 a) $M_1 = \{-1; 0; 1\}$ — Alle Werte, die an der 1. Position vorkommen.
$M_2 = \{0; 1\}$ — Alle Werte, die an der 2. Position vorkommen.

b) $M_1 = \{x \in \mathbb{Q} \mid -5 \leqq x \leqq 1{,}2\} = [-5; 1{,}2]_{\mathbb{Q}}$
$M_2 = \{x \in \mathbb{Q} \mid -7 \leqq y \leqq 2{,}4\} = [-7; 2{,}4]_{\mathbb{Q}}$

c) Produktmenge:
Stelle zunächst die Produktmenge auf.
$M_1 \times M_2 = \{(x \mid y) \in \mathbb{Q} \times \mathbb{Q} \mid -3 \leqq x \leqq 4 \wedge -2 \leqq y \leqq 1\}$
Damit gilt:
$M_1 = \{x \in \mathbb{Q} \mid -3 \leqq x \leqq 4\} = [-3; 4]_{\mathbb{Q}}$
$M_2 = \{x \in \mathbb{Q} \mid -2 \leqq y \leqq 1\} = [-2; 1]_{\mathbb{Q}}$

3 a) Grafische Darstellung:

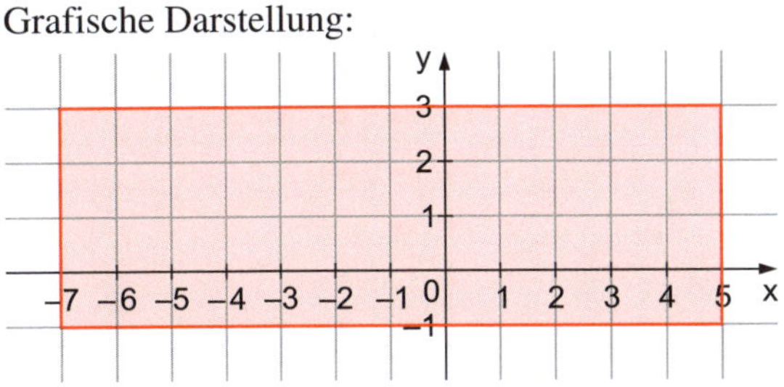

Markiere im Koordinatensystem alle Punkte, für die gilt:
- Die x-Koordinate ist aus $\mathbb{Q}$ und liegt zwischen –7 und 5.
- Die y-Koordinate ist aus $\mathbb{Q}$ und liegt zwischen –1 und 3.

Dies trifft auf alle Punkte zu, die im rot schraffierten Rechteck und auf den Begrenzungslinien liegen.

b) Grafische Darstellung:

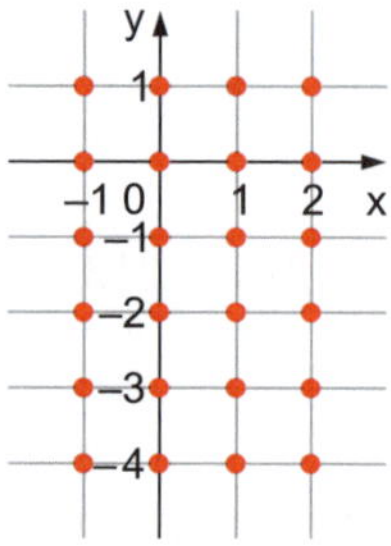

Produktmenge in aufzählender Form:

$M_1 = \{-1; 0; 1; 2\}$

$M_2 = [-4; 1]_{\mathbb{Z}} = \{-4; -3; -2; -1; 0; 1\}$

$M_1 \times M_2 = \{(-1|-4); (-1|-3); (-1|-2); (-1|-1); (-1|0); (-1|1); (0|-4); (0|-3); (0|-2); (0|-1); (0|0); (0|1); (1|-4); (1|-3); (1|-2); (1|-1); (1|0); (1|1); (2|-4); (2|-3); (2|-2); (2|-1); (2|0); (2|1)\}$

c) Grafische Darstellung:

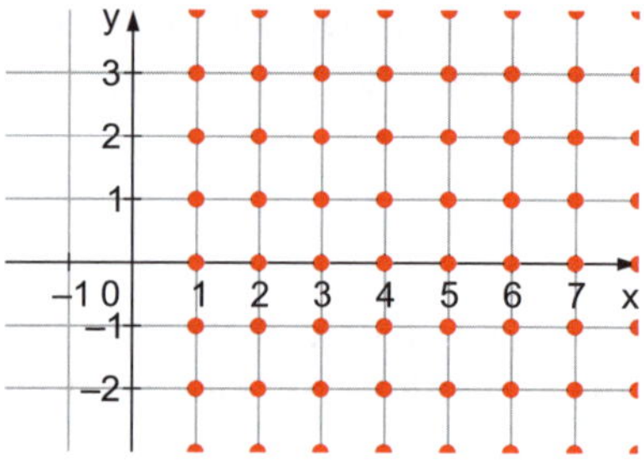

Produktmenge in beschreibender Form:

$M_1 = \mathbb{N}$

$M_2 = \mathbb{Z}$

$M_1 \times M_2 = \{(x | y) | x \in \mathbb{N} \wedge y \in \mathbb{Z}\}$

Hinweis: Die Produktmenge enthält unendlich viele Elemente und kann deshalb nicht vollständig dargestellt werden.

4 a) Zuordnung in aufzählender Form:
R = {(1 | 4); (2 | 2); (4 | 1)}

Gehe systematisch vor:
Wähle der Reihe nach x = 0, x = 1 etc. und prüfe, für welche y-Werte aus M x · y = 4 gilt.

Pfeildiagramm:

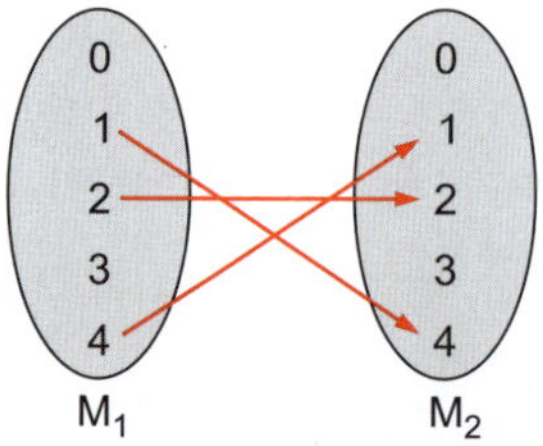

Koordinatensystem:

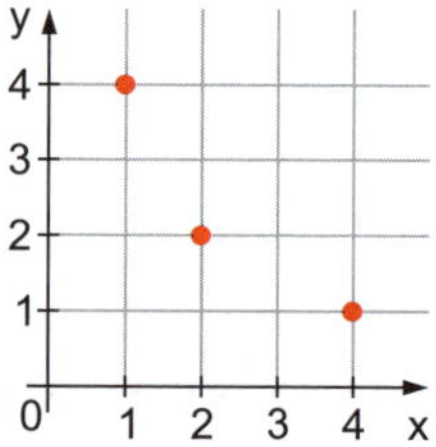

b) Zuordnung in aufzählender Form:
R = {(0 | 1); (0 | 2); (0 | 3); (0 | 4); (1 | 2); (1 | 3); (1 | 4); (2 | 3); (2 | 4); (3 | 4)}

Pfeildiagramm:

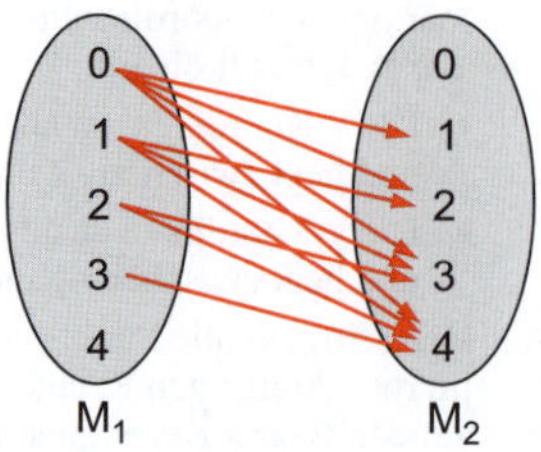

Koordinatensystem:

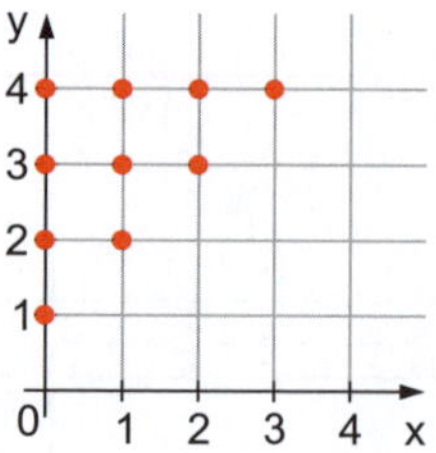

5 a) R_1 in aufzählender Form:

R_1 = {(Bern | Schweiz);
(Zürich | Schweiz);
(Hamburg | Deutschland);
(München | Deutschland);
(Salzburg | Österreich);
(Berlin | Deutschland);
(Wien | Österreich)}

Pfeildiagramm für R_1:

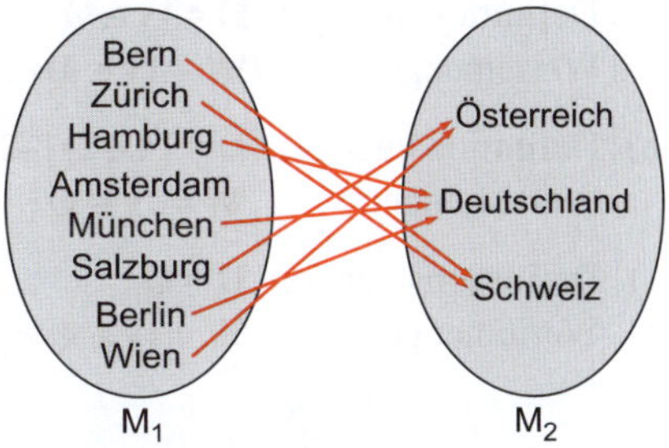

b) R_2 in aufzählender Form:

R_2 = {(Bern | Schweiz);
(Berlin | Deutschland);
(Wien | Österreich)}

Pfeildiagramm für R_2:

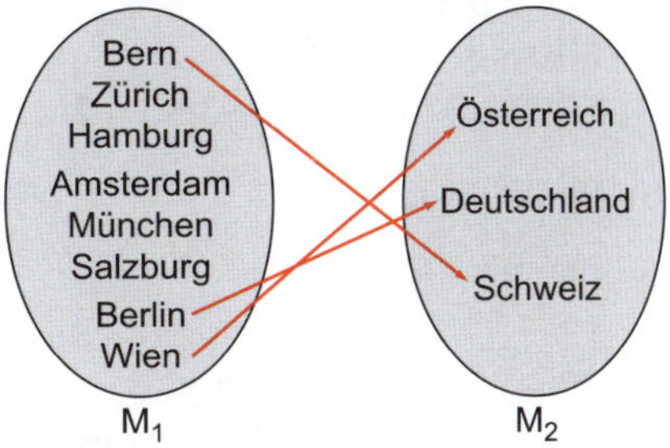

6 a) Zuordnung in aufzählender Form:
R = {(1 | 4); (2 | 2); (4 | 1)}

Definitionsmenge: **$\mathbb{D}$ = {1; 2; 4}** Alle Werte in der 1. Komponente von R.

Wertemenge: **$\mathbb{W}$ = {1; 2; 4}** Alle Werte in der 2. Komponente von R.

b) Zuordnung in aufzählender Form:
R = {(0 | 1); (0 | 2); (0 | 3); (0 | 4); (1 | 2);
(1 | 3); (1 | 4); (2 | 3); (2 | 4); (3 | 4)}

Definitionsmenge: **$\mathbb{D}$ = {0; 1; 2; 3}** Alle Werte in der 1. Komponente von R.

Wertemenge: **$\mathbb{W}$ = {1; 2; 3; 4}** Alle Werte in der 2. Komponente von R.

7 a) Definitionsmenge von R_1: Betrachte dazu die Lösung von Aufgabe 5a.

$\mathbb{D}$ = {Bern; Zürich; Hamburg; München; Salzburg; Berlin; Wien}

Wertemenge von R_1:

$\mathbb{W}$ = {Österreich; Deutschland; Schweiz}

b) Definitionsmenge von R_2: Betrachte dazu die Lösung von Aufgabe 5b.

$\mathbb{D}$ = {Bern; Berlin; Wien}

Wertemenge von R_2:

$\mathbb{W}$ = {Österreich; Deutschland; Schweiz}

8 *Hinweis:* Entnimm jeweils der Zeichnung, welche x- bzw. y-Koordinaten die Punkte haben können.

a) Definitionsmenge: $\mathbb{D} = \{x \in \mathbb{Q} \mid 1 \leqq x \leqq 4\}$
Wertemenge: $\mathbb{W} = \{y \in \mathbb{Q} \mid 1 \leqq y \leqq 3\}$

b) Definitionsmenge: $\mathbb{D} = \{x \in \mathbb{Q} \mid -2 \leqq x \leqq 2\}$
Wertemenge: $\mathbb{W} = \{y \in \mathbb{Q} \mid -3 \leqq y \leqq 1\}$

c) Definitionsmenge: $\mathbb{D} = \mathbb{Q}$
Wertemenge: $\mathbb{W} = \{y \in \mathbb{Q} \mid y \geqq 0{,}5\}$

9 a) Funktionsterm: $3x + 5$

Funktionswerte:
$f(0) = 3 \cdot 0 + 5 = 5$
$f(-1) = 3 \cdot (-1) + 5 = -3 + 5 = 2$

Setze x = 0 bzw. x = –1 in den Funktionsterm ein.

b) Funktionsterm:

$$
\begin{aligned}
& 4x + 2y = 8 && \mid -4x \\
\Leftrightarrow\ & 2y = -4x + 8 && \mid :2 \\
\Leftrightarrow\ & y = -2x + 4
\end{aligned}
$$

Löse die gegebene Funktionsgleichung nach y auf, um den Funktionsterm zu bestimmen.

Der Funktionsterm lautet somit: $-2x + 4$

Funktionswerte:
$f(0) = -2 \cdot 0 + 4 = 4$
$f(-1) = -2 \cdot (-1) + 4 = 2 + 4 = 6$

Du könntest x = 0 bzw. x = –1 auch in die gegebene Funktionsgleichung einsetzen. Dann müsstest du die entstehende Gleichung aber noch nach y auflösen.

c) Funktionsterm:

$$
\begin{aligned}
& 1{,}25x + 5y = 12 && \mid -1{,}25x \\
\Leftrightarrow\ & 5y = -1{,}25x + 12 && \mid :5 \\
\Leftrightarrow\ & y = -0{,}25x + 2{,}4
\end{aligned}
$$

Der Funktionsterm lautet somit: $-0{,}25x + 2{,}4$

Funktionswerte:
$f(0) = -0{,}25 \cdot 0 + 2{,}4 = 2{,}4$
$f(-1) = -0{,}25 \cdot (-1) + 2{,}4 = 0{,}25 + 2{,}4 = 2{,}65$

d) Funktionsterm:

$$
\begin{aligned}
& \frac{2}{3}x - \frac{1}{6}y = \frac{3}{8} && \Big| -\frac{2}{3}x \\
\Leftrightarrow\ & -\frac{1}{6}y = -\frac{2}{3}x + \frac{3}{8} && \Big| \cdot(-6) \\
\Leftrightarrow\ & y = 4x - 2{,}25
\end{aligned}
$$

Der Funktionsterm lautet somit: $4x - 2{,}25$

Funktionswerte:
$f(0) = 4 \cdot 0 - 2{,}25 = \mathbf{2{,}25}$
$f(-1) = 4 \cdot (-1) - 2{,}25 = -4 - 2{,}25 = \mathbf{-6{,}25}$

10

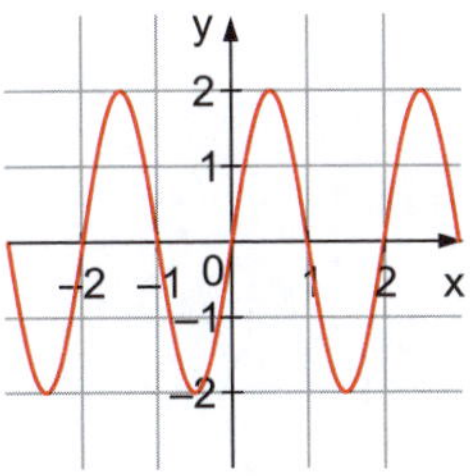

☒ Funktion
☐ keine Funktion

Begründung:
Jedem x-Wert wird genau ein y-Wert zugeordnet.

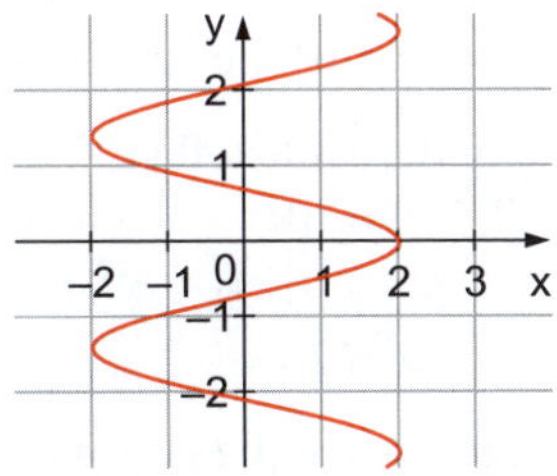

☐ Funktion
☒ keine Funktion

Begründung:
Es gibt x-Werte, denen mehrere y-Werte zugeordnet werden, z. B. x = −2.

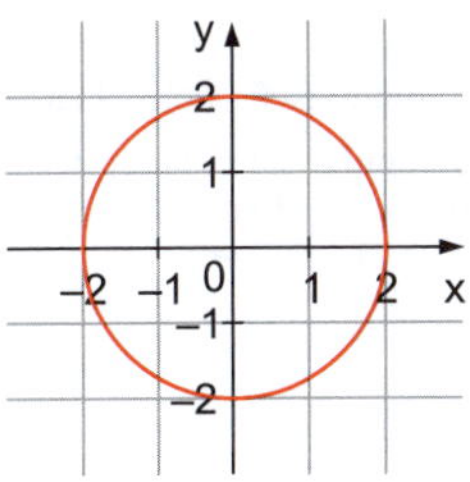

☐ Funktion
☒ keine Funktion

Begründung:
Es gibt x-Werte, denen mehrere y-Werte zugeordnet werden, z. B. x = 0.

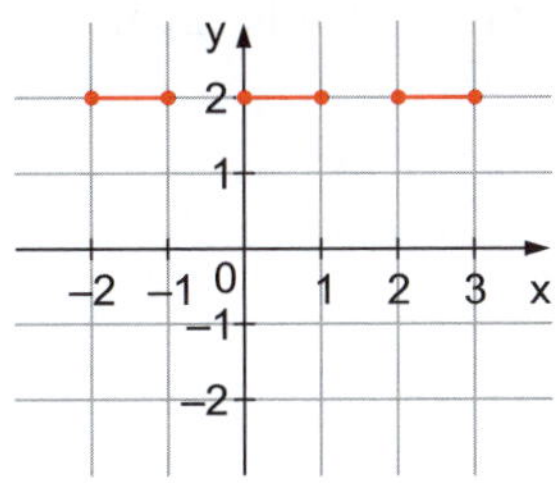

☒ Funktion
☐ keine Funktion

Begründung:
Jedem x-Wert wird genau ein y-Wert zugeordnet.

11 a) $R_1 = \{(0|0); (3|1); (0|3); (5|2); (1|3)\}$ ist **keine Funktion**, da der x-Wert 0 zweimal auftritt.

b) $R_2 = \{(-2{,}78|5{,}34)\}$ ist **eine Funktion**, da alle x-Werte verschieden sind.

c) $R_3 = \{(x|y) \in \mathbb{Q} \times \mathbb{Q} \mid y = |x|\}$ ist **eine Funktion**, da jedem x genau ein Betrag zugeordnet ist, z. B. $|5| = 5$, $|-3| = 3$.

d) $R_4 = \{(x|y) \in \mathbb{Q} \times \mathbb{Q} \mid y \leqq x\}$ ist **keine Funktion**, da jedem x-Wert unendlich viele y-Werte zugeordnet werden. Für jedes x gibt es unendlich viele y-Werte, die kleiner oder gleich x sind.
Für $x = 5$ gilt z. B.: $5 \leqq 5$ und $4 \leqq 5$ und $-1{,}285 \leqq 5$ und $\frac{13}{199} \leqq 5$ etc.

12 a) Berechnung der Nullstellen:

$$\mathbf{0} = 2x + 8 \quad |-8$$
$$\Leftrightarrow \quad -8 = 2x \quad |:2$$
$$\Leftrightarrow \quad x = -4$$

Setze y = 0 ein und löse die Gleichung nach x auf.

Die (einzige) Nullstelle ist $\mathbf{x = -4}$.

b) Berechnung der Nullstellen:

$$5x - 7{,}2 \cdot \mathbf{0} = 10$$
$$\Leftrightarrow \quad 5x = 10 \quad |:5$$
$$\Leftrightarrow \quad x = 2$$

Die (einzige) Nullstelle ist $\mathbf{x = 2}$.

c) Berechnung der Nullstellen:

$\mathbf{0} = -2$ ↯

Es ergibt sich eine falsche Aussage, d. h., die Gleichung ist nicht lösbar. Somit hat die Funktion **keine Nullstellen**.

d) Berechnung der Nullstellen:

$$\mathbf{0} = x^2 - 1$$
$$\Leftrightarrow \quad 0 = (x+1) \cdot (x-1)$$
$$\Leftrightarrow \quad x = -1 \vee x = 1$$

Wende die 3. binomische Formel an.

Ein Produkt ist null, wenn mindestens einer der Faktoren null ist.
Hinweis: „∨“ bedeutet „oder“.

oder

$$\mathbf{0} = x^2 - 1 \quad |+1$$
$$\Leftrightarrow \quad 1 = x^2 \quad |\sqrt{}$$
$$\Rightarrow \quad x = -1 \vee x = 1$$

Es gilt: $(-1)^2 = 1$ und $1^2 = 1$

Die Nullstellen sind $\mathbf{x_1 = -1}$ und $\mathbf{x_2 = 1}$.

13 a) Berechnung des Proportionalitätsfaktors:

$$m = \frac{y}{x} = \frac{3}{2} = 1{,}5$$

Funktionsgleichung: $\mathbf{y = 1{,}5 \cdot x}$

Auflösen nach x liefert:

$$y = 1{,}5 \cdot x \quad |:1{,}5$$
$$\Leftrightarrow \quad x = \frac{y}{1{,}5}$$

Ausgefüllte Wertetabelle:

x	0	1	2	**3**	**4**
y	**0**	**1,5**	3	4,5	6

Grafische Darstellung:

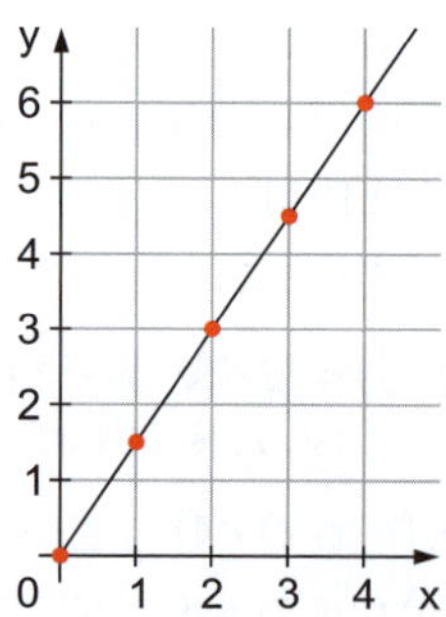

b) Berechnung des Proportionalitätsfaktors:

$m = \frac{y}{x} = \frac{2}{5} = 0,4$

Funktionsgleichung: **$y = 0,4 \cdot x$**

Auflösen nach x liefert:

$y = 0,4 \cdot x \quad |:0,4$

$\Leftrightarrow \quad x = \frac{y}{0,4}$

Ausgefüllte Wertetabelle:

x	0	1	**1,25**	**3**	5	6	**7,5**
y	**0**	**0,4**	0,5	1,2	2	**2,4**	3

Grafische Darstellung:

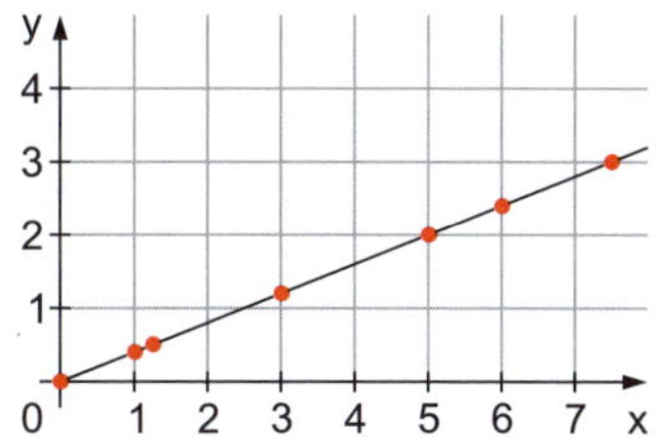

14 a) Umformen auf Normalform:

$2y = 4x + 8 \quad |:2$

$\Leftrightarrow \quad$ **$y = 2x + 4$**

Steigung **$m = 2$**; y-Achsenabschnitt **$t = 4$**

Löse die Gleichung nach y auf und lies m und t ab.

b) Umformen auf Normalform:

$3x = 6y - 6 \quad |+6$

$\Leftrightarrow \quad 3x + 6 = 6y \quad |:6$

$\Leftrightarrow \quad$ **$y = 0,5x + 1$**

Steigung **$m = 0,5$**; y-Achsenabschnitt **$t = 1$**

c) Umformen auf Normalform:

$3x - y + 3,8 = 0 \quad |+y$

$\Leftrightarrow \quad$ **$y = 3x + 3,8$**

Steigung **$m = 3$**; y-Achsenabschnitt **$t = 3,8$**

d) Umformen auf Normalform:

$5,1x = 3y + 3,75 \quad |-3,75$

$\Leftrightarrow \quad 5,1x - 3,75 = 3y \quad |:3$

$\Leftrightarrow \quad$ **$y = 1,7x - 1,25$**

Steigung **$m = 1,7$**; y-Achsenabschnitt **$t = -1,25$**

15 a) A(−2|−1) einsetzen in y = 2x − 3:

$-1 \stackrel{?}{=} 2 \cdot (-2) - 3$

$\Leftrightarrow \quad -1 \stackrel{?}{=} -4 - 3$

$\Leftrightarrow \quad -1 = -7 \quad$ (falsch)

$\Rightarrow \quad$ **$A \notin g$**

B(2|1) einsetzen in y = 2x − 3:

$1 \stackrel{?}{=} 2 \cdot 2 - 3$

$\Leftrightarrow \quad 1 \stackrel{?}{=} 4 - 3$

$\Leftrightarrow \quad 1 = 1 \quad$ (wahr)

$\Rightarrow \quad$ **$B \in g$**

b) A(9 | 0,8) einsetzen in y = 0,4x − 2,8:

$$0{,}8 \overset{?}{=} 0{,}4 \cdot 9 - 2{,}8$$
$$\Leftrightarrow\ 0{,}8 \overset{?}{=} 3{,}6 - 2{,}8$$
$$\Leftrightarrow\ 0{,}8 = 0{,}8 \quad \text{(wahr)}$$
$$\Rightarrow\ \mathbf{A \in g}$$

B(−3 | 6) einsetzen in y = 0,4x − 2,8:

$$6 \overset{?}{=} 0{,}4 \cdot (-3) - 2{,}8$$
$$\Leftrightarrow\ 6 \overset{?}{=} -1{,}2 - 2{,}8$$
$$\Leftrightarrow\ 6 = -4 \quad \text{(falsch)}$$
$$\Rightarrow\ \mathbf{B \notin g}$$

16 a) Ablesen der Steigung:

$$m = \frac{\Delta y}{\Delta x} = \frac{1}{1} = \mathbf{1}$$

Punkte der Geraden: A(0 | 0); B(1 | 1)

Steigungsvektor:

$$\overrightarrow{AB} = \begin{pmatrix} x_B - x_A \\ y_B - y_A \end{pmatrix} = \begin{pmatrix} 1-0 \\ 1-0 \end{pmatrix} = \begin{pmatrix} \mathbf{1} \\ \mathbf{1} \end{pmatrix}$$

Zeichne dafür ein Steigungsdreieck und zwei Punkte der Geraden ein:

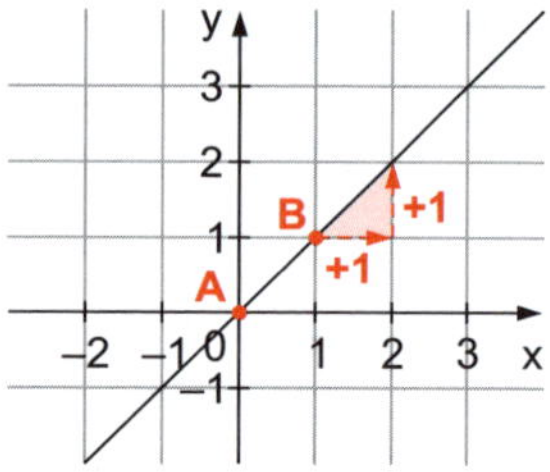

Hinweis: Wählst du andere Punkte, erhältst du ein Vielfaches dieses Steigungsvektors.

b) Ablesen der Steigung:

$$m = \frac{\Delta y}{\Delta x} = \frac{-2}{1} = \mathbf{-2}$$

Punkte der Geraden: A(−1 | 2); B(0 | 0)

Steigungsvektor:

$$\overrightarrow{AB} = \begin{pmatrix} x_B - x_A \\ y_B - y_A \end{pmatrix} = \begin{pmatrix} 0-(-1) \\ 0-2 \end{pmatrix} = \begin{pmatrix} \mathbf{1} \\ \mathbf{-2} \end{pmatrix}$$

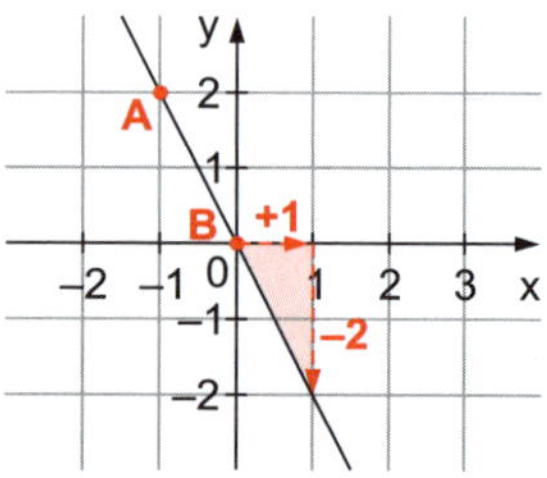

Hinweis: Wählst du andere Punkte, erhältst du ein Vielfaches dieses Steigungsvektors.

17 a) Über die Punkte:

$$m = \frac{y_B - y_A}{x_B - x_A} = \frac{3-1}{6-4} = \frac{2}{2} = \mathbf{1}$$

oder

Über den Steigungsvektor:

$$\overrightarrow{AB} = \begin{pmatrix} x_B - x_A \\ y_B - y_A \end{pmatrix} = \begin{pmatrix} 6-4 \\ 3-1 \end{pmatrix} = \begin{pmatrix} 2 \\ 2 \end{pmatrix}$$
$$\Rightarrow\ m = \frac{2}{2} = \mathbf{1}$$

b) Über die Punkte:

$$m = \frac{-4{,}5-(-2{,}5)}{4-0} = \frac{-2}{4} = \mathbf{-0{,}5}$$

oder

Über den Steigungsvektor:

$$\overrightarrow{AB} = \begin{pmatrix} 4-0 \\ -4{,}5-(-2{,}5) \end{pmatrix} = \begin{pmatrix} 4 \\ -2 \end{pmatrix}$$
$$\Rightarrow\ m = \frac{-2}{4} = \mathbf{-0{,}5}$$

c) Über die Punkte:

$$m = \frac{1,25 - 2,75}{-1,25 - (-2)} = \frac{-1,5}{0,75} = \mathbf{-2}$$

oder

Über den Steigungsvektor:

$$\overrightarrow{AB} = \begin{pmatrix} -1,25 - (-2) \\ 1,25 - 2,75 \end{pmatrix} = \begin{pmatrix} 0,75 \\ -1,5 \end{pmatrix}$$

$$\Rightarrow \quad m = \frac{-1,5}{0,75} = \mathbf{-2}$$

d) Über die Punkte:

$$m = \frac{-3,9 - (-2,7)}{1,5 - (-1,3)} = \frac{-1,2}{2,8} = \mathbf{-\frac{3}{7}}$$

oder

Über den Steigungsvektor:

$$\overrightarrow{AB} = \begin{pmatrix} 1,5 - (-1,3) \\ -3,9 - (-2,7) \end{pmatrix} = \begin{pmatrix} 2,8 \\ -1,2 \end{pmatrix}$$

$$\Rightarrow \quad m = \frac{-1,2}{2,8} = \mathbf{-\frac{3}{7}}$$

18 a) Grafische Darstellung:

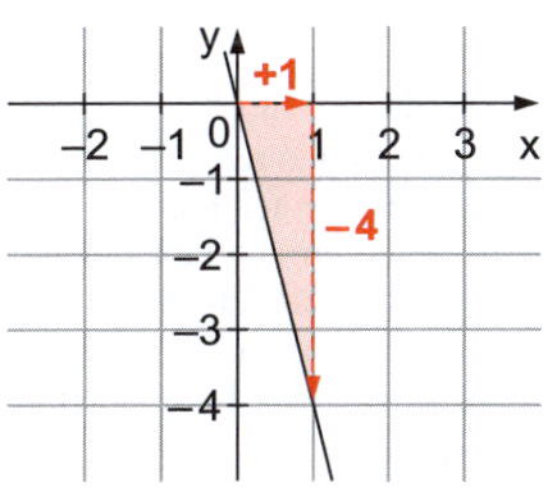

Die Funktionsgleichung lautet: $y = -4x$

Wandle die Steigung in einen Bruch um:

$m = -4 = \frac{-4}{1}$ $\left(\textit{alternativ:}\ m = -4 = \frac{4}{-1}\right)$

Gehe also vom Ursprung aus 1 Einheit nach rechts und 4 Einheiten nach unten.

(*Alternativ:* Gehe vom Ursprung aus 1 Einheit nach links und 4 Einheiten nach oben.)

b) Grafische Darstellung:

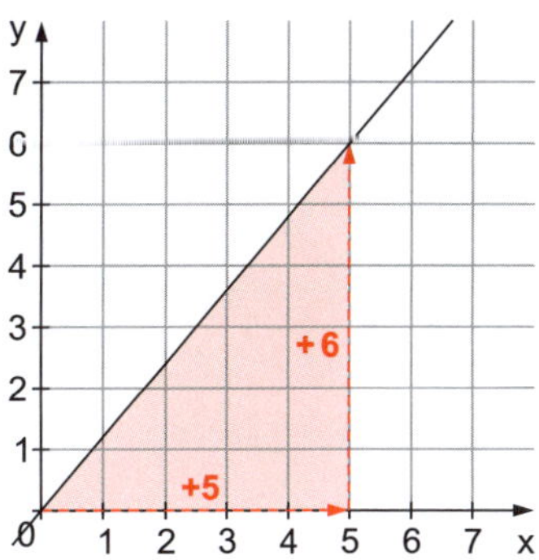

Die Funktionsgleichung lautet: $y = 1{,}2x$

Wandle die Steigung in einen Bruch um:

$m = 1,2 = \frac{12}{10} = \frac{6}{5}$

Gehe also vom Ursprung aus 5 Einheiten nach rechts und 6 Einheiten nach oben.

c) Umformen auf Normalform:

$$\begin{aligned} & 2x + 3y = 0 && | -2x \\ \Leftrightarrow \quad & 3y = -2x && | :3 \\ \Leftrightarrow \quad & y = -\frac{2}{3}x \end{aligned}$$

Bringe die Funktionsgleichung zunächst auf Normalform, um die Steigung ablesen zu können.

Grafische Darstellung:

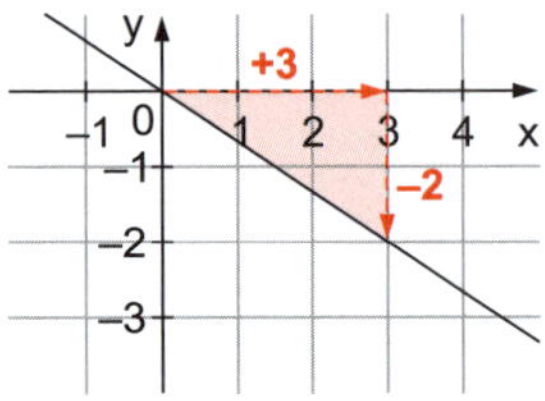

Gehe also vom Ursprung aus 3 Einheiten nach rechts und 2 Einheiten nach unten.

(*Alternativ:* Gehe vom Ursprung aus 3 Einheiten nach links und 2 Einheiten nach oben.)

d) Grafische Darstellung:

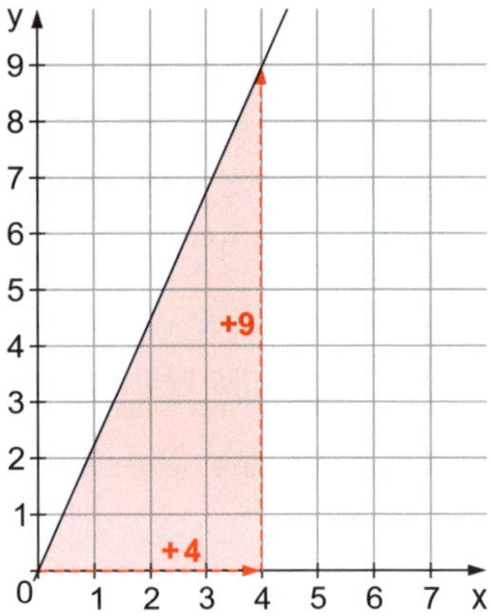

Die Funktionsgleichung lautet: $y = 2{,}25x$

Wandle die Steigung in einen Bruch um:

$m = 2{,}25 = \frac{225}{100} = \frac{9}{4}$

Gehe also vom Ursprung aus 4 Einheiten nach rechts und 9 Einheiten nach oben.

Hinweis: Damit das Koordinatensystem nicht so groß wird, kannst du auch, statt um ganze Einheiten nach rechts (4) und oben (9) zu gehen, um halbe Einheiten nach rechts (2) und oben (4,5) gehen. Da man meistens als Einheit 1 cm = 2 Kästchen wählt, wären das 2 Kästchen nach rechts und 4,5 Kästchen nach oben.

19 a) Ablesen der Steigung:

$m = \frac{\Delta y}{\Delta x} = \frac{5}{4} = \mathbf{1{,}25}$

Damit lautet die Funktionsgleichung:

$\mathbf{y = 1{,}25x}$

Zeichne ein Steigungsdreieck ein:

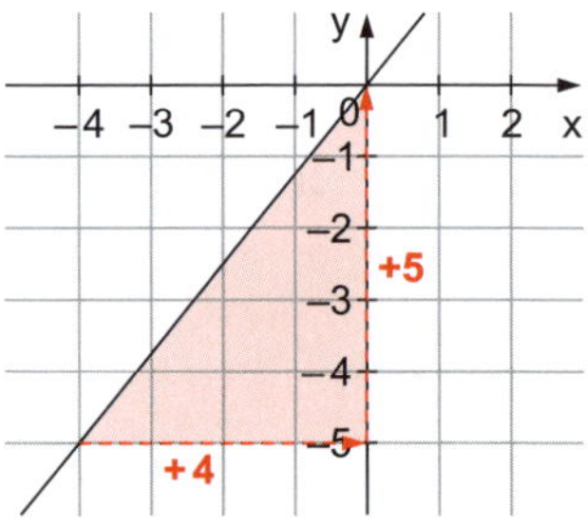

b) Ablesen der Steigung:

$m = \frac{\Delta y}{\Delta x} = \frac{-2}{3} = -\frac{2}{3}$

Damit lautet die Funktionsgleichung:

$\mathbf{y = -\frac{2}{3}x}$

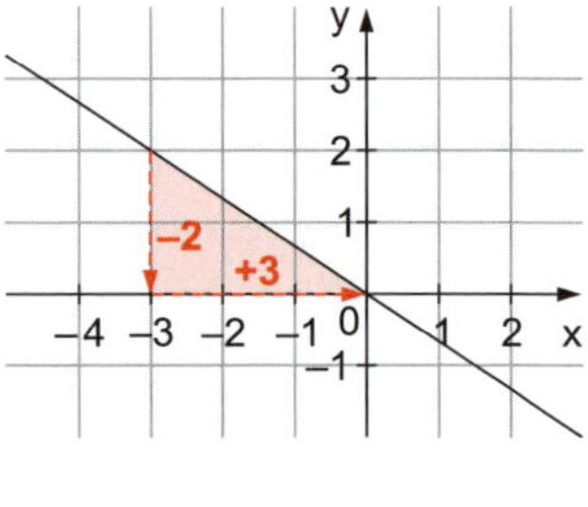

20 a) Grafische Darstellung:

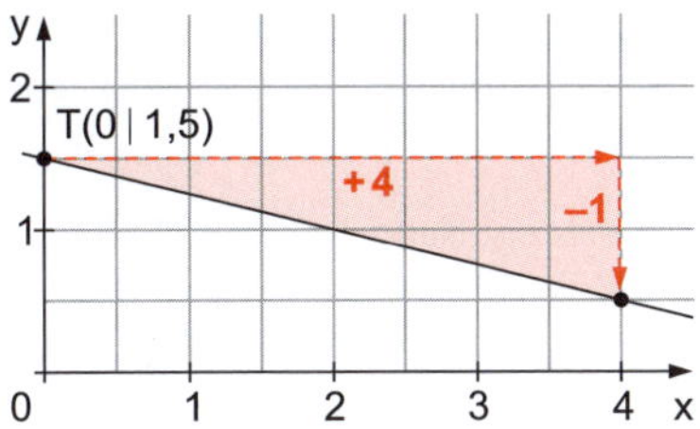

Die Funktionsgleichung lautet:
$y = -0{,}25x + 1{,}5$

Der y-Achsenabschnitt ist $t = 1{,}5$.

Wandle die Steigung in einen Bruch um:

$m = -0{,}25 = \frac{-1}{4}$

Gehe also vom Punkt T(0 | 1,5) aus 4 Einheiten nach rechts und 1 Einheit nach unten.

b) Grafische Darstellung:

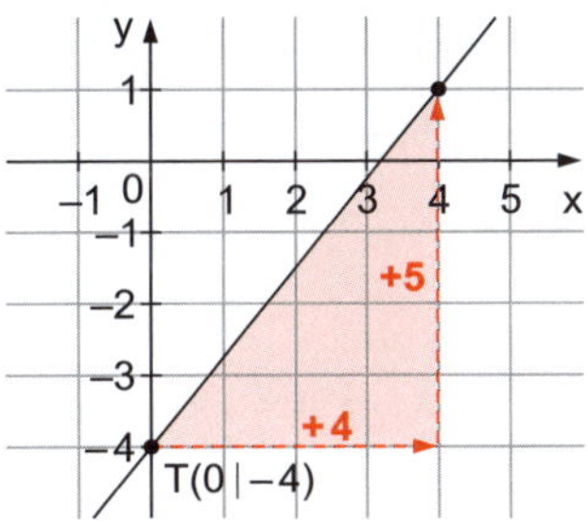

Die Funktionsgleichung lautet:
$y = 1{,}25x - 4$

Der y-Achsenabschnitt ist $t = -4$.

Wandle die Steigung in einen Bruch um:

$m = 1{,}25 = \frac{5}{4}$

Gehe also vom Punkt T(0 | –4) aus 4 Einheiten nach rechts und 5 Einheiten nach oben.

21 a) Ablesen des y-Achsenabschnitts:
$t = \mathbf{2}$

Ablesen der Steigung:

$$m = \frac{\Delta y}{\Delta x} = \frac{-1{,}5}{1} = \mathbf{-1{,}5}$$

Damit lautet die Funktionsgleichung:
$\mathbf{y = -1{,}5x + 2}$

Zeichne ein Steigungsdreieck ein:

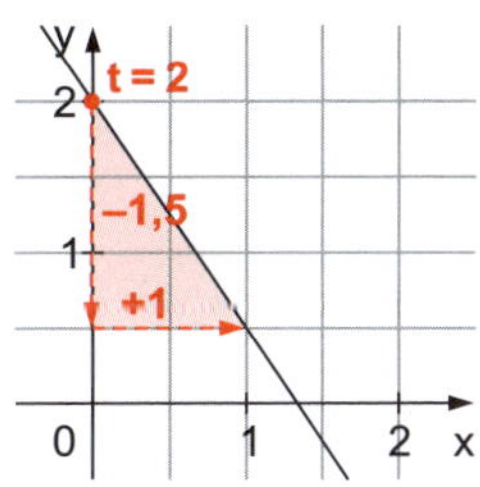

b) Ablesen des y-Achsenabschnitts:
$t = \mathbf{-2{,}5}$

Ablesen der Steigung:

$$m = \frac{\Delta y}{\Delta x} = \frac{1}{1} = \mathbf{1}$$

Damit lautet die Funktionsgleichung:
$\mathbf{y = x - 2{,}5}$

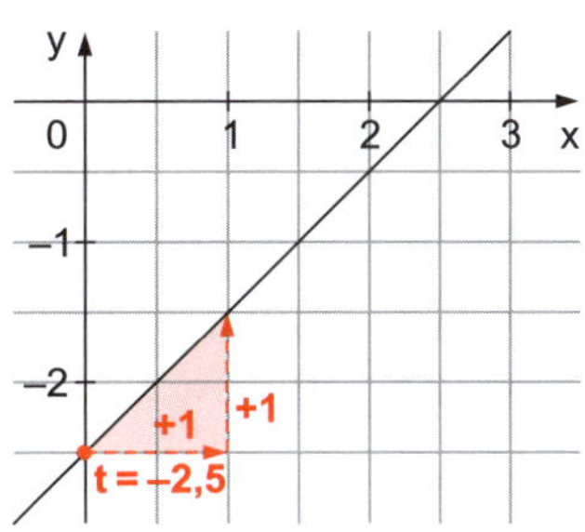

22 a) Schnittpunkt S_y mit der y-Achse:
$\mathbf{S_y(0 | 4)}$

Lies dazu den y-Achsenabschnitt ab:
$y = 2x + \mathbf{4}$

Schnittpunkt S_x mit der x-Achse:
Berechne zunächst die Nullstelle:

$$0 = 2x + 4 \quad |-2x$$
$$\Leftrightarrow \quad -2x = 4 \quad |:(-2)$$
$$\Leftrightarrow \quad x = -2$$

Setze y = 0 und löse die Gleichung nach x auf.

Die einzige Nullstelle ist x = –2.

Schnittpunkt mit der x-Achse: $\mathbf{S_x(-2\,|\,0)}$

b) Schnittpunkt S_y mit der y-Achse:
Berechne zunächst den y-Achsenabschnitt:

$$5y + 3 \cdot 0 = 6$$
$$\Leftrightarrow \quad 5y = 6 \quad |:5$$
$$\Leftrightarrow \quad y = 1{,}2$$

Setze x = 0 und löse nach y auf.
Alternativ könntest du die Funktionsgleichung auch auf Normalform bringen und den y-Achsenabschnitt ablesen.

Schnittpunkt mit der y-Achse: $\mathbf{S_y(0\,|\,1{,}2)}$

Schnittpunkt S_x mit der x-Achse:
Berechne zunächst die Nullstelle:

$$5 \cdot 0 + 3x = 6$$
$$\Leftrightarrow \quad 3x = 6 \quad |:3$$
$$\Leftrightarrow \quad x = 2$$

Setze y = 0 und löse die Gleichung nach x auf.

Die einzige Nullstelle ist x = 2.

Schnittpunkt mit der x-Achse: $\mathbf{S_x(2\,|\,0)}$

23 a) $A(2\,|\,y_A)$ einsetzen in $y = -4x + 1{,}5$:

$$y_A = -4 \cdot 2 + 1{,}5$$
$$\Leftrightarrow \quad y_A = -8 + 1{,}5$$
$$\Leftrightarrow \quad y_A = -6{,}5$$
$$\Rightarrow \quad A(2\,|\,\mathbf{-6{,}5})$$

$B(x_B\,|\,9{,}5)$ einsetzen in $y = -4x + 1{,}5$:

$$9{,}5 = -4 \cdot x_B + 1{,}5 \quad |-1{,}5$$
$$\Leftrightarrow \quad 8 = -4 \cdot x_B \quad |:(-4)$$
$$\Leftrightarrow \quad x_B = -2$$
$$\Rightarrow \quad B(\mathbf{-2}\,|\,9{,}5)$$

b) *Hinweis:* Für die Berechnung musst du die Funktion **nicht** auf Normalform bringen.

$A(-2{,}5\,|\,y_A)$ einsetzen in $2x - 5y = 10$:

$$2 \cdot (-2{,}5) - 5 \cdot y_A = 10$$
$$\Leftrightarrow \quad -5 - 5 \cdot y_A = 10 \quad |+5$$
$$\Leftrightarrow \quad -5y_A = 15 \quad |:(-5)$$
$$\Leftrightarrow \quad y_A = -3$$
$$\Rightarrow \quad A(-2{,}5\,|\,\mathbf{-3})$$

$B(x_B\,|\,4)$ einsetzen in $2x - 5y = 10$:

$$2 \cdot x_B - 5 \cdot 4 = 10$$
$$\Leftrightarrow \quad 2 \cdot x_B - 20 = 10 \quad |+20$$
$$\Leftrightarrow \quad 2 \cdot x_B = 30 \quad |:2$$
$$\Leftrightarrow \quad x_B = 15$$
$$\Rightarrow \quad B(\mathbf{15}\,|\,4)$$

24 Umformen auf Normalform:

$$-9x + 2y + 18 = 0 \quad |+9x - 18$$
$$\Leftrightarrow \quad 2y = 9x - 18 \quad |:2$$
$$\Leftrightarrow \quad y = 4{,}5x \mathbf{- 9}$$

Da der y-Achsenabschnitt t = –9 ist, wurde g um –9 nach unten verschoben.

Verschiebungsvektor:

$\vec{v} = \begin{pmatrix} 0 \\ -9 \end{pmatrix}$

Den Verschiebungsvektor erhältst du aus t:

$\vec{v} = \begin{pmatrix} 0 \\ t \end{pmatrix}$

Gleichung der Ursprungsgeraden g:

$y = 4{,}5x - 9 + 9$

$\mathbf{y = 4{,}5x}$

Da die Ursprungsgerade um –9 nach unten verschoben wurde, musst du die Gerade um +9 nach oben schieben.

25 a) Punkt-Steigungs-Form:

$\mathbf{y = 2(x-1)+4}$

Setze $m = 2$, $x_P = 1$ und $y_P = 4$ in die Punkt-Steigungs-Form $y = m(x - x_P) + y_P$ ein.

Umformen auf Normalform:

$\Leftrightarrow \quad y = 2x - 2 + 4$

$\Leftrightarrow \quad \mathbf{y = 2x + 2}$

b) Punkt-Steigungs-Form:

$\mathbf{y = -0{,}6(x - 2{,}5) - 1{,}5}$

Umformen auf Normalform:

$\Leftrightarrow \quad y = -0{,}6x + 1{,}5 - 1{,}5$

$\Leftrightarrow \quad \mathbf{y = -0{,}6x}$

26 a) Ablesen der Steigung:

$m = \frac{\Delta y}{\Delta x} = \frac{1}{3}$

Punkt der Geraden: A(–1 | 3)

Punkt-Steigungs-Form: $\mathbf{y = \frac{1}{3}(x+1)+3}$

oder

Punkt der Geraden: B(2 | 4)

Punkt-Steigungs-Form: $\mathbf{y = \frac{1}{3}(x-2)+4}$

Suche dir 2 gut ablesbare Punkte und zeichne ein Steigungsdreieck ein:

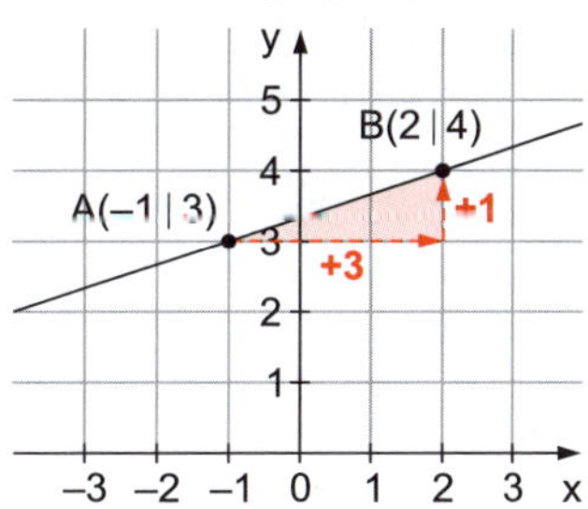

b) Ablesen der Steigung:

$m = \frac{\Delta y}{\Delta x} = \frac{-2}{7} = -\frac{2}{7}$

Punkt der Geraden: A(–3 | 2)

Punkt-Steigungs-Form: $\mathbf{y = -\frac{2}{7}(x+3)+2}$

oder

Punkt der Geraden: B(4 | 0)

Punkt-Steigungs-Form: $\mathbf{y = -\frac{2}{7}(x-4)}$

Suche dir 2 gut ablesbare Punkte und zeichne ein Steigungsdreieck ein:

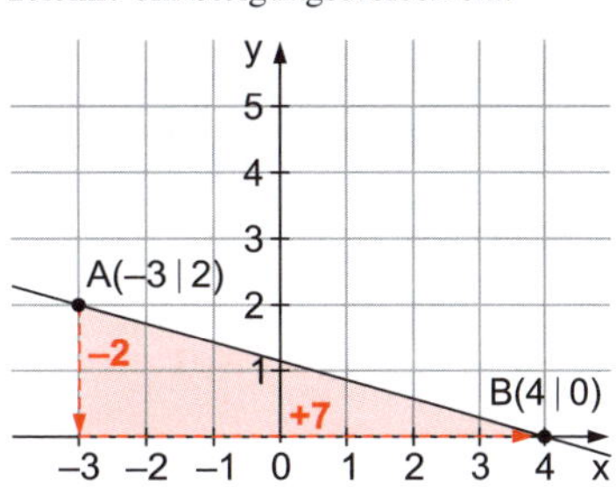

27 Punkt-Steigungs-Form:
$y = -5(x + 1{,}5) + 5{,}25$

Ablesen der Steigung: **$m = -5$**

Ablesen eines Punktes auf g:
$P(-1{,}5 \mid 5{,}25)$

Die Gleichung ist in der Punkt-Steigungs-Form $y = \mathbf{m}(x - x_P) + \mathbf{y_P}$ gegeben:

$y = -5[x - (-1{,}5)] + \mathbf{5{,}25}$

28 a) Grafische Darstellung:

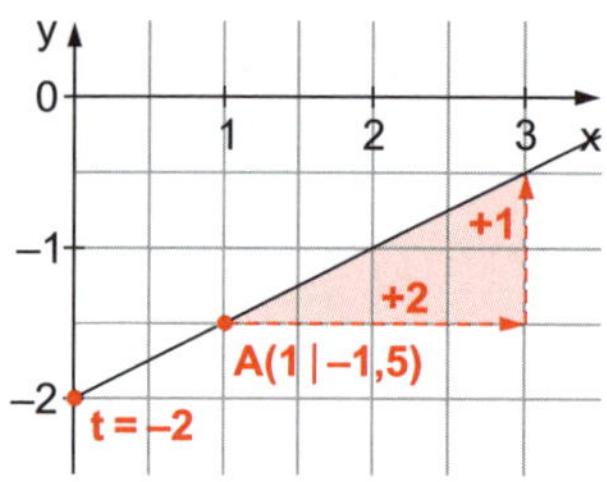

Der y-Achsenabschnitt ist **$t = -2$**.

Die Geradengleichung ist in der Punkt-Steigungs-Form gegeben. Entnimm einen Punkt der Geraden und die Steigung aus der Punkt-Steigungs-Form. Zeichne dann die Gerade mithilfe eines Steigungsdreiecks.

Punkt-Steigungs-Form: $y = \mathbf{m}(x - x_P) + \mathbf{y_P}$

Geradengleichung: $y = \mathbf{0{,}5}(x - 1) + (\mathbf{-1{,}5})$

Ablesen der Steigung:
$m = 0{,}5$

Ablesen eines Punktes der Geraden:
$A(1 \mid -1{,}5)$

b) Grafische Darstellung:

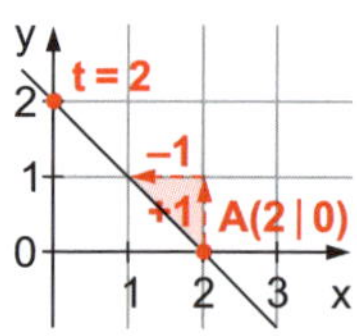

Der y-Achsenabschnitt ist **$t = 2$**.

Punkt-Steigungs-Form: $y = \mathbf{m}(x - x_P) + \mathbf{y_P}$

Geradengleichung: $y = \mathbf{-1}(x - 2) + \mathbf{0}$

Ablesen der Steigung:
$m = -1$

Ablesen eines Punktes der Geraden:
$A(2 \mid 0)$

29 a) Normalform: **$y = -1{,}25x + 3{,}5$**

Gegeben: $m = -1{,}25$ und $t = 3{,}5$

b) Zunächst Berechnung der Steigung:

Gegeben: $A(-1 \mid 1);\ B(1 \mid -3) \in g$

Über die Punkte: *oder* Über den Steigungsvektor:

$$m = \frac{-3-1}{1-(-1)} = \frac{-4}{1+1} = -2$$

$$\overrightarrow{AB} = \begin{pmatrix} 1-(-1) \\ -3-1 \end{pmatrix} = \begin{pmatrix} 2 \\ -4 \end{pmatrix}$$

$$\Rightarrow \quad m = \frac{-4}{2} = -2$$

Aufstellen der Geradengleichung:

Punkt-Steigungs-Form: *oder* Normalform:

$B(1 \mid -3)$ und $m = -2$ einsetzen:

$$y = m(x - x_B) + y_B$$

$$\Rightarrow \quad \mathbf{y = -2(x-1) - 3}$$

Berechnung von t:

$$y = mx + t$$

$$\Rightarrow \quad -3 = -2 \cdot 1 + t \quad |+2$$

$$\Leftrightarrow \quad t = -1$$

Normalform: **$y = -2x - 1$**

c) Zunächst Berechnung der Steigung:

Gegeben: $t=-2{,}25$ und $A(5\,|\,-1{,}5) \in g$

$$y = mx + t$$
$$\Rightarrow\ -1{,}5 = m \cdot 5 - 2{,}25 \quad |+2{,}25$$
$$\Leftrightarrow\ 0{,}75 = 5m \quad |:5$$
$$\Leftrightarrow\ m = 0{,}15$$

Normalform: $\mathbf{y=0{,}15x-2{,}25}$

d) Einsetzen in:

Punkt-Steigungs-Form: *oder*

A(3 | –2,6) und m = 1,25 einsetzen:

$$y = m(x - x_A) + y_A$$
$$\Rightarrow\ \mathbf{y = 1{,}25(x-3) - 2{,}6}$$

Gegeben: $m=1{,}25$ und $A(3\,|\,-2{,}6) \in g$

Normalform:

Berechnung von t:

$$y = mx + t$$
$$\Rightarrow\ -2{,}6 = 1{,}25 \cdot 3 + t \quad |-3{,}75$$
$$\Leftrightarrow\ t = -6{,}35$$

Normalform: $\mathbf{y=1{,}25x-6{,}35}$

30 *Hinweis:* Eine Ursprungsgerade verläuft stets durch den Ursprung O(0 | 0). Somit ist t = 0.

a) Zunächst Berechnung der Steigung:

Gegeben: $t=0$ und $A(8\,|\,-2) \in g$

$$y = mx + t$$
$$\Rightarrow\ -2 = m \cdot 8 + 0 \quad |:8$$
$$\Leftrightarrow\ m = -0{,}25$$

Normalform: $\mathbf{y=-0{,}25x}$

Hinweis: Du könntest die Geradengleichung auch mithilfe der beiden Punkte O(0 | 0) und A(8 | –2) aufstellen.

b) Zunächst Berechnung der Steigung:

Gegeben: $t=0$ und $A(-4\,|\,-18) \in g$

$$y = mx + t$$
$$\Rightarrow\ -18 = m \cdot (-4) + 0 \quad |:(-4)$$
$$\Leftrightarrow\ m = 4{,}5$$

Normalform: $\mathbf{y = 4{,}5x}$

Hinweis: Du könntest die Geradengleichung auch mithilfe der beiden Punkte O(0 | 0) und A(–4 | –18) aufstellen.

31 Steigung von g:

Die Gleichung $y=\mathbf{-2{,}5}x+3$ liegt in Normalform vor. Die Steigung ist: $m_g = \mathbf{-2{,}5}$

Steigung von h:

$$5x + 2y = -8 \quad |-5x$$
$$\Leftrightarrow\ 2y = -5x - 8 \quad |:2$$
$$\Leftrightarrow\ y = \mathbf{-2{,}5}x - 4$$

Die Steigung ist: $m_h = \mathbf{-2{,}5}$

Bringe die Geradengleichung auf Normalform, um die Steigung ablesen zu können.

Steigung von k:

$$6x = 3y + 9 \quad |-9$$
$$\Leftrightarrow\ 6x - 9 = 3y \quad |:3$$
$$\Leftrightarrow\ y = \mathbf{2}x - 3$$

Die Steigung ist: $m_k = \mathbf{2}$

Bringe die Geradengleichung auf Normalform, um die Steigung ablesen zu können.

Vergleich der Steigungen:
Da nur m_g und m_h übereinstimmen, gilt lediglich: $\mathbf{g \parallel h}$

32 a) Geradengleichung: $\mathbf{y = 2}$

Alle Geradenpunkte haben den y-Wert 2.

b) Geradengleichung: $\mathbf{x = -1{,}5}$

Alle Geradenpunkte haben den x-Wert –1,5.

33 a) Grafische Darstellung:

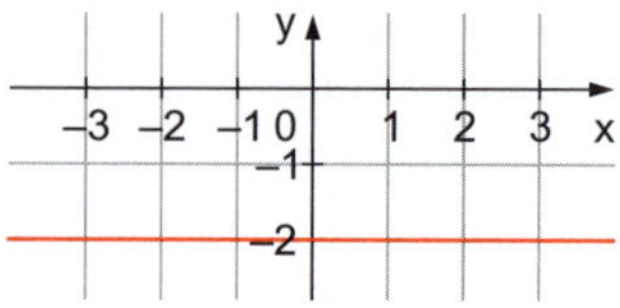

Geradengleichung: g: $y = -2$
Somit hat jeder Punkt auf der Geraden den y-Wert –2. Die Gerade ist eine Parallele zur x-Achse.

b) Grafische Darstellung:

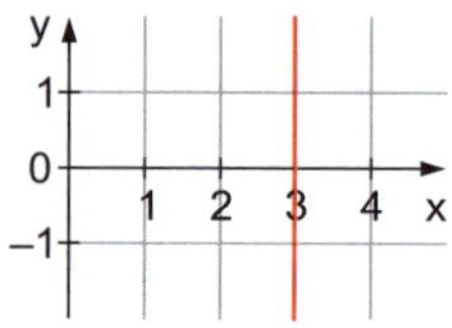

Geradengleichung: g: $x = 3$
Somit hat jeder Punkt auf der Geraden den x-Wert 3. Die Gerade ist eine Parallele zur y-Achse.

34 a) Steigung von g:
Die Gleichung $y = \mathbf{3}x + 5$ liegt in Normalform vor. Die Steigung ist: $m_g = \mathbf{3}$

Steigung von h:

Gegeben: $A(-1\,|\,-2);\ B(2\,|\,7) \in h$

Über die Punkte:

$$m_h = \frac{7-(-2)}{2-(-1)} = \frac{9}{3} = \mathbf{3}$$

oder

Über den Steigungsvektor:

$$\overrightarrow{AB} = \begin{pmatrix} 2-(-1) \\ 7-(-2) \end{pmatrix} = \begin{pmatrix} 3 \\ 9 \end{pmatrix} \Rightarrow m_h = \frac{9}{3} = \mathbf{3}$$

Vergleich der Steigungen:
Da $m_g = m_h = 3$ ist, gilt: $\mathbf{g \parallel h}$

b) Steigung von g:

Gegeben: $A(2\,|\,5);\ B(4\,|\,9) \in g$

Über die Punkte:

$$m_g = \frac{9-5}{4-2} = \frac{4}{2} = \mathbf{2}$$

oder

Über den Steigungsvektor:

$$\overrightarrow{AB} = \begin{pmatrix} 4-2 \\ 9-5 \end{pmatrix} = \begin{pmatrix} 2 \\ 4 \end{pmatrix} \Rightarrow m_g = \frac{4}{2} = \mathbf{2}$$

Steigung von h:

Gegeben: $C(-1\,|\,-1);\ D(0\,|\,2) \in h$

Über die Punkte:

$$m_h = \frac{2-(-1)}{0-(-1)} = \frac{3}{1} = \mathbf{3}$$

oder

Über den Steigungsvektor:

$$\overrightarrow{CD} = \begin{pmatrix} 0-(-1) \\ 2-(-1) \end{pmatrix} = \begin{pmatrix} 1 \\ 3 \end{pmatrix} \Rightarrow m_h = \frac{3}{1} = \mathbf{3}$$

Vergleich der Steigungen:
Da $m_g \neq m_h$ ist, gilt: $\mathbf{g \nparallel h}$

35 a) Steigung von g:

Die Gleichung $y = \mathbf{3}x + 5$ liegt in Normalform vor. Die Steigung ist: $m_g = \mathbf{3}$

Steigung von h:

Da $h \parallel g$ ist, gilt: $m_h = m_g = 3$

Aufstellen der Geradengleichung von h:

Punkt-Steigungs-Form:

$A(0|2)$ und $m_h = 3$ einsetzen:

$$y = m_h(x - x_A) + y_A$$
$$\Rightarrow \; y = 3(x - 0) + 2$$
$$\Leftrightarrow \; \mathbf{y = 3x + 2}$$

oder

Normalform:

Berechnung von t:

$$y = m_h x + t$$
$$\Rightarrow \; 2 = 3 \cdot 0 + t$$
$$\Leftrightarrow \; t = 2$$

Normalform: $\mathbf{y = 3x + 2}$

b) Steigung von g:

Die Gleichung $y = \mathbf{-2}x + 3$ liegt in Normalform vor. Die Steigung ist: $m_g = \mathbf{-2}$

Steigung von h:

Da $h \parallel g$ ist, gilt: $m_h = m_g = -2$

Aufstellen der Geradengleichung von h:

Punkt-Steigungs-Form:

$A(1|4)$ und $m_h = -2$ einsetzen:

$$y = m_h(x - x_A) + y_A$$
$$\Rightarrow \; \mathbf{y = -2(x - 1) + 4}$$

oder

Normalform:

Berechnung von t:

$$y = m_h x + t$$
$$\Rightarrow \; 4 = -2 \cdot 1 + t \quad |+2$$
$$\Leftrightarrow \; t = 6$$

Normalform: $\mathbf{y = -2x + 6}$

36 Steigungen:

$g:\; y = 3x - 5 \quad \Rightarrow \quad m_g = 3$

$h:\; y = -5x - 2 \quad \Rightarrow \quad m_h = -5$

$k:\; y = 0{,}2x - 0{,}8 \quad \Rightarrow \quad m_k = 0{,}2$

Da die Geradengleichungen in Normalform vorliegen, kannst du die Steigungen direkt ablesen.

Überprüfung, welche Geraden senkrecht aufeinander stehen:

$m_g \cdot m_h = 3 \cdot (-5) = -15 \neq -1 \quad \Rightarrow \quad \mathbf{g \not\perp h}$

$m_h \cdot m_k = -5 \cdot 0{,}2 = -1 \quad \Rightarrow \quad \mathbf{h \perp k}$

Da die Steigungen von g und k beide positiv sind, gilt: $\mathbf{g \not\perp k}$

37 Steigung von g:

$$y - 1 = -0{,}6x + 0{,}8 \quad |+1$$
$$\Leftrightarrow \; y = -0{,}6x + 1{,}8$$
$$\Rightarrow \; m_g = -0{,}6$$

Steigung von h:

$$2y = 3x - 3 \quad |:2$$
$$\Leftrightarrow \; y = 1{,}5x - 1{,}5$$
$$\Rightarrow \; m_h = 1{,}5$$

Produkt der Steigungen:

$m_g \cdot m_h = -0{,}6 \cdot 1{,}5 = -0{,}9 \neq -1 \quad \Rightarrow \quad \mathbf{g \not\perp h}$

38 a) Steigung von g:

Die Gleichung $y = 2x + 3$ liegt in Normalform vor. Die Steigung ist: $m_g = 2$

Steigung von h:

$$\begin{aligned} & m_g \cdot m_h = -1 \\ \Leftrightarrow\quad & 2 \cdot m_h = -1 \quad |:2 \\ \Leftrightarrow\quad & m_h = -0{,}5 \end{aligned}$$

Aufstellen der Geradengleichung von h:

Punkt-Steigungs-Form: *oder*

A(4|–1) und $m_h = -0{,}5$ einsetzen:

$$\begin{aligned} & y = m_h(x - x_A) + y_A \\ \Rightarrow\quad & y = -0{,}5(x-4) - 1 \\ \Leftrightarrow\quad & y = -0{,}5x + 2 - 1 \\ \Leftrightarrow\quad & \mathbf{y = -0{,}5x + 1} \end{aligned}$$

Normalform:

Berechnung von t:

$$\begin{aligned} & y = m_h x + t \\ \Rightarrow\quad & -1 = -0{,}5 \cdot 4 + t \quad |+2 \\ \Leftrightarrow\quad & t = 1 \end{aligned}$$

Normalform: $\mathbf{y = -0{,}5x + 1}$

b) Steigung von g:

Die Gleichung $y = x - 2$ liegt in Normalform vor. Die Steigung ist: $m_g = 1$

Steigung von h:

$$\begin{aligned} & m_g \cdot m_h = -1 \\ \Leftrightarrow\quad & 1 \cdot m_h = -1 \\ \Leftrightarrow\quad & m_h = -1 \end{aligned}$$

Aufstellen der Geradengleichung von h:

Punkt-Steigungs-Form: *oder*

A(–2|0) und $m_h = -1$ einsetzen:

$$\begin{aligned} & y = m_h(x - x_A) + y_A \\ \Rightarrow\quad & y = -[x - (-2)] + 0 \\ \Leftrightarrow\quad & y = -(x + 2) \\ \Leftrightarrow\quad & \mathbf{y = -x - 2} \end{aligned}$$

Normalform:

Berechnung von t:

$$\begin{aligned} & y = m_h x + t \\ \Rightarrow\quad & 0 = -1 \cdot (-2) + t \quad |-2 \\ \Leftrightarrow\quad & t = -2 \end{aligned}$$

Normalform: $\mathbf{y = -x - 2}$

39 Steigung der Winkelhalbierenden durch den I. und III. Quadranten:

Die Geradengleichung ist $y = x$. Die Steigung ist somit $m_{I/III} = 1$.

Steigung der Winkelhalbierenden durch den II. und IV. Quadranten:

Die Geradengleichung ist $y = -x$. Die Steigung ist somit $m_{II/IV} = -1$.

Es gilt: $m_{I/III} \cdot m_{II/IV} = 1 \cdot (-1) = \mathbf{-1}$

$\Rightarrow$ Die Winkelhalbierenden stehen senkrecht aufeinander.

40 Steigung von g:

Die Steigung der Winkelhalbierenden durch den II. und IV. Quadranten $y = -x$ ist $m = -1$. Da g senkrecht auf der Winkelhalbierenden steht, gilt: $m_g = \frac{-1}{m} = 1$.

Aufstellen der Geradengleichung von g:

Punkt-Steigungs-Form: *oder*

A(3,5 | 2) und $m_g = 1$ einsetzen:

$$y = m_g(x - x_A) + y_A$$

$\Rightarrow$ $\mathbf{y = (x - 3,5) + 2}$

Normalform:

Berechnung von t:

$$y = m_g x + t$$

$\Rightarrow$ $2 = 1 \cdot 3,5 + t \quad | -3,5$

$\Leftrightarrow$ $t = -1,5$

Normalform: $\mathbf{y = x - 1,5}$

41 a) Koordinatensystem:

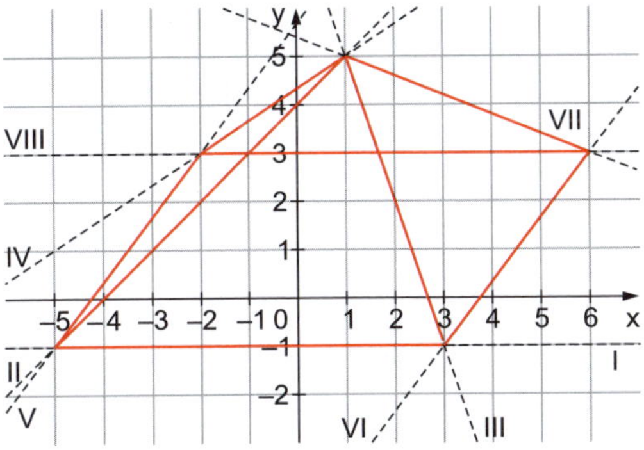

b) Es handelt sich um eine **Pyramide**.

42 a) Steigung von g:

Über die Punkte: *oder*

$$m = \frac{1-2}{1-(-3)} = \frac{-1}{4} = -0,25$$

Über den Steigungsvektor:

$$\overrightarrow{AB} = \begin{pmatrix} 1-(-3) \\ 1-2 \end{pmatrix} = \begin{pmatrix} 4 \\ -1 \end{pmatrix}$$

$\Rightarrow$ $m = \frac{-1}{4} = -0,25$

Aufstellen der Geradengleichung von g:

Punkt-Steigungs-Form: *oder*

B(1 | 1) und $m = -0,25$ einsetzen:

$$y = m(x - x_B) + y_B$$

$\Rightarrow$ $\mathbf{y = -0,25(x - 1) + 1}$

Normalform:

Berechnung von t:

$$y = mx + t$$

$\Rightarrow$ $1 = -0,25 \cdot 1 + t \quad | +0,25$

$\Leftrightarrow$ $t = 1,25$

Normalform: $\mathbf{y = -0,25x + 1,25}$

b) Berechnung der Nullstelle:

$0 = -0,25x + 1,25 \quad | +0,25x$

$\Leftrightarrow$ $0,25x = 1,25 \quad | : 0,25$

$\Leftrightarrow$ $\mathbf{x = 5}$

Setze $y = 0$ ein und löse die Gleichung nach x auf.

c) Steigung von h:
Umformen auf Normalform:

$$2x + 6y = -6 \quad |-2x$$
$$\Leftrightarrow \quad 6y = -2x - 6 \quad |:6$$
$$\Leftrightarrow \quad y = -\frac{1}{3}x - 1$$

Die Steigung ist: $m_h = -\frac{1}{3}$

Vergleich der Steigungen:
Da $m_g = -0{,}25 \neq -\frac{1}{3} = m_h$ ist, gilt: **$g \nparallel h$**

d) Steigung von k:

$$m_k \cdot m_h = -1$$
$$\Leftrightarrow \quad m_k \cdot \left(-\frac{1}{3}\right) = -1 \quad |\cdot(-3)$$
$$\Leftrightarrow \quad m_k = 3$$

Da $k \perp h$ ist, gilt: $m_k \cdot m_h = -1$

Geradengleichung von k:
$y = 3x$

Da k eine Ursprungsgerade ist, hat sie die Form y = mx.

e) Koordinatensystem:

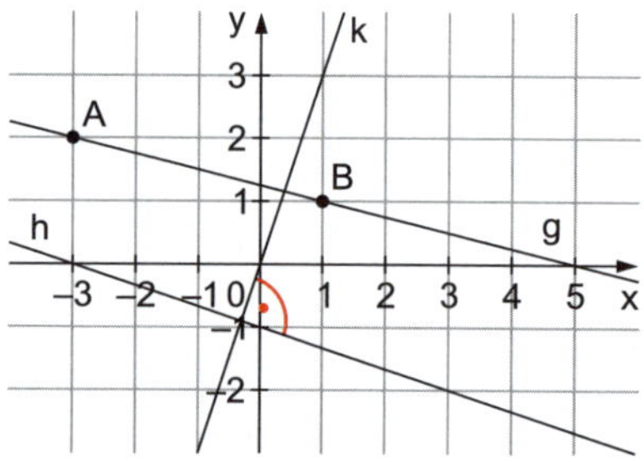

Vorgehen beim Zeichnen:
- Zeichne die Gerade g durch die beiden Punkte A(–3 | 2) und B(1 | 1).
- Zeichne die Gerade h durch den y-Achsenabschnitt t = –1 und mithilfe eines Steigungsdreiecks.
- Zeichne die Ursprungsgerade k mithilfe eines Steigungsdreiecks.

43 a) Koordinatensystem:

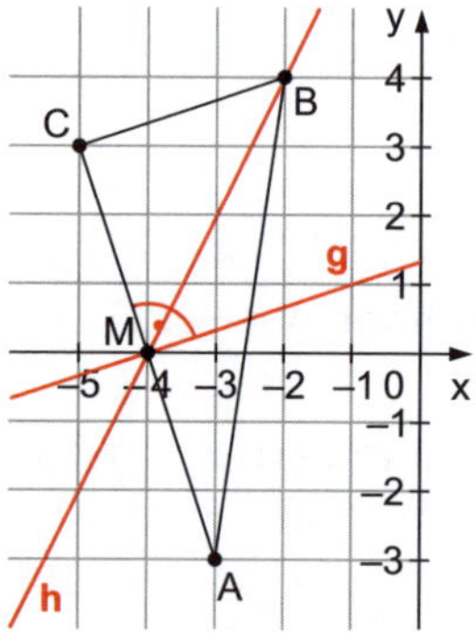

b) *Hinweis:* Der Zeichnung kannst du entnehmen, dass der rechte Winkel bei C liegen muss.

Steigung m_{AC} der Geraden AC:

Über die Punkte:

$$m_{AC} = \frac{3-(-3)}{-5-(-3)} = \frac{6}{-2} = -3$$

oder

Über den Steigungsvektor:

$$\overrightarrow{AC} = \begin{pmatrix} -5-(-3) \\ 3-(-3) \end{pmatrix} = \begin{pmatrix} -2 \\ 6 \end{pmatrix}$$

$$\Rightarrow \quad m_{AC} = \frac{6}{-2} = -3$$

Steigung m_{BC} der Geraden BC:

Über die Punkte:

$$m_{BC} = \frac{3-4}{-5-(-2)} = \frac{-1}{-3} = \frac{1}{3}$$

oder

Über den Steigungsvektor:

$$\overrightarrow{BC} = \begin{pmatrix} -5-(-2) \\ 3-4 \end{pmatrix} = \begin{pmatrix} -3 \\ -1 \end{pmatrix}$$

$$\Rightarrow \quad m_{BC} = \frac{-1}{-3} = \frac{1}{3}$$

Produkt der Steigungen:

$$m_{AC} \cdot m_{BC} = -3 \cdot \frac{1}{3} = -1 \quad \Rightarrow \quad \mathbf{AC \perp BC}$$

Da die Seiten [AC] und [BC] aufeinander senkrecht stehen, hat das Dreieck bei C einen rechten Winkel.

c) *Hinweis:* Die Mittelsenkrechte g steht senkrecht auf der Strecke [AC] und geht durch den Mittelpunkt der Strecke [AC].

Mittelpunkt M der Strecke [AC]:

$$M\left(\frac{x_A + x_C}{2} \,\middle|\, \frac{y_A + y_C}{2}\right) = M\left(\frac{-3+(-5)}{2} \,\middle|\, \frac{-3+3}{2}\right) = M\left(\frac{-8}{2} \,\middle|\, \frac{0}{2}\right) = M(-4\,|\,0)$$

Steigung der Geraden AC:

$m_{AC} = -3$

Geradengleichung von g:

Punkt-Steigungs-Form:

$M(-4\,|\,0)$ und $m_g = \frac{-1}{m_{AC}} = \frac{1}{3}$ einsetzen:

$$y = m_{AC}(x - x_M) + y_M$$

$$\Rightarrow \quad y = \frac{1}{3}[x-(-4)]+0$$

$$\Leftrightarrow \quad \mathbf{y = \frac{1}{3}(x+4)}$$

oder

Normalform:

Berechnung von t:

$$y = m_{AC}x + t$$

$$\Rightarrow \quad 0 = \frac{1}{3}\cdot(-4) + t \quad \Big| + \frac{4}{3}$$

$$\Leftrightarrow \quad t = \frac{4}{3}$$

Normalform: $\mathbf{y = \frac{1}{3}x + \frac{4}{3}}$

Einzeichnen in die Zeichnung von Teilaufgabe a.

d) *Hinweis:* Die Seitenhalbierende h geht durch B(–2 | 4) und den Mittelpunkt M der Seite [AC].

Mittelpunkt der Strecke [AC]:
M(–4 | 0)

Berechnung siehe Teilaufgabe c.

Steigung der Seitenhalbierenden h:

Über die Punkte B und M:

$$m_h = \frac{4-0}{-2-(-4)} = \frac{4}{2} = 2$$

oder

Über den Steigungsvektor:

$$\overrightarrow{MB} = \begin{pmatrix} -2-(-4) \\ 4-0 \end{pmatrix} = \begin{pmatrix} 2 \\ 4 \end{pmatrix}$$

$$\Rightarrow \; m_h = \frac{4}{2} = 2$$

Geradengleichung von h:

Punkt-Steigungs-Form:
M(–4 | 0) und $m_h = 2$ einsetzen:

$$y = m_h(x - x_M) + y_M$$
$$\Rightarrow \; y = 2[x-(-4)]+0$$
$$\Leftrightarrow \; \mathbf{y = 2(x+4)}$$

oder

Normalform:
Berechnung von t:

$$y = m_h x + t$$
$$\Rightarrow \; 0 = 2\cdot(-4)+t \quad |+8$$
$$\Leftrightarrow \; t = 8$$

Normalform: $\mathbf{y = 2x+8}$

Einzeichnen in die Zeichnung von Teilaufgabe a.

44 a) Benennen der Variablen:
m: Preis pro Fotoabzug
t: Versandkosten

Lineare Funktion:
$\mathbf{y = 0{,}07 \cdot x + 2{,}95}$

Jeder Fotoabzug kostet 7 ct = 0,07 €.
Addiere die Versandkosten (2,95 €).

b) Setze x = 17 in y = 0,07x + 2,95 ein:
$y = 0{,}07 \cdot 17 + 2{,}95 = 4{,}14$

Für 17 Fotoabzüge zahlt man insgesamt **4,14 €**.

c) Setze y = 4 in y = 0,07x + 2,95 ein:

$$4 = 0{,}07x + 2{,}95 \quad |-2{,}95$$
$$\Leftrightarrow \; 1{,}05 = 0{,}07x \quad |:0{,}07$$
$$\Leftrightarrow \; x = 15$$

Für 4 € erhältst du **15 Abzüge**.

d) Setze y = 10 in y = 0,07x + 2,95 ein:

$$10 = 0{,}07x + 2{,}95 \quad |-2{,}95$$
$$\Leftrightarrow \; 7{,}05 = 0{,}07x \quad |:0{,}07$$
$$\Leftrightarrow \; x \approx 100{,}71$$

Du musst hier abrunden, weil das Geld gerade nicht für den 101. Abzug reicht.

Von den 10 € kann Petra maximal **100 Fotoabzüge** anfertigen lassen.

45 a) Benennen der Variablen:
x: Strecke in km
y: Preis in €

Punkte der Geraden:
A(8,3 | 15,12) Die 8,3 km zum Augenarzt kosten 15,12 €.
B(3,1 | 7,84) Die 3,1 km zum Hausarzt kosten 7,84 €.

Steigung der Geraden AB:
Über die Punkte:

$$m = \frac{7{,}84 - 15{,}12}{3{,}1 - 8{,}3} = \frac{-7{,}28}{-5{,}2} = 1{,}4$$

oder Über den Steigungsvektor:

$$\overrightarrow{AB} = \begin{pmatrix} 3{,}1 - 8{,}3 \\ 7{,}84 - 15{,}12 \end{pmatrix} = \begin{pmatrix} -5{,}2 \\ -7{,}28 \end{pmatrix}$$

$$\Rightarrow \; m = \frac{-7{,}28}{-5{,}2} = 1{,}4$$

Aufstellen der Geradengleichung:
Punkt-Steigungs-Form:
A(8,3 | 15,12) und m = 1,4 einsetzen:

$$y = m(x - x_A) + y_A$$
$$\Rightarrow \; y = 1{,}4(x - 8{,}3) + 15{,}12$$
$$\Leftrightarrow \; y = 1{,}4x - 11{,}62 + 15{,}12$$
$$\Leftrightarrow \; \mathbf{y = 1{,}4x + 3{,}5}$$

oder Normalform:
Berechnung von t:

$$y = mx + t$$
$$\Rightarrow \; 15{,}12 = 1{,}4 \cdot 8{,}3 + t \quad |-11{,}62$$
$$\Leftrightarrow \; t = 3{,}5$$

Normalform: **y = 1,4x + 3,5**

Bedeutung:
Die Steigung m = 1,4 bedeutet, dass 1 km Fahrt 1,40 € kostet.
Der y-Achsenabschnitt t = 3,5 bedeutet, dass man für jede Fahrt zusätzlich eine Pauschale in Höhe von 3,50 € zahlt, unabhängig von der Länge der Strecke.

b) Setze x = 3,5 in y = 1,4x + 3,5 ein:
$y = 1{,}4 \cdot 3{,}5 + 3{,}5 = 8{,}4$
Opa Maier zahlt **8,40 €**.

46 a) Benennen der Variablen:
x: Zeit in Stunden
y: Kerzenhöhe in cm

Punkte der Geraden:
A(2 | 12,5) Nach 2 Stunden ist die Kerze 12,5 cm hoch.
B(5 | 11) Nach 5 Stunden ist die Kerze 11 cm hoch.

Steigung der Geraden AB:
Über die Punkte:

$$m = \frac{11 - 12{,}5}{5 - 2} = \frac{-1{,}5}{3} = -0{,}5$$

oder Über den Steigungsvektor:

$$\overrightarrow{AB} = \begin{pmatrix} 5 - 2 \\ 11 - 12{,}5 \end{pmatrix} = \begin{pmatrix} 3 \\ -1{,}5 \end{pmatrix}$$

$$\Rightarrow \; m = \frac{-1{,}5}{3} = -0{,}5$$

Aufstellen der Geradengleichung:

Punkt-Steigungs-Form:

A(2 | 12,5) und $m = -0{,}5$ einsetzen:

$$y = m(x - x_A) + y_A$$
$$\Rightarrow \quad y = -0{,}5(x-2) + 12{,}5$$
$$\Leftrightarrow \quad y = -0{,}5x + 1 + 12{,}5$$
$$\Leftrightarrow \quad \mathbf{y = -0{,}5x + 13{,}5}$$

oder

Normalform:

Berechnung von t:

$$y = mx + t$$
$$\Rightarrow \quad 12{,}5 = -0{,}5 \cdot 2 + t \quad |+1$$
$$\Leftrightarrow \quad t = 13{,}5$$

Normalform: $\mathbf{y = -0{,}5x + 13{,}5}$

Weil $t = 13{,}5$ ist, war die Kerze ursprünglich (zum Zeitpunkt $x = 0$) **13,5 cm** hoch.

b) Berechnung der Nullstelle:

$$0 = -0{,}5x + 13{,}5 \quad |+0{,}5x$$
$$\Leftrightarrow \quad 0{,}5x = 13{,}5 \quad |:0{,}5$$
$$\Leftrightarrow \quad x = 27$$

Gesucht ist, wie viel Zeit vergeht, bis die Kerzenhöhe nur noch 0 cm beträgt, also die Nullstelle der zugehörigen Funktion.

Die Kerze kann insgesamt **27 Stunden** brennen.

47 Benennen der Variablen:

x: Gewicht in kg

y: Preis in €

Koordinatensystem:

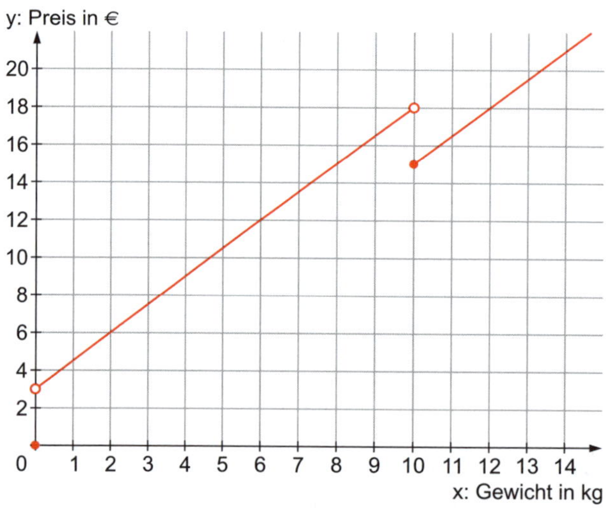

Die Zuordnung setzt sich aus mehreren Funktionen zusammen, die jeweils nur für einen bestimmten Bereich definiert sind:

- für $x = 0$: $y = 0$
  Wenn Leon keine Kartoffeln kauft, muss er nichts zahlen.
- für $0 < x < 10$: $y = 1{,}5x + 3$
  Wenn Leon weniger als 10 kg (und mehr als 0 kg) kauft, muss er 1,5 € pro kg plus 3 € Liefergebühr zahlen. Zeichne leere Kreise als Endpunkte, da die Funktion für $x = 0$ und $x = 10$ nicht definiert ist.
- für $x \geqq 10$: $y = 1{,}5x$
  Wenn Leon mindestens 10 kg bestellt, zahlt er 1,5 € pro kg. Zeichne bei $x = 10$ einen ausgefüllten Kreis als Endpunkt, da die Funktion für $x = 10$ definiert ist.

48 a) Lineares Gleichungssystem:

$$\left|\begin{array}{l} y = \mathbf{3}x + 4 \\ \wedge\ \ y = \mathbf{-2}x + 4 \end{array}\right.$$

Da die beiden Geradengleichungen **nicht** in ihrer Steigung übereinstimmen, schneiden sich die beiden Geraden und es gibt somit **genau eine Lösung**.

b) Lineares Gleichungssystem:

$$\left|\begin{array}{rl} 2x + 4y = 8 & \quad \left| -2x \right. \\ \wedge\ \ 3y = 6 - 1{,}5x & \quad \left| :3 \right. \end{array}\right.$$

Bringe zunächst die beiden linearen Gleichungen auf Normalform.

$$\Leftrightarrow \left|\begin{array}{rl} 4y = -2x + 8 & \quad \left| :4 \right. \\ \wedge\ \ y = 2 - 0{,}5x & \end{array}\right.$$

Vertausche bei Gleichung II die Summanden, um auf die Form $y = mx + t$ zu kommen.

$$\Leftrightarrow \left|\begin{array}{l} y = \mathbf{-0{,}5}x \mathbf{+ 2} \\ \wedge\ \ y = \mathbf{-0{,}5}x \mathbf{+ 2} \end{array}\right.$$

Da die Gleichungen in der Steigung und im y-Achsenabschnitt übereinstimmen, sind die zugehörigen Geraden identisch und es gibt **unendlich viele Lösungen**.

c) Lineares Gleichungssystem:

$$\left|\begin{array}{rl} y = 3x + 5 & \\ \wedge\ \ 3x + 2y + 3 = 0 & \quad \left| -3x - 3 \right. \end{array}\right.$$

Bringe zunächst Gleichung II auf Normalform.

$$\Leftrightarrow \left|\begin{array}{rl} y = 3x + 5 & \\ \wedge\ \ 2y = -3x - 3 & \quad \left| :2 \right. \end{array}\right.$$

$$\Leftrightarrow \left|\begin{array}{l} y = \mathbf{3}x + 5 \\ \wedge\ \ y = \mathbf{-1{,}5}x - 1{,}5 \end{array}\right.$$

Da die beiden Geradengleichungen **nicht** in ihrer Steigung übereinstimmen, schneiden sich die beiden Geraden und es gibt somit **genau eine Lösung**.

d) Lineares Gleichungssystem:

$$\left|\begin{array}{rl} y = -3x + 2 & \\ \wedge\ \ \frac{1}{3}y = -x - \frac{2}{3} & \quad \left| \cdot 3 \right. \end{array}\right.$$

Bringe zunächst Gleichung II auf Normalform.

$$\Leftrightarrow \left|\begin{array}{l} y = \mathbf{-3}x + 2 \\ \wedge\ \ y = \mathbf{-3}x - 2 \end{array}\right.$$

Da die Gleichungen in der Steigung, aber nicht im y-Achsenabschnitt übereinstimmen, sind die Geraden **parallel**. Das Gleichungssystem hat **keine Lösung**.

49 a) Aufstellen des Gleichungssystems:

- Gleichung für Gerade I:
  Der y-Achsenabschnitt ist t=–0,5.
  Steigungsdreieck:
  $$m = \frac{-1}{1} = -1$$
  Geradengleichung: $y = -x - 0{,}5$
- Gleichung für Gerade II:
  Der y-Achsenabschnitt ist t=–3.
  Steigungsdreieck:
  $$m = \frac{3}{2} = 1{,}5$$
  Geradengleichung: $y = 1{,}5x - 3$

Zeichnung:

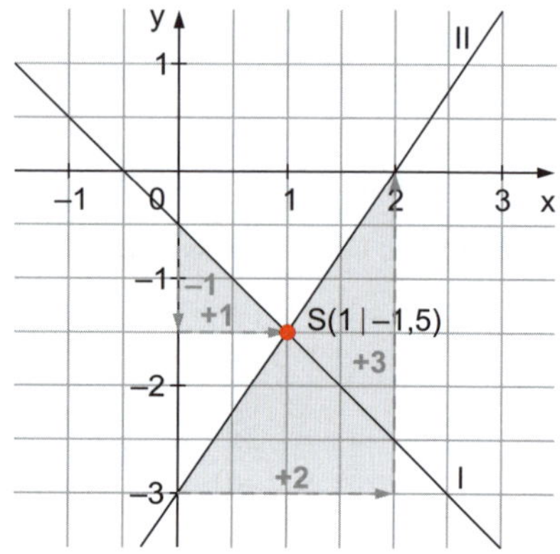

Damit ergibt sich folgendes lineares Gleichungssystem:

$$\begin{array}{|ll} & y = -x - 0{,}5 \quad \text{(I)} \\ \wedge & y = 1{,}5x - 3 \quad \text{(II)} \end{array}$$

Der Schnittpunkt der beiden Geraden liefert die Lösungsmenge: **$\mathbb{L} = \{(1|-1{,}5)\}$**

b) Aufstellen des Gleichungssystems:

- Gleichung für Gerade I:
  Der y-Achsenabschnitt ist t=3.
  Steigungsdreieck:
  $$m = \frac{0}{1} = 0$$
  Geradengleichung: $y = 3$
- Gleichung für Gerade II:
  Der y-Achsenabschnitt ist t=–1.
  Steigungsdreieck:
  $$m = \frac{1}{1} = 1$$
  Geradengleichung: $y = x - 1$

Zeichnung:

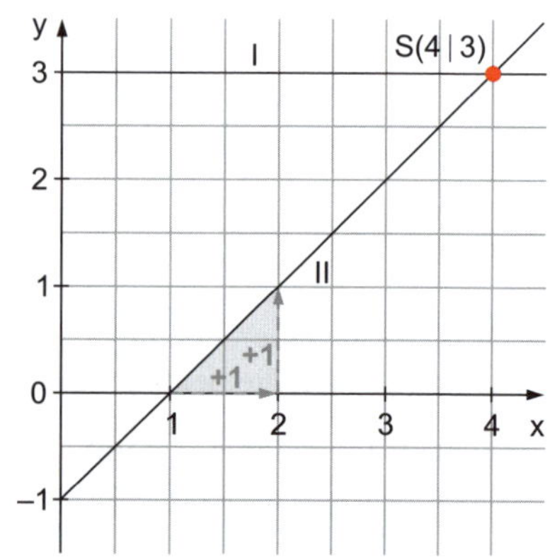

Damit ergibt sich folgendes lineares Gleichungssystem:

$$\begin{array}{|ll} & y = 3 \quad \text{(I)} \\ \wedge & y = x - 1 \quad \text{(II)} \end{array}$$

Der Schnittpunkt der beiden Geraden liefert die Lösungsmenge: **$\mathbb{L} = \{(4|3)\}$**

c) Aufstellen des Gleichungssystems:
- Gleichung für Gerade I:
  Der y-Achsenabschnitt ist t = 2,5.
  Die Steigung m kann über das Steigungsdreieck abgelesen werden:
  $m = \frac{-3}{2} = -1{,}5$
  Geradengleichung: $y = -1{,}5x + 2{,}5$
- Gleichung für Gerade II:
  Der y-Achsenabschnitt ist t = 0.
  Steigungsdreieck:
  $m = \frac{-4}{1} = -4$
  Geradengleichung: $y = -4x$

Zeichnung:

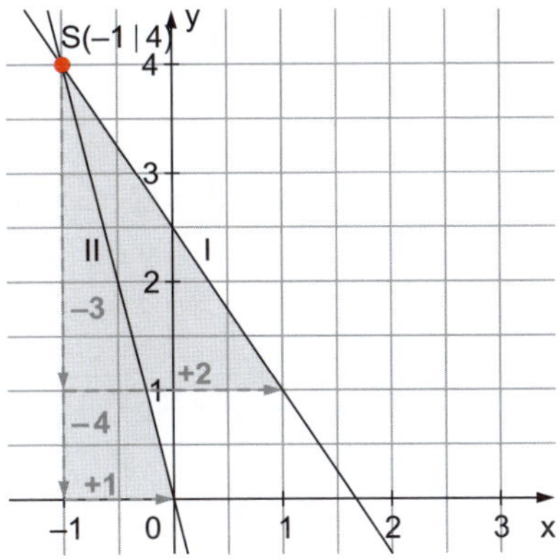

Damit ergibt sich folgendes lineares Gleichungssystem:

$$\begin{array}{|ll} \quad \mathbf{y = -1{,}5x + 2{,}5} & \text{(I)} \\ \wedge \ \mathbf{y = -4x} & \text{(II)} \end{array}$$

Der Schnittpunkt der beiden Geraden liefert die Lösungsmenge: $\mathbb{L} = \{(-1 \mid 4)\}$

d) Aufstellen des Gleichungssystems:
- Gleichung für Gerade I:
  Der y-Achsenabschnitt ist t = 3.
  Steigungsdreieck:
  $m = \frac{-2}{1} = -2$
  Geradengleichung: $y = -2x + 3$
- Gleichung für Gerade II:
  Der y-Achsenabschnitt ist t = 0.
  Steigungsdreieck:
  $m = \frac{-2}{1} = -2$
  Geradengleichung: $y = -2x$

Zeichnung:

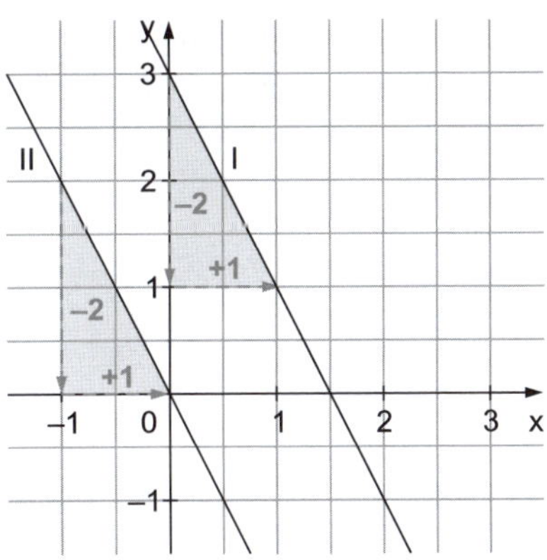

Damit ergibt sich folgendes lineares Gleichungssystem:

$$\begin{array}{|ll} \quad \mathbf{y = -2x + 3} & \text{(I)} \\ \wedge \ \mathbf{y = -2x} & \text{(II)} \end{array}$$

Da sich die Geraden nicht schneiden, gilt für die Lösungsmenge: $\mathbb{L} = \emptyset$

50 a) Lineares Gleichungssystem:

$$\begin{vmatrix} & y = 3x & \text{(I)} \\ \wedge & y = -\frac{1}{4}x & \text{(II)} \end{vmatrix}$$

Grafische Darstellung als Geraden:

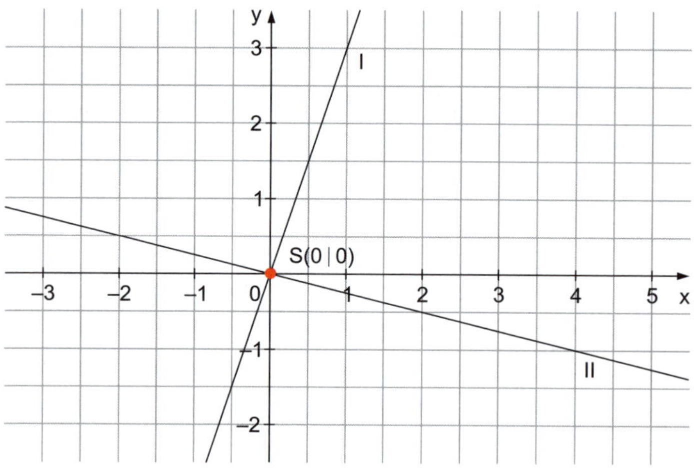

Ablesen des Schnittpunktes:
Der Schnittpunkt ist S(0 | 0), also ist x = 0 und y = 0.

Probe:

$$\begin{vmatrix} & 0 = 3 \cdot 0 \\ \wedge & 0 = -\frac{1}{4} \cdot 0 \end{vmatrix} \Leftrightarrow \begin{vmatrix} & 0 = 0 & \text{(wahr)} \\ \wedge & 0 = 0 & \text{(wahr)} \end{vmatrix}$$

Lösungsmenge:
Da $(0|0) \in \mathbb{G} = \mathbb{Q} \times \mathbb{Q}$ ist, gilt $\mathbb{L} = \{(0|0)\}$.

Hinweis: Hier könntest du das Ergebnis auch gleich direkt angeben. Da die Geradengleichungen zu zwei Ursprungsgeraden gehören, müssen sich diese im Koordinatenursprung schneiden.

b) Umformen des linearen Gleichungssystems:

$$\begin{vmatrix} & 4 = \frac{4}{3}x + y & \left| -\frac{4}{3}x \right. \\ \wedge & 0 = \frac{1}{3}x - y - 1 & |+y \end{vmatrix} \Leftrightarrow \begin{vmatrix} & y = -\frac{4}{3}x + 4 & \text{(I)} \\ \wedge & y = \frac{1}{3}x - 1 & \text{(II)} \end{vmatrix}$$

Grafische Darstellung als Geraden:

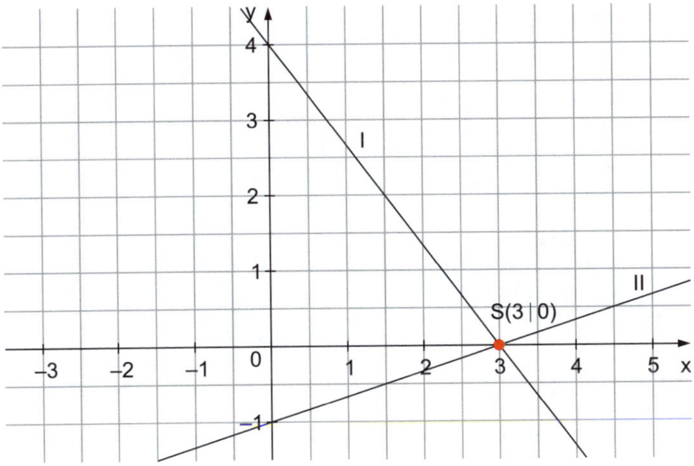

Ablesen des Schnittpunktes:
Der Schnittpunkt ist S(3 | 0), also ist x = 3 und y = 0.

Probe:

$$\left|\begin{array}{l} 4=\frac{4}{3}\cdot 3+0 \\ \wedge\ 0=\frac{1}{3}\cdot 3-0-1 \end{array}\right. \Leftrightarrow \left|\begin{array}{ll} 4=4 & \text{(wahr)} \\ \wedge\ 0=0 & \text{(wahr)} \end{array}\right.$$

Lösungsmenge:
Da $(3|0) \in \mathbb{G} = \mathbb{Q} \times \mathbb{Q}$ ist, gilt $\mathbb{L} = \{(3|0)\}$.

c) Umformen des linearen Gleichungssystems:

$$\left|\begin{array}{l} y=-0{,}5 \\ \wedge\ -y=1{,}5 \quad |:(-1) \end{array}\right. \Leftrightarrow \left|\begin{array}{ll} y=-0{,}5 & \text{(I)} \\ \wedge\ y=-1{,}5 & \text{(II)} \end{array}\right.$$

Grafische Darstellung als Geraden:

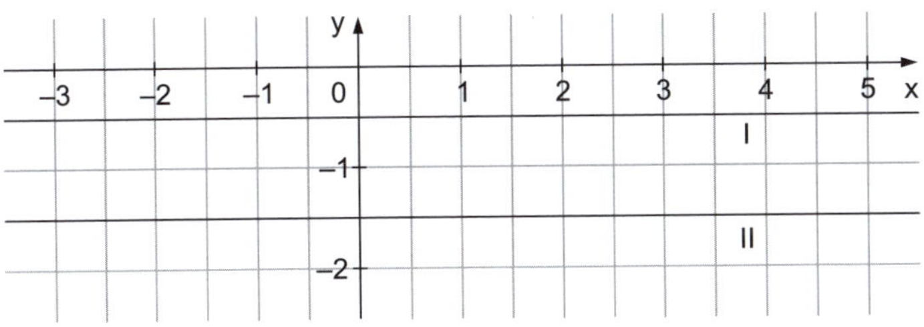

Lösungsmenge:
Da die beiden Geraden parallel verlaufen, gibt es keinen Schnittpunkt. Somit hat das Gleichungssystem keine Lösung und es gilt $\mathbb{L} = \emptyset$.

d) Umformen des linearen Gleichungssystems:

$$\left|\begin{array}{l} 5y = 5x - 5 \\ \wedge\ y + 2x = -1 \end{array}\right. \begin{array}{l} |:5 \\ |-2x \end{array} \Leftrightarrow \left|\begin{array}{l} y = x - 1 \\ \wedge\ y = -2x - 1 \end{array}\right. \begin{array}{l} (I) \\ (II) \end{array}$$

Grafische Darstellung als Geraden:

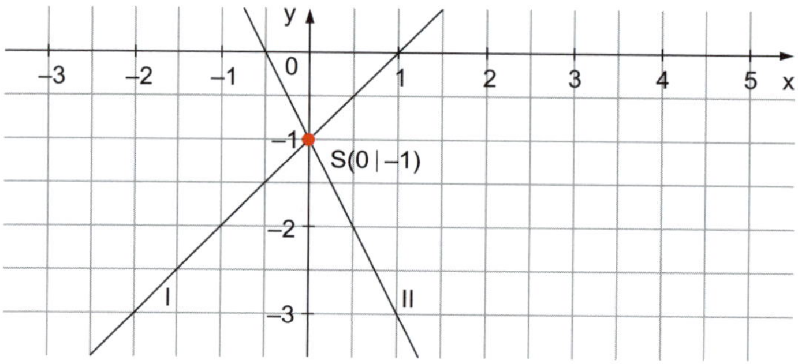

Ablesen des Schnittpunktes:
Der Schnittpunkt ist $S(0|-1)$, also ist $x=0$ und $y=-1$.

Probe:

$$\left|\begin{array}{l} 5\cdot(-1) = 5\cdot 0 - 5 \\ \wedge\ -1 + 2\cdot 0 = -1 \end{array}\right. \Leftrightarrow \left|\begin{array}{l} -5 = -5 \\ \wedge\ -1 = -1 \end{array}\right. \begin{array}{l} \text{(wahr)} \\ \text{(wahr)} \end{array}$$

Lösungsmenge:
Da $(0|-1) \in \mathbb{G} = \mathbb{Q} \times \mathbb{Q}$ ist, gilt $\mathbb{L} = \{(0|-1)\}$.

Hinweis: Hier könntest du das Ergebnis auch schon angeben, nachdem du die Gleichungen auf Normalform gebracht hast. Da die Geradengleichungen bei unterschiedlichen Steigungen denselben y-Achsenabschnitt besitzen, müssen sie sich genau dort schneiden.

51 a) Lösen mit dem Gleichsetzungsverfahren:

$$\left|\begin{array}{l} y = -1{,}3x + 2{,}7 \\ \wedge\ y = 2{,}2x - 4{,}3 \end{array}\right. \begin{array}{l} (I) \\ (II) \end{array}$$

Setze die rechten Seiten gleich.

Gleichsetzen liefert:

$$\begin{array}{lrl} & -1{,}3x + 2{,}7 = 2{,}2x - 4{,}3 & |+1{,}3x + 4{,}3 \\ \Leftrightarrow & 7 = 3{,}5x & |:3{,}5 \\ \Leftrightarrow & x = 2 & \end{array}$$

Löse die Gleichung nach x auf.

Vertausche die Seiten.

Einsetzen in (I) liefert:
$y = -1{,}3\cdot 2 + 2{,}7 = 0{,}1$

$\mathbb{L} = \{(2|0{,}1)\}$

b) Lösen mit dem Gleichsetzungsverfahren:

$$\left|\begin{array}{l} y = 3x + 5 \\ \wedge\ y = -2{,}5x + 5 \end{array}\right. \begin{array}{l} (I) \\ (II) \end{array}$$

Setze die rechten Seiten gleich.

Gleichsetzen liefert:

$$3x+5=-2{,}5x+5 \quad |+2{,}5x-5$$
$$\Leftrightarrow \quad 5{,}5x=0 \quad |:5{,}5$$
$$\Leftrightarrow \quad x=0$$

Löse die Gleichung nach x auf.

Einsetzen in (I) liefert:
$y=3\cdot 0+5=5$

$\mathbb{L}=\{(0\,|\,5)\}$

Merke: Geraden mit demselben y-Achsenabschnitt t schneiden sich in $(0\,|\,t)$.

c) Lösen mit dem Gleichsetzungsverfahren:

$$\begin{array}{|ll} y=-3x & \text{(I)} \\ \wedge\ y=-4x & \text{(II)} \end{array}$$

Setze die rechten Seiten gleich.

Gleichsetzen liefert:

$$-3x=-4x \quad |+4x$$
$$\Leftrightarrow \quad x=0$$

Löse die Gleichung nach x auf.

Einsetzen in (I) liefert:
$y=-3\cdot 0=0$

$\mathbb{L}=\{(0\,|\,0)\}$

Merke: Der Schnittpunkt zweier Ursprungsgeraden ist immer $(0\,|\,0)$.

d) Lösen mit dem Gleichsetzungsverfahren:

$$\begin{array}{|rl} 2y=3x+8 & |:2 \\ \wedge\ -1{,}5x+y=8 & |+1{,}5x \end{array}$$

Löse beide Gleichungen nach y auf.

$$\Leftrightarrow \begin{array}{|ll} y=1{,}5x+4 & \text{(I)} \\ \wedge\ y=1{,}5x+8 & \text{(II)} \end{array}$$

Setze die rechten Seiten gleich.

Gleichsetzen liefert:

$$1{,}5x+4=1{,}5x+8 \quad |-1{,}5x$$
$$\Leftrightarrow \quad 4=8 \quad \text{(falsch)}$$

Die Variable x fällt weg und die Gleichung enthält eine **falsche** Aussage. Das Gleichungssystem hat also **keine Lösung**.

$\mathbb{L}=\varnothing$

52 a) Lösen mit dem Einsetzungsverfahren:

$$\begin{array}{|ll} 4y-x=7 & \text{(I)} \\ \wedge\ x=2y-9 & \text{(II)} \end{array}$$

Gleichung II ist bereits nach x aufgelöst.

Einsetzen von (II) in (I) liefert:

$$4y-(2y-9)=7$$
$$\Leftrightarrow \quad 4y-2y+9=7 \quad |-9$$
$$\Leftrightarrow \quad 2y=-2 \quad |:2$$
$$\Leftrightarrow \quad y=-1$$

Setze den Term für x in Gleichung I ein und denke an die Klammern!
Löse die Gleichung nach y auf.

Einsetzen in (II) liefert:
$x = 2 \cdot (-1) - 9 = -2 - 9 = -11$

$\mathbb{L} = \{(-11 \mid -1)\}$

b) Lösen mit dem Einsetzungsverfahren:

$$\begin{array}{ll} y = 3x + 4 & \text{(I)} \\ \wedge\ x = 2y - 3 & \text{(II)} \end{array}$$

Gleichung I ist bereits nach y aufgelöst. *Hinweis:* Alternativ könntest du Gleichung II in Gleichung I einsetzen.

Einsetzen von (I) in (II) liefert:

$$\begin{array}{lll} & x = 2 \cdot (3x + 4) - 3 & \\ \Leftrightarrow & x = 6x + 8 - 3 & \mid -6x \\ \Leftrightarrow & -5x = 5 & \mid :(-5) \\ \Leftrightarrow & x = -1 & \end{array}$$

Löse die Gleichung nach x auf.

Einsetzen in (I) liefert:
$y = 3 \cdot (-1) + 4 = 1$

$\mathbb{L} = \{(-1 \mid 1)\}$

c) Lösen mit dem Einsetzungsverfahren:

$$\begin{array}{ll} y = -1{,}5x + 0{,}5 & \text{(I)} \\ \wedge\ 3x + 2y = -3 & \text{(II)} \end{array}$$

Setze den Term für y in Gleichung II ein.

Einsetzen von (I) in (II) liefert:

$$\begin{array}{lll} & 3x + 2 \cdot (-1{,}5x + 0{,}5) = -3 & \\ \Leftrightarrow & 3x - 3x + 1 = -3 & \\ \Leftrightarrow & 1 = -3 & \text{(falsch)} \end{array}$$

Löse die Gleichung nach x auf.

Die Variable x fällt weg und die Gleichung enthält eine **falsche** Aussage. Das Gleichungssystem hat also **keine Lösung**.

$\mathbb{L} = \emptyset$

d) Lösen mit dem Einsetzungsverfahren:

$$\begin{array}{ll} 5x = 10y & \mid :5 \\ \wedge\ -3y + 2x = -4 & \end{array}$$

Löse Gleichung I nach x auf.

$$\Leftrightarrow \begin{array}{ll} x = 2y & \text{(I)} \\ \wedge\ -3y + 2x = -4 & \text{(II)} \end{array}$$

Setze den Term für x in Gleichung II ein.

Einsetzen von (I) in (II) liefert:

$$\begin{array}{ll} & -3y + 2 \cdot 2y = -4 \\ \Leftrightarrow & y = -4 \end{array}$$

Löse die Gleichung nach y auf.

Einsetzen in (I) liefert:
$x = 2 \cdot (-4) = -8$

$\mathbb{L} = \{(-8 \mid -4)\}$

53 a) Lösen mit dem Additionsverfahren:

$$\left|\begin{array}{ll} & 3x+7y=10 \quad \text{(I)} \\ \wedge & -5x-7y=2 \quad \text{(II)} \end{array}\right.$$

Addiere die Gleichungen.

(I) + (II) liefert:

$$-2x = 12 \quad |:(-2)$$
$$\Leftrightarrow \quad x = -6$$

Löse die Gleichung nach x auf.

Einsetzen in (I) liefert:

$$3\cdot(-6)+7y=10 \quad |+18$$
$$\Leftrightarrow \quad 7y = 28 \quad |:7$$
$$\Leftrightarrow \quad y = 4$$

$\mathbb{L} = \{(-6|4)\}$

b) Lösen mit dem Additionsverfahren:

$$\left|\begin{array}{ll} & 3x+4y=-3 \\ \wedge & -4y=8x+18 \quad |-8x \end{array}\right.$$

Bringe zunächst Gleichung II auf die Form ax + by = c.

$$\Leftrightarrow \left|\begin{array}{ll} & 3x+4y=-3 \quad \text{(I)} \\ \wedge & -8x-4y=18 \quad \text{(II)} \end{array}\right.$$

Addiere die Gleichungen.

(I) + (II) liefert:

$$-5x = 15 \quad |:(-5)$$
$$\Leftrightarrow \quad x = -3$$

Löse die Gleichung nach x auf.

Einsetzen in (I) liefert:

$$3\cdot(-3)+4y=-3 \quad |+9$$
$$\Leftrightarrow \quad 4y = 6 \quad |:4$$
$$\Leftrightarrow \quad y = 1{,}5$$

$\mathbb{L} = \{(-3|1{,}5)\}$

c) Lösen mit dem Additionsverfahren:

$$\left|\begin{array}{ll} & 5x+0{,}25y=-7 \quad |\cdot 2 \\ \wedge & -2x+1{,}3y=3{,}5 \quad |\cdot 5 \end{array}\right.$$

Multipliziere beide Gleichungen so, dass die Koeffizienten vor x bis auf das Vorzeichen gleich sind.

$$\Leftrightarrow \left|\begin{array}{ll} & 10x+0{,}5y=-14 \quad \text{(I)} \\ \wedge & -10x+6{,}5y=17{,}5 \quad \text{(II)} \end{array}\right.$$

Addiere die Gleichungen.

(I) + (II) liefert:

$$7y = 3{,}5 \quad |:7$$
$$\Leftrightarrow \quad y = 0{,}5$$

Löse die Gleichung nach y auf.

Einsetzen in (I) liefert:

$$10\cdot x+0{,}5\cdot 0{,}5=-14 \quad |-0{,}25$$
$$\Leftrightarrow \quad 10x = -14{,}25 \quad |:10$$
$$\Leftrightarrow \quad x = -1{,}425$$

$\mathbb{L} = \{(-1{,}425|0{,}5)\}$

d) Lösen mit dem Additionsverfahren:

$$\begin{vmatrix} -2x = -8 + 2y & \quad |-2y \\ \wedge \ 3x + 3y - 12 = 0 & \quad |+12 \end{vmatrix}$$

Bringe zunächst die Gleichungen auf die Form ax + by = c.

$$\Leftrightarrow \begin{vmatrix} -2x - 2y = -8 & \quad |\cdot 3 \\ \wedge \ 3x + 3y = 12 & \quad |\cdot 2 \end{vmatrix}$$

Multipliziere beide Gleichungen so, dass die Koeffizienten vor x bis auf das Vorzeichen gleich sind.

$$\Leftrightarrow \begin{vmatrix} -6x - 6y = -24 & \quad (I) \\ \wedge \ 6x + 6y = 24 & \quad (II) \end{vmatrix}$$

Addiere die Gleichungen.

(I) + (II) liefert:

$0 = 0$ (wahr)

Beide Variablen fallen weg. Da die Aussage wahr ist, hat das Gleichungssystem **unendlich viele Lösungen**.

Berechnen der Lösungsmenge:

$$-2x = -8 + 2y \quad |+8$$
$$\Leftrightarrow -2x + 8 = 2y \quad |:2$$
$$\Leftrightarrow y = -x + 4$$

Löse die erste (ursprüngliche) Gleichung nach y auf.

$\mathbb{L} = \{(x\,|\,y)\,|\,y = -x + 4\}$

54 a) Lösen mit dem Determinantenverfahren:

$$\begin{vmatrix} -2x + 3y = -19 \\ \wedge \ 4x - 5y = 13 \end{vmatrix}$$

Es gilt:
$a_1 = -2$; $b_1 = 3$; $c_1 = -19$
$a_2 = 4$; $b_2 = -5$; $c_2 = 13$

Beide Gleichungen haben die Form ax + by = c. Für die Determinanten gilt:

$$D_N = \begin{vmatrix} a_1 & b_1 \\ a_2 & b_2 \end{vmatrix} = \begin{vmatrix} -2 & 3 \\ 4 & -5 \end{vmatrix} = -2 \cdot (-5) - 4 \cdot 3 = -2$$

$$D_x = \begin{vmatrix} c_1 & b_1 \\ c_2 & b_2 \end{vmatrix} = \begin{vmatrix} -19 & 3 \\ 13 & -5 \end{vmatrix} = -19 \cdot (-5) - 13 \cdot 3 = 56$$

$$D_y = \begin{vmatrix} a_1 & c_1 \\ a_2 & c_2 \end{vmatrix} = \begin{vmatrix} -2 & -19 \\ 4 & 13 \end{vmatrix} = -2 \cdot 13 - 4 \cdot (-19) = 50$$

Berechnen der Lösung:

$$x = \frac{D_x}{D_N} = \frac{56}{-2} = -28; \quad y = \frac{D_y}{D_N} = \frac{50}{-2} = -25$$

Die Lösungsmenge ist **$\mathbb{L} = \{(-28\,|\,-25)\}$**.

b) Lösen mit dem Determinantenverfahren:

$$\begin{vmatrix} 2{,}5x = 10y + 6 & \quad |-10y \\ \wedge \ x - 4y + 3 = 0 & \quad |-3 \end{vmatrix}$$

Bringe die Gleichungen zunächst auf die Form ax + by = c.

$$\Leftrightarrow \begin{vmatrix} 2{,}5x - 10y = 6 \\ \wedge \ x - 4y = -3 \end{vmatrix}$$

Es gilt:
$a_1 = 2{,}5$; $b_1 = -10$; $c_1 = 6$
$a_2 = 1$; $b_2 = -4$; $c_2 = -3$

Berechnen der Determinanten:

$$D_N = \begin{vmatrix} 2{,}5 & -10 \\ 1 & -4 \end{vmatrix} = 2{,}5 \cdot (-4) - 1 \cdot (-10) = 0$$

$$D_x = \begin{vmatrix} 6 & -10 \\ -3 & -4 \end{vmatrix} = 6 \cdot (-4) - (-3) \cdot (-10) = -54$$

$$D_y = \begin{vmatrix} 2{,}5 & 6 \\ 1 & -3 \end{vmatrix} = 2{,}5 \cdot (-3) - 1 \cdot 6 = -13{,}5$$

Da die **Nennerdeterminante null**, aber mindestens eine **Zählerdeterminante ungleich null** ist, hat das lineare Gleichungssystem **keine Lösung**: $\mathbb{L} = \varnothing$

c) Lösen mit dem Determinantenverfahren:

$$\begin{aligned} & \frac{1}{3}x + \frac{1}{6}y = \frac{2}{7} \\ \wedge\ & \frac{2}{3}x + \frac{5}{6}y = \frac{1}{7} \end{aligned}$$

Es gilt:
$a_1 = \frac{1}{3}; b_1 = \frac{1}{6}; c_1 = \frac{2}{7}$
$a_2 = \frac{2}{3}; b_2 = \frac{5}{6}; c_2 = \frac{1}{7}$

Beide Gleichungen haben die Form $ax + by = c$. Für die Determinanten gilt:

$$D_N = \begin{vmatrix} \frac{1}{3} & \frac{1}{6} \\ \frac{2}{3} & \frac{5}{6} \end{vmatrix} = \frac{1}{3} \cdot \frac{5}{6} - \frac{2}{3} \cdot \frac{1}{6} = \frac{5}{18} - \frac{2}{18} = \frac{1}{6}$$

$$D_x = \begin{vmatrix} \frac{2}{7} & \frac{1}{6} \\ \frac{1}{7} & \frac{5}{6} \end{vmatrix} = \frac{2}{7} \cdot \frac{5}{6} - \frac{1}{7} \cdot \frac{1}{6} = \frac{10}{42} - \frac{1}{42} = \frac{3}{14}$$

$$D_y = \begin{vmatrix} \frac{1}{3} & \frac{2}{7} \\ \frac{2}{3} & \frac{1}{7} \end{vmatrix} = \frac{1}{3} \cdot \frac{1}{7} - \frac{2}{3} \cdot \frac{2}{7} = \frac{1}{21} - \frac{4}{21} = -\frac{1}{7}$$

Berechnen der Lösung:

$$x = \frac{D_x}{D_N} = \frac{\frac{3}{14}}{\frac{1}{6}} = \frac{3}{14} \cdot \frac{6}{1} = \frac{9}{7}; \quad y = \frac{D_y}{D_N} = \frac{-\frac{1}{7}}{\frac{1}{6}} = -\frac{1}{7} \cdot \frac{6}{1} = -\frac{6}{7}$$

Die Lösungsmenge ist $\mathbb{L} = \left\{\left(\frac{9}{7} \,\middle|\, -\frac{6}{7}\right)\right\}$.

d) Lösen mit dem Determinantenverfahren:

$$\begin{aligned} & \frac{1}{4}x + \frac{3}{2}y = \frac{1}{2} \\ \wedge\ & \frac{2}{9}x + \frac{4}{3}y - \frac{4}{9} = 0 \quad \left| + \frac{4}{9} \right. \end{aligned}$$

Bringe Gleichung II auf die Form $ax + by = c$.

$$\Leftrightarrow \quad \begin{aligned} & \frac{1}{4}x + \frac{3}{2}y = \frac{1}{2} \\ \wedge\ & \frac{2}{9}x + \frac{4}{3}y = \frac{4}{9} \end{aligned}$$

Es gilt:
$a_1 = \frac{1}{4}; b_1 = \frac{3}{2}; c_1 = \frac{1}{2}$
$a_2 = \frac{2}{9}; b_2 = \frac{4}{3}; c_2 = \frac{4}{9}$

Berechnen der Determinanten:

$$D_N = \begin{vmatrix} \frac{1}{4} & \frac{3}{2} \\ \frac{2}{9} & \frac{4}{3} \end{vmatrix} = \frac{1}{4}\cdot\frac{4}{3} - \frac{2}{9}\cdot\frac{3}{2} = \frac{1}{3} - \frac{1}{3} = 0$$

$$D_x = \begin{vmatrix} \frac{1}{2} & \frac{3}{2} \\ \frac{4}{9} & \frac{4}{3} \end{vmatrix} = \frac{1}{2}\cdot\frac{4}{3} - \frac{4}{9}\cdot\frac{3}{2} = \frac{2}{3} - \frac{2}{3} = 0$$

$$D_y = \begin{vmatrix} \frac{1}{4} & \frac{1}{2} \\ \frac{2}{9} & \frac{4}{9} \end{vmatrix} = \frac{1}{4}\cdot\frac{4}{9} - \frac{2}{9}\cdot\frac{1}{2} = \frac{1}{9} - \frac{1}{9} = 0$$

Da die Nennerdeterminante und beide Zählerdeterminanten **null** sind, hat das Gleichungssystem **unendlich viele Lösungen**. Berechnen der Lösungsmenge:

$$\frac{1}{4}x + \frac{3}{2}y = \frac{1}{2} \quad \left| -\frac{1}{4}x \right.$$

$$\Leftrightarrow \quad \frac{3}{2}y = -\frac{1}{4}x + \frac{1}{2} \quad \left| \cdot\frac{2}{3} \right.$$

$$\Leftrightarrow \quad y = -\frac{1}{6}x + \frac{1}{3}$$

$\mathbb{L} = \left\{(x\,|\,y)\,|\,y = -\frac{1}{6}x + \frac{1}{3}\right\}$

55 a) Hier bietet sich das **Gleichsetzungsverfahren** an, da beide Gleichungen bereits nach y aufgelöst sind.

$$\begin{vmatrix} & y = 3x + 5 & \text{(I)} \\ \wedge & y = -2x + 8 & \text{(II)} \end{vmatrix}$$

Setze die rechten Seiten gleich.

Gleichsetzen liefert:

$$3x + 5 = -2x + 8 \quad |+2x - 5$$

$$\Leftrightarrow \quad 5x = 3$$

$$\Leftrightarrow \quad x = 0{,}6$$

Löse die Gleichung nach x auf.

Einsetzen in (I) liefert:

$y = 3\cdot 0{,}6 + 5 = 6{,}8$

$\mathbb{L} = \{(0{,}6\,|\,6{,}8)\}$

b) Hier bietet sich das **Additionsverfahren** an, da die Koeffizienten vor y bis auf das Vorzeichen übereinstimmen.

$$\begin{vmatrix} & 3x + 2y = 5 & \text{(I)} \\ \wedge & -2x - 2y = 8 & \text{(II)} \end{vmatrix}$$

Addiere die Gleichungen.

(I) + (II) liefert:

$x = 13$

Einsetzen in (I) liefert:

$$3\cdot 13+2y=5 \quad |-39$$

$$\Leftrightarrow \quad 2y=-34 \quad |:2$$

$$\Leftrightarrow \quad y=-17$$

Löse die Gleichung nach y auf.

$\mathbb{L}=\{(13|-17)\}$

c) Hier bietet sich das **Einsetzungsverfahren** an, weil Gleichung II bereits nach x aufgelöst ist.

$$\begin{array}{|lrl} & 3x-5y=-19 & \text{(I)} \\ \wedge & x=2y-5 & \text{(II)} \end{array}$$

Setze den Term für x in Gleichung I ein.

Einsetzen von (II) in (I) liefert:

$$3\cdot(2y-5)-5y=-19$$

$$\Leftrightarrow \quad 6y-15-5y=-19 \quad |+15$$

$$\Leftrightarrow \quad y=-4$$

Löse die Gleichung nach y auf.

Einsetzen in (II) liefert:

$x=2\cdot(-4)-5=-13$

$\mathbb{L}=\{(-13|-4)\}$

d) Hier bietet sich das **Determinantenverfahren** an, da einige Koeffizienten Dezimalzahlen mit mehreren Nachkommastellen („krumme" Zahlen) sind.

$$\begin{array}{|lrl} & 0{,}6x=2y+0{,}32 & |-2y \\ \wedge & -0{,}12x-y=0{,}244 & \end{array}$$

Bringe Gleichung I auf die Form $ax+by=c$.

$$\Leftrightarrow \begin{array}{|lr} & 0{,}6x-2y=0{,}32 \\ \wedge & -0{,}12x-y=0{,}244 \end{array}$$

Es gilt:
$a_1=0{,}6$; $b_1=-2$; $c_1=0{,}32$
$a_2=-0{,}12$; $b_2=-1$; $c_2=0{,}244$

Beide Gleichungen haben die Form $ax+by=c$. Für die Determinanten gilt:

$$D_N=\begin{vmatrix} 0{,}6 & -2 \\ -0{,}12 & -1 \end{vmatrix}=0{,}6\cdot(-1)-(-0{,}12)\cdot(-2)=-0{,}84$$

$$D_x=\begin{vmatrix} 0{,}32 & -2 \\ 0{,}244 & -1 \end{vmatrix}=0{,}32\cdot(-1)-0{,}244\cdot(-2)=0{,}168$$

$$D_y=\begin{vmatrix} 0{,}6 & 0{,}32 \\ -0{,}12 & 0{,}244 \end{vmatrix}=0{,}6\cdot 0{,}244-(-0{,}12)\cdot 0{,}32=0{,}1848$$

Berechnen der Lösung:

$$x=\frac{D_x}{D_N}=\frac{0{,}168}{-0{,}84}=-0{,}2; \quad y=\frac{D_y}{D_N}=\frac{0{,}1848}{-0{,}84}=-0{,}22$$

$\mathbb{L}=\{(-0{,}2|-0{,}22)\}$

e) Hier bietet sich das **Additionsverfahren** an, weil nach nur einer Umformung die Koeffizienten vor x bis auf das Vorzeichen übereinstimmen.

$$\left| \begin{array}{l} 4x + 3y = 8 \\ \wedge\ 2x + 5y = -3 \quad |\cdot(-2) \end{array} \right.$$

Multipliziere Gleichung II so, dass die Koeffizienten vor x bis auf das Vorzeichen gleich sind.

$$\Leftrightarrow \left| \begin{array}{ll} \mathbf{4x} + 3y = 8 & (I) \\ \wedge\ \mathbf{-4x} - 10y = 6 & (II) \end{array} \right.$$

Addiere die Gleichungen.

(I) + (II) liefert:

$$-7y = 14 \quad |:(-7)$$
$$\Leftrightarrow \quad y = -2$$

Löse die Gleichung nach y auf.

Einsetzen in (I) liefert:

$$4x + 3\cdot(-2) = 8 \quad |+6$$
$$\Leftrightarrow \quad 4x = 14 \quad |:4$$
$$\Leftrightarrow \quad x = 3{,}5$$

Setze $y = -2$ in Gleichung I ein.

$\mathbb{L} = \{(3{,}5\,|\,-2)\}$

f) Hier bietet sich das **Determinantenverfahren** an, da einige Koeffizienten Wurzeln („krumme" Zahlen) sind.

$$\left| \begin{array}{l} \sqrt{6}x + 4y = 0 \\ \wedge\ -3x + \sqrt{6}y + 5 = -31 \quad |-5 \end{array} \right.$$

Bringe zunächst Gleichung II auf die Form $ax + by = c$.

$$\Leftrightarrow \left| \begin{array}{l} \sqrt{6}x + 4y = 0 \\ \wedge\ -3x + \sqrt{6}y = -36 \end{array} \right.$$

Es gilt:
$a_1 = \sqrt{6}; b_1 = 4; c_1 = 0$
$a_2 = -3; b_2 = \sqrt{6}; c_2 = -36$

Berechnen der Determinanten:

$$D_N = \begin{vmatrix} \sqrt{6} & 4 \\ -3 & \sqrt{6} \end{vmatrix} = \sqrt{6}\cdot\sqrt{6} - (-3)\cdot 4 = 18$$

$$D_x = \begin{vmatrix} 0 & 4 \\ -36 & \sqrt{6} \end{vmatrix} = 0\cdot\sqrt{6} - (-36)\cdot 4 = 144$$

$$D_y = \begin{vmatrix} \sqrt{6} & 0 \\ -3 & -36 \end{vmatrix} = \sqrt{6}\cdot(-36) - (-3)\cdot 0 = -36\sqrt{6}$$

Berechnen der Lösung:

$$x = \frac{D_x}{D_N} = \frac{144}{18} = 8; \quad y = \frac{D_y}{D_N} = \frac{-36\sqrt{6}}{18} = -2\sqrt{6}$$

Da $(8\,|\,-2\sqrt{6}) \notin \mathbb{Q}\times\mathbb{Q}$ ist, also **nicht** zur Grundmenge gehört, ist $\mathbb{L} = \emptyset$.

56 Benennen der Variablen:
x: Anzahl gekaufter Riegel
y: Gesamtkosten in €

Funktionsgleichung für die Kosten im Dorf:

$y = 1\cdot x \quad$ (I)

Jeder Riegel kostet 1,00 €.

Funktionsgleichung für die Kosten in der Stadt:

$y = 0{,}50 \cdot x + 2 \cdot 1{,}00$

$y = 0{,}5 \cdot x + 2 \qquad \text{(II)}$

Jeder Riegel kostet 0,50 €. Hinzu kommen die Kosten für Hin- und Rückfahrt (jeweils 1,00 €).

Zeichnen der zugehörigen Geraden:

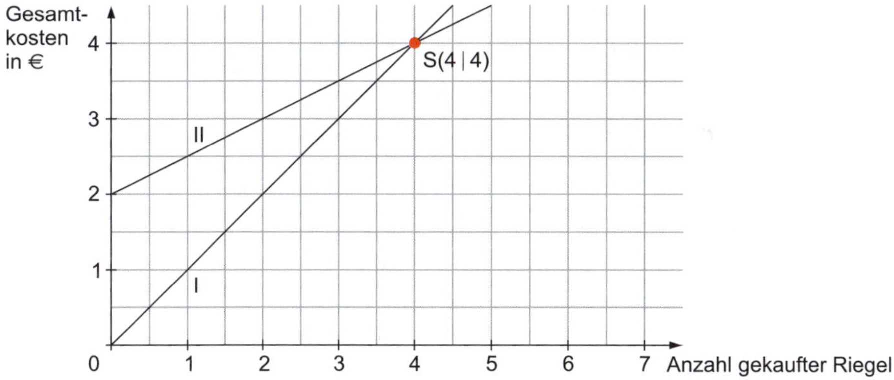

Interpretation des Schnittpunktes:
Der Schnittpunkt S(4 | 4) bedeutet, dass Fabian insgesamt gleich viel bezahlt, wenn er x = 4 Riegel im Dorf bzw. in der Stadt kauft, nämlich y = 4 €.

Probe am Text:

Kosten für 4 Riegel im Dorf: $1\,€ \cdot 4 = 4\,€$

Kosten für 4 Riegel in der Stadt: $0{,}5\,€ \cdot 4 + 2\,€ = 4\,€$

Antwort: Die Fahrt in die Stadt lohnt sich nur, wenn er mindestens **5 Riegel** kauft.

57 a) Paula telefoniert im Monat $2\text{ h} = 2 \cdot 60\text{ min} = 120\text{ min}$.

- Preis im Monat bei Tarif A:

$$120\text{ min} \cdot 0{,}01\,\frac{€}{\text{min}} + 9{,}90\,€ = 1{,}20\,€ + 9{,}90\,€ = 11{,}10\,€$$

Paula zahlt 1 ct = 0,01 € pro min und telefoniert 120 min. Dazu kommen 9,90 € Grundgebühr.

- Preis im Monat bei Tarif B:

$$120\text{ min} \cdot 0{,}07\,\frac{€}{\text{min}} = 8{,}40\,€$$

Paula zahlt 7 ct = 0,07 € pro min und telefoniert 120 min. Sie muss keine Grundgebühr zahlen.

Antwort: Paula sollte **Tarif B** wählen.

b) Benennen der Variablen:

x: Anzahl der Gesprächsminuten

y: Gesamtkosten in €

Lineares Gleichungssystem (ohne Einheiten):

$$\begin{array}{|ll} & y = 0{,}01x + 9{,}90 \\ \wedge & y = 0{,}07x \\ \hline \end{array}$$

Tarif A: 0,01 € pro min plus 9,90 €

Tarif B: 0,07 € pro min

Lösen mit dem Gleichsetzungsverfahren:

$$\begin{array}{|ll} & y = 0{,}01x + 9{,}90 \quad \text{(I)} \\ \wedge & y = 0{,}07x \quad \text{(II)} \end{array}$$

Setze die rechten Seiten gleich.

Gleichsetzen liefert:

$$\begin{aligned} & 0{,}01x + 9{,}90 = 0{,}07x && \mid -0{,}01x \\ \Leftrightarrow \quad & 9{,}90 = 0{,}06x && \mid :0{,}06 \\ \Leftrightarrow \quad & x = 165 \end{aligned}$$

Löse die Gleichung nach x auf.

Vertausche die Seiten, damit x auf der linken Seite steht.

Einsetzen in (II) liefert:

$y = 0{,}07 \cdot 165 = 11{,}55$

$\mathbb{L} = \{(165 \mid 11{,}55)\}$

Probe am Text:

Kosten für 165 min bei Tarif A: 0,01 € · 165 + 9,90 € = 11,55 €

Kosten für 165 min bei Tarif B: 0,07 € · 165 = 11,55 €

Antwort: Bei **165 Minuten** sind die Kosten bei beiden Tarifen **11,55 €**.

58 Benennen der Variablen:

x: Preis für einen Döner in €

y: Preis für ein Stück Pizza in €

Lineares Gleichungssystem (ohne Einheiten):

$$\begin{array}{|ll} & 1 \cdot x + 1 \cdot y = 7 \\ \wedge & 3 \cdot x + 1 \cdot y = 16 \end{array}$$

Simon: 1 Döner und 1 Stück Pizza für 7 €

Jorina: 3 Döner und 1 Stück Pizza für 16 €

Lösen mit dem Additionsverfahren:

$$\begin{array}{|ll} & x + y = 7 \\ \wedge & 3x + y = 16 \quad \mid \cdot(-1) \end{array}$$

Multipliziere Gleichung II so, dass die Koeffizienten vor y bis auf das Vorzeichen gleich sind.

$$\Leftrightarrow \begin{array}{|ll} & x + y = 7 \quad \text{(I)} \\ \wedge & -3x - y = -16 \quad \text{(II)} \end{array}$$

Addiere die Gleichungen.

(I) + (II) liefert:

$$\begin{aligned} & -2x = -9 && \mid :(-2) \\ \Leftrightarrow \quad & x = 4{,}5 \end{aligned}$$

Löse die Gleichung nach x auf.

Einsetzen in (I) liefert:

$$\begin{aligned} & 4{,}5 + y = 7 && \mid -4{,}5 \\ \Leftrightarrow \quad & y = 2{,}5 \end{aligned}$$

$\mathbb{L} = \{(4{,}5 \mid 2{,}5)\}$

Probe am Text:

Preis für 1 Döner und 1 Stück Pizza: 1 · 4,50 € + 1 · 2,50 € = 7 €

Preis für 3 Döner und 1 Stück Pizza: 3 · 4,50 € + 1 · 2,50 € = 16 €

Antwort: Ein Döner kostet **4,50 €** und ein Stück Pizza kostet **2,50 €**.

59 Benennen der Variablen:
x: Alter von Lisa heute
y: Alter von Lisas Opa heute

Aufstellen des linearen Gleichungssystems:

$$\begin{vmatrix} & y = 13 \cdot x \\ \wedge & y + 10 = 5 \cdot (x + 10) \end{vmatrix}$$

Lisas Opa ist 13-mal so alt wie Lisa.
In 10 Jahren ist Lisas Opa 5-mal so alt wie sie. Lisa ist dann (x + 10) Jahre und ihr Opa (y + 10) Jahre alt.

Lösen mit dem Einsetzungsverfahren:

$$\begin{vmatrix} & y = 13x & \text{(I)} \\ \wedge & y + 10 = 5x + 50 & \text{(II)} \end{vmatrix}$$

Setze den Term für y in Gleichung II ein.

Einsetzen von (I) in (II) liefert:

$$\begin{aligned} & 13x + 10 = 5x + 50 \quad && |-5x - 10 \\ \Leftrightarrow \quad & 8x = 40 && |:8 \\ \Leftrightarrow \quad & x = 5 \end{aligned}$$

Löse die Gleichung nach x auf.

Einsetzen in (I) liefert:
$y = 13 \cdot 5 = 65$

$\mathbb{L} = \{(5|65)\}$

Probe am Text:
Alter von Lisas Opa: 65 Jahre = 13 · 5 Jahre
Alter von Lisa in 10 Jahren: 5 Jahre + 10 Jahre = 15 Jahre
Alter von Lisas Opa in 10 Jahren: 75 Jahre = 5 · 15 Jahre

Antwort: Lisa ist **5 Jahre** alt und ihr Opa ist **65 Jahre** alt.

60 Benennen der Variablen:
x: Anzahl von Annas Gummibärchen
y: Anzahl von Jans Gummibärchen

Lineares Gleichungssystem:

$$\begin{vmatrix} & y = 2 \cdot x \\ \wedge & y + 1 = 3 \cdot (x - 1) \end{vmatrix}$$

Jan hat doppelt so viele Gummibärchen wie Anna.
Wenn Anna 1 Gummibärchen an Jan abgibt, hat sie (x – 1) und Jan (y + 1) Gummibärchen. Jan hat dann dreimal so viele Gummibärchen wie Anna.

Lösen mit dem Einsetzungsverfahren:

$$\begin{vmatrix} & y = 2x & \text{(I)} \\ \wedge & y + 1 = 3x - 3 & \text{(II)} \end{vmatrix}$$

Setze den Term für y in Gleichung II ein.

Einsetzen von (I) in (II) liefert:

$$\begin{aligned} & 2x + 1 = 3x - 3 \quad && |-2x + 3 \\ \Leftrightarrow \quad & x = 4 \end{aligned}$$

Löse die Gleichung nach x auf.

Einsetzen in (I) liefert:
$y = 2 \cdot 4 = 8$

$\mathbb{L} = \{(4|8)\}$

Probe am Text:
Anna hat 4 und Jan 8 Gummibärchen, also doppelt so viele wie Anna. Gibt Anna eines an Jan ab, hat sie 3 und er 9 Gummibärchen, also dreimal so viele wie sie.

Antwort: Zusammen haben Anna und Jan $4+8=$ **12 Gummibärchen**.

Hinweis: Lies immer noch einmal in der Aufgabenstellung nach, was gesucht ist!

61 Benennen der Variablen:
x: Anzahl der Einzelzimmer
y: Anzahl der Doppelzimmer

Lineares Gleichungssystem:

$$\left| \begin{aligned} x+y&=48 \\ \wedge\ \ 1\cdot x+\mathbf{2}\cdot y&=90 \end{aligned} \right.$$

Das Hotel hat insgesamt 48 Zimmer.
Es sind 90 Betten. Jedes der x Einzelzimmer hat 1 Bett, jedes der y Doppelzimmer hat **2** Betten.

Lösen mit dem Additionsverfahren:

$$\left| \begin{aligned} x+y&=48 \quad &&|\cdot(-1) \\ \wedge\ \ x+2y&=90 \end{aligned} \right.$$

Multipliziere Gleichung I so, dass die Koeffizienten vor x bis auf das Vorzeichen gleich sind.

$$\Leftrightarrow \left| \begin{aligned} -x-y&=-48 \quad &&(I) \\ \wedge\ \ x+2y&=90 \quad &&(II) \end{aligned} \right.$$

Addiere die Gleichungen.

(I) + (II) liefert:
$y=42$

Das Hotel hat also 42 Doppelzimmer.

Einsetzen in (I) liefert:

$$\begin{aligned} -x-42&=-48 \quad &&|+x+48 \\ \Leftrightarrow \quad x&=6 \end{aligned}$$

Das Hotel hat also 6 Einzelzimmer.

$\mathbb{L}=\{(6|42)\}$

Probe am Text:
Anzahl der Zimmer: 6 Zimmer + 42 Zimmer = 48 Zimmer
Anzahl der Betten: 6 Betten + $2\cdot 42$ Betten = 90 Betten

Berechnung der Einnahmen bei Vollbelegung:

$$\begin{aligned} 6\cdot 110\,€+42\cdot 2\cdot 75\,€ &= 660\,€+6\,300\,€ \\ &= 6\,960\,€ \end{aligned}$$

Der Preis ist pro Person, daher kostet ein mit 2 Personen belegtes Doppelzimmer $2\cdot 75$ €.

Antwort: Sie betragen **6 960 €**.

62 Benennen der Variablen:
x: Länge der einen Rechteckseite
y: Länge der anderen Rechteckseite

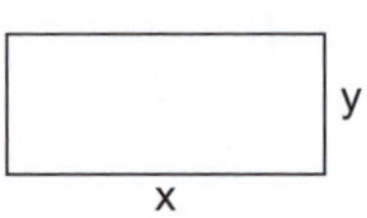

Lineares Gleichungssystem (ohne Einheiten):

$$\left| \begin{aligned} 2\cdot x+2\cdot y&=23 \\ \wedge\ \ x&=2y-2 \end{aligned} \right.$$

Das Rechteck hat einen Umfang von 23 cm.
Eine Seite ist um 2 cm kürzer als das Doppelte der anderen Seite.

Lösen mit dem Einsetzungsverfahren:

$$\begin{array}{lrl} & 2x+2y=23 & \text{(I)} \\ \wedge & x=2y-2 & \text{(II)} \end{array}$$

Setze den Term für x in Gleichung I ein.

Einsetzen von (II) in (I) liefert:

$$\begin{array}{lrl} & 2\cdot(2y-2)+2y=23 & \\ \Leftrightarrow & 4y-4+2y=23 & |+4 \\ \Leftrightarrow & 6y=27 & |:6 \\ \Leftrightarrow & y=4{,}5 & \end{array}$$

Löse die Gleichung nach y auf.

Einsetzen in (II) liefert:

$x=2\cdot 4{,}5-2=7$

$\mathbb{L}=\{(7\,|\,4{,}5)\}$

Probe am Text:

Umfang des Rechtecks: $2\cdot 7\text{ cm}+2\cdot 4{,}5\text{ cm}=23\text{ cm}$

Länge der einen Seite: $7\text{ cm}=2\cdot 4{,}5\text{ cm}-2\text{ cm}$

Antwort: Die Seitenlängen des Rechtecks sind **7 cm** und **4,5 cm**.

63 Benennen der Variablen:

α: Winkelmaß des einen Winkels

β: Winkelmaß des anderen Winkels

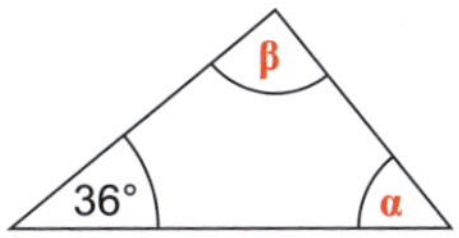

Lineares Gleichungssystem:

$$\begin{array}{lr} & \beta=2\cdot\alpha \\ \wedge & \alpha+\beta+36^\circ=180^\circ \end{array}$$

Ein Winkel ist doppelt so groß wie der andere.

Die Innenwinkelsumme im Dreieck liefert die zweite Gleichung.

Lösen mit dem Einsetzungsverfahren:

$$\begin{array}{lrl} & \beta=2\alpha & \text{(I)} \\ \wedge & \alpha+\beta+36^\circ=180^\circ & \text{(II)} \end{array}$$

Setze den Term für β in Gleichung II ein.

Einsetzen von (I) in (II) liefert:

$$\begin{array}{lrl} & \alpha+2\alpha+36^\circ=180^\circ & |-36^\circ \\ \Leftrightarrow & 3\alpha=144^\circ & |:3 \\ \Leftrightarrow & \alpha=48^\circ & \end{array}$$

Löse die Gleichung nach α auf.

Einsetzen in (I) liefert:

$\beta=2\cdot 48^\circ=96^\circ$

$\mathbb{L}=\{(48^\circ\,|\,96^\circ)\}$

Probe am Text:

Der Winkel α beträgt 48° und der Winkel β ist 96°, also doppelt so groß wie α. Die drei Winkel erfüllen mit $48^\circ+96^\circ+36^\circ=180^\circ$ die Innenwinkelsumme im Dreieck.

Antwort: Die drei Winkel im Dreieck betragen **36°**, **48°** und **96°**.

64 Benennen der Variablen:

x: Länge der rechteckigen Grundfläche in cm

y: Breite der rechteckigen Grundfläche in cm

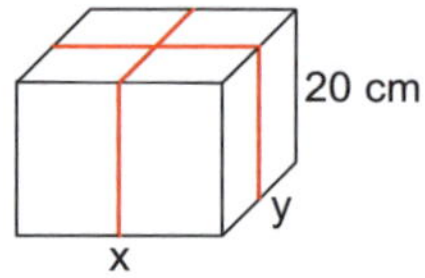

Lineares Gleichungssystem (ohne Einheiten):

$$\begin{vmatrix} x = 1{,}5 \cdot y \\ \wedge \; 2 \cdot x + 2 \cdot y + 4 \cdot 20 + 20 = 200 \end{vmatrix}$$

Das Paket ist 1,5-mal so lang wie breit.

Verlauf der 2 m = 200 cm langen Paketschnur:

$\underset{\text{oben und unten}}{2} \cdot x + \underset{\text{oben und unten}}{2} \cdot y + \underset{\text{vorne, hinten, links, rechts}}{4} \cdot 20 + \underset{\text{Knoten und Schleife}}{20} = 200$

Lösen mit dem Einsetzungsverfahren:

$$\begin{vmatrix} x = 1{,}5y & \text{(I)} \\ \wedge \; 2x + 2y + 100 = 200 & \text{(II)} \end{vmatrix}$$

Setze den Term für x in Gleichung II ein.

Einsetzen von (I) in (II) liefert:

$$\begin{aligned} & 2 \cdot 1{,}5y + 2y + 100 = 200 \quad |-100 \\ \Leftrightarrow \quad & 5y = 100 \quad |:5 \\ \Leftrightarrow \quad & y = 20 \end{aligned}$$

Löse die Gleichung nach y auf.

Das Paket ist also 20 cm breit.

Einsetzen in (I) liefert:

$x = 1{,}5 \cdot 20 = 30$

Das Paket ist also 30 cm lang.

$\mathbb{L} = \{(30|20)\}$

Probe am Text:

Das Paket ist 20 cm breit und wegen $1{,}5 \cdot 20$ cm = 30 cm eineinhalbmal so lang wie breit. Addiert man die benötigten Teilstücke der Paketschnur, erhält man $2 \cdot 30\text{ cm} + 2 \cdot 20\text{ cm} + 4 \cdot 20\text{ cm} + 20\text{ cm} = 200\text{ cm} = 2\text{ m}$.

Berechnung des Volumens des Pakets:

$V = x \cdot y \cdot 20\text{ cm} = 30\text{ cm} \cdot 20\text{ cm} \cdot 20\text{ cm} = 12\,000\text{ cm}^3 = 12\text{ dm}^3 = 12\ \ell$

Antwort: Das Paket hat ein Volumen von **12 ℓ**.

65 Benennen der Variablen:

x: Goldmenge mit dem Feingehalt 750 in g

y: Goldmenge mit dem Feingehalt 333 in g

Umrechnen der Feingehalte:

$\frac{750}{1\,000} = 0{,}75; \quad \frac{333}{1\,000} = 0{,}333; \quad \frac{585}{1\,000} = 0{,}585$

Lineares Gleichungssystem (ohne Einheiten):

$$\begin{vmatrix} x + y = 13{,}9 \\ \wedge \; 0{,}75 \cdot x + 0{,}333 \cdot y = 0{,}585 \cdot 13{,}9 \end{vmatrix}$$

Das verschmolzene Gold soll 13,9 g wiegen.

Addierst du den Goldgehalt der Goldsorten, erhältst du den Goldgehalt der Mischung.

Lösen mit dem Determinantenverfahren:

$$\begin{vmatrix} x + y = 13{,}9 \\ \wedge \; 0{,}75x + 0{,}333y = 8{,}1315 \end{vmatrix}$$

Es gilt:

$a_1 = 1;\ b_1 = 1;\ c_1 = 13{,}9$

$a_2 = 0{,}75;\ b_2 = 0{,}333;\ c_2 = 8{,}1315$

Beide Gleichungen haben die Form ax + by = c. Für die Determinanten gilt:

$$D_N = \begin{vmatrix} 1 & 1 \\ 0,75 & 0,333 \end{vmatrix} = 1 \cdot 0,333 - 0,75 \cdot 1 = -0,417$$

$$D_x = \begin{vmatrix} 13,9 & 1 \\ 8,1315 & 0,333 \end{vmatrix} = 13,9 \cdot 0,333 - 8,1315 \cdot 1 = -3,5028$$

$$D_y = \begin{vmatrix} 1 & 13,9 \\ 0,75 & 8,1315 \end{vmatrix} = 1 \cdot 8,1315 - 0,75 \cdot 13,9 = -2,2935$$

Berechnen der Lösung:

$$x = \frac{D_x}{D_N} = \frac{-3,5028}{-0,417} = 8,4; \quad y = \frac{D_y}{D_N} = \frac{-2,2935}{-0,417} = 5,5$$

$\mathbb{L} = \{(8,4 \mid 5,5)\}$

Probe am Text:

Gewicht des verschmolzenen Goldes: 8,4 g + 5,5 g = 13,9 g

Feingehalt des verschmolzenen Goldes: 0,75 · 8,4 g + 0,333 · 5,5 g = 8,1315 g

Antwort: Der Goldschmied muss **8,4 g** vom Gold mit dem Feingehalt 750 mit **5,5 g** vom Gold mit dem Feingehalt 333 verschmelzen.

66 *Beachte:* Reiner Saft hat 100 % Fruchtgehalt und Mineralwasser 0 % Fruchtgehalt.

Benennen der Variablen:

x: Menge des Mineralwassers

y: Menge der Apfelschorle

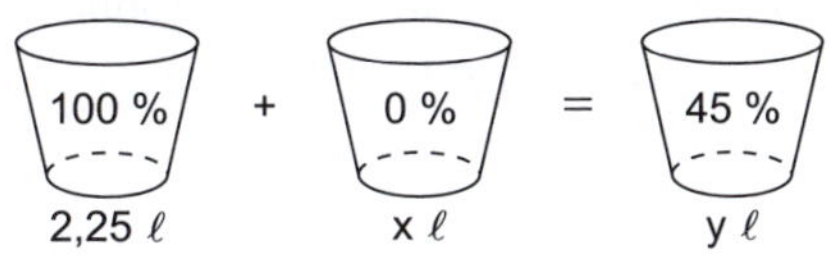

Umrechnen der Fruchtgehalte:

$$100\,\% = \frac{100}{100} = 1; \quad 0\,\% = \frac{0}{100} = 0; \quad 45\,\% = \frac{45}{100} = 0,45$$

Lineares Gleichungssystem (ohne Einheiten):

$$\begin{vmatrix} 2,25 + x = y \\ \wedge\ 1 \cdot 2,25 + 0 \cdot x = 0,45 \cdot y \end{vmatrix}$$

Es werden 2,25 ℓ Apfelsaft mit x ℓ Mineralwasser zu y ℓ Apfelschorle gemischt. Addierst du die Fruchtgehalte von Saft und Wasser, erhältst du den der Schorle.

Lösen des Gleichungssystems:

$$\begin{vmatrix} 2,25 + x = y \\ \wedge\ 2,25 = 0,45y \end{vmatrix} \quad |:0,45$$

Löse Gleichung II nach y auf.

$$\Leftrightarrow \begin{vmatrix} 2,25 + x = y & \text{(I)} \\ \wedge\ y = 5 & \text{(II)} \end{vmatrix}$$

Setze y = 5 in Gleichung I ein.

Einsetzen in (I) liefert:

$$2,25 + x = 5 \quad |-2,25$$

$$\Leftrightarrow x = 2,75$$

$\mathbb{L} = \{(2,75 \mid 5)\}$

Probe am Text:
Menge an Apfelschorle: $2{,}25\ \ell + 2{,}75\ \ell = 5\ \ell$
Fruchtgehalt der Apfelschorle: $1 \cdot 2{,}25\ \ell + 0 \cdot 2{,}75\ \ell = 2{,}25\ \ell = 0{,}45 \cdot 5\ \ell$

Antwort: Lara muss **2,75 ℓ** Mineralwasser hinzugeben, um **5 ℓ** Apfelschorle mit einem Fruchtgehalt von 45 % zu erhalten.

67 *Hinweis:* Beachte, dass das Gesamtgewicht zwar größer wird, dass die Mengengleichung aber keine Variable enthält. Daher musst du anhand des Textes die zweite Gleichung finden. Lies also genau, welche Informationen noch gegeben sind.

Benennen der Variablen:
x %: Erdbeeranteil im ursprünglichen Joghurt
y %: Erdbeeranteil in der Mischung

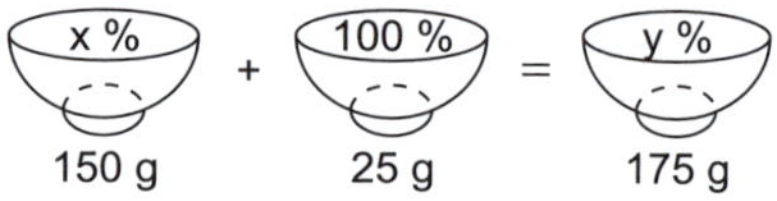

Erdbeeranteil (ohne Einheiten):

$$\frac{x}{100} \cdot 150 + \frac{100}{100} \cdot 25 = \frac{y}{100} \cdot 175$$

$$\Leftrightarrow \quad 1{,}5x + 25 = 1{,}75y \quad \text{(I)}$$

Addierst du den Erdbeeranteil des ursprünglichen Joghurts mit dem Erdbeeranteil der Erdbeeren, erhältst du den Erdbeeranteil der Mischung.

Prozentuale Änderung (ohne Einheiten):

$y = 8 \cdot x$ (II)

Der prozentuale Erdbeeranteil verachtfacht sich.

Lineares Gleichungssystem (ohne Einheiten):

$$\begin{array}{|ll} & 1{,}5x + 25 = 1{,}75y \\ \wedge & y = 8x \end{array}$$

Erdbeeranteil
prozentuale Änderung

Lösen mit dem Einsetzungsverfahren:

$$\begin{array}{|lll} & 1{,}5x + 25 = 1{,}75y & \text{(I)} \\ \wedge & y = 8x & \text{(II)} \end{array}$$

Setze den Term für y in Gleichung I ein.

Einsetzen von (II) in (I) liefert:

$$\begin{aligned} & 1{,}5x + 25 = 1{,}75 \cdot 8x && |-1{,}5x \\ \Leftrightarrow\ & 25 = 12{,}5x && |:12{,}5 \\ \Leftrightarrow\ & x = 2 \end{aligned}$$

Löse die Gleichung nach x auf.

Einsetzen in (II) liefert:
$y = 8 \cdot 2 = 16$

$\mathbb{L} = \{(2 \mid 16)\}$

Probe am Text:
Erdbeeranteil der Mischung: $1{,}5 \cdot 2\text{ g} + 25\text{ g} = 28\text{ g} = 1{,}75 \cdot 16\text{ g}$
prozentualer Erdbeeranteil im Joghurt: 2 %
prozentualer Erdbeeranteil der Mischung: 16 % = 8 · 2 %

Antwort: Der prozentuale Erdbeeranteil im ursprünglichen Joghurt lag bei **2 %**.

68 *Hinweis:* Es handelt sich um eine **Überholaufgabe**:

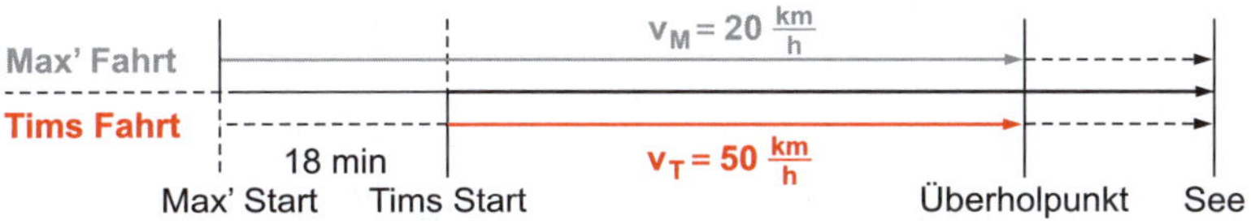

Benennen der Variablen:
x: Anzahl der Stunden, die Max unterwegs ist
y: Entfernung von Tims Zuhause in km

Lineares Gleichungssystem (ohne Einheiten):

$$\left|\begin{array}{l} y = 20x \\ \wedge\ \ y = 50\cdot(x-0{,}3) \end{array}\right.$$

Max' Geradengleichung: $y = m_M \cdot (x - x_M) + y_M$

- Steigung $m_M = 20$, weil Max $20\ \frac{km}{h}$ fährt.
- Startpunkt M(0 | 0), weil Max nach $x_M = 0$ h bei Tim zu Hause startet ($y_M = 0$).

Tims Geradengleichung: $y = m_T \cdot (x - x_T) + y_T$

- Steigung $m_T = 50$, weil Tim $50\ \frac{km}{h}$ fährt.
- Startpunkt T(0,3 | 0), weil Tim 18 min = 0,3 h nach Max startet, also bei $x_T = 0{,}3$ ($y_T = 3$ km).

Lösen mit dem Gleichsetzungsverfahren:

$$\left|\begin{array}{ll} y = 20x & \text{(I)} \\ \wedge\ \ y = 50x - 15 & \text{(II)} \end{array}\right.$$

Setze die rechten Seiten gleich.

Gleichsetzen liefert:

$$\begin{array}{rll} & 20x = 50x - 15 & |-50x \\ \Leftrightarrow & -30x = -15 & |:(-30) \\ \Leftrightarrow & x = 0{,}5 & \end{array}$$

Löse die Gleichung nach x auf.

Einsetzen in (I) liefert:
$y = 20 \cdot 0{,}5 = 10$

$\mathbb{L} = \{(0{,}5 \mid 10)\}$

Probe am Text:

Max' Entfernung nach 0,5 h: $20\ \frac{km}{h} \cdot 0{,}5\ h = 10\ km$

Tims Entfernung nach 0,5 h: $50\ \frac{km}{h} \cdot (0{,}5\ h - 0{,}3\ h) = 10\ km$

Achtung: Max und Tim treffen sich nicht 10 km von Tims Zuhause entfernt, da der See ja nur 5 km entfernt liegt. Max kommt also vor Tim am See an.

Zeitpunkt von Tims Ankunft:

$$\begin{array}{rll} & 5 = 50x - 15 & |+15 \\ \Leftrightarrow & 20 = 50x & |:50 \\ \Leftrightarrow & x = 0{,}4 & \end{array}$$

Setze y = 5 in Tims Bewegungsgleichung ein und löse diese nach x auf.

Umrechnung in Minuten:
$0{,}4\ h = 0{,}4 \cdot 60\ min = 24\ min$

Antwort: Sie begegnen sich **24 Minuten**, nachdem Max losgefahren ist, **am See**.

69 *Hinweis:* Es handelt sich um eine **Begegnungsaufgabe**:

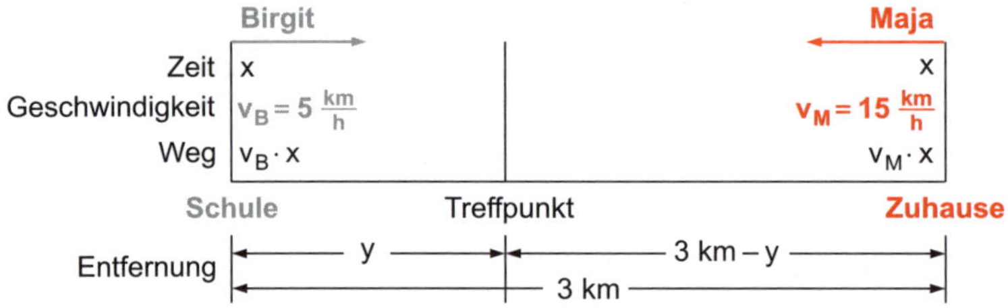

Benennen der Variablen:

x: Anzahl der Stunden, die die Schwestern unterwegs sind

y: Entfernung von der Schule in km

Lineares Gleichungssystem (ohne Einheiten):

$$\begin{vmatrix} y = 5x \\ \wedge\ y = -15x + 3 \end{vmatrix}$$

Birgits Geradengleichung: $y = m_B \cdot (x - x_B) + y_B$

- Steigung $m_B = 5$, weil sich Birgit mit $5\,\frac{km}{h}$ von der Schule entfernt.
- Startpunkt B(0 | 0), weil Birgit nach $x_B = 0$ h in der Schule startet ($y_B = 0$).

Majas Geradengleichung: $y = m_M \cdot (x - x_M) + y_M$

- Steigung $m_M = -15$, weil sich Maja mit $15\,\frac{km}{h}$ der Schule nähert.
- Startpunkt M(0 | 3), weil Maja nach $x_M = 0$ h $y_M = 3$ km von der Schule entfernt startet.

Lösen mit dem Gleichsetzungsverfahren:

$$\begin{vmatrix} y = 5x & \text{(I)} \\ \wedge\ y = -15x + 3 & \text{(II)} \end{vmatrix}$$

Setze die rechten Seiten gleich.

Gleichsetzen liefert:

$$5x = -15x + 3 \quad |+15x$$
$$\Leftrightarrow\ 20x = 3 \quad |:20$$
$$\Leftrightarrow\ x = 0{,}15$$

Löse die Gleichung nach x auf.

Einsetzen in (I) liefert:

$y = 5 \cdot 0{,}15 = 0{,}75$

$\mathbb{L} = \{(0{,}15\,|\,0{,}75)\}$

Probe am Text:

Birgits Entfernung von der Schule nach 0,15 h: $5\,\frac{km}{h} \cdot 0{,}15\text{ h} = 0{,}75\text{ km}$

Majas Entfernung von der Schule nach 0,15 h: $-15\,\frac{km}{h} \cdot 0{,}15\text{ h} + 3\text{ km} = 0{,}75\text{ km}$

Umwandlung in Minuten:

$0{,}15\text{ h} = 0{,}15 \cdot 60\text{ min} = 9\text{ min}$

Antwort: Um **14:09 Uhr** begegnen sie sich **0,75 km** von der Schule entfernt.

70 a) $\sqrt{81} = \sqrt{9^2} = \mathbf{9}$

b) $\sqrt{0{,}01} = \sqrt{0{,}1^2} = \mathbf{0{,}1}$ *oder* $\sqrt{0{,}01} = \sqrt{1^2 \cdot 10^{-2}} = 1 \cdot 10^{-1} = \mathbf{0{,}1}$

c) $\sqrt{1{,}21} = \sqrt{1{,}1^2} = \mathbf{1{,}1}$ *oder* $\sqrt{1{,}21} = \sqrt{121 \cdot 10^{-2}} = 11 \cdot 10^{-1} = \mathbf{1{,}1}$

d) $\sqrt{250\,000} = \sqrt{500^2} = \mathbf{500}$ *oder* $\sqrt{250\,000} = \sqrt{25 \cdot 10^4} = 5 \cdot 10^2 = \mathbf{500}$

71 a) $\sqrt{3 + \sqrt{\frac{7}{\sqrt{5}}}} = 2{,}1838\ldots \approx \mathbf{2{,}184}$

Evtl. musst du eingeben: $\sqrt{\ }(3 + \sqrt{\ }(7 \div \sqrt{\ }(5)))$

b) $\sqrt{4{,}25^2 - 6{,}12 \cdot 3{,}58} =$ ↯

Hier kannst du die Wurzel nicht ziehen, da gilt:
$4{,}25^2 - 6{,}12 \cdot 3{,}58 = -3{,}8471 \mathbf{< 0}$
Dein Taschenrechner gibt dir hier entweder eine Fehlermeldung oder einen Term mit einem **i** aus.

72 a) $8 = \sqrt{8^2} = \mathbf{\sqrt{64}}$

b) $x^2 = \sqrt{(x^2)^2} = \mathbf{\sqrt{x^4}}$

c) $x + 2 = \mathbf{\sqrt{(x+2)^2}}$

$= \mathbf{\sqrt{x^2 + 4x + 4}}$

Wende die 1. binomische Formel an.

Diese Umformung kannst du auch weglassen.

d) $-3 = -\sqrt{3^2} = \mathbf{-\sqrt{9}}$

Richtig wäre auch: Es gibt keine Lösung, da man negative Zahlen nicht als Wurzeln darstellen kann. Das Minus vor der Wurzel ist eine Art „Notlösung".

73 a) $\sqrt{4\mathbf{9}} = 7$

Denn: $7 = \sqrt{7^2} = \sqrt{49}$

b) $\sqrt{0{,}36} = \mathbf{0},6$

Denn: $0{,}36 = 0{,}6^2$

c) $\sqrt{2\mathbf{5}6} = \mathbf{16}$

Denn: $\sqrt{256} = \sqrt{16^2} = 16$

d) $\sqrt{\frac{16}{\mathbf{100}}} = \frac{2}{5}$

Denn: $\frac{2}{5} = \sqrt{\left(\frac{2}{5}\right)^2} = \sqrt{\frac{4}{25}} = \sqrt{\frac{4 \cdot 4}{25 \cdot 4}} = \sqrt{\frac{16}{100}}$

74 a) Lösen der Gleichung:

$x^2 - 9 = 0 \quad | +9$

$\Leftrightarrow \quad x^2 = 9 \quad | \sqrt{\ }$

$\Rightarrow \quad x = \pm 3$

Es gilt: $(-3)^2 = 9$ **und** $3^2 = 9$

$\mathbb{L} = \{-3; 3\}$

oder

$$x^2 - 9 = 0$$
$$\Leftrightarrow \quad (x+3)\cdot(x-3) = 0$$
$$\Leftrightarrow \quad x = -3 \lor x = 3$$

$\mathbb{L} = \{-3; 3\}$

Wende die 3. binomische Formel an.

Ein Produkt ist null, wenn mindestens einer der Faktoren null ist. ∨ bedeutet *„oder auch"*.

b) Lösen der Gleichung:
$x^2 = -2$ ↯
$\mathbb{L} = \emptyset$

Es gibt keine reelle Zahl, die mit sich selbst multipliziert eine negative Zahl ergibt.

75 a) Länge des Rechtecks: $a = 1{,}5x$
Breite des Rechtecks: $b = x$
Flächeninhalt: $A = 6\text{ cm}^2$

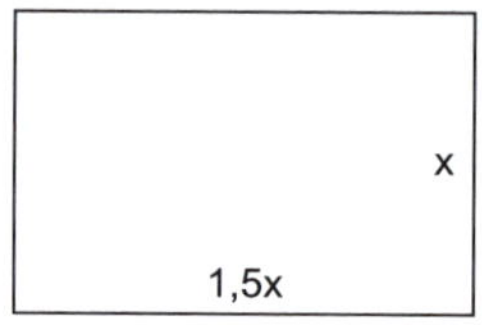

Berechnung der Seitenlängen:

$$A = a \cdot b$$
$$\Leftrightarrow \quad 6\text{ cm}^2 = 1{,}5x \cdot x \quad |:1{,}5$$
$$\Leftrightarrow \quad x^2 = 4\text{ cm}^2 \quad |\sqrt{\ }$$
$$\Leftrightarrow \quad x = 2\text{ cm} \ (\lor \ x = -2\text{ cm})$$

Da Längen berechnet werden, kommen nur positive Werte infrage. Die Lösung $x = -2$ cm ist also für diese Aufgabe nicht relevant.

Die Breite des Rechtecks ist 2 cm. Damit ist die Länge $1{,}5 \cdot 2\text{ cm} = 3\text{ cm}$.

Zeichnung:

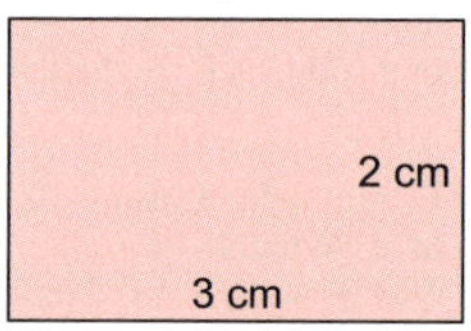

b) Berechnung des Radius:

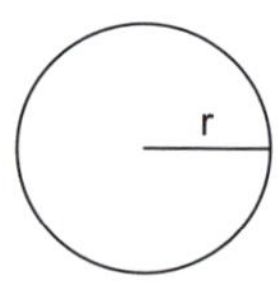

$$A = r^2 \cdot \pi$$
$$\Leftrightarrow \quad 6\text{ cm}^2 = r^2 \cdot \pi \quad |:\pi$$
$$\Leftrightarrow \quad r^2 = \frac{6}{\pi}\text{ cm}^2 \quad |\sqrt{\ }$$
$$\Leftrightarrow \quad r \approx 1{,}4\text{ cm} \ (\lor \ r \approx -1{,}4\text{ cm})$$

Da nur positive Werte infrage kommen, ist $r \approx -1{,}4$ cm für diese Aufgabe nicht relevant.

Zeichnung:

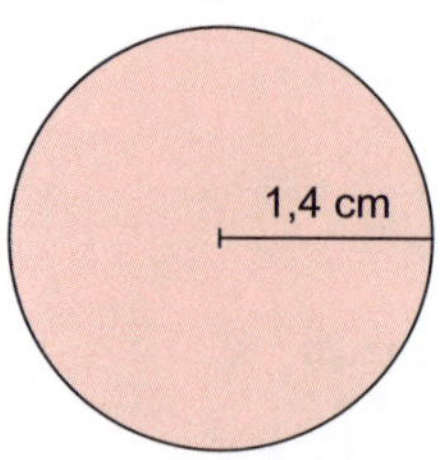

76 a) $\frac{\sqrt{36}}{\sqrt{49}}=\frac{6}{7}$ ist eine **rationale Zahl**.

b) $\sqrt{36-9}=\sqrt{27}$ ist eine **irrationale Zahl**, da 27 keine Quadratzahl ist.

c) $\frac{3}{4}\pi$ ist eine **irrationale Zahl**, da π als unendlicher, nichtperiodischer Dezimalbruch irrational ist.

d) $3,\overline{58}=3\frac{58}{99}$ ist eine **rationale Zahl**.

e) 0,121121112111121111112… ist eine **irrationale Zahl**, da es ein unendlicher, nichtperiodischer Dezimalbruch ist.

f) $\sqrt{100-36}=\sqrt{64}=8$ ist eine **rationale Zahl**.

g) $\sqrt{0,16}=0,4$ ist eine **rationale Zahl**.

h) $\sqrt{\sqrt{9}}=\sqrt{3}$ ist eine **irrationale Zahl**, da 3 keine Quadratzahl ist.

77 a) $2,\overline{5}=2\frac{5}{9}$ ist eine rationale Zahl und gehört damit zu: **$\mathbb{Q}$; $\mathbb{R}$**

b) $\sqrt{2,5}$ ist eine irrationale Zahl und gehört damit zu: **$\mathbb{R}$**

c) $-\sqrt{25}=-5$ ist eine ganze Zahl und gehört damit zu: **$\mathbb{Z}$; $\mathbb{Q}$; $\mathbb{R}$**

d) $\sqrt{0,25}=0,5$ ist eine rationale Zahl und gehört damit zu: **$\mathbb{Q}$; $\mathbb{R}$**

78 Es gilt:

$$-\sqrt{80} < -8,25 < 5\frac{2}{3} < 5\frac{\sqrt{9}}{\sqrt{16}} < 5,8 < 5,\overline{85}$$

Schreibe alle Zahlen als Dezimalbruch, um sie vergleichen zu können:
$-\sqrt{80}\approx-8,94$; $5\frac{2}{3}=5,\overline{6}$;
$5\frac{\sqrt{9}}{\sqrt{16}}=5\frac{3}{4}=5,75$

79 a) $\sqrt{64+36}=\sqrt{100}=\sqrt{10^2}=\mathbf{10}$

b) $\sqrt{2}\cdot\sqrt{32}=\sqrt{2\cdot32}=\sqrt{64}=\sqrt{8^2}=\mathbf{8}$

Wende das Wurzelgesetz an und fasse zusammen.

c) $\sqrt{64}+\sqrt{36}=\sqrt{8^2}+\sqrt{6^2}=8+6=\mathbf{14}$

d) $\frac{\sqrt{147}}{\sqrt{3}} = \sqrt{\frac{147}{3}} = \sqrt{49} = \sqrt{7^2} = \mathbf{7}$ — Wende das Wurzelgesetz an.

e) $\sqrt{10} \cdot \sqrt{0,009} = \sqrt{10 \cdot 0,009} = \sqrt{0,09} = \sqrt{0,3^2} = \mathbf{0,3}$ — Wende das Wurzelgesetz an.

f) $\sqrt{\frac{1}{35}} : \sqrt{\frac{1}{140}} = \sqrt{\frac{\frac{1}{35}}{\frac{1}{140}}} = \sqrt{\frac{1}{35} \cdot \frac{140}{1}} = \sqrt{\frac{140}{35}} = \sqrt{4} = \sqrt{2^2} = \mathbf{2}$

80 a) $\sqrt{50} = \sqrt{2 \cdot 25} = \sqrt{2 \cdot 5^2} = \mathbf{5\sqrt{2}}$

b) $\sqrt{8x^3} = \sqrt{2 \cdot 4 \cdot x \cdot x^2} = \sqrt{2 \cdot 2^2 \cdot x \cdot x^2} = \mathbf{2x\sqrt{2x}}$ — „Spalte" bei ungeraden Potenzen eine Variable ab.

c) $\sqrt{18a^2} = \sqrt{2 \cdot 9 \cdot a^2} = \sqrt{2 \cdot 3^2 \cdot a^2} = \mathbf{3|a|\sqrt{2}}$ — Denke an die Betragsstriche.

d) $\sqrt{ab^2c^4} = \sqrt{a \cdot b^2 \cdot (c^2)^2} = \mathbf{|b|c^2\sqrt{a}}$ — Da $c^2 \geqq 0$ ist, kannst du die Betragsstriche weglassen.

81 a) $5\sqrt{17} + 3\sqrt{17} = (5+3)\sqrt{17} = \mathbf{8\sqrt{17}}$ — Wende das Distributivgesetz an.

b) $5\sqrt{5} - 8\sqrt{5} = (5-8)\sqrt{5} = \mathbf{-3\sqrt{5}}$ — Wende das Distributivgesetz an.

c) $\sqrt{8} + \sqrt{2} + 3\sqrt{2} = \sqrt{2 \cdot 4} + \sqrt{2} + 3\sqrt{2}$ — Ziehe teilweise die Wurzel.

$= 2\sqrt{2} + \sqrt{2} + 3\sqrt{2}$ — Es gilt: $\sqrt{2} = 1\sqrt{2}$

$= (2+1+3)\sqrt{2}$

$= \mathbf{6\sqrt{2}}$

d) $3\sqrt{2} + 2\sqrt{5} - 2\sqrt{2} + 4\sqrt{5} = 3\sqrt{2} - 2\sqrt{2} + 2\sqrt{5} + 4\sqrt{5}$ — Wende das Kommutativgesetz an.

$= (3-2)\sqrt{2} + (2+4)\sqrt{5}$ — *Beachte:* Du kannst nur Wurzelterme mit gleichem Radikanden addieren und subtrahieren.

$= \mathbf{\sqrt{2} + 6\sqrt{5}}$

82 a) $3\sqrt{a} + \sqrt{a} + \sqrt{b} = (3+1)\sqrt{a} + \sqrt{b} = \mathbf{4\sqrt{a} + \sqrt{b}}$

b) $\sqrt{3ab^2} \cdot \sqrt{12a} = \sqrt{3ab^2 \cdot 12a} = \sqrt{36a^2b^2} = \mathbf{6ab}$

c) $\sqrt{25} - \sqrt{18a} + \sqrt{32a} - \sqrt{2a^2} = 5 - \sqrt{2 \cdot 9 \cdot a} + \sqrt{2 \cdot 16 \cdot a} - \sqrt{2 \cdot a^2}$

$= 5 - 3\sqrt{2a} + 4\sqrt{2a} - a\sqrt{2}$

$= 5 + (-3+4)\sqrt{2a} - a\sqrt{2}$

$= \mathbf{5 + \sqrt{2a} - a\sqrt{2}}$

d) $\frac{\sqrt{32a^5b^4c}}{\sqrt{2abc}} = \sqrt{\frac{32a^5b^4c}{2abc}} = \sqrt{16a^4b^3} = \sqrt{16 \cdot a^4 \cdot b \cdot b^2} = \mathbf{4a^2b\sqrt{b}}$

83 a) $\sqrt{60} \cdot \sqrt{15} = \sqrt{60 \cdot 15} = \sqrt{900} = \mathbf{30}$

b) $\sqrt{27} : \sqrt{3} = \sqrt{27 : 3} = \sqrt{9} = \mathbf{3}$

c) $\sqrt{1\,960\,000} = \sqrt{196 \cdot 10^4} = \sqrt{14^2 \cdot 10^4} = 14 \cdot 10^2 = \mathbf{1\,400}$

d) $\sqrt{0{,}00000081} = \sqrt{81 \cdot 10^{-8}} = \sqrt{9^2 \cdot 10^{-8}} = 9 \cdot 10^{-4} = \mathbf{0{,}0009}$

84 a) $\sqrt{8} \cdot \sqrt{\mathbf{18}} = 12$ Denn: $\sqrt{8} \cdot \sqrt{18} = \sqrt{8 \cdot 18} = \sqrt{144} = 12$

b) $\sqrt{125} : \sqrt{\mathbf{5}} = 5$ Denn: $\sqrt{125} : \sqrt{5} = \sqrt{125 : 5} = \sqrt{25} = 5$

c) $\sqrt{3{,}5} \cdot \sqrt{14} = \mathbf{7}$ Denn: $\sqrt{3{,}5} \cdot \sqrt{14} = \sqrt{3{,}5 \cdot 14} = \sqrt{49} = 7$

d) $\frac{\sqrt{\mathbf{32}}}{\sqrt{0{,}5}} = 8$ Denn: $\frac{\sqrt{32}}{\sqrt{0{,}5}} = \sqrt{\frac{32}{0{,}5}} = \sqrt{32 \cdot 2} = \sqrt{64} = 8$

85 a)
$$\begin{aligned}\sqrt{15} \cdot (\sqrt{3} - \sqrt{5}) &= \sqrt{15} \cdot \sqrt{3} - \sqrt{15} \cdot \sqrt{5} \\ &= \sqrt{15 \cdot 3} - \sqrt{15 \cdot 5} \\ &= \sqrt{45} - \sqrt{75} \\ &= \sqrt{9 \cdot 5} - \sqrt{25 \cdot 3} \\ &= \mathbf{3\sqrt{5} - 5\sqrt{3}}\end{aligned}$$

b)
$$\begin{aligned}(\sqrt{7} + \sqrt{6}) \cdot \sqrt{21} &= \sqrt{7} \cdot \sqrt{21} + \sqrt{6} \cdot \sqrt{21} \\ &= \sqrt{7 \cdot 21} + \sqrt{6 \cdot 21} \\ &= \sqrt{147} + \sqrt{126} \\ &= \sqrt{3 \cdot 49} + \sqrt{14 \cdot 9} \\ &= \mathbf{7\sqrt{3} + 3\sqrt{14}}\end{aligned}$$

c)
$$\begin{aligned}(\sqrt{5} + \sqrt{17})(\sqrt{5} - \sqrt{17}) &= (\sqrt{5})^2 - (\sqrt{17})^2 \\ &= 5 - 17 \\ &= \mathbf{-12}\end{aligned}$$

Wende die 3. binomische Formel an.

d) $(\sqrt{3}-\sqrt{27})^2 = (\sqrt{3})^2 - 2\cdot\sqrt{3}\cdot\sqrt{27} + (\sqrt{27})^2$ Wende die 2. binomische Formel an.

$= 3 - 2\sqrt{3\cdot 27} + 27$

$= 30 - 2\sqrt{81}$

$= 30 - 2\cdot 9$

$= 30 - 18$

$= \mathbf{12}$

86 a) Vereinfachen der Gleichung:

$$
\begin{aligned}
& (x+7)(x-5)+(x+5)(x-7) = -20 \\
\Leftrightarrow\ & x^2-5x+7x-35+x^2-7x+5x-35 = -20 \\
\Leftrightarrow\ & 2x^2+2x-35-2x-35 = -20 \\
\Leftrightarrow\ & 2x^2-70 = -20 \quad |+70 \\
\Leftrightarrow\ & 2x^2 = 50 \quad |:2 \\
\Leftrightarrow\ & x^2 = 25 \quad |\sqrt{\ } \\
\Leftrightarrow\ & x = \pm 5
\end{aligned}
$$

$\mathbb{L} = \{-5; 5\}$

b) Vereinfachen der Gleichung:

$$
\begin{aligned}
& (2x-2)(x+8)-(x-4)^2 = 22x+89 \\
\Leftrightarrow\ & 2x^2+16x-2x-16-(x^2-8x+16) = 22x+89 \\
\Leftrightarrow\ & 2x^2+14x-16-x^2+8x-16 = 22x+89 \\
\Leftrightarrow\ & x^2+22x-32 = 22x+89 \quad |-22x+32 \\
\Leftrightarrow\ & x^2 = 121 \quad |\sqrt{\ } \\
\Leftrightarrow\ & x = \pm 11
\end{aligned}
$$

$\mathbb{L} = \{-11; 11\}$

87 Berechnung des Umfangs:

$u = 2(\ell + b)$

$u = 2(\sqrt{12}\text{ cm} + \sqrt{3}\text{ cm})$

$u = 2(\sqrt{3\cdot 4}\text{ cm} + \sqrt{3}\text{ cm})$ Ziehe teilweise die Wurzel.

$u = 2(2\sqrt{3}\text{ cm} + \sqrt{3}\text{ cm})$

$u = 2\cdot 3\sqrt{3}\text{ cm}$

$u = \mathbf{6\sqrt{3}\text{ cm}}$

Da du die Ergebnisse exakt angeben sollst, darfst du nicht runden.

Berechnung des Flächeninhalts:

$A = \ell \cdot b$

$A = \sqrt{12}\ \text{cm} \cdot \sqrt{3}\ \text{cm}$

$A = \sqrt{12 \cdot 3}\ \text{cm}^2$

$A = \sqrt{36}\ \text{cm}^2$

$A = \mathbf{6\ cm^2}$

88 Berechnung der Seitenlänge a:

$$\begin{aligned} & A = a^2 \\ \Leftrightarrow\quad & 28\ \text{cm}^2 = a^2 \qquad |\sqrt{\ } \\ \Leftrightarrow\quad & a = \sqrt{28}\ \text{cm}\ (\vee\ a = -\sqrt{28}\ \text{cm}) \end{aligned}$$

Berechnung des Umfangs:

$u = 4 \cdot a$

$u = 4 \cdot \sqrt{28}\ \text{cm}$

$u = 4 \cdot \sqrt{4 \cdot 7}\ \text{cm}$

$u = 4 \cdot 2\sqrt{7}\ \text{cm}$

$u = \mathbf{8\sqrt{7}\ cm}$

89 *Zur Erinnerung:* Die Definitionsmenge besteht aus allen Werten, die du für die Variable x einsetzen darfst. Beachte, dass unter der Wurzel kein negativer Wert stehen darf.

a) Bestimmung der Definitionsmenge:

Für $f(x) = \sqrt{x+1}$ muss gelten:

Der Radikand muss nichtnegativ sein.

$$\begin{aligned} & x + 1 \geqq 0 \qquad |-1 \\ \Leftrightarrow\quad & x \geqq -1 \end{aligned}$$

Definitionsmenge: $\mathbb{D} = \{x \in \mathbb{R} \mid x \geqq -1\}$

b) Bestimmung der Definitionsmenge:

Für $f(x) = \sqrt{-x}$ muss gelten:

$$\begin{aligned} & -x \geqq 0 \qquad |:(-1) \\ \Leftrightarrow\quad & x \leqq 0 \end{aligned}$$

Achtung: Inversionsgesetz!

Definitionsmenge: $\mathbb{D} = \{x \in \mathbb{R} \mid x \leqq 0\}$

c) Bestimmung der Definitionsmenge:

Für $f(x) = \sqrt{5-x}$ muss gelten:

$$\begin{aligned} & 5 - x \geqq 0 \qquad |-5 \\ \Leftrightarrow\quad & -x \geqq -5 \qquad |:(-1) \\ \Leftrightarrow\quad & x \leqq 5 \end{aligned}$$

Achtung: Inversionsgesetz!

Definitionsmenge: $\mathbb{D} = \{x \in \mathbb{R} \mid x \leqq 5\}$

d) Bestimmung der Definitionsmenge:

Für $f(x)=\sqrt{x^2}$ muss gelten $x^2 \geqq 0$. Da Quadrate aber stets nichtnegativ sind, ist die Ungleichung immer erfüllt. Es ergeben sich also keine Einschränkungen für x.

Definitionsmenge: $\mathbb{D}=\mathbb{R}$

90 Berechnung der Steigung von g:
Über die Punkte:

$$m=\frac{y_B-y_A}{x_B-x_A}=\frac{\sqrt{2}-\sqrt{5}}{\sqrt{8}-\sqrt{20}}=\frac{\sqrt{2}-\sqrt{5}}{\sqrt{4\cdot 2}-\sqrt{4\cdot 5}}=\frac{\sqrt{2}-\sqrt{5}}{2\sqrt{2}-2\sqrt{5}}=\frac{\sqrt{2}-\sqrt{5}}{2(\sqrt{2}-\sqrt{5})}=\frac{1}{2}$$

oder

Über den Steigungsvektor:

$$\overrightarrow{AB}=\begin{pmatrix} x_B-x_A \\ y_B-y_A \end{pmatrix}=\begin{pmatrix} \sqrt{8}-\sqrt{20} \\ \sqrt{2}-\sqrt{5} \end{pmatrix}=\begin{pmatrix} \sqrt{4\cdot 2}-\sqrt{4\cdot 5} \\ \sqrt{2}-\sqrt{5} \end{pmatrix}=\begin{pmatrix} 2\sqrt{2}-2\sqrt{5} \\ \sqrt{2}-\sqrt{5} \end{pmatrix}$$

$$\Rightarrow \quad m=\frac{\sqrt{2}-\sqrt{5}}{2\sqrt{2}-2\sqrt{5}}=\frac{\sqrt{2}-\sqrt{5}}{2(\sqrt{2}-\sqrt{5})}=\frac{1}{2}$$

Aufstellen der Geradengleichung von g:

Punkt-Steigungs-Form:

$B(\sqrt{8}\mid\sqrt{2})$ und $m=\frac{1}{2}$ einsetzen:

$$y=m(x-x_B)+y_B$$

$$\Rightarrow \quad y=\frac{1}{2}(x-\sqrt{8})+\sqrt{2}$$

$$\Leftrightarrow \quad y=\frac{1}{2}(x-2\sqrt{2})+\sqrt{2}$$

$$\Leftrightarrow \quad y=\frac{1}{2}x-\sqrt{2}+\sqrt{2}$$

$$\Leftrightarrow \quad \mathbf{y=\frac{1}{2}x}$$

oder

Normalform:

Berechnung von t:

$$y=mx+t$$

$$\Rightarrow \quad \sqrt{2}=\frac{1}{2}\sqrt{8}+t$$

$$\Leftrightarrow \quad \sqrt{2}=\frac{2\sqrt{2}}{2}+t$$

$$\Leftrightarrow \quad \sqrt{2}=\sqrt{2}+t \qquad |-\sqrt{2}$$

$$\Leftrightarrow \quad t=0$$

Normalform: $\mathbf{y=\frac{1}{2}x}$

91 *Mögliche Lösung:*

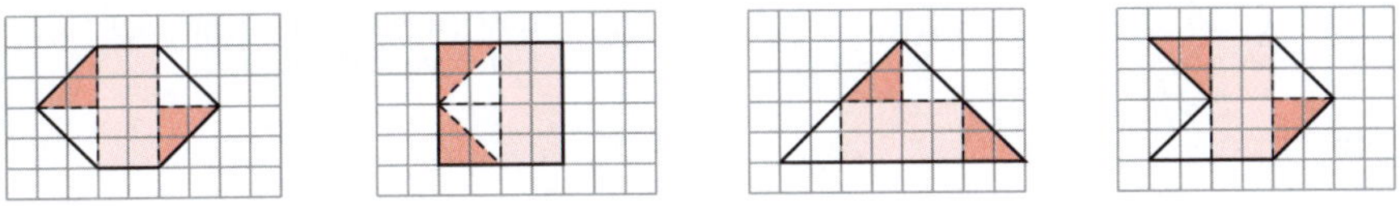

Hinweis: Es gibt noch weitere mögliche Zerlegungen.

92 *Ergänzte Tabelle:*

a	b	c	h_a	h_b	h_c	A	u
3 cm	2 cm	**4 cm**	2 cm	**3 cm**	1,5 cm	**3 cm²**	**9 cm**
25 m	**20 m**	30 m	**12 m**	15 m	**10 m**	**150 m²**	75 m

Durchgeführte Berechnungen:

1. Zeile:

Flächeninhalt A:

$$A = \frac{1}{2} \cdot a \cdot h_a = \frac{1}{2} \cdot 3\text{ cm} \cdot 2\text{ cm} = 3\text{ cm}^2$$

Höhe h_b:

$$A = \frac{1}{2} \cdot b \cdot h_b \quad | \cdot 2 : b$$

$$\Leftrightarrow \quad h_b = \frac{2A}{b} = \frac{2 \cdot 3\text{ cm}^2}{2\text{ cm}} = 3\text{ cm}$$

Seitenlänge c:

$$A = \frac{1}{2} \cdot c \cdot h_c \quad | \cdot 2 : h_c$$

$$\Leftrightarrow \quad c = \frac{2A}{h_c} = \frac{2 \cdot 3\text{ cm}^2}{1{,}5\text{ cm}} = 4\text{ cm}$$

Umfang u:

$u = a + b + c$

$u = 3\text{ cm} + 2\text{ cm} + 4\text{ cm}$

$u = 9\text{ cm}$

2. Zeile:

Seitenlänge b:

$$\begin{aligned} & u = a + b + c \quad | - a - c \\ \Leftrightarrow \quad & b = u - a - c \\ \Leftrightarrow \quad & b = 75\text{ m} - 25\text{ m} - 30\text{ m} \\ \Leftrightarrow \quad & b = 20\text{ m} \end{aligned}$$

Flächeninhalt A:

$$A = \frac{1}{2} \cdot b \cdot h_b = \frac{1}{2} \cdot 20\text{ m} \cdot 15\text{ m} = 150\text{ m}^2$$

Höhe h_a:

$$A = \frac{1}{2} \cdot a \cdot h_a \quad | \cdot 2 : a$$

$$\Leftrightarrow \quad h_a = \frac{2A}{a} = \frac{2 \cdot 150\text{ m}^2}{25\text{ m}} = 12\text{ m}$$

Höhe h_c:

$$A = \frac{1}{2} \cdot c \cdot h_c \quad | \cdot 2 : c$$

$$\Leftrightarrow \quad h_c = \frac{2A}{c} = \frac{2 \cdot 150\text{ m}^2}{30\text{ m}} = 10\text{ m}$$

93 a) Berechnung des Flächeninhalts:

$$A = \frac{1}{2} \cdot a \cdot b = \frac{1}{2} \cdot 3\text{ cm} \cdot 4\text{ cm} = \mathbf{6\text{ cm}^2}$$

Im rechtwinkligen Dreieck entspricht eine Kathete der Höhe auf die andere Kathete.

b) Berechnung von h_c:

$$A = \frac{1}{2} \cdot c \cdot h_c \quad | \cdot 2 : c$$

$$\Leftrightarrow \quad h_c = \frac{2A}{c}$$

$$\Leftrightarrow \quad h_c = \frac{2 \cdot 6\,\text{cm}^2}{5\,\text{cm}}$$

$$\Leftrightarrow \quad h_c = 2{,}4\,\text{cm}$$

Die Höhe h_c ist **2,4 cm** lang.

Löse die Flächenformel nach der Unbekannten h_c auf.

94 Seitenlänge: $g = 2 \cdot h$
zugehörige Höhe: h

Doppelt so lang bedeutet 2-mal so lang.

Berechnung der Höhe:

$$A = \frac{1}{2} \cdot g \cdot h$$

$$\Leftrightarrow \quad 9\,\text{cm}^2 = \frac{1}{2} \cdot 2 \cdot h \cdot h$$

$$\Leftrightarrow \quad 9\,\text{cm}^2 = h^2 \quad |\sqrt{\ }$$

$$\Leftrightarrow \quad h = 3\,\text{cm} \quad (\vee \ h = -3\,\text{cm})$$

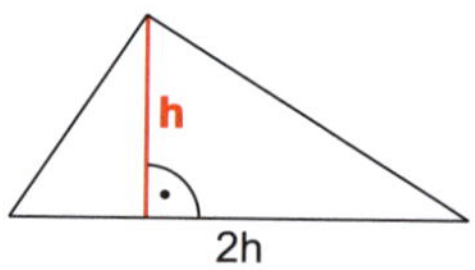

Damit ist die Höhe **3 cm** und die zugehörige Seite $g = 2 \cdot h = 2 \cdot 3$ cm = **6 cm** lang.

95 *Ergänzte Tabelle:*

a	b	h_a	h_b	A	u
5 cm	**10 cm**	4 cm	**2 cm**	**20 cm²**	30 cm
3 cm	25 mm	0,8 dm	**9,6 cm**	24 cm²	**11 cm**

Durchgeführte Berechnungen:

1. Zeile:

Seitenlänge b:

$$u = 2a + 2b \quad |-2a$$

$$\Leftrightarrow \quad 2b = u - 2a \quad |:2$$

$$\Leftrightarrow \quad b = \frac{u}{2} - a$$

$$\Leftrightarrow \quad b = \frac{30\,\text{cm}}{2} - 5\,\text{cm} = 10\,\text{cm}$$

Flächeninhalt A:

$$A = a \cdot h_a$$

$$A = 5\,\text{cm} \cdot 4\,\text{cm}$$

$$A = 20\,\text{cm}^2$$

Höhe h_b:

$$A = b \cdot h_b \quad |:b$$

$$\Leftrightarrow \quad h_b = \frac{A}{b}$$

$$\Leftrightarrow \quad h_b = \frac{20\,\text{cm}^2}{10\,\text{cm}} = 2\,\text{cm}$$

2. Zeile:

Umrechnung der gegebenen Längen in cm:

$b = 25$ mm $= 2{,}5$ cm; $h_a = 0{,}8$ dm $= 8$ cm

Seitenlänge a:

$$A = a \cdot h_a \quad |:h_a$$
$$\Leftrightarrow \quad a = \frac{A}{h_a}$$
$$\Leftrightarrow \quad a = \frac{24\text{ cm}^2}{8\text{ cm}} = 3\text{ cm}$$

Höhe h_b:

$$A = b \cdot h_b \quad |:b$$
$$\Leftrightarrow \quad h_b = \frac{A}{b}$$
$$\Leftrightarrow \quad h_b = \frac{24\text{ cm}^2}{2{,}5\text{ cm}} = 9{,}6\text{ cm}$$

Umfang u:

$$u = 2a + 2b$$
$$u = 2 \cdot 3\text{ cm} + 2 \cdot 2{,}5\text{ cm}$$
$$u = 11\text{ cm}$$

96 Berechnung von h_b:

$$A = b \cdot h_b \quad |:b$$
$$\Leftrightarrow \quad h_b = \frac{A}{b}$$
$$\Leftrightarrow \quad h_b = \frac{800\text{ cm}^2}{40\text{ cm}}$$
$$\Leftrightarrow \quad h_b = 20\text{ cm}$$

Löse die Flächenformel nach der Unbekannten h_b auf.

Berechnung von h_a:

$$h_a = h_b + 5\text{ cm} = 20\text{ cm} + 5\text{ cm} = 25\text{ cm}$$

h_a ist 5 cm länger als h_b.

Berechnung von a:

$$A = a \cdot h_a \quad |:h_a$$
$$\Leftrightarrow \quad a = \frac{A}{h_a}$$
$$\Leftrightarrow \quad a = \frac{800\text{ cm}^2}{25\text{ cm}}$$
$$\Leftrightarrow \quad a = 32\text{ cm}$$

Löse die Flächenformel nach der Unbekannten a auf.

Berechnung des Umfangs:

$$u = 2a + 2b = 2 \cdot 32\text{ cm} + 2 \cdot 40\text{ cm} = 144\text{ cm}$$

Der Umfang des Parallelogramms beträgt **144 cm**.

97 a) Flächeninhalt eines Parallelogramms:

$$A_{Parallelogramm} = g \cdot h$$
$$A_{Parallelogramm} = 1{,}5\text{ cm} \cdot 5\text{ cm} = 7{,}5\text{ cm}^2$$

Flächeninhalt der roten Fläche:

$$A_{rot} = 2 \cdot A_{Parallelogramm}$$
$$A_{rot} = 2 \cdot 7{,}5\text{ cm}^2 = 15\text{ cm}^2$$

Die rote Fläche misst **15 cm²**.

Die rote Fläche besteht aus zwei gleich großen Parallelogrammen:

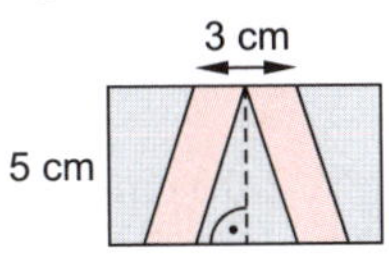

Die Höhe ist h = 5 cm und die Länge der Grundseite g = 0,5 · 3 cm = 1,5 cm.

b) Flächeninhalt des Rechtecks:

$A_{Rechteck} = a \cdot b = 8\text{ cm} \cdot 5\text{ cm} = 40\text{ cm}^2$

Flächeninhalt der grauen Fläche:

$A_{grau} = A_{Rechteck} - A_{rot}$

$A_{grau} = 40\text{ cm}^2 - 15\text{ cm}^2$

$A_{grau} = 25\text{ cm}^2$

Den Flächeninhalt der grauen Fläche erhältst du, wenn du den Flächeninhalt der roten Fläche vom Flächeninhalt des äußeren Rechtecks abziehst.

Prozentualer Anteil der roten an der grauen Fläche (Dreisatz):

$25\text{ cm}^2 \mathrel{\hat{=}} 100\ \%$

$1\text{ cm}^2 \mathrel{\hat{=}} 4\ \%$

$15\text{ cm}^2 \mathrel{\hat{=}} 60\ \%$

Die graue Fläche entspricht 100 %.
Tipp: Der Grundwert kommt in der Aufgabenstellung nach dem „als“.

Die rote Fläche ist um 100 % – 60 % = **40 %** kleiner als die graue Fläche.

98 a) Berechnung des Flächeninhalts:

$A = \frac{1}{2} \cdot e \cdot f = \frac{1}{2} \cdot 5\text{ cm} \cdot 4\text{ cm} = \mathbf{10\text{ cm}^2}$

b) Berechnung von $\overline{BD}$:

Mit $\overline{AC} = 10\text{ cm}$ ist die Länge der Diagonalen e gegeben. Gesucht ist die Länge der Diagonalen $f = \overline{BD}$.

$$A = \frac{1}{2} \cdot e \cdot f$$

$$\Leftrightarrow \quad A = \frac{1}{2} \cdot \overline{AC} \cdot \overline{BD} \quad | \cdot 2 : \overline{AC}$$

$$\Leftrightarrow \quad \overline{BD} = \frac{2A}{\overline{AC}}$$

$$\Leftrightarrow \quad \overline{BD} = \frac{2 \cdot 45\text{ cm}^2}{10\text{ cm}}$$

$$\Leftrightarrow \quad \overline{BD} = 9\text{ cm}$$

$\overline{BD}$ muss **9 cm** lang sein.

99 Berechnung von f:

Löse die Flächenformel nach der Unbekannten f auf.

$$A = \frac{1}{2} \cdot e \cdot f \quad | \cdot 2 : e$$

$$\Leftrightarrow \quad f = \frac{2A}{e}$$

$$\Leftrightarrow \quad f = \frac{2 \cdot 15\text{ cm}^2}{5\text{ cm}}$$

$$\Leftrightarrow \quad f = 6\text{ cm}$$

Die zweite Diagonale ist **6 cm** lang.

100 Länge der Diagonalen f: f
Länge der Diagonalen e: e = 1,5f

e ist 1,5-mal so lang wie f.

Berechnung der Länge der Diagonalen f:

$$A = \frac{1}{2} \cdot e \cdot f$$
$$\Leftrightarrow \quad 12\ \text{cm}^2 = \frac{1}{2} \cdot 1{,}5f \cdot f$$
$$\Leftrightarrow \quad 12\ \text{cm}^2 = 0{,}75f^2 \quad |:0{,}75$$
$$\Leftrightarrow \quad f^2 = 16\ \text{cm}^2 \quad |\sqrt{}$$
$$\Leftrightarrow \quad f = 4\ \text{cm}\ (\vee\ f = -4\ \text{cm})$$

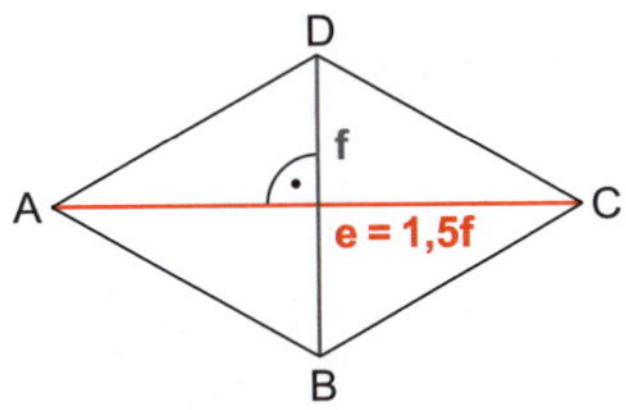

Damit sind die Diagonalen **f = 4 cm** und e = 1,5 · f = 1,5 · 4 cm = **6 cm**.

Zeichnung:

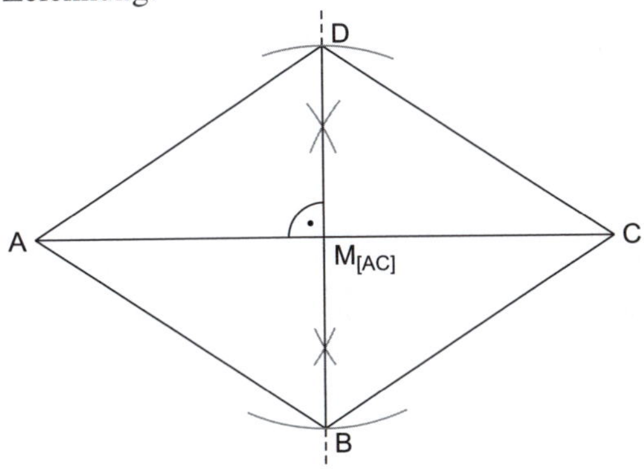

Konstruktionsbeschreibung:
- Zeichne $e = \overline{AC} = 6$ cm.
- Halbiere e und zeichne die Mittelsenkrechte ein.
- Trage f so an der Mittelsenkrechten an, dass die Diagonale e die Diagonale f halbiert:

  $\overline{M_{[AC]}B} = \frac{1}{2} \cdot f = \frac{1}{2} \cdot 4\ \text{cm} = 2\ \text{cm}$

  $\overline{M_{[AC]}D} = \frac{1}{2} \cdot f = \frac{1}{2} \cdot 4\ \text{cm} = 2\ \text{cm}$
- Verbinde die Eckpunkte.

101 *Ergänzte Tabelle:*

a	c	h	A
5 cm	3 cm	4 cm	**16 cm²**
3,8 cm	5,4 cm	**1,5 cm**	6,9 cm²
2,5 cm	**4,5 cm**	4,2 cm	14,7 cm²

Durchgeführte Berechnungen:

1. Zeile: Flächeninhalt A:

$$A = \frac{1}{2} \cdot (a + c) \cdot h$$
$$A = \frac{1}{2} \cdot (5\ \text{cm} + 3\ \text{cm}) \cdot 4\ \text{cm}$$
$$A = 16\ \text{cm}^2$$

2. Zeile: Höhe h:

$$A = \frac{1}{2} \cdot (a + c) \cdot h \quad |\cdot 2 : (a + c)$$
$$\Leftrightarrow \quad h = \frac{2A}{a + c}$$
$$\Leftrightarrow \quad h = \frac{2 \cdot 6{,}9\ \text{cm}^2}{3{,}8\ \text{cm} + 5{,}4\ \text{cm}}$$
$$\Leftrightarrow \quad h = 1{,}5\ \text{cm}$$

3. Zeile: Seitenlänge c:

$$A = \frac{1}{2} \cdot (a + c) \cdot h \quad | \cdot 2 : h$$

$$\Leftrightarrow \quad a + c = \frac{2A}{h} \quad | - a$$

$$\Leftrightarrow \quad c = \frac{2A}{h} - a$$

$$\Leftrightarrow \quad c = \frac{2 \cdot 14{,}7\ \text{cm}^2}{4{,}2\ \text{cm}} - 2{,}5\ \text{cm} = 4{,}5\ \text{cm}$$

102 a) Zeichnung:

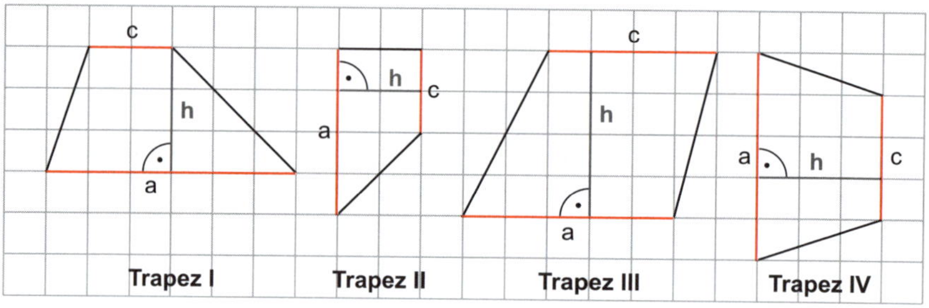

b) **Trapez I:**
Maße:
a = 3 cm; c = 1 cm; h = 1,5 cm
Flächeninhalt:

$$A = \frac{1}{2} \cdot (a + c) \cdot h$$

$$A = \frac{1}{2} \cdot (3\ \text{cm} + 1\ \text{cm}) \cdot 1{,}5\ \text{cm}$$

$A =$ **3 cm²**

Trapez II:
Maße:
a = 2 cm; c = 1 cm; h = 1 cm
Flächeninhalt:

$$A = \frac{1}{2} \cdot (a + c) \cdot h$$

$$A = \frac{1}{2} \cdot (2\ \text{cm} + 1\ \text{cm}) \cdot 1\ \text{cm}$$

$A =$ **1,5 cm²**

Trapez III:
Maße:
a = 2,5 cm; c = 2 cm; h = 2 cm
Flächeninhalt:

$$A = \frac{1}{2} \cdot (a + c) \cdot h$$

$$A = \frac{1}{2} \cdot (2{,}5\ \text{cm} + 2\ \text{cm}) \cdot 2\ \text{cm}$$

$A =$ **4,5 cm²**

Trapez IV:
Maße:
a = 2,5 cm; c = 1,5 cm; h = 1,5 cm
Flächeninhalt:

$$A = \frac{1}{2} \cdot (a + c) \cdot h$$

$$A = \frac{1}{2} \cdot (2{,}5\ \text{cm} + 1{,}5\ \text{cm}) \cdot 1{,}5\ \text{cm}$$

$A =$ **3 cm²**

103 Länge der Seite c: c

Länge der Seite a: $a = 4c$

a ist 4-mal so lang wie c.

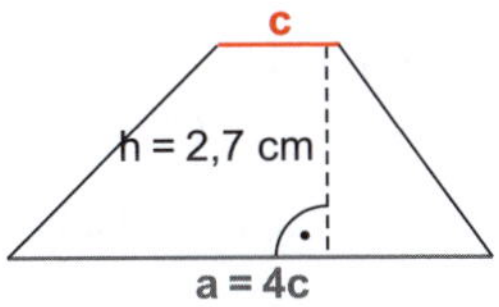

Berechnung der Länge der Seite c:

$$A = \frac{1}{2} \cdot (a + c) \cdot h$$

$$\Leftrightarrow \quad 16{,}2\ \text{cm}^2 = \frac{1}{2} \cdot (4c + c) \cdot 2{,}7\ \text{cm} \quad | \cdot 2 : (2{,}7\ \text{cm})$$

$$\Leftrightarrow \quad 12\ \text{cm} = 5c \quad | : 5$$

$$\Leftrightarrow \quad c = 2{,}4\ \text{cm}$$

Damit ist **$c = 2{,}4$ cm** und $a = 4 \cdot c = 4 \cdot 2{,}4\ \text{cm} =$ **9,6 cm**.

104 Flächeninhalt des oberen Trapezes:

Der Querschnitt besteht aus zwei Trapezen:

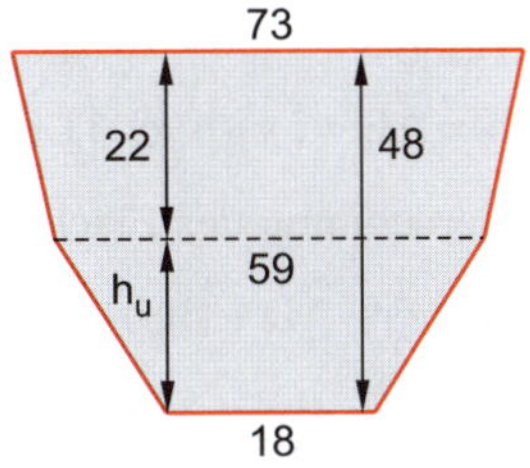

$$A_o = \frac{1}{2} \cdot (a_o + c_o) \cdot h_o$$

$$A_o = \frac{1}{2} \cdot (59\ \text{mm} + 73\ \text{mm}) \cdot 22\ \text{mm}$$

$$A_o = 1\,452\ \text{mm}^2$$

Höhe des unteren Trapezes:

$h_u = 48\ \text{mm} - 22\ \text{mm} = 26\ \text{mm}$

Flächeninhalt des unteren Trapezes:

$$A_u = \frac{1}{2} \cdot (a_u + c_u) \cdot h_u = \frac{1}{2} \cdot (18\ \text{mm} + 59\ \text{mm}) \cdot 26\ \text{mm} = 1\,001\ \text{mm}^2$$

Querschnittsfläche:

$A = A_o + A_u = 1\,452\ \text{mm}^2 + 1\,001\ \text{mm}^2 =$ **2 453 mm²**

105 a) Berechnung der Seitenlängen:

Grundseite $g = \overline{AC}$:

$g = |y_C - y_A|\ \text{LE} = |3 - 1|\ \text{LE} = 2\ \text{LE}$

Höhe $h = \overline{HB}$:

$h = |x_B - x_H|\ \text{LE} = |2 - 0{,}5|\ \text{LE} = 1{,}5\ \text{LE}$

Berechnung des Flächeninhalts:

$A = \frac{1}{2} \cdot g \cdot h = \frac{1}{2} \cdot 2\ \text{LE} \cdot 1{,}5\ \text{LE} =$ **1,5 FE**

Zeichnung:

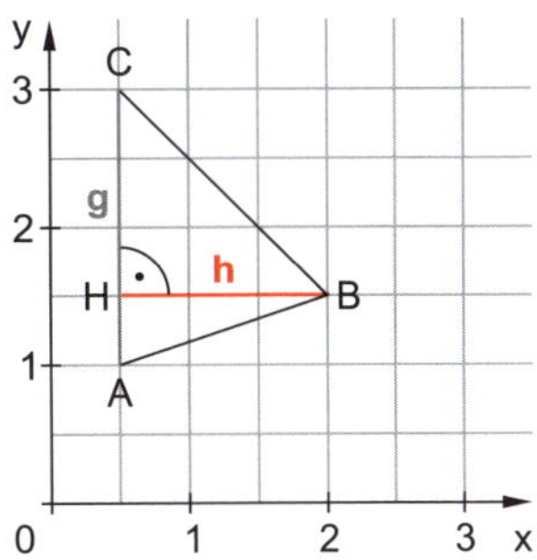

b) Berechnung der Seitenlängen:

Grundseite $g = \overline{AB}$:

$g = |x_B - x_A|\,LE = |3-0|\,LE = 3\,LE$

Höhe $h = \overline{AC}$:

$h = |y_C - y_A|\,LE = |2-0|\,LE = 2\,LE$

Berechnung des Flächeninhalts:

$A = \frac{1}{2} \cdot g \cdot h = \frac{1}{2} \cdot 3\,LE \cdot 2\,LE = \mathbf{3\,FE}$

Zeichnung:

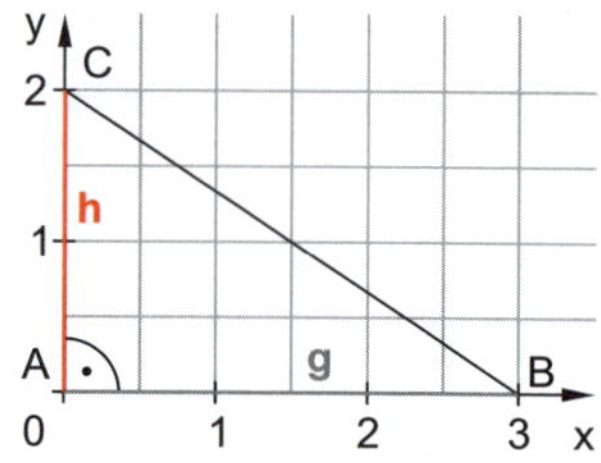

c) Berechnung der Seitenlängen:

Seitenlängen:

$\overline{AD} = |y_D - y_A|\,LE = |3-0|\,LE = 3\,LE$

$\overline{BC} = |y_C - y_B|\,LE = |1-0|\,LE = 1\,LE$

Höhe h:

$h = \overline{AB} = |x_B - x_A|\,LE = |3-0|\,LE = 3\,LE$

Berechnung des Flächeninhalts:

$A = \frac{1}{2} \cdot (\overline{AD} + \overline{BC}) \cdot \overline{AB}$

$A = \frac{1}{2} \cdot (3\,LE + 1\,LE) \cdot 3\,LE$

$A = \mathbf{6\,FE}$

Zeichnung:

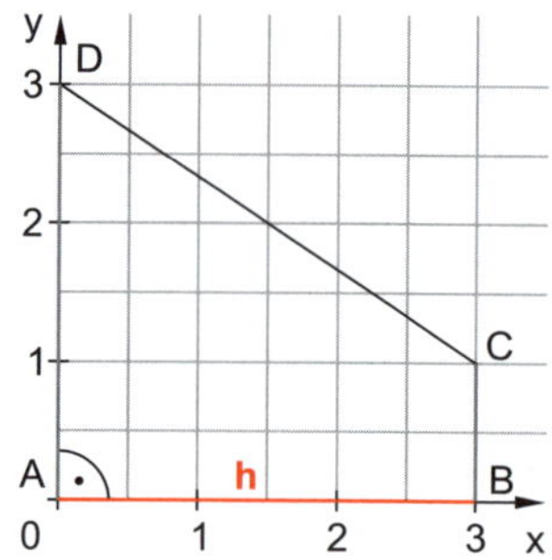

d) Berechnung der Seitenlängen:

Grundseite $g = \overline{AD}$:

$g = |y_D - y_A|\,LE = |0-(-2)|\,LE = 2\,LE$

Höhe h:

$h = |x_B - x_A|\,LE = |2-(-1)|\,LE = 3\,LE$

Berechnung des Flächeninhalts:

$A = g \cdot h = 2\,LE \cdot 3\,LE = \mathbf{6\,FE}$

Zeichnung:

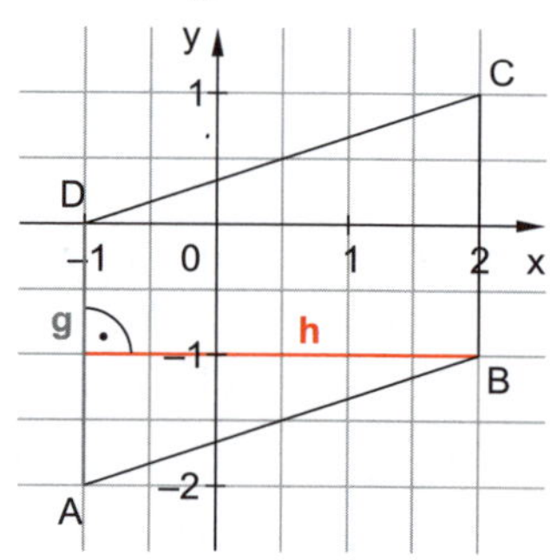

106 Aufspannende Vektoren und zugehöriger Flächeninhalt:

$\overrightarrow{PQ}$ und dann $\overrightarrow{PR}$ *oder* $\overrightarrow{QR}$ und dann $\overrightarrow{QP}$ *oder* $\overrightarrow{RP}$ und dann $\overrightarrow{RQ}$

$A = \frac{1}{2} \cdot |\overrightarrow{PQ}\ \overrightarrow{PR}|\,FE$ $A = \frac{1}{2} \cdot |\overrightarrow{QR}\ \overrightarrow{QP}|\,FE$ $A = \frac{1}{2} \cdot |\overrightarrow{RP}\ \overrightarrow{RQ}|\,FE$

107 a) Aufspannende Vektoren:

$$\overrightarrow{AB} = \begin{pmatrix} x_B - x_A \\ y_B - y_A \end{pmatrix} = \begin{pmatrix} 2-(-1) \\ 1-(-3) \end{pmatrix} = \begin{pmatrix} 3 \\ 4 \end{pmatrix}$$

$$\overrightarrow{AC} = \begin{pmatrix} x_C - x_A \\ y_C - y_A \end{pmatrix} = \begin{pmatrix} 1-(-1) \\ 5-(-3) \end{pmatrix} = \begin{pmatrix} 2 \\ 8 \end{pmatrix}$$

Es gibt noch andere aufspannende Vektoren, je nachdem, welchen Anfangspunkt du wählst. Der Flächeninhalt ist jedoch stets gleich groß.

Flächeninhalt:

$$A = \frac{1}{2} \cdot \left| \overrightarrow{AB} \;\; \overrightarrow{AC} \right| \text{FE}$$

Achte auf die richtige Reihenfolge der Vektoren in der Determinante.

$$A = \frac{1}{2} \cdot \begin{vmatrix} 3 & 2 \\ 4 & 8 \end{vmatrix} \text{FE} = \frac{1}{2} \cdot (3 \cdot 8 - 4 \cdot 2)\ \text{FE} = \mathbf{8\ FE}$$

b) Aufspannende Vektoren:

$$\overrightarrow{DF} = \begin{pmatrix} x_F - x_D \\ y_F - y_D \end{pmatrix} = \begin{pmatrix} 4{,}5-3 \\ 0-(-4) \end{pmatrix} = \begin{pmatrix} 1{,}5 \\ 4 \end{pmatrix}$$

$$\overrightarrow{DE} = \begin{pmatrix} x_E - x_D \\ y_E - y_D \end{pmatrix} = \begin{pmatrix} -2-3 \\ -1-(-4) \end{pmatrix} = \begin{pmatrix} -5 \\ 3 \end{pmatrix}$$

Achtung: Das Dreieck heißt DFE. $\overrightarrow{DF}$ überstreicht also die Dreiecksfläche, wenn du $\overrightarrow{DF}$ auf $\overrightarrow{DE}$ drehst.

Flächeninhalt:

$$A = \frac{1}{2} \cdot \left| \overrightarrow{DF} \;\; \overrightarrow{DE} \right| \text{FE} = \frac{1}{2} \cdot \begin{vmatrix} 1{,}5 & -5 \\ 4 & 3 \end{vmatrix} \text{FE} = \frac{1}{2} \cdot [1{,}5 \cdot 3 - 4 \cdot (-5)]\ \text{FE} = \mathbf{12{,}25\ FE}$$

c) Aufspannende Vektoren:

$$\overrightarrow{OM} = \begin{pmatrix} 4 \\ -3 \end{pmatrix}$$

$$\overrightarrow{ON} = \begin{pmatrix} 5 \\ 2 \end{pmatrix}$$

O bietet sich als Anfangspunkt an, weil die Vektoren dann Ortsvektoren sind und du sie nicht extra berechnen musst.

Flächeninhalt:

$$A = \frac{1}{2} \cdot \left| \overrightarrow{OM} \;\; \overrightarrow{ON} \right| \text{FE} = \frac{1}{2} \cdot \begin{vmatrix} 4 & 5 \\ -3 & 2 \end{vmatrix} \text{FE} = \frac{1}{2} \cdot [4 \cdot 2 - (-3) \cdot 5]\ \text{FE} = \mathbf{11{,}5\ FE}$$

108 a) Aufspannende Vektoren:

$$\overrightarrow{AB} = \begin{pmatrix} x_B - x_A \\ y_B - y_A \end{pmatrix} = \begin{pmatrix} 2-2 \\ 5-2 \end{pmatrix} = \begin{pmatrix} 0 \\ 3 \end{pmatrix}$$

$$\overrightarrow{AD} = \begin{pmatrix} x_D - x_A \\ y_D - y_A \end{pmatrix} = \begin{pmatrix} -2-2 \\ -2-2 \end{pmatrix} = \begin{pmatrix} -4 \\ -4 \end{pmatrix}$$

Es gibt noch andere aufspannende Vektoren, je nachdem, welchen Anfangspunkt du wählst. Der Flächeninhalt ist jedoch stets gleich groß.

Flächeninhalt:

$$A = \left| \overrightarrow{AB} \;\; \overrightarrow{AD} \right| \text{FE} = \begin{vmatrix} 0 & -4 \\ 3 & -4 \end{vmatrix} \text{FE} = [0 \cdot (-4) - 3 \cdot (-4)]\ \text{FE} = \mathbf{12\ FE}$$

b) Aufspannende Vektoren:

$$\overrightarrow{PQ} = \begin{pmatrix} x_Q - x_P \\ y_Q - y_P \end{pmatrix} = \begin{pmatrix} 1-(-4) \\ 0-(-4) \end{pmatrix} = \begin{pmatrix} 5 \\ 4 \end{pmatrix}$$

$$\overrightarrow{PS} = \begin{pmatrix} x_S - x_P \\ y_S - y_P \end{pmatrix} = \begin{pmatrix} -1-(-4) \\ 1-(-4) \end{pmatrix} = \begin{pmatrix} 3 \\ 5 \end{pmatrix}$$

Es gibt noch andere aufspannende Vektoren, je nachdem, welchen Anfangspunkt du wählst. Der Flächeninhalt ist jedoch stets gleich groß.

Flächeninhalt:

$$A = \left| \overrightarrow{PQ} \;\; \overrightarrow{PS} \right| \text{FE} = \begin{vmatrix} 5 & 3 \\ 4 & 5 \end{vmatrix} \text{FE} = (5 \cdot 5 - 4 \cdot 3) \text{ FE} = \mathbf{13\ FE}$$

109 Aufspannende Vektoren:

$$\overrightarrow{AB} = \begin{pmatrix} x_B - x_A \\ y_B - y_A \end{pmatrix} = \begin{pmatrix} -4-(-3) \\ -1-2 \end{pmatrix} = \begin{pmatrix} -1 \\ -3 \end{pmatrix}$$

$$\overrightarrow{AC} = \begin{pmatrix} x_C - x_A \\ y_C - y_A \end{pmatrix} = \begin{pmatrix} -2-(-3) \\ -3-2 \end{pmatrix} = \begin{pmatrix} 1 \\ -5 \end{pmatrix}$$

Flächeninhalt:

$$A = \left| \overrightarrow{AB} \;\; \overrightarrow{AC} \right| \text{FE}$$

$$A = \begin{vmatrix} -1 & 1 \\ -3 & -5 \end{vmatrix} \text{FE}$$

$$A = [-1 \cdot (-5) - (-3) \cdot 1] \text{ FE} = \mathbf{8\ FE}$$

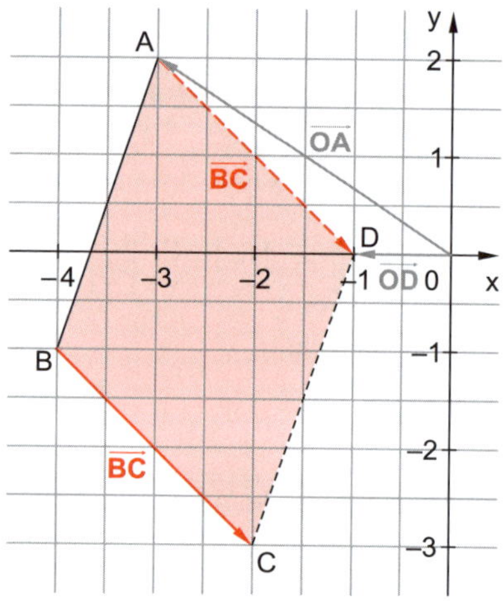

Koordinaten von D:

Es werden zwei Lösungsmöglichkeiten vorgestellt:

- *Über Vektoren:*
  Im Parallelogramm sind die gegenüberliegenden Seiten parallel. Somit gilt $\overrightarrow{AD} = \overrightarrow{BC}$ (bzw. $\overrightarrow{AB} = \overrightarrow{DC}$). Du erhältst ein lineares Gleichungssystem aus 2 Gleichungen mit 2 Unbekannten (Koordinaten von D).
- *Mit der Vektorkette:*
  Im Parallelogramm sind die gegenüberliegenden Seiten parallel. Somit erhältst du $\overrightarrow{OD} = \overrightarrow{OA} \oplus \overrightarrow{BC}$.

Über Vektoren:

$$\overrightarrow{AD} = \overrightarrow{BC}$$

$$\begin{pmatrix} x_D - (-3) \\ y_D - 2 \end{pmatrix} = \begin{pmatrix} -2-(-4) \\ -3-(-1) \end{pmatrix}$$

$$\begin{pmatrix} x_D + 3 \\ y_D - 2 \end{pmatrix} = \begin{pmatrix} 2 \\ -2 \end{pmatrix}$$

Lineares Gleichungssystem:

$$\begin{vmatrix} & x_D + 3 = 2 & \quad |-3 \\ \wedge & y_D - 2 = -2 & \quad |+2 \end{vmatrix}$$

$$\Leftrightarrow \begin{vmatrix} & x_D = -1 \\ \wedge & y_D = 0 \end{vmatrix}$$

Koordinaten von D: **D(–1 | 0)**

oder

Mit der Vektorkette:

$$\overrightarrow{OD} = \overrightarrow{OA} \oplus \overrightarrow{BC}$$

$$\overrightarrow{OD} = \begin{pmatrix} -3 \\ 2 \end{pmatrix} \oplus \begin{pmatrix} -2-(-4) \\ -3-(-1) \end{pmatrix}$$

$$\overrightarrow{OD} = \begin{pmatrix} -3 \\ 2 \end{pmatrix} \oplus \begin{pmatrix} 2 \\ -2 \end{pmatrix}$$

$$\overrightarrow{OD} = \begin{pmatrix} -3+2 \\ 2+(-2) \end{pmatrix}$$

$$\overrightarrow{OD} = \begin{pmatrix} -1 \\ 0 \end{pmatrix}$$

Koordinaten von D: **D(–1 | 0)**

110 Aufspannende Vektoren:

$\overrightarrow{AB} = \begin{pmatrix} x_B - x_A \\ y_B - y_A \end{pmatrix} = \begin{pmatrix} -2-(-3) \\ -4-2 \end{pmatrix} = \begin{pmatrix} 1 \\ -6 \end{pmatrix}$

$\overrightarrow{AC} = \begin{pmatrix} x_C - x_A \\ y_C - y_A \end{pmatrix} = \begin{pmatrix} 3-(-3) \\ -1-2 \end{pmatrix} = \begin{pmatrix} 6 \\ -3 \end{pmatrix}$

$\overrightarrow{AD} = \begin{pmatrix} x_D - x_A \\ y_D - y_A \end{pmatrix} = \begin{pmatrix} 4-(-3) \\ 3-2 \end{pmatrix} = \begin{pmatrix} 7 \\ 1 \end{pmatrix}$

$\overrightarrow{AE} = \begin{pmatrix} x_E - x_A \\ y_E - y_A \end{pmatrix} = \begin{pmatrix} 1-(-3) \\ 4-2 \end{pmatrix} = \begin{pmatrix} 4 \\ 2 \end{pmatrix}$

Zeichnung im Maßstab 1 : 2:

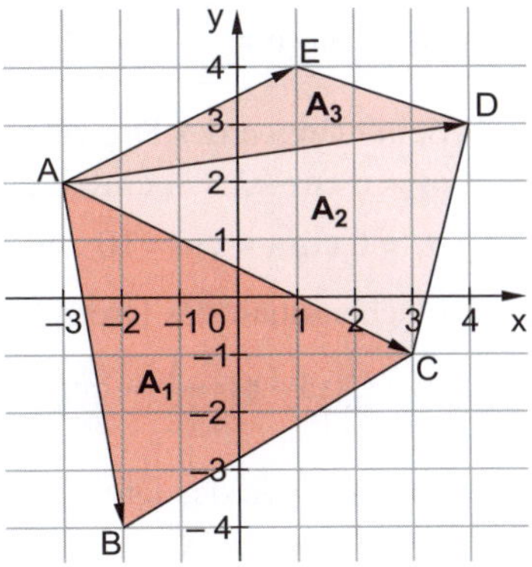

Flächeninhalte der Teilflächen:

$A_1 = \frac{1}{2} \cdot |\overrightarrow{AB}\ \overrightarrow{AC}|\ \text{FE} = \frac{1}{2} \cdot \begin{vmatrix} 1 & 6 \\ -6 & -3 \end{vmatrix}\ \text{FE} = \frac{1}{2} \cdot [1 \cdot (-3) - (-6) \cdot 6]\ \text{FE} = 16{,}5\ \text{FE}$

$A_2 = \frac{1}{2} \cdot |\overrightarrow{AC}\ \overrightarrow{AD}|\ \text{FE} = \frac{1}{2} \cdot \begin{vmatrix} 6 & 7 \\ -3 & 1 \end{vmatrix}\ \text{FE} = \frac{1}{2} \cdot [6 \cdot 1 - (-3) \cdot 7]\ \text{FE} = 13{,}5\ \text{FE}$

$A_3 = \frac{1}{2} \cdot |\overrightarrow{AD}\ \overrightarrow{AE}|\ \text{FE} = \frac{1}{2} \cdot \begin{vmatrix} 7 & 4 \\ 1 & 2 \end{vmatrix}\ \text{FE} = \frac{1}{2} \cdot (7 \cdot 2 - 1 \cdot 4)\ \text{FE} = 5\ \text{FE}$

Flächeninhalt des Fünfecks:

$A = A_1 + A_2 + A_3 = 16{,}5\ \text{FE} + 13{,}5\ \text{FE} + 5\ \text{FE} =$ **35 FE**

111 a) Kathetenlängen des rechtwinkligen Dreiecks:

Länge der längeren Kathete: **x**

Länge der kürzeren Kathete: **0,5x**

b) Diagonalenlängen:

Länge der längeren Diagonalen: 7 cm — neue Länge: **7 cm – 1,5x cm**

Länge der kürzeren Diagonalen: 4 cm — neue Länge: **4 cm + x cm**

112 a) Zeichnung im Maßstab 1 : 2:

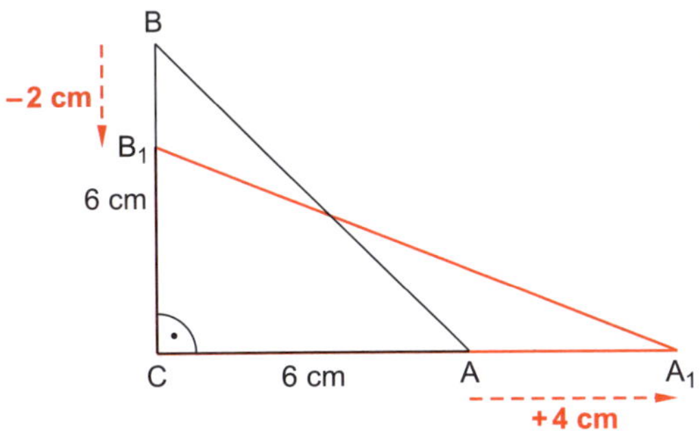

x = **4** bedeutet:

- Die Kathete b wird über A hinaus um **4** cm verlängert.
- Die Kathete a wird von B aus um 0,5 · **4** cm = 2 cm verkürzt.

Flächeninhalt des Dreiecks ABC:

$A = \frac{1}{2} \cdot a \cdot b = \frac{1}{2} \cdot 6\text{ cm} \cdot 6\text{ cm} = \mathbf{18\text{ cm}^2}$

Seitenlängen des Dreiecks A_1B_1C:

$a_1 = 6\text{ cm} - 0{,}5 \cdot 4\text{ cm} = 4\text{ cm}$

$b_1 = 6\text{ cm} + 4\text{ cm} = 10\text{ cm}$

Flächeninhalt des Dreiecks A_1B_1C:

$A_1 = \frac{1}{2} \cdot a_1 \cdot b_1 = \frac{1}{2} \cdot 4\text{ cm} \cdot 10\text{ cm} = \mathbf{20\text{ cm}^2}$

b) Seitenlängen des Dreiecks A_nB_nC:

$a_n = 6\text{ cm} - 0{,}5x\text{ cm}$ — $a = 6$ cm wird um 0,5x cm verkürzt.

$b_n = 6\text{ cm} + x\text{ cm}$ — $b = 6$ cm wird um x cm verlängert.

Flächeninhalt des Dreiecks A_nB_nC:

$A(x) = \frac{1}{2} \cdot a_n \cdot b_n$

$A(x) = \frac{1}{2} \cdot (6\text{ cm} - 0{,}5x\text{ cm}) \cdot (6\text{ cm} + x\text{ cm})$

Im rechtwinkligen Dreieck A_nB_nC sind die Seiten a_n und b_n die Katheten. Setze in die Flächenformel ein.

$A(x) = (3 - 0{,}25x) \cdot (6 + x)\text{ cm}^2$

$A(x) = (18 + 3x - 1{,}5x - 0{,}25x^2)\text{ cm}^2$

$\mathbf{A(x) = (-0{,}25x^2 + 1{,}5x + 18)\text{ cm}^2}$

c) Obere Grenze für x:

$$\begin{aligned} & 6\text{ cm} - 0{,}5x\text{ cm} > 0\text{ cm} && \mid +0{,}5x\text{ cm} \\ \Leftrightarrow\ & 6\text{ cm} > 0{,}5x\text{ cm} && \mid :(0{,}5\text{ cm}) \\ \Leftrightarrow\ & 12 > x \end{aligned}$$

Die Seite a darf nur so weit verkürzt werden, dass sie nicht verschwindet.

Untere Grenze für x:

$0 \leqq x$ — x darf nicht negativ werden.

Intervall für x:

$\mathbf{0 \leqq x < 12}$ *oder* $\mathbf{x \in [0;\ 12[}$

d) Quadratische Ergänzung: — Bestimme das Maximum von A(x).

$A(x) = (-0{,}25x^2 + 1{,}5x + 18)\text{ cm}^2$ — Klammere den Faktor $-0{,}25$ vor x^2 aus.

$A(x) = -0{,}25\,[x^2 - 6x - 72]\text{ cm}^2$ — Ergänze quadratisch.

$A(x) = -0{,}25\,[(x^2 - 6x + 3^2) - 3^2 - 72]\text{ cm}^2$ — Fasse zusammen und bilde das Binom.

$A(x) = -0{,}25\,[(x-3)^2 - 81]\text{ cm}^2$ — Multipliziere die eckige Klammer aus.

$A(x) = [-0{,}25\,(x-3)^2 + 20{,}25]\text{ cm}^2$

$\Rightarrow\ \mathbf{A_{max} = 20{,}25\text{ cm}^2}$ für $\mathbf{x = 3}$

Da der Faktor vor dem Binom negativ ist, ist der Term am größten, wenn das Binom null wird.

113 a) Zeichnung im Maßstab 1 : 2:

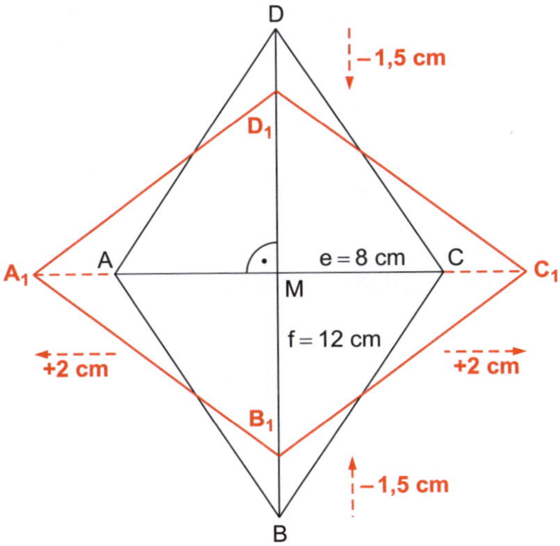

Achte auf das „jeweils“: Die Verlängerungen und die Verkürzungen finden *jeweils* zweimal (von beiden Endpunkten aus) statt!

x = 2 bedeutet:

- Die Diagonale e wird über A **und** C hinaus um 2 cm verlängert.
- Die Diagonale f wird um 0,75 · 2 cm = 1,5 cm von B **und** D aus verkürzt.

Flächeninhalt der Raute ABCD:

$$A = \frac{1}{2} \cdot e \cdot f = \frac{1}{2} \cdot 8\text{ cm} \cdot 12\text{ cm} = \mathbf{48\text{ cm}^2}$$

Längen der Diagonalen der Raute $A_1B_1C_1D_1$:

$$e_1 = 8\text{ cm} + 2 \cdot 2\text{ cm} = 12\text{ cm}$$

$$f_1 = 12\text{ cm} - 2 \cdot 0{,}75 \cdot 2\text{ cm} = 9\text{ cm}$$

e wird an beiden Enden verlängert und f an beiden Enden verkürzt.

Flächeninhalt der Raute $A_1B_1C_1D_1$:

$$A_1 = \frac{1}{2} \cdot e_1 \cdot f_1 = \frac{1}{2} \cdot 12\text{ cm} \cdot 9\text{ cm} = \mathbf{54\text{ cm}^2}$$

b) Längen der Diagonalen der Rauten $A_nB_nC_nD_n$:

$$e_n = 8\text{ cm} + 2 \cdot x\text{ cm}$$

$$f_n = 12\text{ cm} - 2 \cdot 0{,}75x\text{ cm} = 12\text{ cm} - 1{,}5x\text{ cm}$$

e wird an beiden Seiten um x cm verlängert und f auf beiden Seiten um 0,75 x cm verkürzt.

Flächeninhalt der Rauten $A_nB_nC_nD_n$:

$$A(x) = \frac{1}{2} \cdot e_n \cdot f_n$$

$$A(x) = \frac{1}{2} \cdot (8\text{ cm} + 2x\text{ cm}) \cdot (12\text{ cm} - 1{,}5x\text{ cm})$$

$$A(x) = (4 + x)(12 - 1{,}5x)\text{ cm}^2$$

$$A(x) = (48 - 6x + 12x - 1{,}5x^2)\text{ cm}^2$$

$$\mathbf{A(x) = (-1{,}5x^2 + 6x + 48)\text{ cm}^2}$$

Setze die allgemeinen Längen der Diagonalen in die Flächenformel ein.

c) Obere Grenze für x:

$$12\text{ cm} - 1{,}5x\text{ cm} > 0\text{ cm} \quad |+1{,}5x\text{ cm}$$
$$\Leftrightarrow \quad 12\text{ cm} > 1{,}5x\text{ cm} \quad |:(1{,}5\text{ cm})$$
$$\Leftrightarrow \quad 8 > x$$

Die Diagonale f darf nur so weit verkürzt werden, dass sie nicht verschwindet.

Untere Grenze für x:

$0 \leqq x$

x darf nicht negativ werden.

Intervall für x:

$\mathbf{0 \leqq x < 8}$ *oder* $\mathbf{x \in [0; 8[}$

Es existieren Rauten $A_nB_nC_nD_n$ für $x \in [0; 8[$.

d) Quadratische Ergänzung:

$A(x) = (-1{,}5x^2 + 6x + 48)\text{ cm}^2$ — Klammere –1,5 aus.

$A(x) = -1{,}5(x^2 - 4x - 32)\text{ cm}^2$ — Ergänze quadratisch.

$A(x) = -1{,}5\,[(x^2 - 4x + 2^2) - 2^2 - 32]\text{ cm}^2$ — Bilde das Binom.

$A(x) = -1{,}5\,[(x-2)^2 - 36]\text{ cm}^2$ — Multipliziere aus.

$A(x) = [-1{,}5\,(x-2)^2 + 54]\text{ cm}^2$ — Lies das Maximum und die zugehörige Belegung von x ab.

$\Rightarrow$ $\mathbf{A_{max} = 54\text{ cm}^2}$ für $\mathbf{x = 2}$

e) Ein Quadrat ist eine Raute, bei der die Diagonalen gleich lang sind:

$$e_n = f_n$$
$$\Leftrightarrow \quad 8\text{ cm} + 2x\text{ cm} = 12\text{ cm} - 1{,}5x\text{ cm} \quad |-8\text{ cm} + 1{,}5x\text{ cm}$$
$$\Leftrightarrow \quad 3{,}5x\text{ cm} = 4\text{ cm} \quad |:3{,}5$$
$$\Leftrightarrow \quad x = \frac{8}{7}$$

Ein Quadrat ergibt sich für $\mathbf{x = \frac{8}{7}}$.

114 a) Zeichnung im Maßstab 1 : 2:

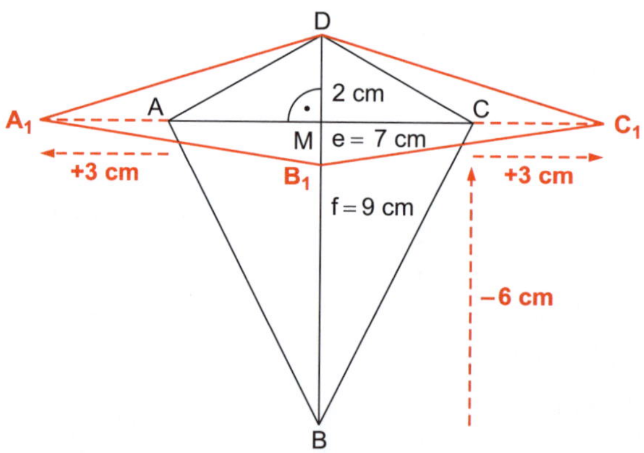

x = **3** bedeutet:

- Die (kürzere) Diagonale e wird **jeweils** über A **und** C hinaus um **3** cm verlängert.
- Die (längere) Diagonale f wird von B aus um $2 \cdot 3\text{ cm} = 6\text{ cm}$ verkürzt.

Flächeninhalt des Drachenvierecks ABCD:

$A = \frac{1}{2} \cdot e \cdot f = \frac{1}{2} \cdot 7\text{ cm} \cdot 9\text{ cm} = \mathbf{31{,}5\ cm^2}$

Längen der Diagonalen des Drachenvierecks $A_1B_1C_1D$:

$e_1 = 7\text{ cm} + 2 \cdot 3\text{ cm} = 13\text{ cm}$

$f_1 = 9\text{ cm} - 2 \cdot 3\text{ cm} = 3\text{ cm}$

e wird an **beiden** Seiten um 3 cm verlängert und f an **einer** Seite um 2 · 3 cm verkürzt.

Flächeninhalt des Drachenvierecks $A_1B_1C_1D$:

$A_1 = \frac{1}{2} \cdot e_1 \cdot f_1 = \frac{1}{2} \cdot 13\text{ cm} \cdot 3\text{ cm} = \mathbf{19{,}5\ cm^2}$

b) Längen der Diagonalen der Drachenvierecke $A_nB_nC_nD$:

$e_n = 7\text{ cm} + 2 \cdot x\text{ cm}$

$f_n = 9\text{ cm} - 2x\text{ cm}$

e wird an **beiden** Seiten um x cm verlängert und f an **einer** Seite um 2x cm verkürzt.

Flächeninhalt der Drachenvierecke $A_nB_nC_nD$:

$A(x) = \frac{1}{2} \cdot e_n \cdot f_n$

$A(x) = \frac{1}{2} \cdot (7\text{ cm} + 2x\text{ cm}) \cdot (9\text{ cm} - 2x\text{ cm})$

Setze die allgemeinen Längen der Diagonalen in die Flächenformel ein.

$A(x) = (3{,}5 + x)(9 - 2x)\text{ cm}^2$

$A(x) = (31{,}5 - 7x + 9x - 2x^2)\text{ cm}^2$

$\mathbf{A(x) = (-2x^2 + 2x + 31{,}5)\ cm^2}$

c) Obere Grenze für x:

$9\text{ cm} - 2x\text{ cm} - 2\text{ cm} > 0\text{ cm} \quad |+2x\text{ cm}$

$\Leftrightarrow \quad 7\text{ cm} > 2x\text{ cm} \quad |:2\text{ cm}$

$\Leftrightarrow \quad 3{,}5 > x$

Da $\overline{DM} = 2$ cm fest ist, darf die Strecke $\overline{B_nM} = f_n - 2$ cm nur so weit verkürzt werden, dass sie nicht verschwindet.

Untere Grenze für x:

$0 \leqq x$

x darf nicht negativ werden.

Intervall für x:

$\mathbf{0 \leqq x < 3{,}5}$ *oder* $\mathbf{x \in [0;\, 3{,}5[}$

d) Quadratische Ergänzung:

$A(x) = (-2x^2 + 2x + 31{,}5)\text{ cm}^2$ — Klammere –2 aus.

$A(x) = -2(x^2 - x - 15{,}75)\text{ cm}^2$ — Ergänze quadratisch.

$A(x) = -2\,[(x^2 - x + 0{,}5^2) - 0{,}5^2 - 15{,}75]\text{ cm}^2$ — Bilde das Binom.

$A(x) = -2\,[(x - 0{,}5)^2 - 16]\text{ cm}^2$ — Multipliziere aus.

$A(x) = [-2(x - 0{,}5)^2 + 32]\text{ cm}^2$

$\Rightarrow \mathbf{A_{max} = 32\ cm^2}$ für $\mathbf{x = 0{,}5}$

Lies das Maximum und die zugehörige Belegung von x ab.

e) Eine Raute entsteht, wenn sich die Diagonalen gegenseitig halbieren. Somit muss $\overline{B_nM} = \overline{DM}$ gelten:

$$\frac{1}{2} \cdot f_n = \overline{DM}$$

$$\Leftrightarrow \quad \frac{1}{2} \cdot (9\text{ cm} - 2x\text{ cm}) = 2\text{ cm} \quad |\cdot 2$$

$$\Leftrightarrow \quad 9\text{ cm} - 2x\text{ cm} = 4\text{ cm} \quad |-9\text{ cm}$$

$$\Leftrightarrow \quad -2x\text{ cm} = -5\text{ cm} \quad |:(-2\text{ cm})$$

$$\Leftrightarrow \quad x = 2{,}5$$

Eine Raute ergibt sich für **$x = 2{,}5$**.

115 a) Berechnung der Koordinaten von B_1:

$B_1(1\,|\,2 \cdot 1 + 5)$

$B_1(1\,|\,7)$

Da alle Punkte B_n auf g liegen, lauten ihre Koordinaten: $B_n(x\,|\,2x + 5)$
Setze $x = 1$ ein.

Zeichnung im Maßstab 1 : 2:

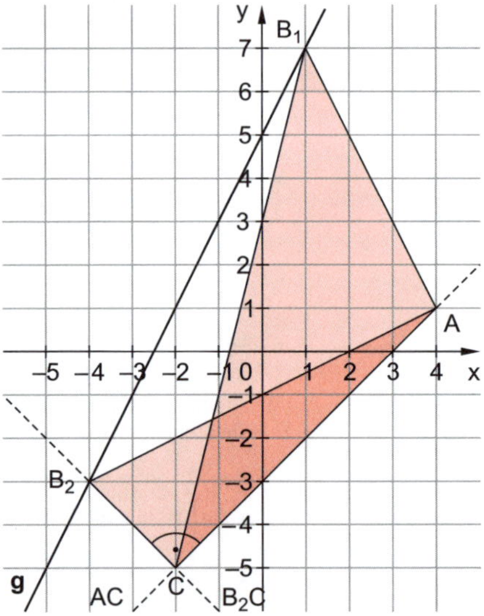

Vorgehen:

- Zeichne zunächst die Punkte $A(4\,|\,1)$ und $C(-2\,|\,-5)$ ein.
- Zeichne die Gerade g: $y = 2x + 5$ ein:
  y-Achsenabschnitt $t = 5$
  Steigung $m = 2$
  (Gehe von $(0\,|\,5)$ aus 2 Einheiten nach oben und 1 Einheit nach rechts.)
- Zeichne den Punkt $B_1(1\,|\,7)$ ein.

b) Aufspannende Vektoren:

$$\overrightarrow{AB_1} = \begin{pmatrix} 1-4 \\ 7-1 \end{pmatrix} = \begin{pmatrix} -3 \\ 6 \end{pmatrix}$$

Rechne „Spitze minus Fuß“.

$$\overrightarrow{AC} = \begin{pmatrix} -2-4 \\ -5-1 \end{pmatrix} = \begin{pmatrix} -6 \\ -6 \end{pmatrix}$$

Flächeninhalt des Dreiecks AB_1C:

$$A_1 = \frac{1}{2} \cdot \begin{vmatrix} -3 & -6 \\ 6 & -6 \end{vmatrix} \text{ FE} = \frac{1}{2} \cdot [-3 \cdot (-6) - 6 \cdot (-6)] \text{ FE} = \mathbf{27\ FE}$$

c) Aufspannende Vektoren:

$$\overrightarrow{AB_n} = \begin{pmatrix} x-4 \\ 2x+5-1 \end{pmatrix} = \begin{pmatrix} x-4 \\ 2x+4 \end{pmatrix}$$

$$\overrightarrow{AC} = \begin{pmatrix} -6 \\ -6 \end{pmatrix}$$

Verwende die allgemeinen Koordinaten $B_n(x\,|\,2x+5)$.

Tipp: Um Rechenaufwand zu vermeiden, solltest du B_n **nicht** als Anfangspunkt der Vektoren wählen.

Flächeninhalt der Dreiecke AB_nC:

$$A(x) = \frac{1}{2} \cdot \begin{vmatrix} x-4 & -6 \\ 2x+4 & -6 \end{vmatrix} \text{ FE}$$

$$A(x) = \frac{1}{2} \cdot [(x-4)\cdot(-6) - (2x+4)\cdot(-6)] \text{ FE}$$

$$A(x) = \frac{1}{2} \cdot [-6x + 24 + 12x + 24] \text{ FE}$$

$$A(x) = \frac{1}{2} \cdot [6x + 48] \text{ FE}$$

$$\mathbf{A(x) = 3x\ FE + 24\ FE}$$

d) Der Flächeninhalt muss größer als null sein:

$$A(x) > 0 \text{ FE}$$

$$\Leftrightarrow \quad 3x \text{ FE} + 24 \text{ FE} > 0 \text{ FE} \quad |-24 \text{ FE}$$

$$\Leftrightarrow \quad 3x \text{ FE} > -24 \text{ FE} \quad |:3 \text{ FE}$$

$$\Leftrightarrow \quad x > -8$$

Intervall für x:

$\mathbf{x > -8}$ *oder* $\mathbf{x \in]-8; \infty[}$

Alternative Lösungsmöglichkeit:

Geradengleichung von AC aus der Zeichnung:

$y = x - 3$

oder

Aufstellen der Geradengleichung von AC:

Liegen A, B_n und C auf einer Geraden, existieren keine Dreiecke mehr. Berechne also den Schnittpunkt von g und AC. Seine x-Koordinate liefert die untere Grenze des Intervalls.

Steigung von AC:

$$m = \frac{y_C - y_A}{x_C - x_A} = \frac{-5-1}{-2-4} = 1$$

oder

$$\overrightarrow{AC} = \begin{pmatrix} -6 \\ -6 \end{pmatrix} \Rightarrow m = \frac{-6}{-6} = 1$$

y-Achsenabschnitt von AC:

$A(4\,|\,1)$ und $m = 1$ einsetzen in $y = mx + t$:

$$1 = 1 \cdot 4 + t \quad |-4$$

$$\Leftrightarrow \quad t = -3$$

Alternativ könntest du die Geradengleichung auch mithilfe der Punkt-Steigungs-Form berechnen.

Geradengleichung von AC: $y = x - 3$

Schnittpunkt der Geraden g und AC:

$$\begin{vmatrix} & y = 2x + 5 \\ \wedge & y = x - 3 \end{vmatrix}$$

Gleichsetzen liefert:

$$2x+5=x-3 \quad |-x-5$$
$$\Leftrightarrow \quad x=-8$$

Intervall für x:

$\mathbf{-8<x}$ *oder* $\mathbf{x\in\,]-8;\,\infty[}$

Im Schnittpunkt liegen A, B_n und C auf einer Geraden. B_n kann aber beliebig weit nach rechts wandern.

e) Einzeichnen des Dreiecks AB_2C

Der Zeichnung kannst du entnehmen, dass der rechte Winkel bei C liegen muss.

Steigung m_2 der Geraden B_2C:

$$m_2=\frac{y_C-y_{B_2}}{x_C-x_{B_2}}=\frac{-5-(-3)}{-2-(-4)}=-1$$ *oder*

$$\overrightarrow{B_2C}=\begin{pmatrix}-2-(-4)\\-5-(-3)\end{pmatrix}=\begin{pmatrix}2\\-2\end{pmatrix}$$
$$\Rightarrow\ m_2=\frac{-2}{2}=-1$$

Produkt der Steigungen von AC und B_2C:

$m\cdot m_2=1\cdot(-1)=-1$

$\Rightarrow$ $\mathbf{AC\perp B_2C}$

Die Steigung von AC ist $m=1$ (siehe Teilaufgabe d).

Da die Seiten [AC] und $[B_2C]$ senkrecht stehen, ist AB_2C rechtwinklig.

116 a) Berechnung der Koordinaten von R_1:

$R_1(4\,|\,-0{,}25\cdot 4+6)$

$R_1(4\,|\,5)$

Da alle Punkte R_n auf g liegen, lauten ihre Koordinaten: $R_n(x\,|\,-0{,}25x+6)$ Setze $x=4$ ein.

Zeichnung im Maßstab 1 : 2:

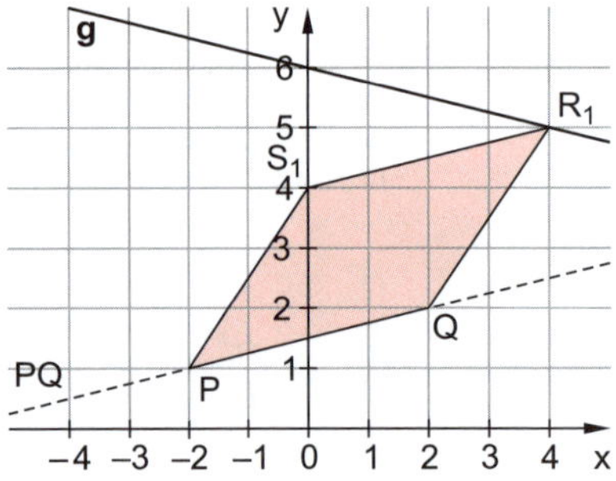

Vorgehen:
- Zeichne zunächst die Punkte $P(-2\,|\,1)$ und $Q(2\,|\,2)$.
- Zeichne die Gerade g: $y=-0{,}25x+6$: y-Achsenabschnitt $t=6$ Steigung $m=-0{,}25$ (Gehe von $(0\,|\,6)$ aus 4 Einheiten nach rechts und 1 Einheit nach unten.)
- Zeichne den Punkt $R_1(4\,|\,5)$ ein.
- Verschiebe den Punkt R_1 mit dem Vektor $\overrightarrow{QP}$ auf S_1.

Koordinaten von S_1: $\mathbf{S_1(0\,|\,4)}$

b) Aufspannende Vektoren:

$$\overrightarrow{QR_1}=\begin{pmatrix}4-2\\5-2\end{pmatrix}=\begin{pmatrix}2\\3\end{pmatrix};\quad \overrightarrow{QP}=\begin{pmatrix}-2-2\\1-2\end{pmatrix}=\begin{pmatrix}-4\\-1\end{pmatrix}$$

$\overrightarrow{QR_1}$ überstreicht die Fläche des Parallelogramms, wenn du $\overrightarrow{QR_1}$ auf $\overrightarrow{QP}$ drehst.

Flächeninhalt des Parallelogramms PQR_1S_1:

$$A_1=\begin{vmatrix}2 & -4\\3 & -1\end{vmatrix}\text{FE}=[2\cdot(-1)-3\cdot(-4)]\text{ FE}=\mathbf{10\ FE}$$

c) Aufspannende Vektoren:

$$\overrightarrow{QR_n} = \begin{pmatrix} x-2 \\ -0{,}25x+6-2 \end{pmatrix} = \begin{pmatrix} x-2 \\ -0{,}25x+4 \end{pmatrix}; \quad \overrightarrow{QP} = \begin{pmatrix} -4 \\ -1 \end{pmatrix}$$

Flächeninhalt der Parallelogramme PQR_nS_n:

$$A(x) = \begin{vmatrix} x-2 & -4 \\ -0{,}25x+4 & -1 \end{vmatrix} \text{ FE}$$

$$A(x) = [(x-2)\cdot(-1) - (-0{,}25x+4)\cdot(-4)] \text{ FE}$$

$$A(x) = [-x+2-x+16] \text{ FE}$$

$$A(x) = [-2x+18] \text{ FE}$$

$$\mathbf{A(x) = -2x\ FE + 18\ FE}$$

d) Der Flächeninhalt muss größer als null sein:

$$A(x) > 0 \text{ FE}$$

$$\Leftrightarrow \quad -2x \text{ FE} + 18 \text{ FE} > 0 \text{ FE} \quad |-18 \text{ FE}$$

$$\Leftrightarrow \quad -2x \text{ FE} > 18 \text{ FE} \quad |:(-2 \text{ FE})$$

$$\Leftrightarrow \quad x < 9$$

Da du durch eine negative Zahl teilst, musst du das Ungleichheitszeichen umdrehen!

Intervall für x:

$\mathbf{x<9}$ *oder* $\mathbf{x \in]-\infty; 9[}$

Alternative Lösungsmöglichkeit:

Die Punkte R_n müssen so weit links liegen, dass sie nicht mit P und Q auf einer Geraden oder unter PQ liegen. Berechne also den Schnittpunkt von g und PQ.

Geradengleichung von PQ aus der Zeichnung:

$y = 0{,}25x + 1{,}5$

oder

Aufstellen der Geradengleichung von PQ:

Steigung von PQ:

$$m = \frac{y_Q - y_P}{x_Q - x_P} = \frac{2-1}{2-(-2)} = 0{,}25$$

oder

$$\overrightarrow{PQ} = \begin{pmatrix} 2-(-2) \\ 2-1 \end{pmatrix} = \begin{pmatrix} 4 \\ 1 \end{pmatrix}$$

$$\Rightarrow \quad m = \frac{1}{4} = 0{,}25$$

y-Achsenabschnitt von PQ:

P(−2 | 1) und m = 0,25 einsetzen in y = mx + t:

$$1 = 0{,}25\cdot(-2) + t \quad |+0{,}5$$

$$\Leftrightarrow \quad t = 1{,}5$$

Alternativ könntest du die Geradengleichung auch mithilfe der Punkt-Steigungs-Form berechnen.

Geradengleichung von PQ:

$y = 0{,}25x + 1{,}5$

Schnittpunkt der Geraden g und PQ:

$$\begin{array}{|ll} & y = -0{,}25x + 6 \\ \wedge & y = 0{,}25x + 1{,}5 \\ \hline \end{array}$$

Gleichsetzen liefert:

$$-0{,}25x+6=0{,}25x+1{,}5 \quad |+0{,}25x-1{,}5$$
$$\Leftrightarrow \quad 4{,}5=0{,}5x \quad |:0{,}5$$
$$\Leftrightarrow \quad x=9$$

Intervall für x:

$x<9$ *oder* **$x\in\,]-\infty;\,9[$**

Im Schnittpunkt liegen P, Q und R_n auf einer Geraden. R_n kann aber beliebig weit nach links wandern.

e) Bestimmung von x:

$$A(x)=8\text{ FE}$$
$$\Leftrightarrow \quad -2x\text{ FE}+18\text{ FE}=8\text{ FE} \quad |-18\text{ FE}$$
$$\Leftrightarrow \quad -2x\text{ FE}=-10\text{ FE} \quad |:(-2\text{ FE})$$
$$\Leftrightarrow \quad x=5$$

Koordinaten von R_2:

$R_2(5\,|\,-0{,}25\cdot 5+6)$

$R_2(5\,|\,4{,}75)$

Setze x = 5 in $R_n(x\,|\,-0{,}25x+6)$ ein.

117 a) Berechnung der Koordinaten von A_1:

$A_1(4\,|\,0{,}75\cdot 4+4)$

$A_1(4\,|\,7)$

Da alle Punkte A_n auf g liegen, lauten ihre Koordinaten: $A_n(x\,|\,0{,}75x+4)$
Setze x = 4 ein.

Berechnung der Koordinaten von B_1:

$B_1(4\,|\,-0{,}25\cdot 4-2)$

$B_1(4\,|\,-3)$

Da B_n auf h liegen, lauten ihre Koordinaten: $B_n(x\,|\,-0{,}25x-2)$
Da die Punkte B_n dieselbe x-Koordinate wie die zugehörigen Punkte A_n haben, musst du auch hier x = 4 einsetzen.

Zeichnung im Maßstab 1 : 2:

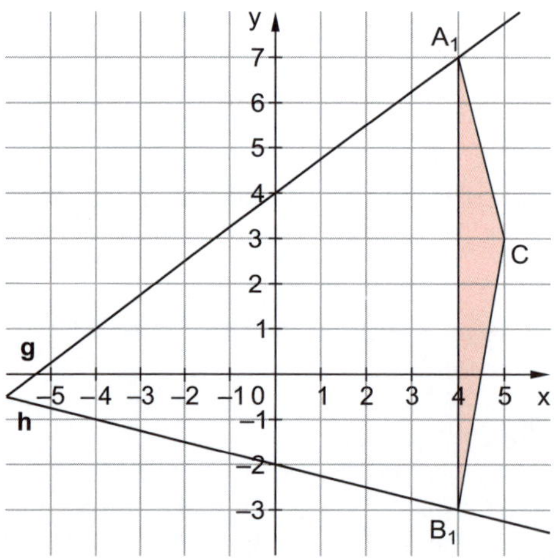

Vorgehen:

- Zeichne den Punkt C(5 | 3).
- Zeichne die Gerade g: y = 0,75x + 4:
  y-Achsenabschnitt t = 4
  Steigung m = 0,75
- Zeichne die Gerade h: y = −0,25x − 2:
  y-Achsenabschnitt t = −2
  Steigung m = −0,25
- Zeichne die Punkte $A_1(4\,|\,7)$ und $B_1(4\,|\,-3)$ ein.

b) Aufspannende Vektoren:

$$\overrightarrow{A_1B_1} = \begin{pmatrix} 4-4 \\ -3-7 \end{pmatrix} = \begin{pmatrix} 0 \\ -10 \end{pmatrix}; \quad \overrightarrow{A_1C} = \begin{pmatrix} 5-4 \\ 3-7 \end{pmatrix} = \begin{pmatrix} 1 \\ -4 \end{pmatrix}$$

Flächeninhalt des Dreiecks A_1B_1C:

$$A_1 = \frac{1}{2} \cdot \begin{vmatrix} 0 & 1 \\ -10 & -4 \end{vmatrix} \text{ FE} = \frac{1}{2} \cdot [0 \cdot (-4) - (-10) \cdot 1] \text{ FE} = \mathbf{5\ FE}$$

Der Flächeninhalt des Dreiecks A_1B_1C beträgt 5 FE.

Alternative Lösungsmöglichkeit:

Länge der (senkrechten) Grundseite:

$$g = \overline{A_1B_1} = |\, y_{B_1} - y_{A_1} \,| \text{ LE} = |-3-7| \text{ LE} = 10 \text{ LE}$$

Länge der (waagerechten) Höhe:

$$h = \overline{A_1C} = |\, x_C - x_{A_1} \,| \text{ LE} = |5-4| \text{ LE} = 1 \text{ LE}$$

Flächeninhalt des Dreiecks A_1B_1C:

$$A = \frac{1}{2} \cdot g \cdot h = \frac{1}{2} \cdot 10 \text{ LE} \cdot 1 \text{ LE} = \mathbf{5\ FE}$$

Der Flächeninhalt des Dreiecks A_1B_1C beträgt 5 FE.

c) Aufspannende Vektoren:

$$\overrightarrow{A_nB_n} = \begin{pmatrix} x-x \\ -0,25x-2-(0,75x+4) \end{pmatrix} = \begin{pmatrix} 0 \\ -x-6 \end{pmatrix}$$

$$\overrightarrow{A_nC} = \begin{pmatrix} 5-x \\ 3-(0,75x+4) \end{pmatrix} = \begin{pmatrix} 5-x \\ -0,75x-1 \end{pmatrix}$$

Flächeninhalt der Dreiecke A_nB_nC:

$$A(x) = \frac{1}{2} \cdot \begin{vmatrix} 0 & 5-x \\ -x-6 & -0,75x-1 \end{vmatrix} \text{ FE}$$

$$A(x) = \frac{1}{2} \cdot [0 \cdot (-0,75x-1) - (-x-6) \cdot (5-x)] \text{ FE}$$

$$A(x) = \frac{1}{2} \cdot [-(-5x + x^2 - 30 + 6x)] \text{ FE}$$

$$A(x) = \frac{1}{2} \cdot [-x^2 - x + 30] \text{ FE}$$

$$\mathbf{A(x) = [-0,5x^2 - 0,5x + 15]\ FE}$$

d) Obere Grenze für x:

$x < 5$

Wegen des Umlaufsinns im Dreieck A_nB_nC liegen A_n und B_n links von C. Die obere Grenze für x ist somit 5.

Untere Grenze für x:

Schnittpunkt der Geraden g und h:

$$\begin{vmatrix} & y = 0,75x + 4 \\ \wedge & y = -0,25x - 2 \end{vmatrix}$$

Die Punkte A_n und B_n dürfen nur so weit links liegen, dass sie nicht zusammenfallen. Berechne deshalb den Schnittpunkt von g und h.

Gleichsetzen liefert:

$$0{,}75x + 4 = -0{,}25x - 2 \quad |+0{,}25x - 4$$

$$\Leftrightarrow \quad x = -6$$

Bei $x = -6$ liegen A_n und B_n aufeinander.

Damit muss $-6 < x$ gelten.

Intervall für x:

$-6 < x < 5$ *oder* **$x \in]-6; 5[$**

e) Quadratische Ergänzung:

$A(x) = [-0{,}5x^2 - 0{,}5x + 15]$ FE — Klammere $-0{,}5$ aus.

$A(x) = -0{,}5\,[x^2 + x - 30]$ FE — Ergänze quadratisch.

$A(x) = -0{,}5\,[(x^2 + x + 0{,}5^2) - 0{,}5^2 - 30]$ FE — Bilde das Binom.

$A(x) = -0{,}5\,[(x + 0{,}5)^2 - 30{,}25]$ FE — Multipliziere aus.

$A(x) = [-0{,}5\,(x + 0{,}5)^2 + 15{,}125]$ FE — Lies das Maximum und die zugehörige Belegung von x ab.

$\Rightarrow A_{max} = 15{,}125$ FE für **$x = -0{,}5$**

Das Dreieck hat den maximalen Flächeninhalt bei $x = -0{,}5$.

118 Flächeninhalt des Dreiecks:

$$A_{Dreieck} = \frac{1}{2} \cdot g \cdot h = \frac{1}{2} \cdot 2\text{ cm} \cdot 7\text{ cm} = 7\text{ cm}^2$$

Der Querschnitt setzt sich aus einem Dreieck, einem Rechteck und zwei gleich großen Parallelogrammen zusammen:

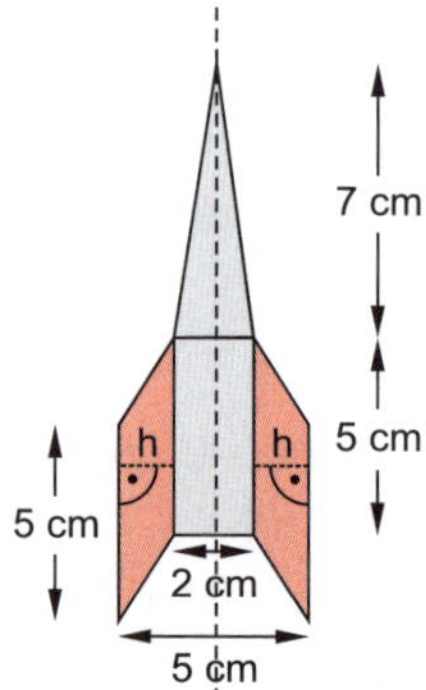

Flächeninhalt des Rechtecks:

$$A_{Rechteck} = a \cdot b = 2\text{ cm} \cdot 5\text{ cm} = 10\text{ cm}^2$$

Höhe der Parallelogramme:

$$h = \frac{5\text{ cm} - 2\text{ cm}}{2} = 1{,}5\text{ cm}$$

Flächeninhalt eines Parallelogramms:

$$A_{Parallelogramm} = g \cdot h = 5\text{ cm} \cdot 1{,}5\text{ cm} = 7{,}5\text{ cm}^2$$

Flächeninhalt des Querschnitts:

$$A = A_{Dreieck} + A_{Rechteck} + 2 \cdot A_{Parallelogramm}$$

$$A = 7\text{ cm}^2 + 10\text{ cm}^2 + 2 \cdot 7{,}5\text{ cm}^2$$

$A =$ **32 cm^2**

119 Flächeninhalt eines trapezförmigen Konferenztisches:

$$A_{Trapez} = \frac{1}{2} \cdot (a + c) \cdot h = \frac{1}{2} \cdot (160\text{ cm} + 80\text{ cm}) \cdot 69{,}3\text{ cm} = 8\,316\text{ cm}^2$$

Flächeninhalt eines rechteckigen Konferenztisches:

$$A_{Rechteck} = a \cdot b = 160\text{ cm} \cdot 80\text{ cm} = 12\,800\text{ cm}^2$$

- *Anordnung 1:*
  Flächeninhalt der Tischfläche:
  $A_1 = 2 \cdot A_{Trapez} = 2 \cdot 8\,316\text{ cm}^2 = 16\,632\text{ cm}^2$
  Platz pro Person:
  $16\,632\text{ cm}^2 : 6 = 2\,772\text{ cm}^2$

Anordnung 1 besteht aus 2 Trapezen.

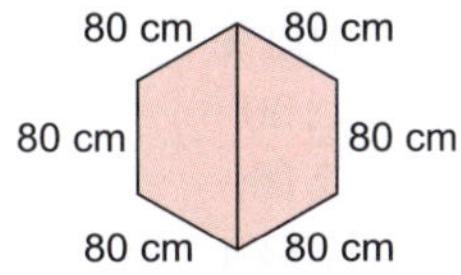

Es können 6 Personen am Tisch sitzen.

- *Anordnung 2:*
  Flächeninhalt der Tischfläche:
  $A_2 = A_{Rechteck} + 2 \cdot A_{Trapez}$
  $A_2 = 12\,800\text{ cm}^2 + 2 \cdot 8\,316\text{ cm}^2$
  $A_2 = 29\,432\text{ cm}^2$
  Platz pro Person:
  $29\,432\text{ cm}^2 : 8 = 3\,679\text{ cm}^2$

Anordnung 2 besteht aus 1 Rechteck und 2 Trapezen.

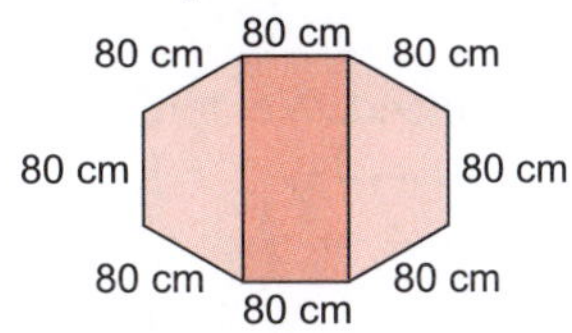

Es können 8 Personen am Tisch sitzen.

- *Anordnung 3:*
  Flächeninhalt der Tischfläche:
  $A_3 = 6 \cdot A_{Trapez} = 6 \cdot 8\,316\text{ cm}^2 = 49\,896\text{ cm}^2$
  Platz pro Person:
  $49\,896\text{ cm}^2 : 12 = 4\,158\text{ cm}^2$

Anordnung 3 besteht aus 6 Trapezen.

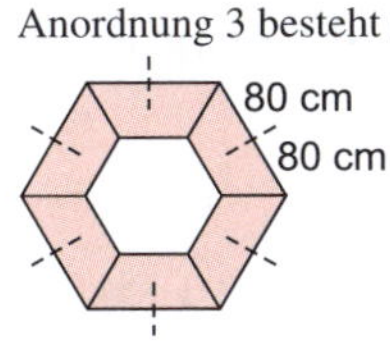

Es können 12 Personen am Tisch sitzen.

- *Anordnung 4:*
  Flächeninhalt der Tischfläche:
  $A_4 = 2 \cdot A_{Rechteck} + 6 \cdot A_{Trapez}$
  $A_4 = 2 \cdot 12\,800\text{ cm}^2 + 6 \cdot 8\,316\text{ cm}^2$
  $A_4 = 75\,496\text{ cm}^2$
  Platz pro Person:
  $75\,496\text{ cm}^2 : 16 = 4\,718{,}5\text{ cm}^2$

Anordnung 4 besteht aus 2 Rechtecken und 6 Trapezen.

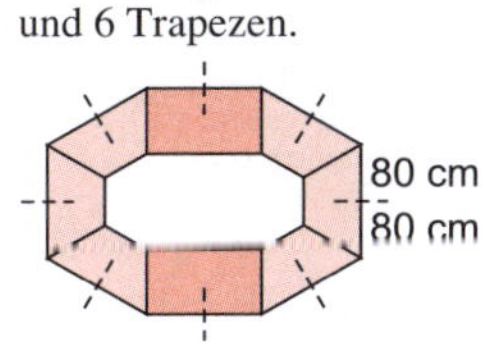

Es können 16 Personen am Tisch sitzen.

Am meisten Tischfläche steht jeder Person bei **Anordnung 4** zur Verfügung.

120 Längen der Diagonalen der Raute:
$e_R = 2 \cdot (70\text{ cm} - 50\text{ cm}) = 2 \cdot 20\text{ cm} = 40\text{ cm}$
$f_R = 60\text{ cm}$
Der waagerechte Stab des Drachens muss um $70\text{ cm} - 40\text{ cm} =$ **30 cm** gekürzt werden.
Flächeninhalt des Drachenvierecks:
$A_{Drachen} = \frac{1}{2} \cdot e \cdot f = \frac{1}{2} \cdot 60\text{ cm} \cdot 70\text{ cm} = 2\,100\text{ cm}^2$
Flächeninhalt der Raute:
$A_{Raute} = \frac{1}{2} \cdot e_R \cdot f_R = \frac{1}{2} \cdot 40\text{ cm} \cdot 60\text{ cm} = 1\,200\text{ cm}^2$

Die rechten, langen Seiten müssen so weit gekürzt werden, bis die neue (waagerechte) Diagonale durch die gegebene (senkrechte) Diagonale halbiert wird:

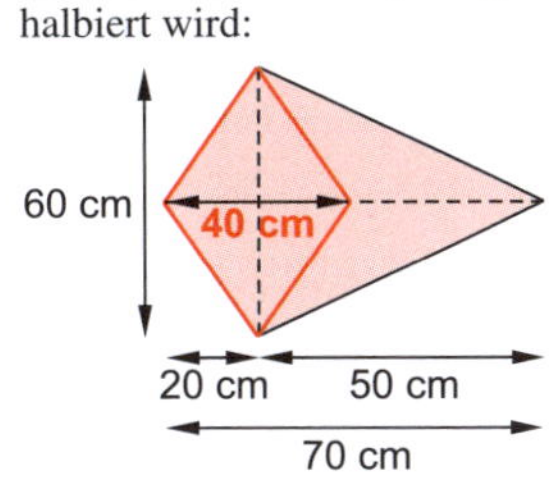

Prozentualer Anteil:

$2\,100 \text{ cm}^2 \mathrel{\hat{=}} 100\,\%$

$1 \text{ cm}^2 \mathrel{\hat{=}} \frac{100}{2\,100}\,\%$

$1\,200 \text{ cm}^2 \mathrel{\hat{=}} \frac{100 \cdot 1\,200}{2\,100}\,\% \approx 57{,}14\,\%$

Die Raute ist um $100\,\% - 57{,}14\,\% =$ **42,86 %** kleiner als das Drachenviereck.

121 Aufspannende Vektoren:

$$\overrightarrow{AB} = \begin{pmatrix} -1-(-3) \\ -4-1 \end{pmatrix} = \begin{pmatrix} 2 \\ -5 \end{pmatrix}$$

$$\overrightarrow{AC} = \begin{pmatrix} 3-(-3) \\ y_C - 1 \end{pmatrix} = \begin{pmatrix} 6 \\ y_C - 1 \end{pmatrix}$$

Flächeninhalt des Dreiecks ABC:

$$A = \frac{1}{2} \cdot \begin{vmatrix} 2 & 6 \\ -5 & y_C - 1 \end{vmatrix} \text{ FE}$$

$$A = \frac{1}{2} \cdot [2 \cdot (y_C - 1) - (-5) \cdot 6] \text{ FE}$$

$$A = \frac{1}{2} \cdot [2y_C - 2 + 30] \text{ FE}$$

$$A = y_C \text{ FE} + 14 \text{ FE}$$

Bestimmung von y_C:

$$A = 16 \text{ FE}$$

$$\Leftrightarrow \quad y_C \text{ FE} + 14 \text{ FE} = 16 \text{ FE} \quad |-14 \text{ FE}$$

$$\Leftrightarrow \quad y_C \text{ FE} = 2 \text{ FE} \quad |:1 \text{ FE}$$

$$\Leftrightarrow \quad \mathbf{y_C = 2}$$

Zeichnung im Maßstab 1 : 2:

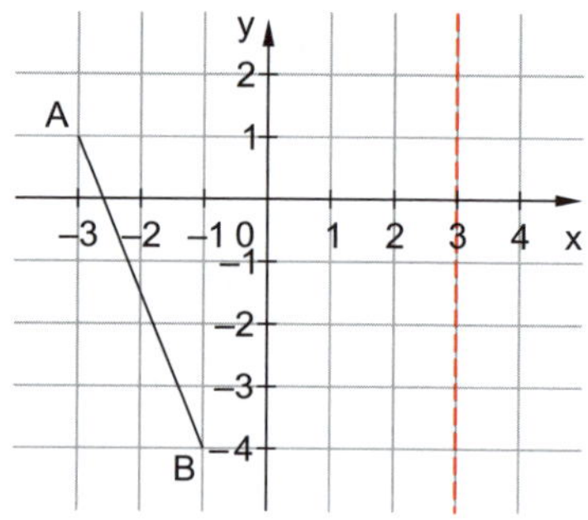

Der Punkt C liegt irgendwo auf der gestrichelten Linie.

122 Maße des Dreiecks:

$g = \overline{DE} = |x_E - x_D| \text{ LE} = |4 - (-2)| \text{ LE} = 6 \text{ LE}$

$h = |y_F - y_D| \text{ LE} = |4 - 1| \text{ LE} = 3 \text{ LE}$

Flächeninhalt der Dreiecke DEF_n:

$A = \frac{1}{2} \cdot g \cdot h = \frac{1}{2} \cdot 6 \text{ LE} \cdot 3 \text{ LE} =$ **9 FE**

Zeichnung im Maßstab 1 : 2:

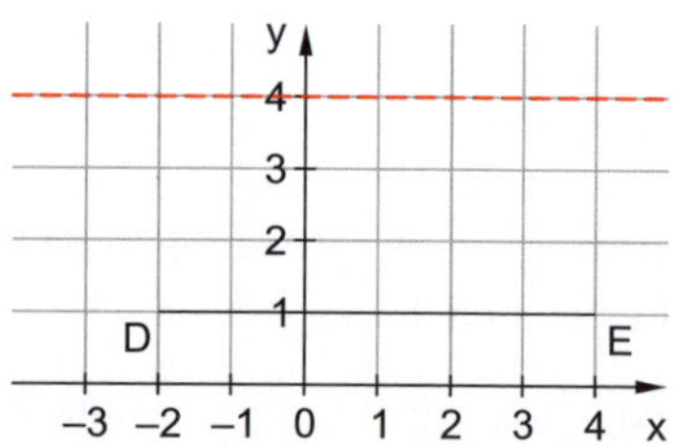

Die Punkte F_n liegen alle auf der gestrichelten Linie. Da diese parallel zur Strecke [DE] verläuft, haben alle Dreiecke DEF_n dieselbe Höhe, nämlich $h = 3$ LE.

123 a) Seitenlänge im Bild: 2 cm
Seitenlänge im Original: 1 cm

Es gilt: 2 cm im Bild entsprechen 1 cm im Original.
$\Rightarrow$ **Maßstab 2 : 1**

Die Bildlänge ist also 2-mal so lang wie die Originallänge.

b) Kreisradius im Bild: 0,5 cm
Kreisradius im Original: 1 cm

Du kannst auch den Kreisdurchmesser verwenden.

Berechnung des Maßstabs:

$0{,}5\text{ cm} \triangleq 1\text{ cm}$

$1\text{ cm} \triangleq 2\text{ cm}$

$\Rightarrow$ **Maßstab 1 : 2**

Die Bildlänge ist 0,5-mal so lang wie die Originallänge.

c) Raupenlänge im Bild: 4,5 cm
Raupenlänge im Original: 1,5 cm

Berechnung des Maßstabs:

$4{,}5\text{ cm} \triangleq 1{,}5\text{ cm}$

$3\text{ cm} \triangleq 1\text{ cm}$

$\Rightarrow$ **Maßstab 3 : 1**

Die Bildlänge ist also 3-mal so lang wie die Originallänge.

124 a) Zeichnung im Maßstab 1 : 2:

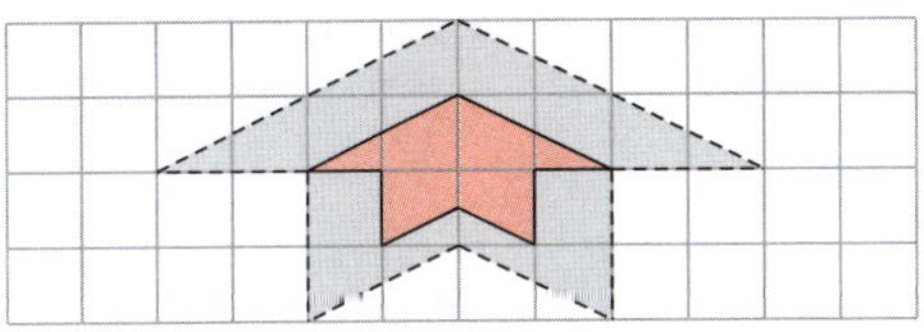

Maßstab 1 : 2 bedeutet:

$1:2 = \frac{1}{2}$

Im Bild sind alle Längen also nur noch halb so lang wie im Original.

b) Zeichnung im Maßstab 1,5 : 1:

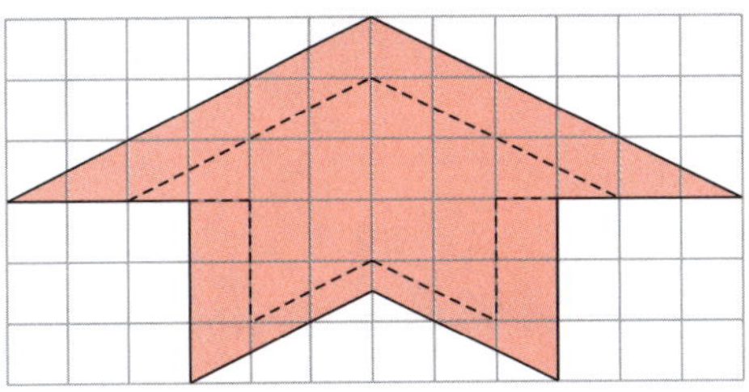

Maßstab 1,5 : 1 bedeutet:

$1{,}5:1 = \frac{1{,}5}{1} = \frac{3}{2}$

Im Bild sind alle Längen also $\frac{3}{2}$-mal so lang wie im Original.

125 a) Zeichnung:

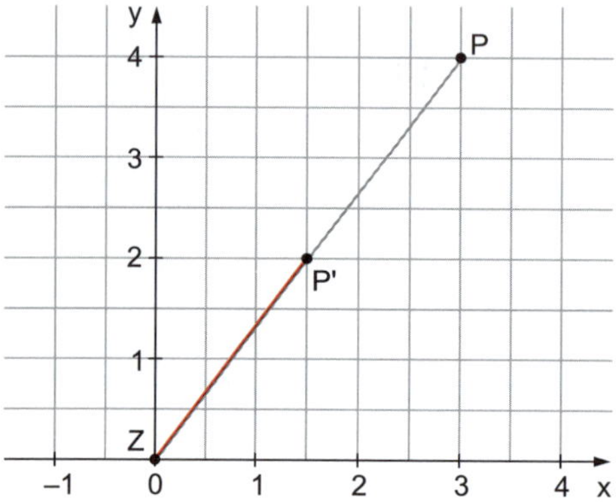

Vorgehen:
- Verbinde P und Z.
- Da $k > 0$ ist, liegen P und P' auf derselben Seite von Z.
- Trage $\overline{ZP'} = |0,5| \cdot \overline{ZP}$ von Z aus auf derselben Seite wie P an.
- Zeichne P' ein und lies die Koordinaten ab.

Die Koordinaten von P' lauten: **P'(1,5 | 2)**

b) Zeichnung:

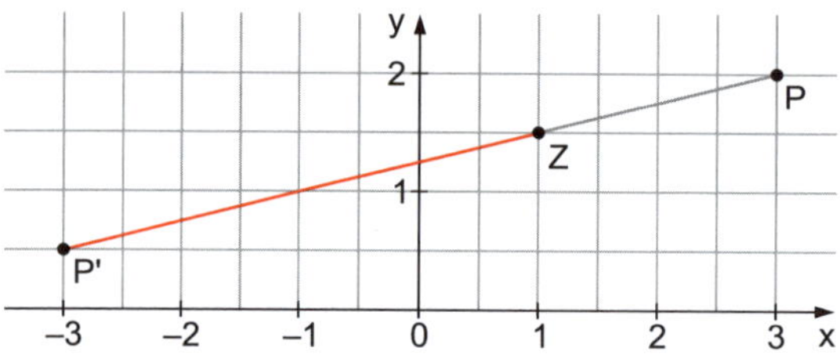

Vorgehen:
- Verbinde P und Z.
- Da $k < 0$ ist, liegen P und P' auf verschiedenen Seiten von Z.
- Trage $\overline{ZP'} = |-2| \cdot \overline{ZP}$ von Z aus auf der anderen Seite als P an.
- Zeichne P' ein und lies die Koordinaten ab.

Die Koordinaten von P' lauten: **P'(−3 | 0,5)**

126 a) Zeichnung:

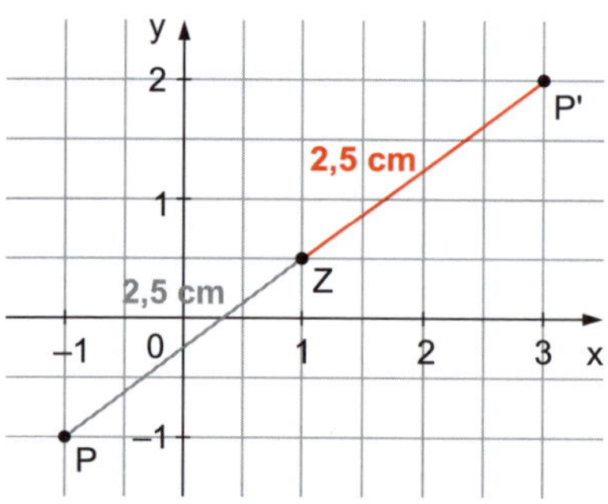

Zeichne die Punkte P, P' und Z und miss die Längen $\overline{ZP}$ und $\overline{ZP'}$.

Berechnung des Streckungsfaktors k:

$$\overline{ZP'} = |k| \cdot \overline{ZP} \qquad |: \overline{ZP}$$

$$\Leftrightarrow \quad |k| = \frac{\overline{ZP'}}{\overline{ZP}} = \frac{2,5\text{ cm}}{2,5\text{ cm}} = 1$$

Damit gilt: **k = −1**

Da P und P' auf verschiedenen Seiten von Z liegen, muss $k < 0$ sein.

b) Zeichnung:

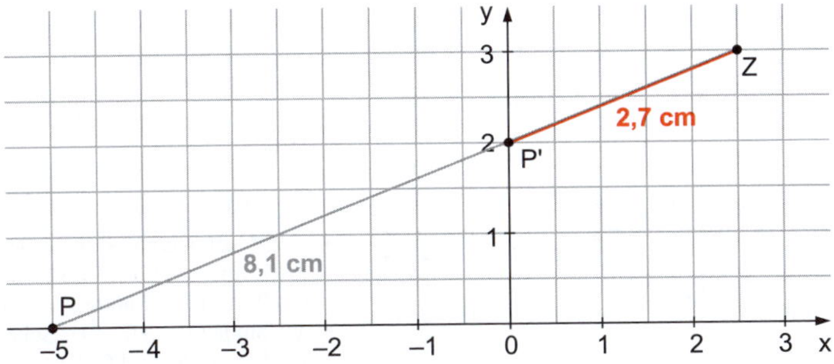

Zeichne die Punkte P, P' und Z und miss die Längen $\overline{ZP}$ und $\overline{ZP'}$.

Berechnung des Streckungsfaktors k:

$$\overline{ZP'} = |k| \cdot \overline{ZP} \qquad |: \overline{ZP}$$

$$\Leftrightarrow \quad |k| = \frac{\overline{ZP'}}{\overline{ZP}} = \frac{2,7\text{ cm}}{8,1\text{ cm}} = \frac{1}{3}$$

Damit gilt: $\mathbf{k = \frac{1}{3}}$

Da P und P' auf derselben Seite von Z liegen, muss $k > 0$ sein.

127 a) Zeichnung im Maßstab 1 : 2:

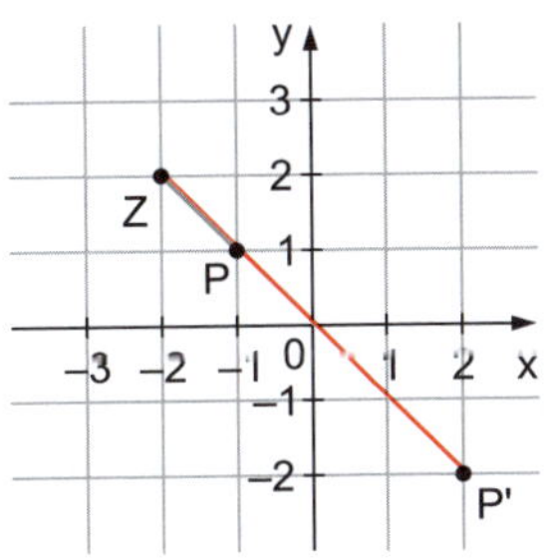

Die Koordinaten von P lauten: **P(–1 | 1)**

Vorgehen:

- Verbinde P' und Z.
- Da $k > 0$ ist, liegen P und P' auf derselben Seite von Z.
- Nimm als Streckungsfaktor k' den Kehrwert von k:

  $k' = \frac{1}{k} = \frac{1}{4} = 0,25$
- Trage $\overline{ZP} = |0,25| \cdot \overline{ZP'}$ von Z aus auf derselben Seite wie P' an.

b) Zeichnung im Maßstab 1 : 2:

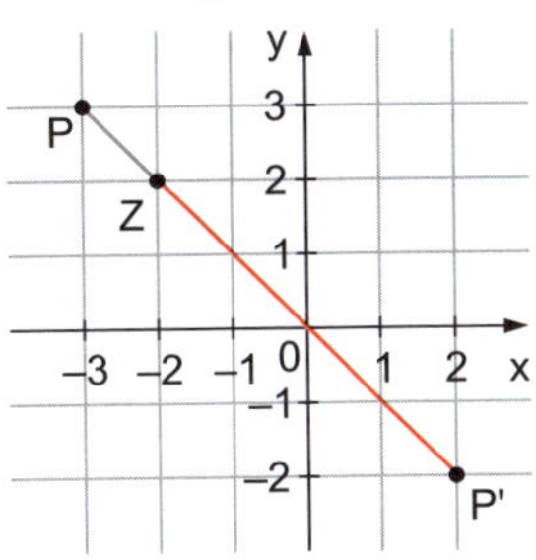

Die Koordinaten von P lauten: **P(–3 | 3)**

Vorgehen:

- Verbinde P' und Z.
- Da $k < 0$ ist, liegen P und P' auf verschiedenen Seiten von Z.
- Nimm als Streckungsfaktor k' den Kehrwert von k:

  $k' = \frac{1}{k} = \frac{1}{-4} = -0,25$
- Trage $\overline{ZP} = |-0,25| \cdot \overline{ZP'}$ von Z aus auf der anderen Seite als P' an.

128 a) Zeichnung im Maßstab 1 : 2:

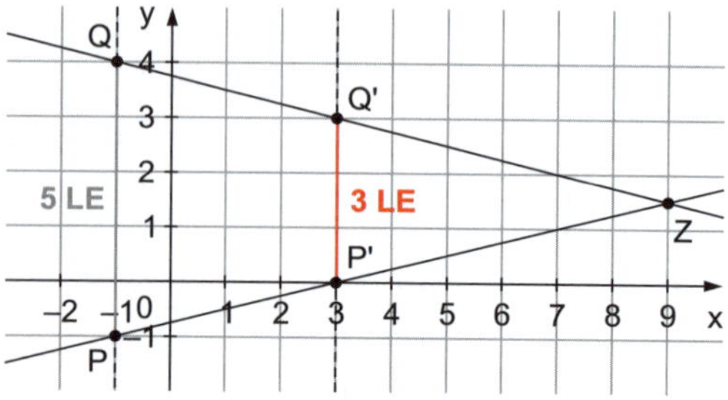

Die Koordinaten von Z lauten: **Z(9 | 1,5)**

Vorgehen:
- Zeichne zwei parallele Geraden durch P und P'.
- Schreibe den Streckungsfaktor als Bruch:

$$k = 0{,}6 = \frac{6}{10} = \frac{3}{5}$$

- Trage auf den parallelen Geraden **5 LE an P** und **3 LE an P'** an. So erhältst du die Punkte Q und Q'.
- Verbinde Q und Q'. Der Schnittpunkt von PP' und QQ' ist Z.

b) Zeichnung:

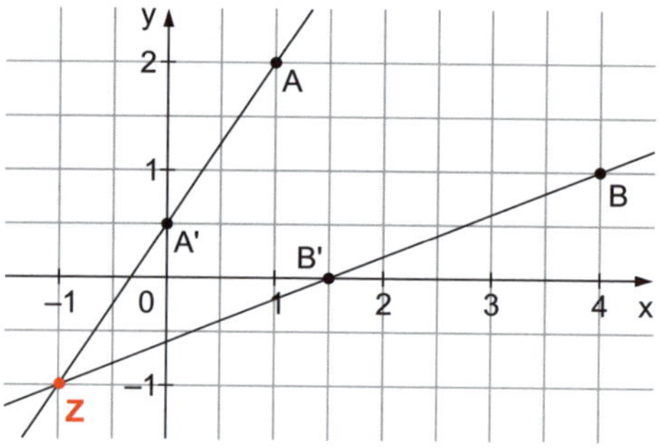

Die Koordinaten von Z lauten: **Z(–1 | –1)**

Vorgehen:
- Zeichne die Punkte A und A', B und B'.
- Die Punkte Z, A und A' sowie Z, B und B' liegen jeweils auf einer Geraden. Das Zentrum Z ist also der Schnittpunkt der Geraden AA' und BB'.

129 Zeichnung im Maßstab 1 : 2:

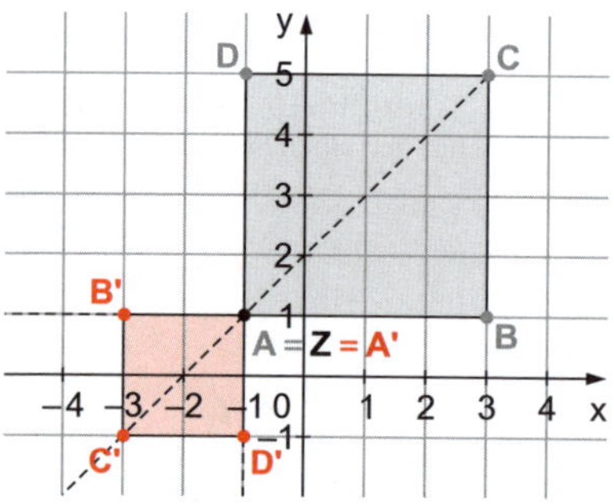

Da $|k| = 0{,}5 < 1$ ist, wird das Quadrat verkleinert. Wegen Z = A ist A Fixpunkt.

Vorgehen:
- Verbinde B, C und D mit Z = A.
- Da $k < 0$ ist, liegen die Bildpunkte auf der anderen Seite von Z.
- Trage von Z aus $\overline{ZB'} = |-0{,}5| \cdot \overline{ZB}$, $\overline{ZC'} = |-0{,}5| \cdot \overline{ZC}$ und $\overline{ZD'} = |-0{,}5| \cdot \overline{ZD}$ auf der anderen Seite als B, C und D an.

130 Es gilt:

$$\overline{ZB'} = |-2| \cdot \overline{ZB} = 2 \cdot \overline{ZB} \quad \Rightarrow \quad \overline{ZB} = \frac{1}{2} \cdot \overline{ZB'}$$

$$\overline{ZC'} = |-2| \cdot \overline{ZC} = 2 \cdot \overline{ZC} \quad \Rightarrow \quad \overline{ZC} = \frac{1}{2} \cdot \overline{ZC'}$$

Um die Urpunkte B und C zu finden, musst du die zentrische Streckung „rückgängig" machen. Führe dazu eine zentrische Streckung mit dem Streckungsfaktor $k' = \frac{1}{k}$ durch.

Zeichnung im Maßstab 1 : 2:

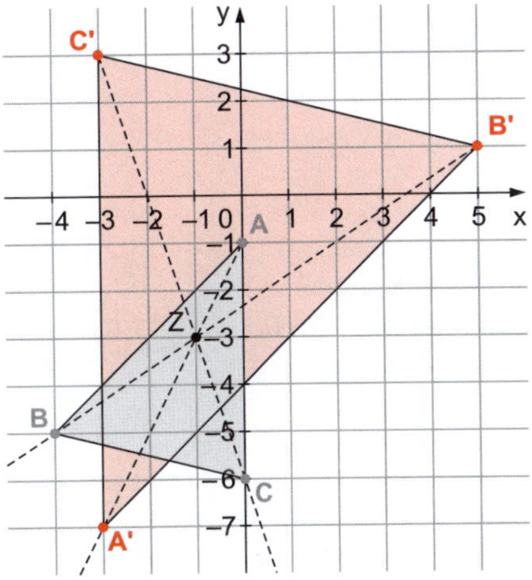

Wegen $|k| = 2 > 1$ wird das Dreieck vergrößert.

Vorgehen:

- Verbinde A, B' und C' mit Z.
- Da $k < 0$ ist, liegen Ur- und Bildpunkte auf verschiedenen Seiten von Z.
- Nimm als Streckungsfaktor k' den Kehrwert von k:

  $k' = \frac{1}{k} = \frac{1}{-2} = -0{,}5$

- Trage $\overline{ZA'} = |-2| \cdot \overline{ZA}$, $\overline{ZB} = |-0{,}5| \cdot \overline{ZB'}$ und $\overline{ZC} = |-0{,}5| \cdot \overline{ZC'}$ von Z aus jeweils auf der anderen Seite als A, B' und C' an.

Gesuchte Koordinaten:
A'(–3 | –7); B(–4 | –5); C(0 | –6)

131 Zeichnung im Maßstab 1 : 2:

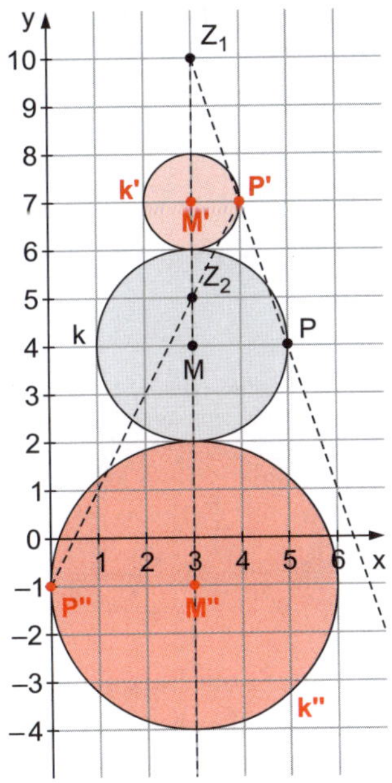

1. zentrische Streckung:
Der Kreis k wird verkleinert ($|k_1| = 0{,}5 < 1$).

- Verbinde den Mittelpunkt M und einen Punkt P der Kreislinie mit Z_1.
- Da $k_1 > 0$ ist, liegen Ur- und Bildpunkte auf derselben Seite von Z_1.
- Trage von Z_1 aus $\overline{Z_1M'} = |0{,}5| \cdot \overline{Z_1M}$ und $\overline{Z_1P'} = |0{,}5| \cdot \overline{Z_1P}$ an.
- Zeichne den Kreis k' um M' durch P'.

2. zentrische Streckung:
Der Kreis k' wird vergrößert ($|k_2| = 3 > 1$).

- Verbinde den Mittelpunkt M' und den Punkt P' der Kreislinie mit Z_2.
- Da $k_2 < 0$ ist, liegen Ur- und Bildpunkte auf verschiedenen Seiten von Z_2.
- Trage von Z_2 aus $\overline{Z_2M''} = |-3| \cdot \overline{Z_2M'}$ und $\overline{Z_2P''} = |-3| \cdot \overline{Z_2P'}$ an.
- Zeichne den Kreis k'' um M'' durch P''.

Als „winterliches Motiv“ ergibt sich ein **Schneemann**.

Flächeninhalt des Kreises k:

$A_k = r^2 \cdot \pi = (2\ \text{LE})^2 \cdot \pi = 4\pi\ \text{FE} \approx 12{,}57\ \text{FE}$

Flächeninhalt des Kreises k':

$A_{k'} = {k_1}^2 \cdot A_k = 0{,}5^2 \cdot 12{,}57\ \text{FE} \approx 3{,}14\ \text{FE}$

Flächeninhalt des Kreises k'':

$A_{k''} = {k_2}^2 \cdot A_{k'} = (-3)^2 \cdot 3{,}14\ \text{FE} = 28{,}26\ \text{FE}$

Flächeninhalt der zusammengesetzten Figur (des Schneemanns):

$A_{\text{Schneemann}} = A_k + A_{k'} + A_{k''} = 12{,}57\ \text{FE} + 3{,}14\ \text{FE} + 28{,}26\ \text{FE} = \mathbf{43{,}97\ FE}$

132 a) Zeichnung:

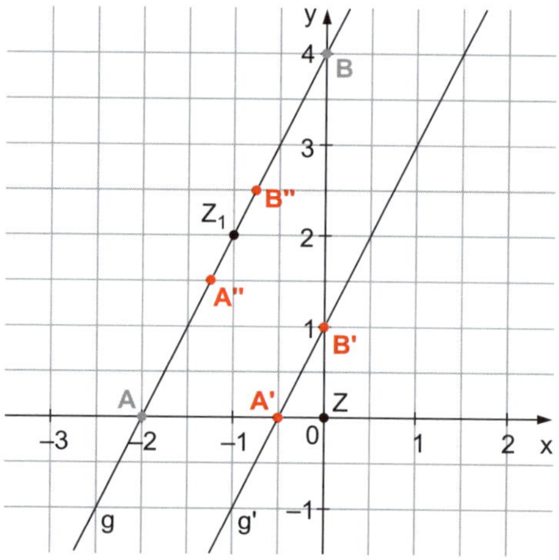

Vorgehen:
- Zeichne die Gerade g: $y = 2x + 4$:
  y-Achsenabschnitt $t = 4$
  Steigung $m = 2$
  (Gehe von $(0\,|\,4)$ aus 1 Einheit nach links und 2 Einheiten nach unten.)
- Zeichne zwei Punkte der Geraden g ein, z. B. $A(-2\,|\,0)$ und $B(0\,|\,4)$.
- Bilde die Punkte A und B durch zentrische Streckung mit Zentrum $Z(0\,|\,0)$ und $k = 0{,}25$ auf die Punkte A' und B' ab.
- Zeichne die Gerade g' durch A' und B'.

Aufstellen der Geradengleichung von g':
- Steigung:
  Da die Gerade g und die Bildgerade g' parallel sind, haben sie dieselbe Steigung. Es gilt also $m' = m = 2$.
- y-Achsenabschnitt:
  Der y-Achsenabschnitt ist $t = 1$.

Alternativ könntest du die Steigung auch aus der Zeichnung ablesen:
$m' = \frac{\Delta y}{\Delta x} = \frac{2}{1} = 2$

Geradengleichung: **g': y = 2x + 1**

b) Das Streckungszentrum $Z_1(-1\,|\,2)$ liegt auf der Geraden g. Somit liegen auch die Bildpunkte A' und B' auf der Geraden g. Da eine Gerade durch zwei Punkte eindeutig festgelegt ist, stimmen die Geraden g und g' überein. Die Geradengleichung von g' würde also lauten: **g': y = 2x + 4**

133 Zeichnung:

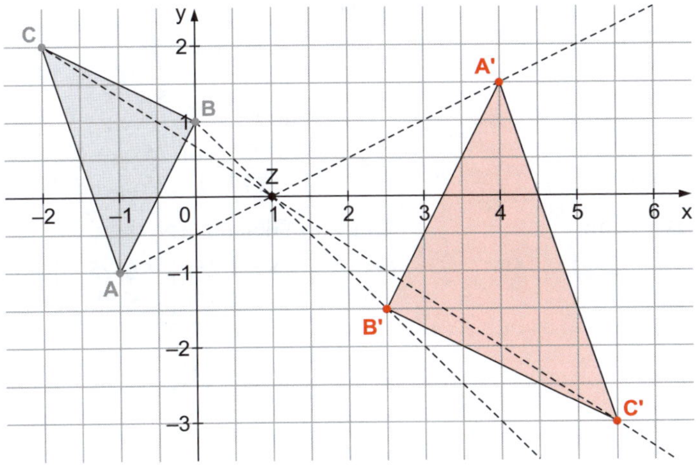

Aufspannende Vektoren des Dreiecks ABC:

$\overrightarrow{AB} = \begin{pmatrix} x_B - x_A \\ y_B - y_A \end{pmatrix} = \begin{pmatrix} 0-(-1) \\ 1-(-1) \end{pmatrix} = \begin{pmatrix} 1 \\ 2 \end{pmatrix}$

$\overrightarrow{AC} = \begin{pmatrix} x_C - x_A \\ y_C - y_A \end{pmatrix} = \begin{pmatrix} -2-(-1) \\ 2-(-1) \end{pmatrix} = \begin{pmatrix} -1 \\ 3 \end{pmatrix}$

Berechne den Flächeninhalt des Dreiecks ABC mithilfe der Determinante. Stelle dafür zunächst die aufspannenden Vektoren auf.

Flächeninhalt des Dreiecks ABC:

$A_{ABC} = \frac{1}{2} \cdot |\overrightarrow{AB}\ \ \overrightarrow{AC}|\,\text{FE} = \frac{1}{2} \cdot \begin{vmatrix} 1 & -1 \\ 2 & 3 \end{vmatrix}\,\text{FE} = \frac{1}{2} \cdot [1 \cdot 3 - 2 \cdot (-1)]\,\text{FE} = \mathbf{2{,}5\ FE}$

Flächeninhalt des Dreiecks A'B'C':

$A_{A'B'C'} = k^2 \cdot A_{ABC} = (-1{,}5)^2 \cdot 2{,}5\,\text{FE} = \mathbf{5{,}625\ FE}$

134 *Ergänzte Tabelle:*

(Ur-)Punkt P	Bildpunkt P'	Zentrum Z	Faktor k
(2 | 2)	**(–7 | 6,5)**	(–4 | 5)	–0,5
(1,4 | 1,8)	(3 | 4)	(–5 | –7)	1,25
(–8 | 3)	(5 | –1)	**(–21 | 7)**	2
(1,5 | 9)	(5 | –12)	(2 | 6)	**–6**

Durchgeführte Berechnungen:

1. Zeile:

$$\overrightarrow{ZP'} = k \cdot \overrightarrow{ZP}$$

$$\Leftrightarrow \begin{pmatrix} x_{P'} - (-4) \\ y_{P'} - 5 \end{pmatrix} = -0{,}5 \cdot \begin{pmatrix} 2-(-4) \\ 2-5 \end{pmatrix}$$

$$\Leftrightarrow \begin{pmatrix} x_{P'} + 4 \\ y_{P'} - 5 \end{pmatrix} = \begin{pmatrix} -3 \\ 1{,}5 \end{pmatrix}$$

Lineares Gleichungssystem:

$$\begin{array}{|ll} x_{P'} + 4 = -3 & |-4 \\ \wedge\ y_{P'} - 5 = 1{,}5 & |+5 \end{array}$$

$$\Leftrightarrow \begin{array}{|l} x_{P'} = -7 \\ \wedge\ y_{P'} = 6{,}5 \end{array}$$

Koordinaten von P': **P'(–7 | 6,5)**

2. Zeile:

$$\overrightarrow{ZP'} = k \cdot \overrightarrow{ZP}$$

$$\Leftrightarrow \begin{pmatrix} 3-(-5) \\ 4-(-7) \end{pmatrix} = 1{,}25 \cdot \begin{pmatrix} x_P - (-5) \\ y_P - (-7) \end{pmatrix}$$

$$\Leftrightarrow \begin{pmatrix} 8 \\ 11 \end{pmatrix} = \begin{pmatrix} 1{,}25x_P + 6{,}25 \\ 1{,}25y_P + 8{,}75 \end{pmatrix}$$

Lineares Gleichungssystem:

$$\begin{array}{|ll} 8 = 1{,}25x_P + 6{,}25 & |-6{,}25 \\ \wedge\ 11 = 1{,}25y_P + 8{,}75 & |-8{,}75 \end{array}$$

$$\Leftrightarrow \begin{array}{|ll} 1{,}75 = 1{,}25x_P & |:1{,}25 \\ \wedge\ 2{,}25 = 1{,}25y_P & |:1{,}25 \end{array}$$

$$\Leftrightarrow \begin{array}{|l} x_P = 1{,}4 \\ \wedge\ y_P = 1{,}8 \end{array}$$

Koordinaten von P: **P(1,4 | 1,8)**

3. Zeile:

$$\overrightarrow{ZP'} = k \cdot \overrightarrow{ZP}$$

$$\Leftrightarrow \begin{pmatrix} 5 - x_Z \\ -1 - y_Z \end{pmatrix} = 2 \cdot \begin{pmatrix} -8 - x_Z \\ 3 - y_Z \end{pmatrix}$$

Lineares Gleichungssystem:

$$\begin{array}{|ll} 5 - x_Z = -16 - 2x_Z & |+2x_Z - 5 \\ \wedge\ -1 - y_Z = 6 - 2y_Z & |+2y_Z + 1 \end{array}$$

$$\Leftrightarrow \begin{array}{|l} x_Z = -21 \\ \wedge\ y_Z = 7 \end{array}$$

Koordinaten von Z: **Z(–21 | 7)**

4. Zeile:

$$\overrightarrow{ZP'} = k \cdot \overrightarrow{ZP}$$

$$\Leftrightarrow \begin{pmatrix} 5-2 \\ -12-6 \end{pmatrix} = k \cdot \begin{pmatrix} 1{,}5-2 \\ 9-6 \end{pmatrix}$$

$$\Leftrightarrow \begin{pmatrix} 3 \\ -18 \end{pmatrix} = k \cdot \begin{pmatrix} -0{,}5 \\ 3 \end{pmatrix}$$

Lineares Gleichungssystem:

$$\begin{array}{|ll} 3 = -0{,}5k & |:(-0{,}5) \\ \wedge\ -18 = 3k & |:3 \end{array}$$

$$\Leftrightarrow \begin{array}{|l} k = -6 \\ \wedge\ k = -6 \end{array}$$

Streckungsfaktor k: **k = –6**

135 a) Berechnung von $x = \overline{AB}$ mit dem 1. Vierstreckensatz (mit Zentrum B):

$$\frac{\overline{AB}}{\overline{BE}} = \frac{\overline{CB}}{\overline{BD}} \quad |\cdot \overline{BE}$$

$$\Leftrightarrow \overline{AB} = \frac{\overline{BE} \cdot \overline{CB}}{\overline{BD}}$$

$$\Leftrightarrow \overline{AB} = \frac{14\text{ cm} \cdot 10\text{ cm}}{17{,}5\text{ cm}}$$

$$\Leftrightarrow \mathbf{\overline{AB} = 8\text{ cm}}$$

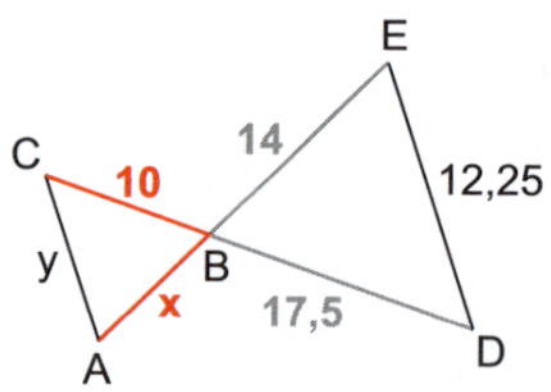

Berechnung von $y = \overline{AC}$ mit dem 2. Vierstreckensatz (mit Zentrum B):

$$\frac{\overline{AC}}{\overline{DE}} = \frac{\overline{CB}}{\overline{BD}} \qquad | \cdot \overline{DE}$$

$$\Leftrightarrow \quad \overline{AC} = \frac{\overline{DE} \cdot \overline{CB}}{\overline{BD}}$$

$$\Leftrightarrow \quad \overline{AC} = \frac{12{,}25 \text{ cm} \cdot 10 \text{ cm}}{17{,}5 \text{ cm}}$$

$$\Leftrightarrow \quad \mathbf{\overline{AC} = 7 \text{ cm}}$$

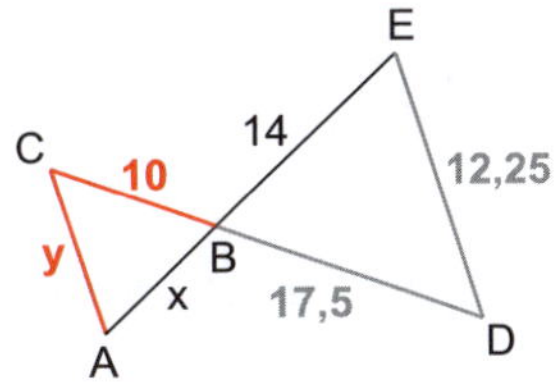

b) Berechnung von $x = \overline{RS}$ mit dem 2. Vierstreckensatz (mit Zentrum Q):

$$\frac{\overline{RS}}{\overline{TU}} = \frac{\overline{QR}}{\overline{QT}} \qquad | \cdot \overline{TU}$$

$$\Leftrightarrow \quad \overline{RS} = \frac{\overline{TU} \cdot \overline{QR}}{\overline{QT}}$$

$$\Leftrightarrow \quad \overline{RS} = \frac{15 \text{ cm} \cdot 9 \text{ cm}}{9 \text{ cm} + 6 \text{ cm}}$$

$$\Leftrightarrow \quad \mathbf{\overline{RS} = 9 \text{ cm}}$$

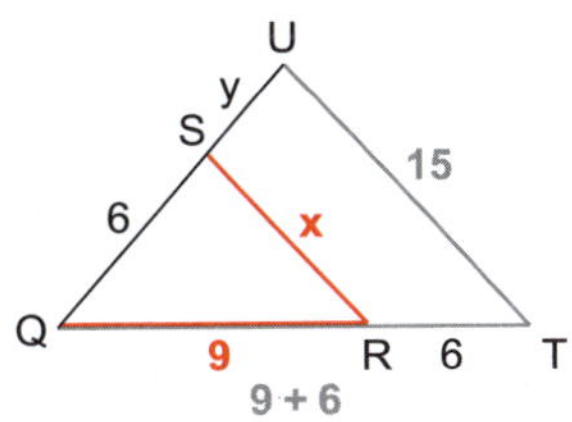

Berechnung von $y = \overline{SU}$ mit dem 1. Vierstreckensatz (mit Zentrum Q):

$$\frac{\overline{SU}}{\overline{QS}} = \frac{\overline{RT}}{\overline{QR}} \qquad | \cdot \overline{QS}$$

$$\Leftrightarrow \quad \overline{SU} = \frac{\overline{QS} \cdot \overline{RT}}{\overline{QR}}$$

$$\Leftrightarrow \quad \overline{SU} = \frac{6 \text{ cm} \cdot 6 \text{ cm}}{9 \text{ cm}}$$

$$\Leftrightarrow \quad \mathbf{\overline{SU} = 4 \text{ cm}}$$

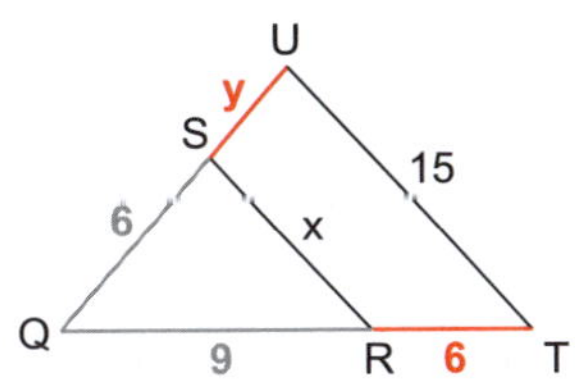

136 Die Figur enthält 2 Teilfiguren, in denen die Vierstreckensätze angewandt werden:

1. Teilfigur (ZBCB'C'):

1. Vierstreckensatz (mit Zentrum Z)

$$\frac{\overline{ZB}}{\overline{ZB'}} = \frac{\overline{ZC}}{\overline{ZC'}}$$

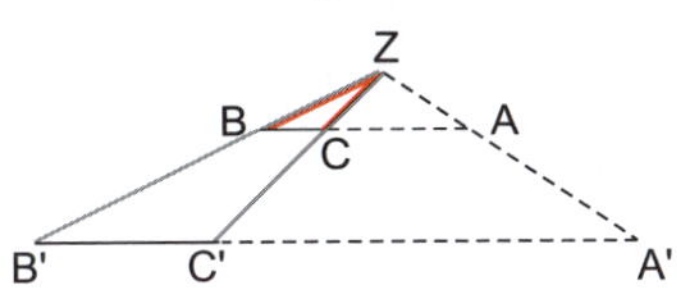

2. Teilfigur (ZBAB'A'):

2. Vierstreckensatz (mit Zentrum Z)

$$\frac{\overline{ZB}}{\overline{ZB'}} = \frac{\overline{AB}}{\overline{A'B'}}$$

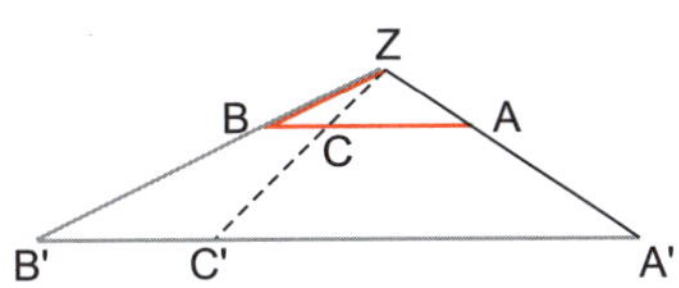

Da bei beiden Verhältnisgleichungen auf der linken Seite derselbe Bruch steht, müssen auch die rechten Seiten übereinstimmen.

$$\Rightarrow \quad \mathbf{\frac{\overline{ZC}}{\overline{ZC'}} = \frac{\overline{AB}}{\overline{A'B'}}}$$

137 Berechnung der Breite x des Flusses mit dem 2. Vierstreckensatz (mit Zentrum Z):

$$\frac{x}{x+2\text{ m}} = \frac{8\text{ m}}{12\text{ m}} \qquad |\cdot(x+2\text{ m})\cdot 12$$
$$\Leftrightarrow \quad 12x = (x+2\text{ m})\cdot 8$$
$$\Leftrightarrow \quad 12x = 8x + 16\text{ m} \qquad |-8x$$
$$\Leftrightarrow \quad 4x = 16\text{ m} \qquad |:4$$
$$\Leftrightarrow \quad x = 4\text{ m}$$

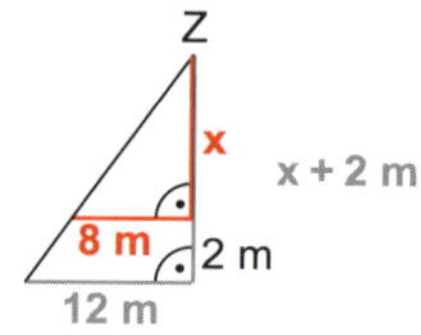

Die Breite x des Flusses ist **4 m**.

138 Berechnung der Höhe x mit dem 2. Vierstreckensatz (mit dem Auge als Zentrum Z):

$$\frac{x}{5\text{ cm}} = \frac{30\text{ m}}{20\text{ cm}} \qquad |\cdot 5\text{ cm}$$
$$\Leftrightarrow \quad x = \frac{5\text{ cm}\cdot 30\text{ m}}{20\text{ cm}}$$
$$\Leftrightarrow \quad x = 7{,}5\text{ m}$$

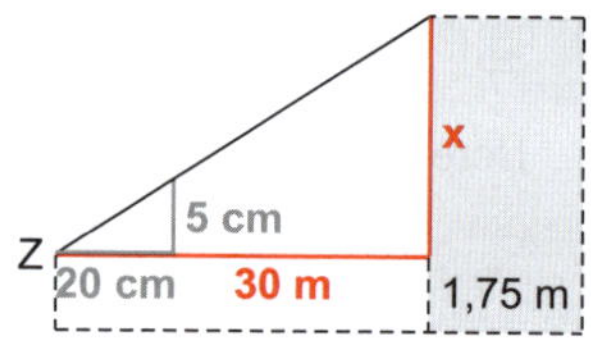

Höhe des Gebäudes:
$7{,}5\text{ m} + 1{,}75\text{ m} = 9{,}25\text{ m}$

Um die Gebäudehöhe zu erhalten, musst du zur berechneten Höhe x noch die Höhe des Auges über dem Boden addieren.

Das Gebäude ist **9,25 m** hoch.

139 Berechnung des Abstands der Scherenspitzen mit dem 2. Vierstreckensatz (mit Zentrum Z):

$$\frac{x}{4\text{ cm}} = \frac{8\text{ cm}}{5\text{ cm}} \qquad |\cdot 4\text{ cm}$$
$$\Leftrightarrow \quad x = \frac{4\text{ cm}\cdot 8\text{ cm}}{5\text{ cm}}$$
$$\Leftrightarrow \quad x = 6{,}4\text{ cm}$$

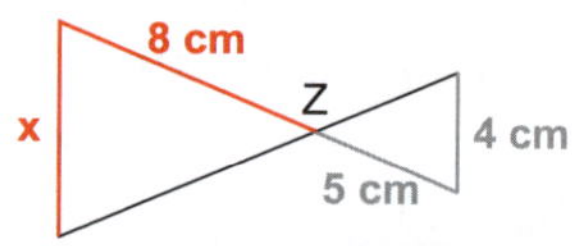

Die Scherenspitzen haben einen Abstand von **6,4 cm** voneinander.

140 Berechnung des maximalen Abstands zur Hecke mit dem 2. Vierstreckensatz (mit Zentrum Z):

$$\frac{2\text{ m}-x}{2\text{ m}}=\frac{1{,}80\text{ m}}{2{,}50\text{ m}} \qquad |\cdot 2\text{ m}$$

$$\Leftrightarrow \quad 2\text{ m}-x=\frac{2\text{ m}\cdot 1{,}80\text{ }\cancel{\text{m}}}{2{,}50\text{ }\cancel{\text{m}}}$$

$$\Leftrightarrow \quad 2\text{ m}-x=1{,}44\text{ m} \qquad |-2\text{ m}$$

$$\Leftrightarrow \quad -x=-0{,}56\text{ m} \qquad |:(-1)$$

$$\Leftrightarrow \quad x=0{,}56\text{ m}$$

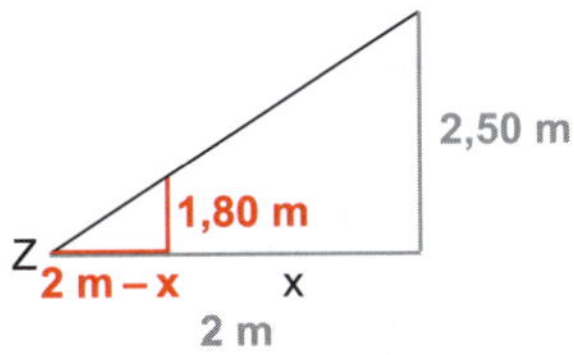

Paul kann höchstens **0,56 m = 56 cm** von der Hecke entfernt stehen.

141 a) Zeichnung:

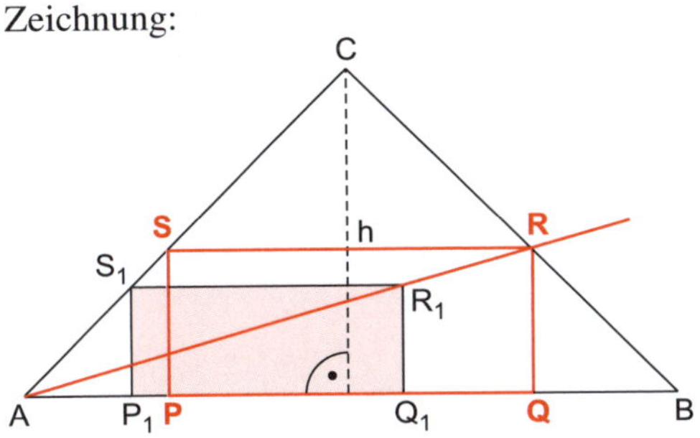

Vorgehen:

- Zeichne das Dreieck ABC und das Proberechteck $P_1Q_1R_1S_1$. Achte darauf, dass das Proberechteck 2,5-mal so lang wie hoch ist.
- Zeichne die Gerade durch A und R_1. Der Schnittpunkt dieser Geraden mit der Geraden BC ist R.
- Zeichne das gesuchte Rechteck ein.

b) Berechnung der Breite x cm des Rechtecks PQRS mit der Folgerung aus dem 2. Vierstreckensatz (mit Zentrum C):

$$\frac{\overline{SR}}{\overline{AB}}=\frac{h-x\text{ cm}}{h}$$

$$\Leftrightarrow \quad \frac{2{,}5x\text{ }\cancel{\text{cm}}}{6\text{ }\cancel{\text{cm}}}=\frac{3\text{ }\cancel{\text{cm}}-x\text{ }\cancel{\text{cm}}}{3\text{ }\cancel{\text{cm}}} \qquad |\cdot 6\cdot 3$$

$$\Leftrightarrow \quad 3\cdot 2{,}5x=6\cdot(3-x)$$

$$\Leftrightarrow \quad 7{,}5x=18-6x \qquad |+6x$$

$$\Leftrightarrow \quad 13{,}5x=18 \qquad |:13{,}5$$

$$\Leftrightarrow \quad x\approx 1{,}33$$

Zeichne die Dreieckshöhe h ein:

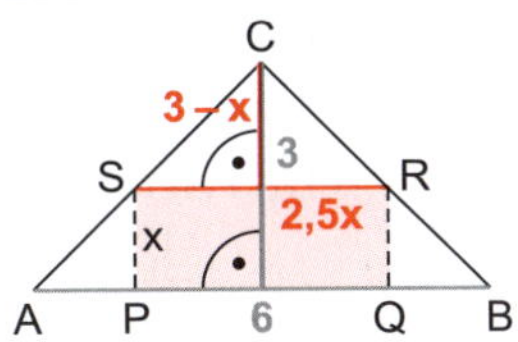

Das Rechteck ist etwa **1,33 cm** breit.

Berechnung der Länge des Rechtecks PQRS:
$2{,}5\cdot x\text{ cm}=2{,}5\cdot 1{,}33\text{ cm}\approx 3{,}33\text{ cm}$

Das Rechteck ist etwa **3,33 cm** lang.

c) Flächeninhalt des Dreiecks ABC:

$$A_{ABC}=\frac{1}{2}\cdot g\cdot h=\frac{1}{2}\cdot 6\text{ cm}\cdot 3\text{ cm}=9\text{ cm}^2$$

Flächeninhalt des Rechtecks PQRS:

$A_{PQRS} = a \cdot b = 3,33\ \text{cm} \cdot 1,33\ \text{cm} \approx 4,43\ \text{cm}^2$

Prozentualer Anteil:

$9\ \text{cm}^2 \triangleq 100\ \%$

$1\ \text{cm}^2 \triangleq \frac{100}{9}\ \%$

$4,43\ \text{cm}^2 \triangleq 49,22\ \%$

Das Rechteck nimmt etwa **49,22 %** der Dreiecksfläche ein.

142 a) Zeichnung:

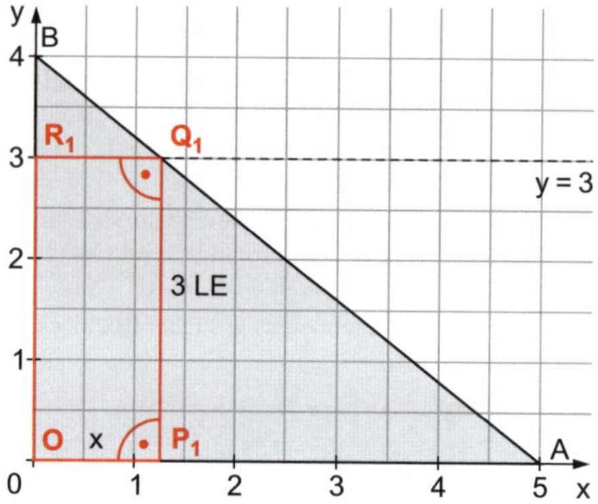

Es gilt: $\overline{P_1Q_1} = 3$ LE und $Q_1 \in AB$
Zeichne die Parallele y = 3 zur x-Achse.
Der Schnittpunkt mit AB ist der Punkt Q_1.
Ergänze die übrigen Punkte von $OP_1Q_1R_1$.

Berechnung von $\overline{Q_1R_1}$ mit dem 2. Vierstreckensatz (mit Zentrum B):

$$\frac{\overline{R_1Q_1}}{\overline{OA}} = \frac{\overline{BR_1}}{\overline{BO}} \quad \left| \cdot \overline{OA}\right.$$

Es gilt: $\overline{BR_1} = \overline{BO} - \overline{P_1Q_1}$

$$\Leftrightarrow \quad \overline{R_1Q_1} = \frac{\overline{OA} \cdot (\overline{BO} - \overline{Q_1P_1})}{\overline{BO}}$$

$$\Leftrightarrow \quad \overline{R_1Q_1} = \frac{5\ \text{LE} \cdot (4\ \text{LE} - 3\ \text{LE})}{4\ \text{LE}}$$

$$\Leftrightarrow \quad \mathbf{\overline{R_1Q_1} = 1,25\ LE}$$

b) Intervall für x:
$0 < x < 5$

Da P_n auf der positiven x-Achse liegt, gilt $0 < x$. Damit Rechtecke existieren, muss P_n links von A liegen. Damit gilt $x < 5$.

Intervall für y:
$0 < y < 4$

Es gilt: $\overline{P_nQ_n} = \overline{OR_n}$
Da R_n auf der y-Achse oberhalb von O liegt, gilt $0 < y$. Damit Rechtecke existieren, muss R_n unterhalb von B liegen. Damit gilt $y < 4$.

c) Berechnung der Breite y des Rechtecks $OP_nQ_nR_n$ mit dem 2. Vierstreckensatz (mit Zentrum B):

$$\frac{\overline{R_nQ_n}}{\overline{OA}} = \frac{\overline{BR_n}}{\overline{BO}}$$

$$\Leftrightarrow \quad \frac{x\ \text{LE}}{5\ \text{LE}} = \frac{4\ \text{LE} - y\ \text{LE}}{4\ \text{LE}} \quad |\cdot 5$$

$$\Leftrightarrow \quad x = 5 - 1{,}25y \quad |+1{,}25y - x$$

$$\Leftrightarrow \quad 1{,}25y = -x + 5 \quad |:1{,}25$$

$$\Leftrightarrow \quad y = -0{,}8x + 4$$

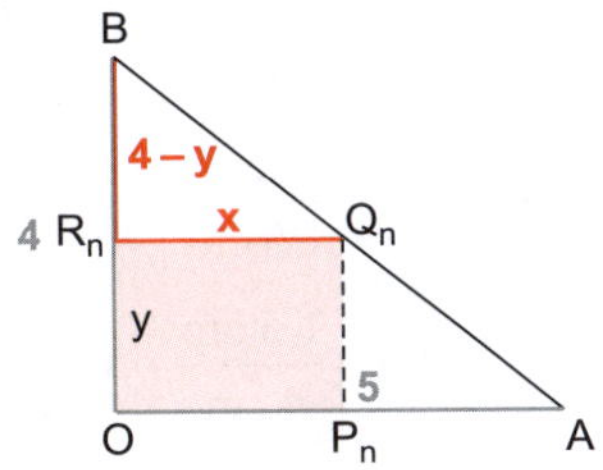

Alternative Berechnung der Rechteckbreite:

Aufstellen der Geradengleichung von AB:

Die Punkte Q_n liegen auf der Geraden AB. Stelle die Geradengleichung von AB auf. Diese gibt die Breite y cm der Rechtecke in Abhängigkeit von der Länge x LE an.

- y-Achsenabschnitt von AB:
  Da der Punkt B(0 | 4) auf der y-Achse liegt, ist t = 4.
- Steigung von AB:
  $m = \frac{y_B - y_A}{x_B - x_A} = \frac{4-0}{0-5} = -0{,}8$ *oder*

$$\overrightarrow{AB} = \begin{pmatrix} x_B - x_A \\ y_B - y_A \end{pmatrix} = \begin{pmatrix} 0-5 \\ 4-0 \end{pmatrix} = \begin{pmatrix} -5 \\ 4 \end{pmatrix}$$

$$\Rightarrow \quad m = \frac{4}{-5} = -0{,}8$$

Geradengleichung von AB:
$y = -0{,}8x + 4$

Die Breite ist somit (–0,8x + 4) cm.

Maße der Rechtecke $OP_nQ_nR_n$:
Länge: x LE
Breite: (–0,8x + 4) LE

Flächeninhalt der Rechtecke $OP_nQ_nR_n$:
$A(x) = x\ \text{LE} \cdot (-0{,}8x + 4)\ \text{LE}$
$\mathbf{A(x) = [-0{,}8x^2 + 4x]\ FE}$

d) Quadratische Ergänzung:

$A(x) = (-0{,}8x^2 + 4x)$ FE — Klammere –0,8 aus.

$A(x) = -0{,}8(x^2 - 5x)$ FE — Ergänze quadratisch.

$A(x) = -0{,}8\,[(x^2 - 5x + 2{,}5^2) - 2{,}5^2]$ FE — Bilde das Binom.

$A(x) = -0{,}8\,[(x - 2{,}5)^2 - 6{,}25]$ FE — Multipliziere aus.

$A(x) = [-0{,}8(x - 2{,}5)^2 + 5]$ FE — Lies das Maximum und die zugehörige Belegung von x ab.

$\Rightarrow$ $\mathbf{A_{max} = 5\ FE}$ für $\mathbf{x = 2{,}5}$

143 Da alle Rechtecke vier 90°-Winkel besitzen, sind offensichtlich in allen Figuren sich entsprechende Winkel gleich groß. Du musst also nur noch die Verhältnisse der Längen sich entsprechender Seiten miteinander vergleichen.

Verhältnisse der Längen sich entsprechender Seiten:

Rechteck 1: $k_1 = \frac{2\text{ cm}}{1{,}5\text{ cm}} = \frac{4}{3}$ Rechteck 2: $k_2 = \frac{3\text{ cm}}{2\text{ cm}} = \mathbf{1{,}5}$

Rechteck 3: $k_3 = \frac{1{,}5\text{ cm}}{1\text{ cm}} = \mathbf{1{,}5}$ Rechteck 4: $k_4 = \frac{2\text{ cm}}{1{,}5\text{ cm}} = \frac{4}{3}$

Rechteck 5: $k_5 = \frac{1{,}5\text{ cm}}{1{,}5\text{ cm}} = 1$

Ähnliche Rechtecke:
Wegen $k_1 = k_4$ gilt: **Rechteck 1 ~ Rechteck 4**
Wegen $k_2 = k_3$ gilt: **Rechteck 2 ~ Rechteck 3**

144 a) *Achtung:* Die Zeichnungen sind nicht maßstabsgetreu! Setze also nicht die Längen der Seiten ins Verhältnis, die an der gleichen „Position" sind, sondern prüfe zunächst, welche die längste, mittlere und kürzeste Seite ist, und setze die Längen der entsprechenden Seiten ins Verhältnis.

Verhältnisse der Längen sich entsprechender Seiten:

ΔABC: $\frac{\overline{AB}}{\overline{CA}} = \frac{4{,}5\text{ cm}}{3\text{ cm}} = \frac{3}{2}$ $\frac{\overline{AB}}{\overline{BC}} = \frac{4{,}5\text{ cm}}{2{,}5\text{ cm}} = \frac{9}{5}$ $\frac{\overline{CA}}{\overline{BC}} = \frac{3\text{ cm}}{2{,}5\text{ cm}} = \frac{6}{5}$

ΔDEF: $\frac{\overline{DE}}{\overline{FD}} = \frac{3{,}6\text{ cm}}{2{,}4\text{ cm}} = \frac{3}{2}$ $\frac{\overline{DE}}{\overline{EF}} = \frac{3{,}6\text{ cm}}{1{,}8\text{ cm}} = 2$ $\frac{\overline{FD}}{\overline{EF}} = \frac{2{,}4\text{ cm}}{1{,}8\text{ cm}} = \frac{4}{3}$

ΔGHI: $\frac{\overline{HI}}{\overline{GH}} = \frac{5{,}4\text{ cm}}{3{,}6\text{ cm}} = \frac{3}{2}$ $\frac{\overline{HI}}{\overline{IG}} = \frac{5{,}4\text{ cm}}{3\text{ cm}} = \frac{9}{5}$ $\frac{\overline{GH}}{\overline{IG}} = \frac{3{,}6\text{ cm}}{3\text{ cm}} = \frac{6}{5}$

Da ΔABC und ΔGHI in den Verhältnissen der Längen ihrer drei Seiten übereinstimmen, gilt nach sss: **$\Delta ABC \sim \Delta GHI$**

b) *Beachte:* Auf den ersten Blick sieht es so aus, als könnten nur ΔABC und ΔDEF ähnlich sein. Um sicher zu gehen, musst du aber noch jeweils den fehlenden Winkel berechnen.

Berechnung der fehlenden Winkel mithilfe der Winkelsumme im Dreieck:

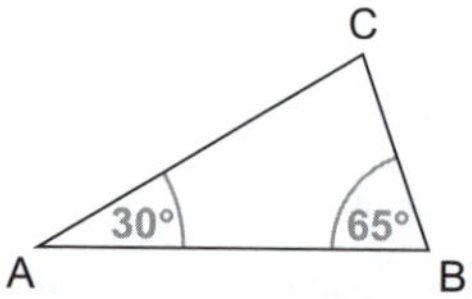

$180° - 30° - 65° = 85°$

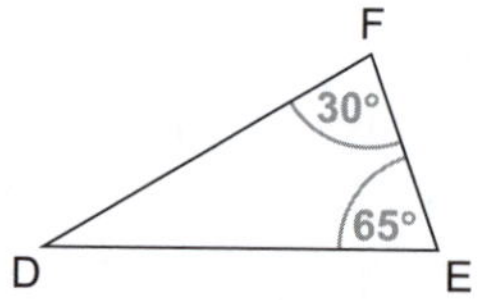

$180° - 65° - 30° = 85°$

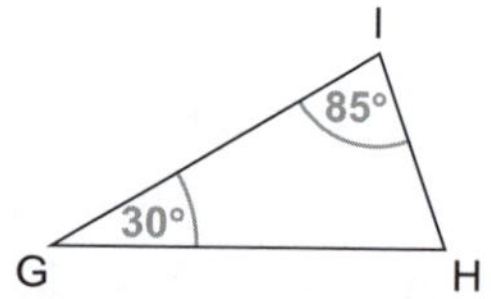

$180° - 30° - 85° = 65°$

Da alle drei Dreiecke in den Maßen der drei Winkel übereinstimmen, gilt nach www: **$\Delta ABC \sim \Delta DEF \sim \Delta GHI$**

145 a) ΔABC und ΔDBE stimmen im 90°-Winkel und im Winkel β im Punkt B überein. Die Dreiecke sind somit nach dem **Ähnlichkeitssatz www ähnlich**.

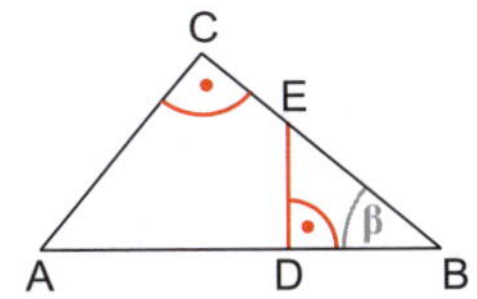

b) ΔABC und ΔADE stimmen im Winkel α im Punkt A überein. Da $DE \parallel BC$ ist, sind die Winkel EDA und CBA (sowie die Winkel AED und ACB) Stufenwinkel und damit jeweils gleich groß. Die Dreiecke sind somit nach dem **Ähnlichkeitssatz www ähnlich**.

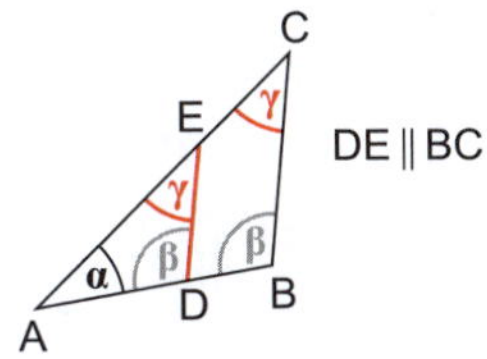

c) Die Winkel ASB und CSD sind Scheitelwinkel und somit gleich groß. Da $AB \parallel CD$ ist, sind die Winkel BAD und CDA (sowie die Winkel CBA und BCD) Wechselwinkel und ebenfalls jeweils gleich groß. ΔABS und ΔCSD sind also nach dem **Ähnlichkeitssatz www ähnlich**.

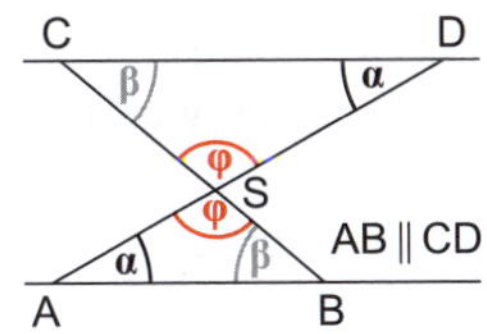

146 a) Berechnung von $\overline{DE} = x$ cm:

$$\frac{\overline{DE}}{\overline{EF}} = \frac{\overline{AB}}{\overline{BC}} \qquad | \cdot \overline{EF}$$

$$\Leftrightarrow \quad \overline{DE} = \frac{\overline{EF} \cdot \overline{AB}}{\overline{BC}}$$

$$\Leftrightarrow \quad \overline{DE} = \frac{5{,}75\text{ cm} \cdot 1{,}6\text{ cm}}{2{,}3\text{ cm}}$$

$$\Leftrightarrow \quad \mathbf{\overline{DE} = 4\text{ cm}}$$

Da die Dreiecke ähnlich sind, stimmen sie in den Verhältnissen der Längen entsprechender Seiten überein.

b) Berechnung von $\overline{AB} = x$ cm:

$$\frac{\overline{AB}}{\overline{BC}} = \frac{\overline{DE}}{\overline{EF}} \qquad | \cdot \overline{BC}$$

$$\Leftrightarrow \quad \overline{AB} = \frac{\overline{BC} \cdot \overline{DE}}{\overline{EF}}$$

$$\Leftrightarrow \quad \overline{AB} = \frac{2{,}7\text{ cm} \cdot 2{,}8\text{ cm}}{2{,}16\text{ cm}}$$

$$\Leftrightarrow \quad \mathbf{\overline{AB} = 3{,}5\text{ cm}}$$

Da die Dreiecke ähnlich sind, stimmen sie in den Verhältnissen der Längen entsprechender Seiten überein.

Berechnung von $\overline{CA} = y$ cm:

$$\frac{\overline{CA}}{\overline{BC}} = \frac{\overline{FD}}{\overline{EF}} \qquad | \cdot \overline{BC}$$

$$\Leftrightarrow \quad \overline{CA} = \frac{\overline{BC} \cdot \overline{FD}}{\overline{EF}}$$

$$\Leftrightarrow \quad \overline{CA} = \frac{2{,}7\text{ cm} \cdot 1{,}44\text{ cm}}{2{,}16\text{ cm}}$$

$$\Leftrightarrow \quad \mathbf{\overline{CA} = 1{,}8\text{ cm}}$$

147 a) Es sind **nicht** alle rechtwinkligen Dreiecke ähnlich.

Gegenbeispiel:

Das rechtwinklige Dreieck ABC mit den Katheten $a = c = 1$ cm und das rechtwinklige Dreieck DEF mit den Katheten $d = 1$ cm und $f = 2$ cm sind **nicht ähnlich**, denn die Verhältnisse der Längen der am 90°-Winkel anliegenden Seiten stimmen nicht überein:

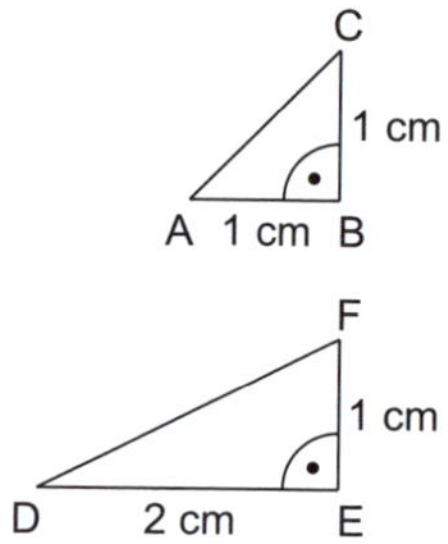

$$\frac{\overline{AB}}{\overline{BC}} = \frac{c}{a} = \frac{1\text{ cm}}{1\text{ cm}} = 1 \qquad \frac{\overline{DE}}{\overline{EF}} = \frac{f}{d} = \frac{2\text{ cm}}{1\text{ cm}} = 2$$

b) Gleichseitige Dreiecke haben drei gleich große Winkel (60°). Damit sind alle gleichseitigen Dreiecke nach dem **Ähnlichkeitssatz www ähnlich**.

Alternative Lösungsmöglichkeit:

Da in gleichseitigen Dreiecken jeweils alle Seiten gleich lang sind, sind die Verhältnisse der Längen der Seiten immer 1. Damit sind alle gleichseitigen Dreiecke nach dem **Ähnlichkeitssatz sss ähnlich**.

c) Es sind **nicht** alle gleichschenkligen Dreiecke ähnlich.

Gegenbeispiel:

Das gleichschenklige Dreieck ABC mit den 3 cm langen Schenkeln und der 1 cm langen Basis sowie das gleichschenklige Dreieck DEF mit den 3 cm langen Schenkeln und der 2 cm langen Basis sind **nicht ähnlich**, da die Verhältnisse der Längen entsprechender Seiten nicht übereinstimmen:

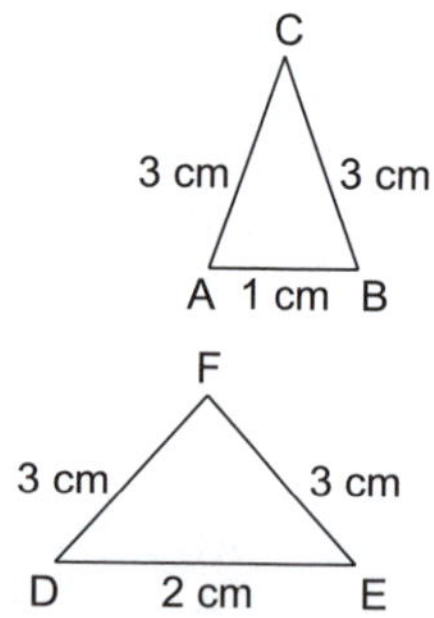

$$\frac{\overline{AB}}{\overline{BC}} = \frac{c}{a} = \frac{1\text{ cm}}{3\text{ cm}} = \frac{1}{3} \qquad \frac{\overline{DE}}{\overline{EF}} = \frac{f}{d} = \frac{2\text{ cm}}{3\text{ cm}} = \frac{2}{3}$$

d) Gleichschenklig-rechtwinklige Dreiecke stimmen immer in den Maßen ihrer Winkel überein (90° und Basiswinkel jeweils $(180° - 90°) : 2 = 90° : 2 = 45°$). Damit sind alle gleichschenklig-rechtwinkligen Dreiecke nach dem **Ähnlichkeitssatz www ähnlich**.

148 Ergänzte Tabelle:

a	b	c	p	q	h
3 cm	**4 cm**	5 cm	1,8 cm	**3,2 cm**	**2,4 cm**
12 cm	**16 cm**	**20 cm**	7,2 cm	12,8 cm	**9,6 cm**
2,7 cm	**3,6 cm**	**4,5 cm**	1,62 cm	**2,88 cm**	2,16 cm

Durchgeführte Berechnungen:

1. Zeile:

Hypotenusenabschnitt q:

$$c = q + p \quad |-p$$
$$\Leftrightarrow \quad q = c - p$$
$$\Leftrightarrow \quad q = 5\text{ cm} - 1{,}8\text{ cm} = 3{,}2\text{ cm}$$

Seitenlänge a (Kathetensatz):

$$a^2 = p \cdot c \quad |\sqrt{\ }$$
$$\Rightarrow \quad a = \sqrt{p \cdot c}$$
$$\Leftrightarrow \quad a = \sqrt{1{,}8\text{ cm} \cdot 5\text{ cm}} = 3\text{ cm}$$

Höhe h (Höhensatz):

$$h^2 = p \cdot q \quad |\sqrt{\ }$$
$$\Rightarrow \quad h = \sqrt{p \cdot q}$$
$$\Leftrightarrow \quad h = \sqrt{1{,}8\text{ cm} \cdot 3{,}2\text{ cm}} = 2{,}4\text{ cm}$$

Seitenlänge b (Kathetensatz):

$$b^2 = q \cdot c \quad |\sqrt{\ }$$
$$\Rightarrow \quad b = \sqrt{q \cdot c}$$
$$\Leftrightarrow \quad b = \sqrt{3{,}2\text{ cm} \cdot 5\text{ cm}} = 4\text{ cm}$$

2. Zeile:

Seitenlänge c:

$$c = q + p$$
$$c = 12{,}8\text{ cm} + 7{,}2\text{ cm}$$
$$c = 20\text{ cm}$$

Seitenlänge a (Kathetensatz):

$$a^2 = p \cdot c \quad |\sqrt{\ }$$
$$\Rightarrow \quad a = \sqrt{p \cdot c}$$
$$\Leftrightarrow \quad a = \sqrt{7{,}2\text{ cm} \cdot 20\text{ cm}} = 12\text{ cm}$$

Höhe h (Höhensatz):

$$h^2 = p \cdot q \quad |\sqrt{\ }$$
$$\Rightarrow \quad h = \sqrt{p \cdot q}$$
$$\Leftrightarrow \quad h = \sqrt{7{,}2\text{ cm} \cdot 12{,}8\text{ cm}} = 9{,}6\text{ cm}$$

Seitenlänge b (Kathetensatz):

$$b^2 = q \cdot c \quad |\sqrt{\ }$$
$$\Rightarrow \quad b = \sqrt{q \cdot c}$$
$$\Leftrightarrow \quad b = \sqrt{12{,}8\text{ cm} \cdot 20\text{ cm}} = 16\text{ cm}$$

3. Zeile:

Hypotenusenabschnitt q (Höhensatz):

$$h^2 = p \cdot q \quad |:p$$
$$\Leftrightarrow \quad q = \frac{h^2}{p} = \frac{(2{,}16\text{ cm})^2}{1{,}62\text{ cm}} = 2{,}88\text{ cm}$$

Seitenlänge a (Kathetensatz):

$$a^2 = p \cdot c \quad |\sqrt{\ }$$
$$\Rightarrow \quad a = \sqrt{p \cdot c}$$
$$\Leftrightarrow \quad a = \sqrt{1{,}62\text{ cm} \cdot 4{,}5\text{ cm}} = 2{,}7\text{ cm}$$

Seitenlänge c:

$$c = q + p$$
$$c = 2{,}88\text{ cm} + 1{,}62\text{ cm}$$
$$c = 4{,}5\text{ cm}$$

Seitenlänge b (Kathetensatz):

$$b^2 = q \cdot c \quad |\sqrt{\ }$$
$$\Rightarrow \quad b = \sqrt{q \cdot c}$$
$$\Leftrightarrow \quad b = \sqrt{2{,}88\text{ cm} \cdot 4{,}5\text{ cm}} = 3{,}6\text{ cm}$$

149 Berechnung von $\overline{DH}$ mit dem Höhensatz:

$$\overline{FH}^2 = \overline{HE} \cdot \overline{DH} \qquad |:\overline{HE}$$

$$\Leftrightarrow \quad \overline{DH} = \frac{\overline{FH}^2}{\overline{HE}}$$

$$\Leftrightarrow \quad \overline{DH} = \frac{(57{,}6\text{ m})^2}{10{,}8\text{ m}}$$

$$\Leftrightarrow \quad \overline{DH} = 307{,}2\text{ m}$$

Berechnung von $\overline{DE}$:

$$\overline{DE} = \overline{DH} + \overline{HE} = 307{,}2\text{ m} + 10{,}8\text{ m} = 318\text{ m}$$

Berechnung von $\overline{FD}$ mit dem Kathetensatz:

$$\overline{FD}^2 = \overline{DH} \cdot \overline{DE} \qquad |\sqrt{}$$

$$\Rightarrow \quad \overline{FD} = \sqrt{\overline{DH} \cdot \overline{DE}}$$

$$\Leftrightarrow \quad \overline{FD} = \sqrt{307{,}2\text{ m} \cdot 318\text{ m}}$$

$$\Leftrightarrow \quad \overline{FD} = \sqrt{97\,689{,}6\text{ m}^2}$$

$$\Leftrightarrow \quad \overline{FD} \approx 312{,}55\text{ m}$$

Die Strecke [FD] ist ungefähr **312,55 m** lang.

Wenn es dir für die Lösung hilft, kannst du das Dreieck umbenennen:

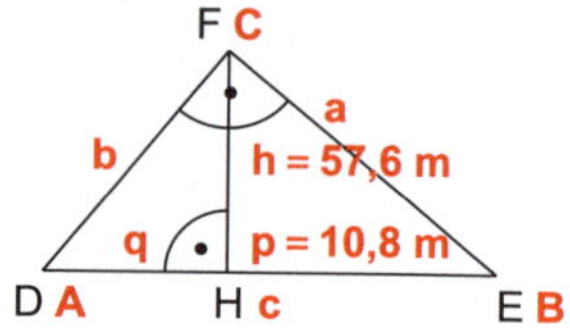

Der Höhensatz lautet: $h^2 = p \cdot q$
Hier gilt: $h = \overline{FH}$; $p = \overline{HE}$; $q = \overline{DH}$

Der Kathetensatz lautet: $b^2 = q \cdot c$
Hier gilt: $b = \overline{FD}$; $q = \overline{DH}$; $c = \overline{DE}$

150 a) Konstruktion:

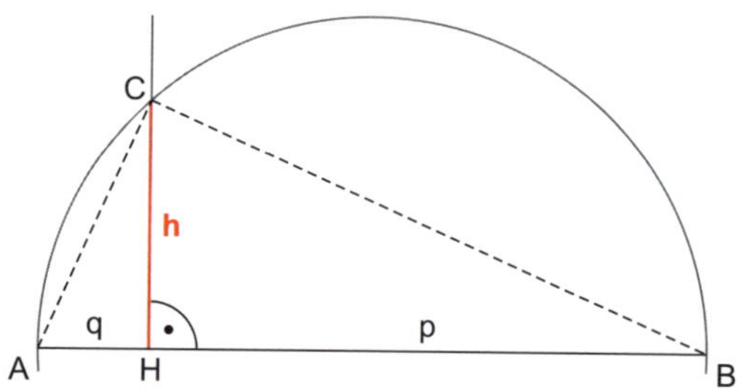

Vorgehen:
- Wegen des Höhensatzes muss $h^2 = p \cdot q = 5\text{ cm}^2$ gelten. Wähle z. B. $p = 5$ cm und $q = 1$ cm.
- Zeichne $\overline{AB} = q + p = 6$ cm.
- Zeichne den Thaleskreis über [AB].
- Zeichne den Punkt $H \in [AB]$ mit $\overline{AH} = q = 1$ cm.
- Errichte das Lot auf AB in H. Die Höhe h des Dreiecks ABC hat die Länge $\sqrt{5}$ cm.

b) Konstruktion:

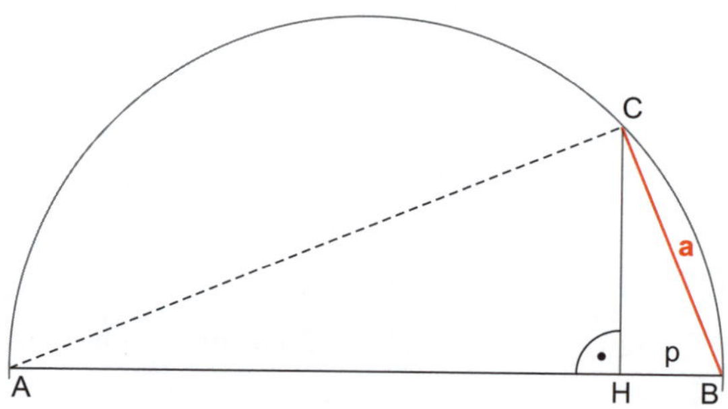

Vorgehen:
- Wegen des Kathetensatzes muss $a^2 = p \cdot c = 7\text{ cm}^2$ gelten. Wähle z. B. $p = 1$ cm und $c = 7$ cm.
  Achtung: c muss größer als p sein!
- Zeichne $\overline{AB} = c = 7$ cm.
- Zeichne den Thaleskreis über [AB].
- Zeichne den Punkt $H \in [AB]$ mit $\overline{HB} = p = 1$ cm.
- Errichte das Lot auf AB in H und zeichne das Dreieck ABC. Die Seite a des Dreiecks hat die Länge $\sqrt{7}$ cm.

151 a) Der Satz des Pythagoras lautet:

$\mathbf{b^2 = a^2 + c^2}$ *oder* $\overline{CA}^2 = \overline{AB}^2 + \overline{BC}^2$

Da der rechte Winkel bei B liegt, ist die Seite b die Hypotenuse.

b) Der Satz des Pythagoras lautet:

$\mathbf{a^2 = b^2 + c^2}$ *oder* $\overline{BC}^2 = \overline{CA}^2 + \overline{AB}^2$

Da der rechte Winkel bei A liegt, ist die Seite a die Hypotenuse.

c) Der Satz des Pythagoras lautet:

$\mathbf{f^2 = d^2 + e^2}$ *oder* $\overline{DE}^2 = \overline{EF}^2 + \overline{FD}^2$

Da der rechte Winkel bei F liegt, ist die Seite f die Hypotenuse.

152 a) Mit dem Satz des Pythagoras gilt:

$$
\begin{aligned}
& c^2 = a^2 + b^2 && |\sqrt{\ } \\
\Rightarrow\ & c = \sqrt{a^2 + b^2} \\
\Leftrightarrow\ & c = \sqrt{(5\text{ cm})^2 + (12\text{ cm})^2} \\
\Leftrightarrow\ & c = \sqrt{169\text{ cm}^2} \\
\Leftrightarrow\ & \mathbf{c = 13\text{ cm}}
\end{aligned}
$$

Gesucht ist die Länge der Hypotenuse.

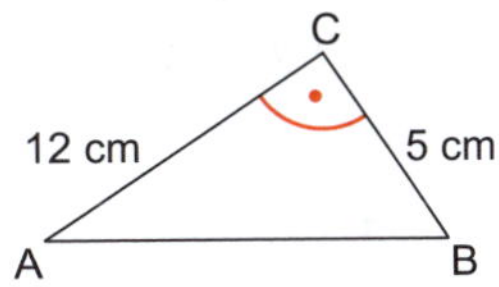

b) Mit dem Satz des Pythagoras gilt:

$$
\begin{aligned}
& b^2 = a^2 + c^2 && |-a^2 \\
\Leftrightarrow\ & c^2 = b^2 - a^2 && |\sqrt{\ } \\
\Rightarrow\ & c = \sqrt{b^2 - a^2} \\
\Leftrightarrow\ & c = \sqrt{(2{,}9\text{ cm})^2 - (2\text{ cm})^2} \\
\Leftrightarrow\ & c = \sqrt{4{,}41\text{ cm}^2} \\
\Leftrightarrow\ & \mathbf{c = 2{,}1\text{ cm}}
\end{aligned}
$$

Gesucht ist die Länge einer Kathete.

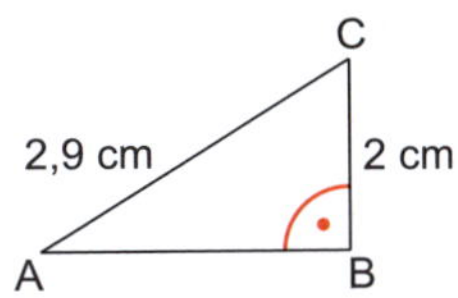

153 a) Mit dem Satz des Pythagoras gilt:

$$
\begin{aligned}
& c^2 = a^2 + b^2 && |\sqrt{\ } \\
\Rightarrow\ & c = \sqrt{a^2 + b^2} \\
\Leftrightarrow\ & c = \sqrt{(4{,}3\text{ cm})^2 + (2{,}8\text{ cm})^2} \\
\Leftrightarrow\ & c = \sqrt{26{,}33\text{ cm}^2} \\
\Leftrightarrow\ & \mathbf{c \approx 5{,}13\text{ cm}}
\end{aligned}
$$

Planfigur:

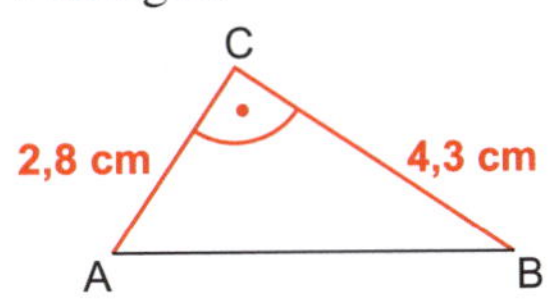

Gesucht ist die Länge der Hypotenuse.

b) Mit dem Satz des Pythagoras gilt:

$$
\begin{aligned}
& b^2 = a^2 + c^2 && |-c^2 \\
\Leftrightarrow\ & a^2 = b^2 - c^2 && |\sqrt{\ } \\
\Rightarrow\ & a = \sqrt{b^2 - c^2} \\
\Leftrightarrow\ & a = \sqrt{(4{,}8\text{ cm})^2 - (1{,}7\text{ cm})^2} \\
\Leftrightarrow\ & a = \sqrt{20{,}15\text{ cm}^2} \\
\Leftrightarrow\ & \mathbf{a \approx 4{,}49\text{ cm}}
\end{aligned}
$$

Planfigur:

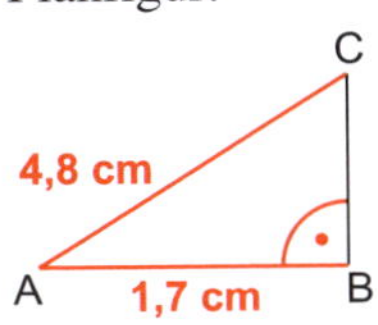

Gesucht ist die Länge einer Kathete.

c) Umrechnung der Seitenlängen:
$a = 30\text{ mm} = 3{,}0\text{ cm};\ c = 0{,}8\text{ m} = 80\text{ cm}$

Mit dem Satz des Pythagoras gilt:

$$
\begin{aligned}
& c^2 = a^2 + b^2 && |-a^2 \\
\Leftrightarrow\ & b^2 = c^2 - a^2 && |\sqrt{\ } \\
\Rightarrow\ & b = \sqrt{c^2 - a^2} \\
\Leftrightarrow\ & b = \sqrt{(80\text{ cm})^2 - (3{,}0\text{ cm})^2} \\
\Leftrightarrow\ & b = \sqrt{6\,391\text{ cm}^2} \\
\Leftrightarrow\ & \mathbf{b \approx 79{,}94\text{ cm}}
\end{aligned}
$$

Vereinheitliche die Einheiten der Seitenlängen.

Planfigur:

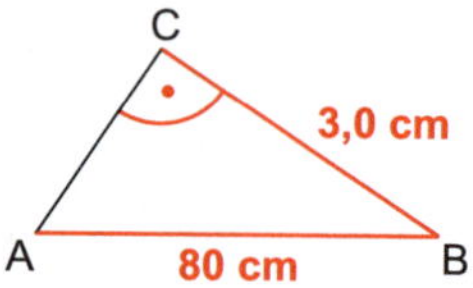

Gesucht ist die Länge einer Kathete.

154 Länge der Strecke [EB]:
$\overline{EB} = \overline{AB} - \overline{AE} = 7\text{ cm} - 3\text{ cm} = 4\text{ cm}$

Da das Quadrat ABCD im Punkt B einen rechten Winkel hat, ist das Teildreieck EBF rechtwinklig:

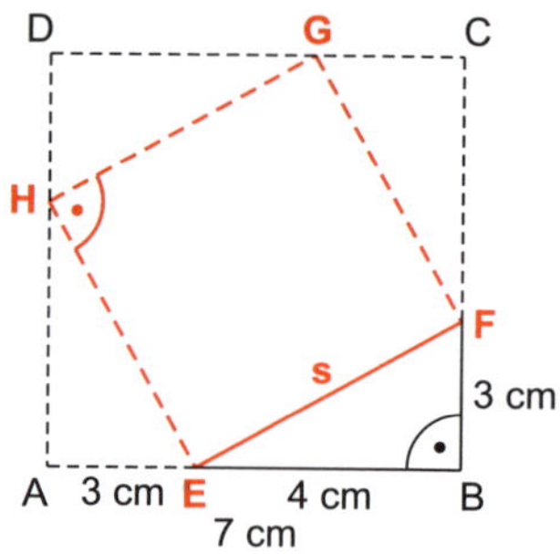

Seitenlänge s des Quadrats EFGH:
Mit dem Satz des Pythagoras im rechtwinkligen Dreieck EBF gilt:

$$
\begin{aligned}
& s^2 = \overline{EB}^2 + \overline{BF}^2 && |\sqrt{\ } \\
\Rightarrow\ & s = \sqrt{\overline{EB}^2 + \overline{BF}^2} \\
\Leftrightarrow\ & s = \sqrt{(4\text{ cm})^2 + (3\text{ cm})^2} \\
\Leftrightarrow\ & s = \sqrt{25\text{ cm}^2} \\
\Leftrightarrow\ & \mathbf{s = 5\text{ cm}}
\end{aligned}
$$

Flächeninhalt des ursprünglichen Quadrats ABCD:
$A_{ABCD} = (7\text{ cm})^2 = 49\text{ cm}^2$

Flächeninhalt des neuen Quadrats EFGH:
$A_{EFGH} = s^2 = (5\text{ cm})^2 = 25\text{ cm}^2$

Prozentualer Anteil:

Gegeben: $G = A_{ABCD} = 49\text{ cm}^2$
$P = A_{EFGH} = 25\text{ cm}^2$

Gesucht: p %

Die Fläche des Quadrats ABCD ist der Grundwert.
Tipp: Der Grundwert kommt in der Aufgabenstellung nach dem „als“.

Lösung mit der Lösungsformel:

$$p = \frac{P \cdot 100}{G} = \frac{25\text{ cm}^2 \cdot 100}{49\text{ cm}^2} \approx 51$$

$\Rightarrow\ p\,\% \approx 51\,\%$

oder

Lösung mit dem Dreisatz:

$49\text{ cm}^2 \mathrel{\hat{=}} 100\,\%$

$1\text{ cm}^2 \mathrel{\hat{=}} \frac{100\,\%}{49}$

$25\text{ cm}^2 \mathrel{\hat{=}} 51\,\%$

Die Fläche des neuen Quadrats ist also um $100\,\% - 51\,\% =$ **49 %** kleiner.

155 a) Überprüfung:

$$c^2 \stackrel{?}{=} a^2 + b^2$$

$$\Leftrightarrow \quad (28\text{ m})^2 \stackrel{?}{=} (7\text{ m})^2 + (14\text{ m})^2$$

$$\Leftrightarrow \quad 784\text{ m}^2 \neq 245\text{ m}^2 \quad \text{(falsch)}$$

Da sich eine falsche Aussage ergibt, ist das Dreieck ABC **nicht rechtwinklig**.

Die Seite c ist die längste Seite und wäre somit die Hypotenuse. Prüfe, ob der Satz des Pythagoras gilt.

b) Überprüfung:

$$b^2 \stackrel{?}{=} a^2 + c^2$$

$$\Leftrightarrow \quad (25\text{ cm})^2 \stackrel{?}{=} (7\text{ cm})^2 + (24\text{ cm})^2$$

$$\Leftrightarrow \quad 625\text{ cm}^2 = 625\text{ cm}^2 \quad \text{(wahr)}$$

Da sich eine wahre Aussage ergibt, ist das Dreieck ABC **rechtwinklig**.

Die Seite b ist die längste Seite und wäre somit die Hypotenuse. Prüfe, ob der Satz des Pythagoras gilt.

156 a) Überprüfung:

$$a^2 \stackrel{?}{=} b^2 + c^2$$

$$\Leftrightarrow \quad (50\text{ m})^2 \stackrel{?}{=} (30\text{ m})^2 + (40\text{ m})^2$$

$$\Leftrightarrow \quad 2\,500\text{ m}^2 = 2\,500\text{ m}^2 \quad \text{(wahr)}$$

Da der Satz des Pythagoras gilt, ist das Dreieck **rechtwinklig**.

Die Seite a ist die längste Seite und wäre somit die Hypotenuse. Prüfe, ob der Satz des Pythagoras gilt.

b) Umrechnung der Seitenlänge:
$c = 0{,}099\text{ m} = 9{,}9\text{ cm}$

Überprüfung:

$$b^2 \stackrel{?}{=} a^2 + c^2$$

$$\Leftrightarrow \quad (10\text{ cm})^2 \stackrel{?}{=} (3{,}5\text{ cm})^2 + (9{,}9\text{ cm})^2$$

$$\Leftrightarrow \quad 100\text{ cm}^2 \neq 110{,}26\text{ cm}^2 \quad \text{(falsch)}$$

Da $100\text{ cm}^2 < 110{,}26\text{ cm}^2$ gilt, ist das Dreieck **spitzwinklig**.

Die Seite b ist die längste Seite und wäre somit die Hypotenuse. Prüfe, ob der Satz des Pythagoras gilt.

157 Das Dreieck ABC hat den rechten Winkel bei C. Somit ist c die Hypotenuse.
Hinweis: Es gibt hier mehrere Möglichkeiten für die Reihenfolge der Berechnung der fehlenden Werte. Aufgrund von gerundeten Teilergebnissen können deine errechneten Werte leicht abweichen.

Ergänzte Tabelle:

a	b	c	p	q	h	A
2,1 cm	**1,12 cm**	2,38 cm	**1,85 cm**	**0,53 cm**	**0,99 cm**	**1,18 cm²**
18,72 cm	7,8 cm	20,28 cm	**17,28 cm**	**3 cm**	**7,2 cm**	**73,01 cm²**
10,2 cm	**5,44 cm**	**11,56 cm**	9 cm	**2,56 cm**	**4,8 cm**	**27,74 cm²**
8 cm	**15 cm**	**17 cm**	**3,76 cm**	**13,24 cm**	**7,06 cm**	60 cm²

Durchgeführte Berechnungen:

1. Zeile:

Seitenlänge b (Satz des Pythagoras):

$$c^2 = a^2 + b^2 \quad |-a^2$$
$$\Leftrightarrow \quad b^2 = c^2 - a^2 \quad |\sqrt{}$$
$$\Rightarrow \quad b = \sqrt{c^2 - a^2}$$
$$\Leftrightarrow \quad b = \sqrt{(2{,}38\ \text{cm})^2 - (2{,}1\ \text{cm})^2}$$
$$\Leftrightarrow \quad b = 1{,}12\ \text{cm}$$

Hypotenusenabschnitt p (Kathetensatz):

$$a^2 = p \cdot c \quad |:c$$
$$\Leftrightarrow \quad p = \frac{a^2}{c} = \frac{(2{,}1\ \text{cm})^2}{2{,}38\ \text{cm}} \approx 1{,}85\ \text{cm}$$

Hypotenusenabschnitt q:

$$c = p + q \quad |-p$$
$$\Leftrightarrow \quad q = c - p$$
$$\Leftrightarrow \quad q = 2{,}38\ \text{cm} - 1{,}85\ \text{cm} = 0{,}53\ \text{cm}$$

Höhe h (Höhensatz):

$$h^2 = p \cdot q \quad |\sqrt{}$$
$$\Rightarrow \quad h = \sqrt{p \cdot q}$$
$$\Leftrightarrow \quad h = \sqrt{1{,}85\ \text{cm} \cdot 0{,}53\ \text{cm}} \approx 0{,}99\ \text{cm}$$

Flächeninhalt A:

$$A = \frac{1}{2} \cdot c \cdot h \qquad (\textit{oder} \quad A = \frac{1}{2} \cdot a \cdot b)$$
$$A = \frac{1}{2} \cdot 2{,}38\ \text{cm} \cdot 0{,}99\ \text{cm} \approx 1{,}18\ \text{cm}^2$$

2. Zeile:

Seitenlänge a (Satz des Pythagoras):

$$c^2 = a^2 + b^2 \quad |-b^2$$
$$\Leftrightarrow \quad a^2 = c^2 - b^2 \quad |\sqrt{}$$
$$\Rightarrow \quad a = \sqrt{c^2 - b^2}$$
$$\Leftrightarrow \quad a = \sqrt{(20{,}28\ \text{cm})^2 - (7{,}8\ \text{cm})^2}$$
$$\Leftrightarrow \quad a = 18{,}72\ \text{cm}$$

Hypotenusenabschnitt q (Kathetensatz):

$$b^2 = q \cdot c \quad |:c$$
$$\Leftrightarrow \quad q = \frac{b^2}{c} = \frac{(7{,}8\ \text{cm})^2}{20{,}28\ \text{cm}} = 3\ \text{cm}$$

Hypotenusenabschnitt p:

$$c = p + q \quad |-q$$
$$\Leftrightarrow \quad p = c - q$$
$$\Leftrightarrow \quad p = 20{,}28\ \text{cm} - 3\ \text{cm} = 17{,}28\ \text{cm}$$

Höhe h (Höhensatz):

$$h^2 = p \cdot q \quad |\sqrt{}$$
$$\Rightarrow \quad h = \sqrt{p \cdot q}$$
$$\Leftrightarrow \quad h = \sqrt{17{,}28\ \text{cm} \cdot 3\ \text{cm}} = 7{,}2\ \text{cm}$$

Flächeninhalt A:

$$A = \frac{1}{2} \cdot c \cdot h \qquad (\textit{oder} \quad A = \frac{1}{2} \cdot a \cdot b)$$
$$A = \frac{1}{2} \cdot 20{,}28\ \text{cm} \cdot 7{,}2\ \text{cm} \approx 73{,}01\ \text{cm}^2$$

3. Zeile:

Seitenlänge c (Kathetensatz):

$$a^2 = p \cdot c \quad |:p$$
$$\Leftrightarrow \quad c = \frac{a^2}{p} = \frac{(10{,}2\ \text{cm})^2}{9\ \text{cm}} = 11{,}56\ \text{cm}$$

Seitenlänge b (Satz des Pythagoras):

$$c^2 = a^2 + b^2 \quad |-a^2$$
$$\Leftrightarrow \quad b^2 = c^2 - a^2 \quad |\sqrt{}$$
$$\Rightarrow \quad b = \sqrt{c^2 - a^2}$$
$$\Leftrightarrow \quad b = \sqrt{(11{,}56\ \text{cm})^2 - (10{,}2\ \text{cm})^2}$$
$$\Leftrightarrow \quad b = 5{,}44\ \text{cm}$$

Hypotenusenabschnitt q:

$$c = p + q \qquad | -p$$
$$\Leftrightarrow \quad q = c - p$$
$$\Leftrightarrow \quad q = 11{,}56 \text{ cm} - 9 \text{ cm} = 2{,}56 \text{ cm}$$

Höhe h (Höhensatz):

$$h^2 = p \cdot q \qquad | \sqrt{}$$
$$\Rightarrow \quad h = \sqrt{p \cdot q}$$
$$\Leftrightarrow \quad h = \sqrt{9 \text{ cm} \cdot 2{,}56 \text{ cm}} = 4{,}8 \text{ cm}$$

Flächeninhalt A:

$$A = \frac{1}{2} \cdot c \cdot h \qquad (\textit{oder} \quad A = \frac{1}{2} \cdot a \cdot b)$$
$$A = \frac{1}{2} \cdot 11{,}56 \text{ cm} \cdot 4{,}8 \text{ cm} \approx 27{,}74 \text{ cm}^2$$

4. Zeile:

Seitenlänge b (Flächenformel):

$$A = \frac{1}{2} \cdot a \cdot b \qquad \left| \cdot \frac{2}{a} \right.$$
$$\Leftrightarrow \quad b = \frac{2 \cdot A}{a} = \frac{2 \cdot 60 \text{ cm}^2}{8 \text{ cm}} = 15 \text{ cm}$$

Seitenlänge c (Satz des Pythagoras):

$$c^2 = a^2 + b^2 \qquad | \sqrt{}$$
$$\Rightarrow \quad c = \sqrt{a^2 + b^2}$$
$$\Leftrightarrow \quad c = \sqrt{(8 \text{ cm})^2 + (15 \text{ cm})^2}$$
$$\Leftrightarrow \quad c = 17 \text{ cm}$$

Hypotenusenabschnitt q (Kathetensatz):

$$b^2 = q \cdot c \qquad | : c$$
$$\Leftrightarrow \quad q = \frac{b^2}{c} = \frac{(15 \text{ cm})^2}{17 \text{ cm}} \approx 13{,}24 \text{ cm}$$

Hypotenusenabschnitt p:

$$c = p + q \qquad | -q$$
$$\Leftrightarrow \quad p = c - q$$
$$\Leftrightarrow \quad p = 17 \text{ cm} - 13{,}24 \text{ cm} = 3{,}76 \text{ cm}$$

Höhe h (Höhensatz):

$$h^2 = p \cdot q \qquad | \sqrt{}$$
$$\Rightarrow \quad h = \sqrt{p \cdot q}$$
$$\Leftrightarrow \quad h = \sqrt{3{,}76 \text{ cm} \cdot 13{,}24 \text{ cm}}$$
$$\Leftrightarrow \quad h \approx 7{,}06 \text{ cm}$$

158 *Hinweis:* Der Abstand des Punktes C von der Diagonalen [BD] ist die Länge der kürzesten Strecke zwischen C und [BD]. Fälle dazu das Lot von C auf [BD]. Du erhältst zwei rechtwinklige Teildreiecke.

Berechnung von $\overline{DB}$:
Mit dem Satz des Pythagoras im rechtwinkligen Dreieck BCD gilt:

$$\overline{DB}^2 = \overline{BC}^2 + \overline{CD}^2 \qquad | \sqrt{}$$
$$\Rightarrow \quad \overline{DB} = \sqrt{\overline{BC}^2 + \overline{CD}^2}$$
$$\Leftrightarrow \quad \overline{DB} = \sqrt{(6 \text{ cm})^2 + (8 \text{ cm})^2}$$
$$\Leftrightarrow \quad \overline{DB} = \sqrt{100 \text{ cm}^2}$$
$$\Leftrightarrow \quad \overline{DB} = 10 \text{ cm}$$

Betrachte das rechtwinklige Teildreieck DBC:

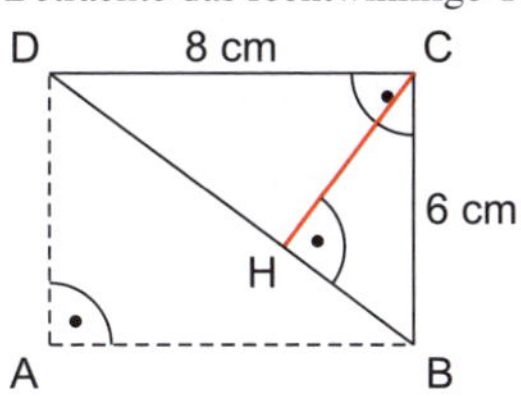

Berechnung von $\overline{HB}$ mit dem Kathetensatz:

$$\overline{BC}^2 = \overline{HB} \cdot \overline{DB} \qquad |:\overline{DB}$$

$$\Leftrightarrow \quad \overline{HB} = \frac{\overline{BC}^2}{\overline{DB}} = \frac{(6\text{ cm})^2}{10\text{ cm}} = 3{,}6\text{ cm}$$

Der Kathetensatz lautet: $a^2 = p \cdot c$
Hier gilt: $a = \overline{BC}$; $p = \overline{HB}$; $c = \overline{DB}$

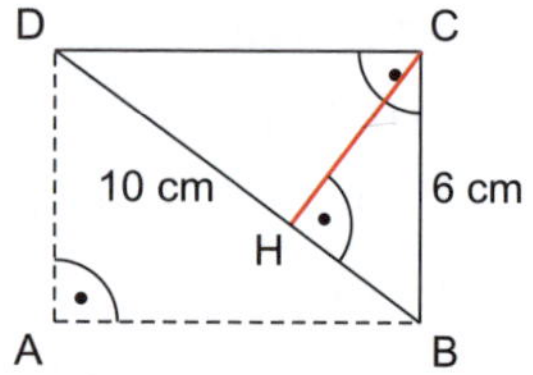

Berechnung von $\overline{DH}$:

$$\overline{DH} = \overline{DB} - \overline{HB} = 10\text{ cm} - 3{,}6\text{ cm} = 6{,}4\text{ cm}$$

Berechnung von $\overline{CH}$ mit dem Höhensatz:

$$\overline{CH}^2 = \overline{HB} \cdot \overline{DH} \qquad |\sqrt{}$$

$$\Rightarrow \quad \overline{CH} = \sqrt{\overline{HB} \cdot \overline{DH}}$$

$$\Leftrightarrow \quad \overline{CH} = \sqrt{3{,}6\text{ cm} \cdot 6{,}4\text{ cm}}$$

$$\Leftrightarrow \quad \overline{CH} = \sqrt{23{,}04\text{ cm}^2}$$

$$\Leftrightarrow \quad \overline{CH} = 4{,}8\text{ cm}$$

Der Höhensatz lautet: $h^2 = p \cdot q$
Hier gilt: $h = \overline{CH}$; $p = \overline{HB}$; $q = \overline{DH}$

Alternative Berechnung von $\overline{CH}$:
Mit dem Satz des Pythagoras im rechtwinkligen Dreieck HBC gilt:

$$\overline{BC}^2 = \overline{CH}^2 + \overline{HB}^2 \qquad |-\overline{HB}^2$$

$$\Leftrightarrow \quad \overline{CH}^2 = \overline{BC}^2 - \overline{HB}^2 \qquad |\sqrt{}$$

$$\Rightarrow \quad \overline{CH} = \sqrt{\overline{BC}^2 - \overline{HB}^2}$$

$$\Leftrightarrow \quad \overline{CH} = \sqrt{(6\text{ cm})^2 - (3{,}6\text{ cm})^2}$$

$$\Leftrightarrow \quad \overline{CH} = \sqrt{23{,}04\text{ cm}^2}$$

$$\Leftrightarrow \quad \overline{CH} = 4{,}8\text{ cm}$$

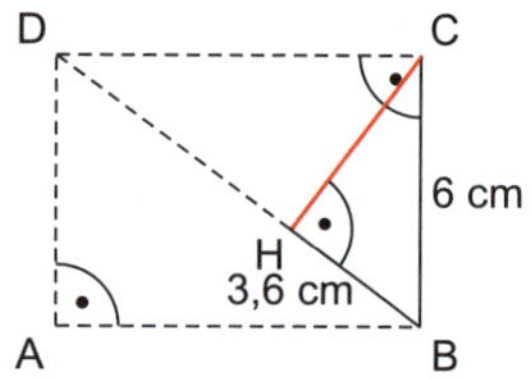

Der Punkt C ist **4,8 cm** von der Diagonalen [BD] entfernt.

159 a) Berechnung des Umfangs des Dreiecks:
$u = a + b + c = 5\text{ cm} + 5\text{ cm} + 6\text{ cm} =$ **16 cm**

Berechnung der Höhe des Dreiecks mit dem Satz des Pythagoras im rechtwinkligen Dreieck HBC:

$$\overline{BC}^2 = \overline{CH}^2 + \overline{HB}^2 \qquad |-\overline{HB}^2$$

$$\Leftrightarrow \quad \overline{CH}^2 = \overline{BC}^2 - \overline{HB}^2 \qquad |\sqrt{}$$

$$\Rightarrow \quad \overline{CH} = \sqrt{\overline{BC}^2 - \overline{HB}^2}$$

$$\Leftrightarrow \quad \overline{CH} = \sqrt{(5\text{ cm})^2 - (3\text{ cm})^2}$$

$$\Leftrightarrow \quad \overline{CH} = \sqrt{16\text{ cm}^2}$$

$$\Leftrightarrow \quad \overline{CH} = 4\text{ cm}$$

Die Höhe zerlegt das Dreieck in zwei rechtwinklige Teildreiecke:

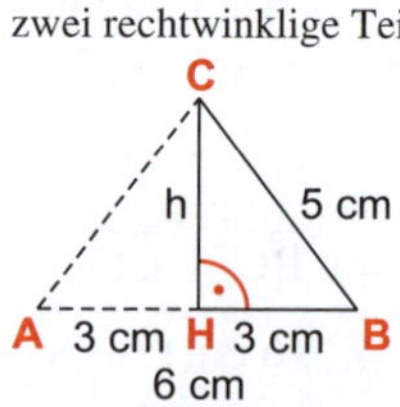

Wegen $\overline{BC} = \overline{CA}$ ist das Dreieck gleichschenklig (und damit achsensymmetrisch) und es gilt:
$\overline{AH} = \overline{HB} = 3\text{ cm}$

Flächeninhalt des Dreiecks:

$A = \frac{1}{2} \cdot \overline{AB} \cdot \overline{CH} = \frac{1}{2} \cdot 6\text{ cm} \cdot 4\text{ cm} = \mathbf{12\ cm^2}$

b) Berechnung von $\overline{AB}$ mit dem Satz des Pythagoras im rechtwinkligen Dreieck ABH:

$$\overline{AB}^2 = \overline{BH}^2 + \overline{HA}^2 \qquad |\sqrt{\ }$$
$$\Rightarrow \quad \overline{AB} = \sqrt{\overline{BH}^2 + \overline{HA}^2}$$
$$\Leftrightarrow \quad \overline{AB} = \sqrt{(1\text{ cm})^2 + (3\text{ cm})^2}$$
$$\Leftrightarrow \quad \overline{AB} = \sqrt{10\text{ cm}^2}$$
$$\Leftrightarrow \quad \overline{AB} \approx 3{,}16\text{ cm}$$

Bei einem Drachenviereck halbieren sich die Diagonalen gegenseitig und stehen senkrecht aufeinander:

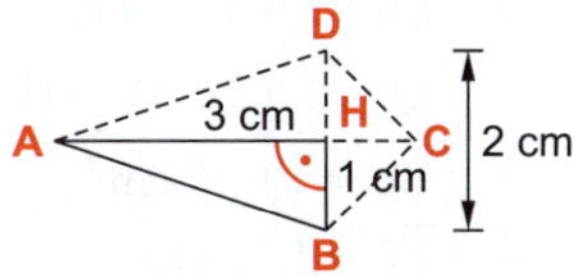

Im Drachenviereck gilt:
$\overline{BH} = \overline{HD} = 0{,}5 \cdot \overline{BD} = 1\text{ cm}$

Berechnung von $\overline{BC}$ mit dem Satz des Pythagoras im rechtwinkligen Dreieck BCH:

$$\overline{BC}^2 = \overline{CH}^2 + \overline{HB}^2 \qquad |\sqrt{\ }$$
$$\Rightarrow \quad \overline{BC} = \sqrt{\overline{CH}^2 + \overline{HB}^2}$$
$$\Leftrightarrow \quad \overline{BC} = \sqrt{(4\text{ cm} - 3\text{ cm})^2 + (1\text{ cm})^2}$$
$$\Leftrightarrow \quad \overline{BC} = \sqrt{2\text{ cm}^2}$$
$$\Leftrightarrow \quad \overline{BC} \approx 1{,}41\text{ cm}$$

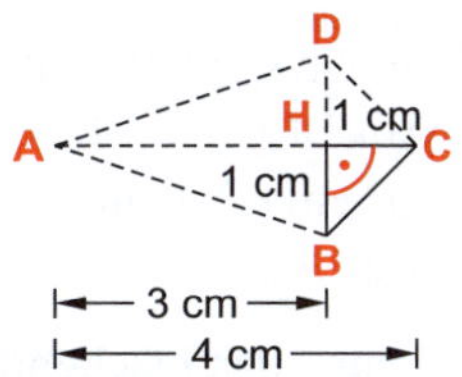

Im Drachenviereck gilt:
$\overline{AB} = \overline{DA}$ und $\overline{BC} = \overline{CD}$

Berechnung des Umfangs des Drachenvierecks:

$u = \overline{AB} + \overline{BC} + \overline{CD} + \overline{DA} = 3{,}16\text{ cm} + 1{,}41\text{ cm} + 1{,}41\text{ cm} + 3{,}16\text{ cm} = \mathbf{9{,}14\ cm}$

Berechnung des Flächeninhalts des Drachenvierecks:

$A = \frac{1}{2} \cdot \overline{AC} \cdot \overline{BD} = \frac{1}{2} \cdot 4\text{ cm} \cdot 2\text{ cm} = \mathbf{4\ cm^2}$

c) *Achtung:* Es ist nicht klar, ob bei F ein 90°-Winkel ist und damit das Dreieck DCF rechtwinklig ist!

Berechnung von $\overline{BC}$:

$\overline{BC} = 3{,}6\text{ cm} - \overline{EF} = 3{,}6\text{ cm} - 1{,}5\text{ cm} = 2{,}1\text{ cm}$

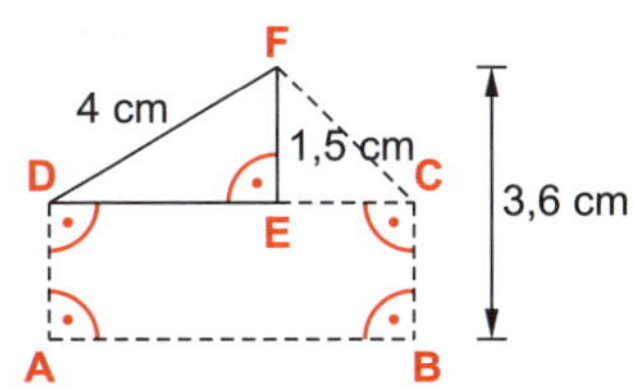

Berechnung von $\overline{DE}$ mit dem Satz des Pythagoras im rechtwinkligen Dreieck DEF:

$$\overline{FD}^2 = \overline{DE}^2 + \overline{EF}^2 \qquad |-\overline{EF}^2$$
$$\Leftrightarrow \quad \overline{DE}^2 = \overline{FD}^2 - \overline{EF}^2 \qquad |\sqrt{\ }$$
$$\Rightarrow \quad \overline{DE} = \sqrt{\overline{FD}^2 - \overline{EF}^2}$$
$$\Leftrightarrow \quad \overline{DE} = \sqrt{(4\text{ cm})^2 - (1{,}5\text{ cm})^2}$$
$$\Leftrightarrow \quad \overline{DE} = \sqrt{13{,}75\text{ cm}^2}$$
$$\Leftrightarrow \quad \overline{DE} \approx 3{,}71\text{ cm}$$

Berechnung von $\overline{EC}$ mit dem Satz des Pythagoras im rechtwinkligen Dreieck ECF:

$$\overline{CF}^2 = \overline{FE}^2 + \overline{EC}^2 \qquad |-\overline{FE}^2$$
$$\Leftrightarrow \quad \overline{EC}^2 = \overline{CF}^2 - \overline{FE}^2 \qquad |\sqrt{\ }$$
$$\Rightarrow \quad \overline{EC} = \sqrt{\overline{CF}^2 - \overline{FE}^2}$$
$$\Leftrightarrow \quad \overline{EC} = \sqrt{(2\text{ cm})^2 - (1{,}5\text{ cm})^2}$$
$$\Leftrightarrow \quad \overline{EC} = \sqrt{1{,}75\text{ cm}^2}$$
$$\Leftrightarrow \quad \overline{EC} \approx 1{,}32\text{ cm}$$

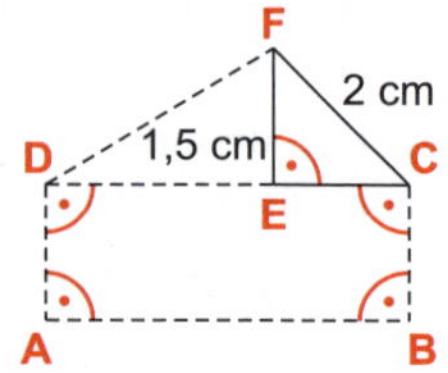

Berechnung von $\overline{DC}$:

$\overline{DC} = \overline{DE} + \overline{EC} = 3{,}71\text{ cm} + 1{,}32\text{ cm} = 5{,}03\text{ cm}$

Berechnung des Umfangs der Figur:

$u = \overline{AB} + \overline{BC} + \overline{CF} + \overline{FD} + \overline{DA}$

$u = 5{,}03\text{ cm} + 2{,}1\text{ cm} + 2\text{ cm} + 4\text{ cm} + 2{,}1\text{ cm}$

$u = \mathbf{15{,}23\text{ cm}}$

Die Figur setzt sich aus einem Rechteck und einem Dreieck zusammen. Es gilt: $\overline{AB} = \overline{DC}$ und $\overline{BC} = \overline{DA}$

Berechnung des Flächeninhalts der Figur:
Dreiecksfläche:

$$A_{Dreieck} = \frac{1}{2} \cdot \overline{DC} \cdot \overline{FE} = \frac{1}{2} \cdot 5{,}03\text{ cm} \cdot 1{,}5\text{ cm} \approx 3{,}77\text{ cm}^2$$

Rechteckfläche:

$$A_{Rechteck} = \overline{AB} \cdot \overline{BC} = 5{,}03\text{ cm} \cdot 2{,}1\text{ cm} \approx 10{,}56\text{ cm}^2$$

Flächeninhalt der Figur:

$$A = A_{Dreieck} + A_{Rechteck} = 3{,}77\text{ cm}^2 + 10{,}56\text{ cm}^2 = \mathbf{14{,}33\text{ cm}^2}$$

160 a) Berechnung der Seitenlänge des Quadrats:

$$d = a\sqrt{2} \qquad |:\sqrt{2}$$
$$\Leftrightarrow \quad a = \frac{d}{\sqrt{2}} = \frac{4{,}8\text{ cm}}{\sqrt{2}} \approx 3{,}39\text{ cm}$$

Verwende die Formel für die Länge der Diagonalen im Quadrat. Löse nach der Seitenlänge auf.

Die Seitenlänge des Quadrats beträgt **3,39 cm**.

b) Berechnung der Länge der zweiten Diagonalen:

$$A = \frac{1}{2} \cdot e \cdot f \qquad \left| \cdot \frac{2}{e} \right.$$
$$\Leftrightarrow \quad f = \frac{2 \cdot A}{e} = \frac{2 \cdot 15{,}6\text{ cm}^2}{5\text{ cm}} = 6{,}24\text{ cm}$$

Berechnung von $\overline{AB}$ mit dem Satz des Pythagoras im rechtwinkligen Dreieck ABM:

$$\overline{AB}^2 = \overline{BM}^2 + \overline{MA}^2 \qquad |\sqrt{}$$

$$\Rightarrow \quad \overline{AB} = \sqrt{\overline{BM}^2 + \overline{MA}^2}$$

$$\Leftrightarrow \quad \overline{AB} = \sqrt{(3{,}12\text{ cm})^2 + (2{,}5\text{ cm})^2}$$

$$\Leftrightarrow \quad \overline{AB} = \sqrt{15{,}9844\text{ cm}^2}$$

$$\Leftrightarrow \quad \overline{AB} \approx 4{,}00\text{ cm}$$

Bei einer Raute halbieren sich die Diagonalen gegenseitig und stehen senkrecht aufeinander:

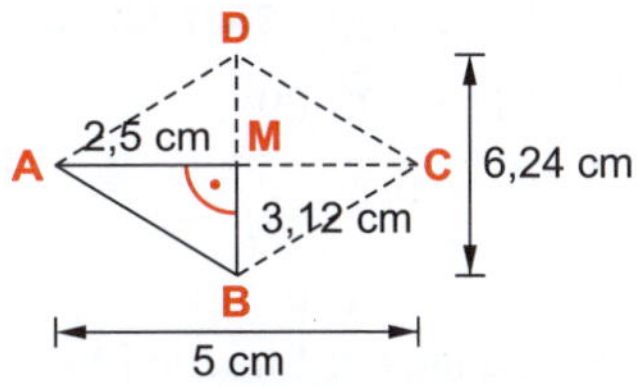

Berechnung des Umfangs der Raute:

$u = 4 \cdot \overline{AB} = 4 \cdot 4{,}00\text{ cm} = 16{,}00\text{ cm}$

Bei einer Raute sind alle 4 Seiten gleich lang.

Die Raute hat einen Umfang von **16,00 cm**.

161 *Hinweis:* Da es sich um das Netz einer geraden Pyramide handelt, sind die Seitenkanten s bei allen Seitendreiecken gleich groß und die Seitenflächen gleichschenklige Dreiecke. Die Höhen der Seitenflächen halbieren also jeweils ihre Basis. Suche im Netz zwei rechtwinklige Dreiecke und wende jeweils den Satz des Pythagoras an.

Berechnung der Länge s der Seitenkanten mit dem Satz des Pythagoras:

$$s^2 = h_a{}^2 + \left(\frac{1}{2}a\right)^2 \qquad |\sqrt{}$$

$$\Rightarrow \quad s = \sqrt{h_a{}^2 + \left(\frac{1}{2}a\right)^2}$$

$$\Leftrightarrow \quad s = \sqrt{(2{,}5\text{ cm})^2 + (2\text{ cm})^2}$$

$$\Leftrightarrow \quad s = \sqrt{10{,}25\text{ cm}^2}$$

$$\Leftrightarrow \quad s \approx 3{,}20\text{ cm}$$

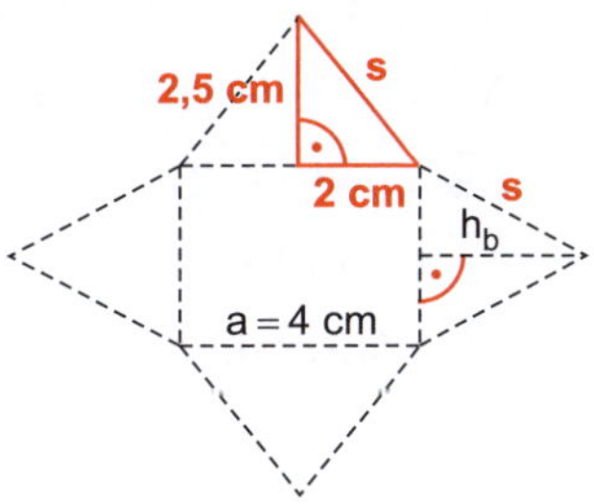

Berechnung der Höhe h_b mit dem Satz des Pythagoras:

$$s^2 = \left(\frac{1}{2}b\right)^2 + h_b{}^2 \qquad \left| -\left(\frac{1}{2}b\right)^2\right.$$

$$\Leftrightarrow \quad h_b{}^2 = s^2 - \left(\frac{1}{2}b\right)^2 \qquad |\sqrt{}$$

$$\Rightarrow \quad h_b = \sqrt{s^2 - \left(\frac{1}{2}b\right)^2}$$

$$\Leftrightarrow \quad h_b = \sqrt{(3{,}20\text{ cm})^2 - (1{,}5\text{ cm})^2}$$

$$\Leftrightarrow \quad h_b = \sqrt{7{,}99\text{ cm}^2}$$

$$\Leftrightarrow \quad h_b \approx \mathbf{2{,}83\text{ cm}}$$

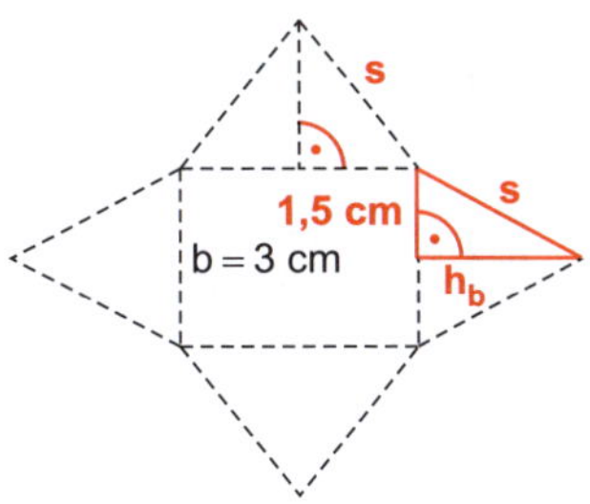

162 a) Betrag des Vektors $\vec{a}$:

$|\vec{a}| = \sqrt{4{,}5^2 + (-2{,}8)^2}$

$|\vec{a}| = \sqrt{20{,}25 + 7{,}84}$

$|\vec{a}| = \sqrt{28{,}09}$

$|\vec{a}| = \mathbf{5{,}3}$

b) Betrag des Vektors $\vec{b}$:

$|\vec{b}| = \sqrt{(-8)^2 + 6^2}$

$|\vec{b}| = \sqrt{64 + 36}$

$|\vec{b}| = \sqrt{100}$

$|\vec{b}| = \mathbf{10}$

163 a) Länge der Strecke [AB]:

$\overline{AB} = \sqrt{(x_B - x_A)^2 + (y_B - y_A)^2}$ LE

$\overline{AB} = \sqrt{(3-0)^2 + (5-1)^2}$ LE

$\overline{AB} = \sqrt{3^2 + 4^2}$ LE

$\overline{AB} = \sqrt{25}$ LE

$\overline{AB} = \mathbf{5\ LE}$

oder

Koordinaten des Pfeils $\overrightarrow{AB}$:

$\overrightarrow{AB} = \begin{pmatrix} x_B - x_A \\ y_B - y_A \end{pmatrix}$

$\overrightarrow{AB} = \begin{pmatrix} 3-0 \\ 5-1 \end{pmatrix} = \begin{pmatrix} 3 \\ 4 \end{pmatrix}$

Betrag des Vektors $\overrightarrow{AB}$:

$|\overrightarrow{AB}| = \sqrt{3^2 + 4^2} = \sqrt{25} = 5$

$\Rightarrow \overline{AB} = \mathbf{5\ LE}$

b) Länge der Strecke [AB]:

$\overline{AB} = \sqrt{(x_B - x_A)^2 + (y_B - y_A)^2}$ LE

$\overline{AB} = \sqrt{[2-(-4)]^2 + (1-3)^2}$ LE

$\overline{AB} = \sqrt{6^2 + (-2)^2}$ LE

$\overline{AB} = \sqrt{40}$ LE

$\overline{AB} \approx \mathbf{6{,}32\ LE}$

oder

Koordinaten des Pfeils $\overrightarrow{AB}$:

$\overrightarrow{AB} = \begin{pmatrix} x_B - x_A \\ y_B - y_A \end{pmatrix}$

$\overrightarrow{AB} = \begin{pmatrix} 2-(-4) \\ 1-3 \end{pmatrix} = \begin{pmatrix} 6 \\ -2 \end{pmatrix}$

Betrag des Vektors $\overrightarrow{AB}$:

$|\overrightarrow{AB}| = \sqrt{6^2 + (-2)^2} = \sqrt{40} \approx 6{,}32$

$\Rightarrow \overline{AB} \approx \mathbf{6{,}32\ LE}$

c) Länge der Strecke [ST]:

$\overline{ST} = \sqrt{(x_T - x_S)^2 + (y_T - y_S)^2}$ LE

$\overline{ST} = \sqrt{\left(-\frac{1}{3} - \frac{1}{3}\right)^2 + \left(-\frac{3}{8} - \frac{1}{8}\right)^2}$ LE

$\overline{ST} = \sqrt{\left(-\frac{2}{3}\right)^2 + \left(-\frac{1}{2}\right)^2}$ LE

$\overline{ST} = \sqrt{\frac{4}{9} + \frac{1}{4}}$ LE

$\overline{ST} = \sqrt{\frac{25}{36}}$ LE

$\overline{ST} = \mathbf{\frac{5}{6}\ LE}$

oder

Koordinaten des Pfeils $\overrightarrow{ST}$:

$\overrightarrow{ST} = \begin{pmatrix} x_T - x_S \\ y_T - y_S \end{pmatrix}$

$\overrightarrow{ST} = \begin{pmatrix} -\frac{1}{3} - \frac{1}{3} \\ -\frac{3}{8} - \frac{1}{8} \end{pmatrix} = \begin{pmatrix} -\frac{2}{3} \\ -\frac{1}{2} \end{pmatrix}$

Betrag des Vektors $\overrightarrow{ST}$:

$|\overrightarrow{ST}| = \sqrt{\left(-\frac{2}{3}\right)^2 + \left(-\frac{1}{2}\right)^2}$

$|\overrightarrow{ST}| = \sqrt{\frac{25}{36}} = \frac{5}{6}$

$\Rightarrow \overline{ST} = \mathbf{\frac{5}{6}\ LE}$

d) Länge der Strecke [PQ]: *oder* Koordinaten des Pfeils $\overrightarrow{PQ}$:

$$\overline{PQ} = \sqrt{(x_Q - x_P)^2 + (y_Q - y_P)^2} \text{ LE}$$

$$\overline{PQ} = \sqrt{[-2{,}5 - (-2{,}5)]^2 + [1{,}8 - (-3{,}9)]^2} \text{ LE}$$

$$\overline{PQ} = \sqrt{0^2 + 5{,}7^2} \text{ LE}$$

$$\overline{PQ} = \sqrt{5{,}7^2} \text{ LE}$$

$$\overline{PQ} = \mathbf{5{,}7\ LE}$$

Koordinaten des Pfeils $\overrightarrow{PQ}$:

$$\overrightarrow{PQ} = \begin{pmatrix} x_Q - x_P \\ y_Q - y_P \end{pmatrix}$$

$$\overrightarrow{PQ} = \begin{pmatrix} -2{,}5 - (-2{,}5) \\ 1{,}8 - (-3{,}9) \end{pmatrix} = \begin{pmatrix} 0 \\ 5{,}7 \end{pmatrix}$$

Betrag des Vektors $\overrightarrow{PQ}$:

$$|\overrightarrow{PQ}| = \sqrt{0^2 + 5{,}7^2}$$

$$|\overrightarrow{PQ}| = \sqrt{5{,}7^2}$$

$$|\overrightarrow{PQ}| = 5{,}7$$

$$\Rightarrow \quad \overline{PQ} = \mathbf{5{,}7\ LE}$$

Hinweis: Haben zwei Punkte dieselbe x-Koordinate bzw. dieselbe y-Koordinate, verläuft die Strecke zwischen ihnen senkrecht bzw. waagerecht.

164 a) Berechnung der Seitenlängen des Dreiecks:

$$\overline{AB} = \sqrt{(4-7)^2 + (-3-3)^2} \text{ LE} = \sqrt{(-3)^2 + (-6)^2} \text{ LE} = \sqrt{45} \text{ LE}$$

$$\overline{BC} = \sqrt{(8-4)^2 + [1-(-3)]^2} \text{ LE} = \sqrt{4^2 + 4^2} \text{ LE} = \sqrt{32} \text{ LE}$$

$$\overline{CA} = \sqrt{(7-8)^2 + (3-1)^2} \text{ LE} = \sqrt{(-1)^2 + 2^2} \text{ LE} = \sqrt{5} \text{ LE}$$

Überprüfung mithilfe des Satzes des Pythagoras:

$$\overline{AB}^2 \stackrel{?}{=} \overline{BC}^2 + \overline{CA}^2$$

$$\Leftrightarrow \quad (\sqrt{45} \text{ LE})^2 \stackrel{?}{=} (\sqrt{32} \text{ LE})^2 + (\sqrt{5} \text{ LE})^2$$

$$\Leftrightarrow \quad 45 \text{ FE} \neq 37 \text{ FE} \qquad \text{(falsch)}$$

Die Seite [AB] ist die längste Seite und wäre somit die Hypotenuse. Prüfe, ob der Satz des Pythagoras gilt.

Da 45 FE > 37 FE gilt, ist das Dreieck **stumpfwinklig**.

b) Berechnung der Seitenlängen des Dreiecks:

$$\overline{AB} = \sqrt{[4-(-2)]^2 + [-1-(-4)]^2} \text{ LE} = \sqrt{6^2 + 3^2} \text{ LE} = \sqrt{45} \text{ LE}$$

$$\overline{BC} = \sqrt{(-3-4)^2 + [-2-(-1)]^2} \text{ LE} = \sqrt{(-7)^2 + (-1)^2} \text{ LE} = \sqrt{50} \text{ LE}$$

$$\overline{CA} = \sqrt{[-2-(-3)]^2 + [-4-(-2)]^2} \text{ LE} = \sqrt{1^2 + (-2)^2} \text{ LE} = \sqrt{5} \text{ LE}$$

Überprüfung mithilfe des Satzes des Pythagoras:

$$\overline{BC}^2 \stackrel{?}{=} \overline{AB}^2 + \overline{CA}^2$$

$$\Leftrightarrow \quad (\sqrt{50} \text{ LE})^2 \stackrel{?}{=} (\sqrt{45} \text{ LE})^2 + (\sqrt{5} \text{ LE})^2$$

$$\Leftrightarrow \quad 50 \text{ FE} = 50 \text{ FE} \qquad \text{(wahr)}$$

Die Seite [BC] ist die längste Seite und wäre somit die Hypotenuse. Prüfe, ob der Satz des Pythagoras gilt.

Da der Satz des Pythagoras gilt, ist das Dreieck **rechtwinklig**.

165 a) Berechnung der Seitenlängen des Dreiecks ABC:

$\overline{AB} = \sqrt{(8,6-0,2)^2+(-5,3-3,1)^2}$ LE $= \sqrt{8,4^2+(-8,4)^2}$ LE $=$ **$\sqrt{141,12}$ LE**

$\overline{BC} = \sqrt{(3,8-8,6)^2+[4,3-(-5,3)]^2}$ LE $= \sqrt{(-4,8)^2+9,6^2}$ LE $=$ **$\sqrt{115,2}$ LE**

$\overline{CA} = \sqrt{(0,2-3,8)^2+(3,1-4,3)^2}$ LE $= \sqrt{(-3,6)^2+(-1,2)^2}$ LE $=$ **$\sqrt{14,4}$ LE**

b) Überprüfung mithilfe des Satzes des Pythagoras:

$$\overline{AB}^2 \stackrel{?}{=} \overline{BC}^2+\overline{CA}^2$$

[AB] ist die längste Seite und wäre somit die Hypotenuse.

$$\Leftrightarrow \quad (\sqrt{141,12}\text{ LE})^2 \stackrel{?}{=} (\sqrt{115,2}\text{ LE})^2+(\sqrt{14,4}\text{ LE})^2$$

$$\Leftrightarrow \quad 141,12\text{ FE} \neq 129,6\text{ FE} \qquad \text{(falsch)}$$

Da 141,12 FE > 129,6 FE gilt, ist das Dreieck **stumpfwinklig**.

c) Berechnung der Seitenlängen:

Genau dann, wenn M der Umkreismittelpunkt des Dreiecks ABC ist, gilt: $\overline{MA} = \overline{MB} = \overline{MC}$

$\overline{MA} = \sqrt{(0,2-3,8)^2+[3,1-(-1,7)]^2}$ LE

$\overline{MA} = \sqrt{(-3,6)^2+4,8^2}$ LE

$\overline{MA} = \sqrt{36}$ LE

$\overline{MA} = 6$ LE

$\overline{MB} = \sqrt{(8,6-3,8)^2+[-5,3-(-1,7)]^2}$ LE

$\overline{MB} = \sqrt{4,8^2+(-3,6)^2}$ LE

$\overline{MB} = \sqrt{36}$ LE

$\overline{MB} = 6$ LE

$\overline{MC} = \sqrt{(3,8-3,8)^2+[4,3-(-1,7)]^2}$ LE

$\overline{MC} = \sqrt{0^2+6^2}$ LE

$\overline{MC} = \sqrt{36}$ LE

$\overline{MC} = 6$ LE

Da $\overline{MA} = \overline{MB} = \overline{MC}$ gilt, ist M der Umkreismittelpunkt des Dreiecks ABC.

166 a) Mit dem Satz des Pythagoras gilt:

$$(2\text{ m})^2 = (60\text{ cm})^2 + h^2 \qquad |-(60\text{ cm})^2$$

$$\Leftrightarrow \quad h^2 = (2\text{ m})^2 - (60\text{ cm})^2 \qquad |\sqrt{}$$

$$\Rightarrow \quad h = \sqrt{(2\text{ m})^2-(0,6\text{ m})^2}$$

$$\Leftrightarrow \quad h = \sqrt{3,64\text{ m}^2}$$

$$\Leftrightarrow \quad h \approx 1,91\text{ m}$$

Die Leiter berührt die Wand in ca. **1,91 m** Höhe.

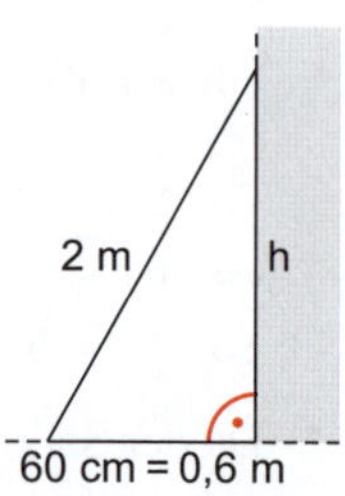

b) Mit dem Satz des Pythagoras gilt:

$$(2\text{ m})^2 = x^2 + (1{,}8\text{ m})^2 \quad |-(1{,}8\text{ m})^2$$
$$\Leftrightarrow \quad x^2 = (2\text{ m})^2 - (1{,}8\text{ m})^2 \quad |\sqrt{\ }$$
$$\Rightarrow \quad x = \sqrt{(2\text{ m})^2 - (1{,}8\text{ m})^2}$$
$$\Leftrightarrow \quad x = \sqrt{0{,}76\text{ m}^2}$$
$$\Leftrightarrow \quad x \approx 0{,}87\text{ m}$$

Die Leiter steht **0,87 m** von der Wand weg.

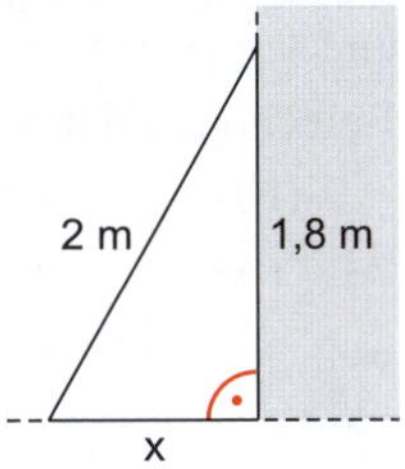

167 a) Mit dem Satz des Pythagoras gilt:

$$(70\text{ cm})^2 = a^2 + (60\text{ cm})^2 \quad |-(60\text{ cm})^2$$
$$\Leftrightarrow \quad a^2 = (70\text{ cm})^2 - (60\text{ cm})^2 \quad |\sqrt{\ }$$
$$\Rightarrow \quad a = \sqrt{(70\text{ cm})^2 - (60\text{ cm})^2}$$
$$\Leftrightarrow \quad a = \sqrt{1\,300\text{ cm}^2}$$
$$\Leftrightarrow \quad a \approx 36{,}06\text{ cm}$$

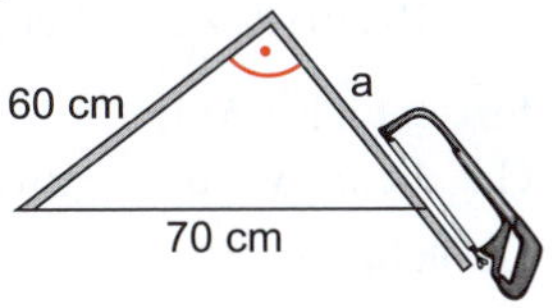

Er muss die Dachseite auf **36,06 cm** Länge kürzen.

b) Berechnung von q mit dem Kathetensatz:

$$(60\text{ cm})^2 = q \cdot 70\text{ cm} \quad |:(70\text{ cm})$$
$$\Leftrightarrow \quad q = \frac{(60\text{ cm})^2}{70\text{ cm}}$$
$$\Leftrightarrow \quad q \approx 51{,}43\text{ cm}$$

Der Kathetensatz lautet: $b^2 = q \cdot c$
Hier gilt: $b = 60$ cm; $c = 70$ cm

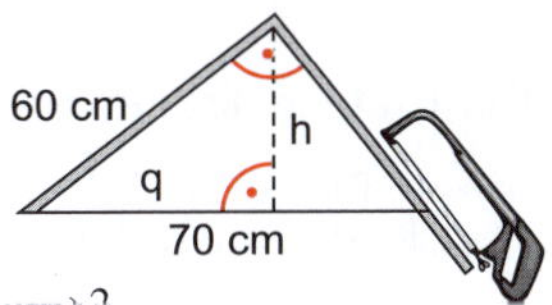

Berechnung von h mit dem Satz des Pythagoras:

$$(60\text{ cm})^2 = (51{,}43\text{ cm})^2 + h^2 \quad |-(51{,}43\text{ cm})^2$$
$$\Leftrightarrow \quad h^2 = (60\text{ cm})^2 - (51{,}43\text{ cm})^2 \quad |\sqrt{\ }$$
$$\Rightarrow \quad h = \sqrt{(60\text{ cm})^2 - (51{,}43\text{ cm})^2}$$
$$\Leftrightarrow \quad h \approx \sqrt{954{,}96\text{ cm}^2}$$
$$\Leftrightarrow \quad h \approx 30{,}90\text{ cm}$$

Das neue Dach ist anschließend etwa **30,90 cm** hoch.

168 Länge der kürzeren Seite: x
Länge der längeren Seite: 2x
Berechnung von x mit dem Satz des Pythagoras:

$$(20\text{ cm})^2 = x^2 + (2x)^2$$
$$\Leftrightarrow \quad 400\text{ cm}^2 = 5x^2 \quad |:5$$
$$\Leftrightarrow \quad x^2 = 80\text{ cm}^2 \quad |\sqrt{\ }$$
$$\Rightarrow \quad x \approx 8{,}94\text{ cm}$$

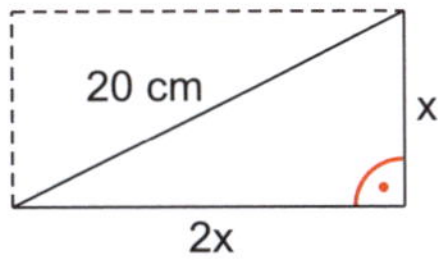

Die kürzere Seite ist **8,94 cm** und die längere $2 \cdot 8{,}94$ cm = **17,88 cm** lang.

169 *Hinweis:* Das einbeschriebene Viereck ist ein Quadrat. Der Durchmesser des äußeren Kreises entspricht der Länge der Diagonalen im Quadrat.

Berechnung der Seitenlänge a des Quadrats mit dem Satz des Pythagoras:

$$(10\text{ cm})^2 = a^2 + a^2$$
$$\Leftrightarrow \quad 100\text{ cm}^2 = 2a^2 \quad |:2$$
$$\Leftrightarrow \quad a^2 = 50\text{ cm}^2 \quad |\sqrt{\ }$$
$$\Rightarrow \quad a \approx 7{,}07\text{ cm}$$

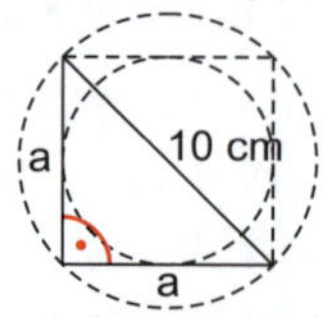

Die Seitenlänge des Quadrats entspricht dem Durchmesser des inneren Kreises.

Umfang des inneren Kreises:
$u_i = a \cdot \pi = 7{,}07\text{ cm} \cdot \pi \approx 22{,}21\text{ cm}$

Umfang des äußeren Kreises:
$u_a = 10\text{ cm} \cdot \pi \approx 31{,}42\text{ cm}$

Prozentualer Anteil:
Gegeben: $G = u_a = 31{,}42\text{ cm}$; $P = u_i = 22{,}21\text{ cm}$

Der Umfang des äußeren Kreises ist der Grundwert.

Gesucht: p %

Lösung mit der Lösungsformel: *oder*

$$p = \frac{P \cdot 100}{G} = \frac{22{,}21\text{ cm} \cdot 100}{31{,}42\text{ cm}} \approx 70{,}69$$
$$\Rightarrow \quad p\,\% \approx 70{,}69\,\%$$

Lösung mit dem Dreisatz:

$$31{,}42\text{ cm} \mathrel{\hat{=}} 100\,\%$$
$$1\text{ cm} \mathrel{\hat{=}} \frac{100\,\%}{31{,}42}$$
$$22{,}21\text{ cm} \mathrel{\hat{=}} 70{,}69\,\%$$

Der Umfang des inneren Kreises ist um 100 % – 70,69 % = **29,31 %** kleiner.

Hinweis: Dieses Verhältnis gilt immer, egal welchen Durchmesser der äußere Kreis hat. Der Flächeninhalt des kleineren Kreises ist übrigens genau die Hälfte des Flächeninhalts des großen Kreises.

170 a) Obere Grenze für x:

$$5\text{ cm} - 2x\text{ cm} > 0\text{ cm} \quad |+2x\text{ cm}$$
$$\Leftrightarrow \quad 5\text{ cm} > 2x\text{ cm} \quad |:(2\text{ cm})$$
$$\Leftrightarrow \quad 2{,}5 > x$$

Die Seite a darf nur so weit verkürzt werden, dass sie nicht verschwindet.

Untere Grenze für x: $0 \leqq x$

x darf nicht negativ werden.

Intervall für x: $\mathbf{0 \leqq x < 2{,}5}$ *oder* $\mathbf{x \in [0; 2{,}5[}$

b) Zeichnung im Maßstab 1 : 2:

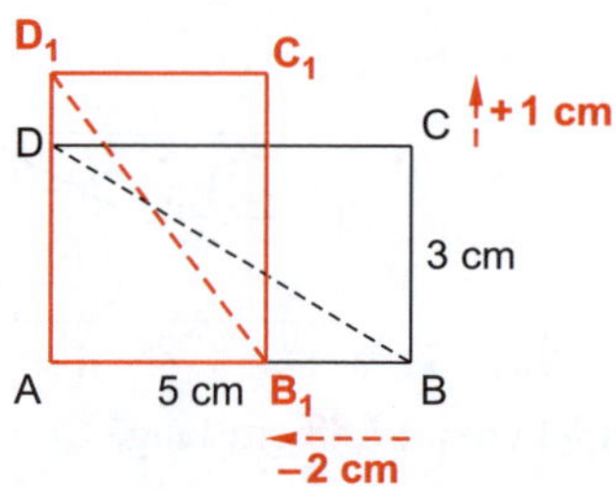

Seitenlängen des Rechtecks $AB_1C_1D_1$:

$a_1 = 5\text{ cm} - 2 \cdot 1\text{ cm} = 3\text{ cm}$ — a = 5 cm wird um 2 · 1 cm verkürzt.

$b_1 = 3\text{ cm} + 1\text{ cm} = 4\text{ cm}$ — b = 3 cm wird um 1 cm verlängert.

Berechnung von d_1 mit dem Satz des Pythagoras:

$$d_1^2 = a_1^2 + b_1^2 \quad |\sqrt{}$$
$$\Rightarrow \quad d_1 = \sqrt{a_1^2 + b_1^2}$$
$$\Leftrightarrow \quad d_1 = \sqrt{(3\text{ cm})^2 + (4\text{ cm})^2}$$
$$\Leftrightarrow \quad d_1 = \sqrt{25\text{ cm}^2}$$
$$\Leftrightarrow \quad d_1 = \mathbf{5\text{ cm}}$$

c) Seitenlängen des Rechtecks $AB_nC_nD_n$:

$a_n = 5\text{ cm} - 2x\text{ cm}$ — a = 5 cm wird um 2x cm verkürzt.

$b_n = 3\text{ cm} + x\text{ cm}$ — b = 3 cm wird um x cm verlängert.

Berechnung von d(x) mit dem Satz des Pythagoras:

$$d(x)^2 = a_n^2 + b_n^2 \quad |\sqrt{}$$
$$\Rightarrow \quad d(x) = \sqrt{a_n^2 + b_n^2}$$
$$\Leftrightarrow \quad d(x) = \sqrt{(5\text{ cm} - 2x\text{ cm})^2 + (3\text{ cm} + x\text{ cm})^2}$$
$$\Leftrightarrow \quad d(x) = \sqrt{(25 - 20x + 4x^2 + 9 + 6x + x^2)\text{ cm}^2}$$
$$\Leftrightarrow \quad \mathbf{d(x) = \sqrt{5x^2 - 14x + 34}\text{ cm}}$$

d) Es gilt:
Die Diagonallänge $d(x) = \sqrt{5x^2 - 14x + 34}$ cm ist genau dann minimal, wenn die Funktion $T(x) = 5x^2 - 14x + 34$ unter der Wurzel (Radikand) minimal ist.

Quadratische Ergänzung:	Bestimme das Minimum von T(x).
$T(x) = 5x^2 - 14x + 34$	Klammere den Faktor 5 vor x^2 aus.
$T(x) = 5[x^2 - 2{,}8x + 6{,}8]$	Ergänze quadratisch.
$T(x) = 5[(x^2 - 2{,}8x + 1{,}4^2) - 1{,}4^2 + 6{,}8]$	Fasse zusammen und bilde das Binom.
$T(x) = 5[(x - 1{,}4)^2 + 4{,}84]$	Multipliziere die eckige Klammer aus.
$T(x) = 5(x - 1{,}4)^2 + 24{,}2$ $\Rightarrow \quad T_{min} = 24{,}2$ für $x = 1{,}4$	Da der Faktor vor dem Binom positiv ist, ist der Term am kleinsten, wenn das Binom null wird.

Länge der kürzesten Diagonalen:

$d_{min} = \sqrt{T_{min}}\text{ cm} = \sqrt{24{,}2}\text{ LE} \approx \mathbf{4{,}92\text{ LE}}$
für $x_{min} = \mathbf{1{,}4}$

Du musst noch die Wurzel aus T_{min} ziehen. Die zugehörige Belegung von x bleibt aber gleich.

Hinweis: Mit dem GTR kannst du das Minimum auch direkt bestimmen. Frag deine Lehrkraft, wie du den Lösungsweg aufschreiben sollst.

171 a) *Hinweis:* Im gleichschenkligen Dreieck ABC_0 mit der Basis [AB] gilt: $\overline{BC_0} = \overline{AC_0}$ mit $C_0(x_0|5)$.

Skizze im Maßstab 1 : 2:

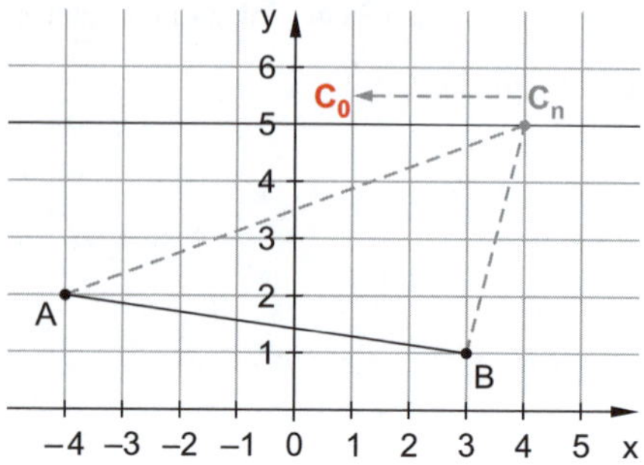

Berechnung der fehlenden Koordinate von C_0:

$$\overline{BC_0} = \overline{AC_0}$$

$$\Leftrightarrow \sqrt{(x_{C_0} - x_B)^2 + (y_{C_0} - y_B)^2}\text{ LE} = \sqrt{(x_{C_0} - x_A)^2 + (y_{C_0} - y_A)^2}\text{ LE}$$

$$\Leftrightarrow \sqrt{(x_0 - 3)^2 + (5-1)^2}\text{ LE} = \sqrt{[x_0 - (-4)]^2 + (5-2)^2}\text{ LE}$$

$$\Leftrightarrow \sqrt{(x_0 - 3)^2 + 4^2}\text{ LE} = \sqrt{(x_0 + 4)^2 + 3^2}\text{ LE}$$

$$\Leftrightarrow \sqrt{x_0^2 - 6x_0 + 9 + 16}\text{ LE} = \sqrt{16 + 8x_0 + x_0^2 + 9}\text{ LE}$$

$$\Leftrightarrow \sqrt{x_0^2 - 6x_0 + 25}\text{ LE} = \sqrt{x_0^2 + 8x_0 + 25}\text{ LE}$$

Zwei Wurzelterme sind gleich groß, wenn ihre Radikanden gleich groß sind:

$$x_0^2 - 6x_0 + 25 = x_0^2 + 8x_0 + 25 \quad | -x_0^2$$

$$\Leftrightarrow -6x_0 + 25 = 8x_0 + 25 \quad | +6x_0 - 25$$

$$\Leftrightarrow 0 = 14x_0 \quad | :14$$

$$\Leftrightarrow \mathbf{x_0 = 0}$$

$$\Rightarrow \mathbf{C_0(0|5)}$$

b) Seitenlängen des Dreiecks: Es gilt: $x_0 = 0$

$$\overline{AB} = \sqrt{[3-(-4)]^2 + (1-2)^2}\text{ LE} = \sqrt{7^2 + (-1)^2}\text{ LE} = \sqrt{50}\text{ LE} \approx 7{,}07\text{ LE}$$

$$\overline{BC_0} = \sqrt{x_0^2 - 6x_0 + 25}\text{ LE} = \sqrt{0^2 - 6 \cdot 0 + 25}\text{ LE} = \sqrt{25}\text{ LE} = 5\text{ LE}$$

$\overline{C_0A} = 5$ LE Es gilt: $\overline{BC_0} = \overline{C_0A}$

Wegen $\overline{AB} \neq \overline{BC_0}$ ist das Dreieck **nicht gleichseitig**.

172 *Hinweis:* Der Abstand ist die kürzeste Entfernung des Punktes P von der Geraden. Berechne also die Entfernung des Punktes P von einem allgemeinen Punkt Q_n auf g: $y = -0{,}5x + 6$ und minimiere diese.

Punkt auf der Geraden g:

$Q_n(x \mid -0{,}5x + 6)$

Entfernung von P von Q_n:

$\overline{PQ_n}(x) = \sqrt{(x_{Q_n} - x_P)^2 + (y_{Q_n} - y_P)^2}$ LE

$\overline{PQ_n}(x) = \sqrt{[x - (-1)]^2 + [(-0{,}5x + 6) - 2]^2}$ LE

$\overline{PQ_n}(x) = \sqrt{(x+1)^2 + (4 - 0{,}5x)^2}$ LE

$\overline{PQ_n}(x) = \sqrt{x^2 + 2x + 1 + 16 - 4x + 0{,}25x^2}$ LE

$\overline{PQ_n}(x) = \sqrt{1{,}25x^2 - 2x + 17}$ LE

Zeichnung im Maßstab 1 : 2:

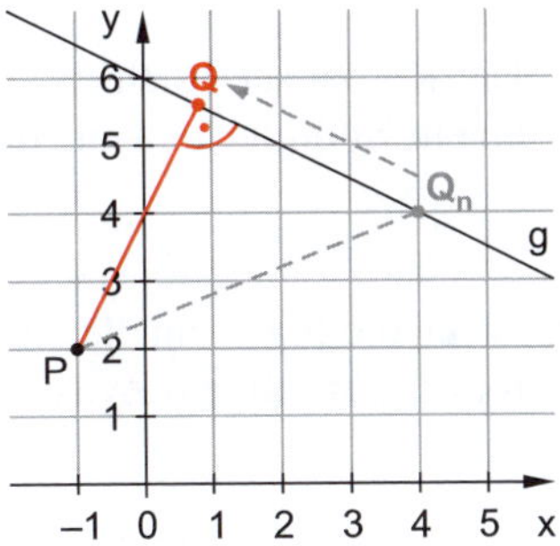

Minimierung der Entfernung $\overline{PQ_n}(x)$:

Die Entfernung $\overline{PQ_n}(x) = \sqrt{1{,}25x^2 - 2x + 17}$ LE ist genau dann minimal, wenn die Funktion $T(x) = 1{,}25x^2 - 2x + 17$ unter der Wurzel (Radikand) minimal ist.

Quadratische Ergänzung:	Bestimme das Minimum von T(x).
$T(x) = 1{,}25x^2 - 2x + 17$	Klammere den Faktor 1,25 vor x^2 aus.
$T(x) = 1{,}25[x^2 - 1{,}6x + 13{,}6]$	Ergänze quadratisch.
$T(x) = 1{,}25[(x^2 - 1{,}6x + 0{,}8^2) - 0{,}8^2 + 13{,}6]$	Fasse zusammen und bilde das Binom.
$T(x) = 1{,}25[(x - 0{,}8)^2 + 12{,}96]$	Multipliziere die eckige Klammer aus.
$T(x) = 1{,}25(x - 0{,}8)^2 + 16{,}2$ $\Rightarrow \quad T_{min} = 16{,}2$ für $x = 0{,}8$	Da der Faktor vor dem Binom positiv ist, ist der Term am kleinsten, wenn das Binom null wird.

Abstand von P zu g:

$\overline{PQ_n}_{min} = \sqrt{T_{min}}$ LE $= \sqrt{16{,}2}$ LE $\approx 4{,}02$ LE — Du musst die Wurzel aus T_{min} ziehen.

Der Abstand des Punktes P von der Geraden g beträgt etwa **4,02 LE**.

Hinweis:

Alternativ könntest du auch zunächst die Gleichung der Geraden h aufstellen, die senkrecht auf g steht und durch P geht. Der Schnittpunkt Q der Geraden g und h ist der Punkt auf g, der die kürzeste Entfernung zu P hat. Berechne dann die Länge der Strecke [PQ].

173 a) Der Körper setzt sich aus einer (quadratischen) **Pyramide**, einem **Würfel** und einem **Quader** zusammen.

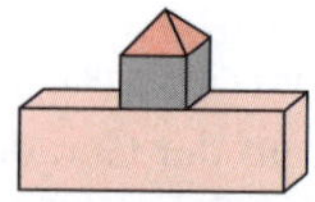

b) Der Körper setzt sich aus einer **Halbkugel**, einem **Zylinder** und einem **Kegel** zusammen.

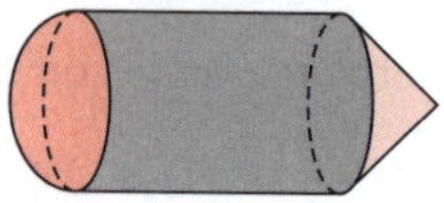

174 a) Wenn die Figur um die eingezeichnete Achse rotiert, entsteht ein **Zylinder**.

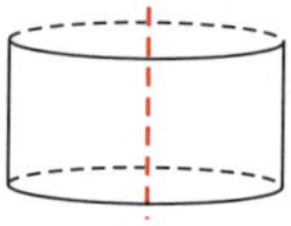

b) Wenn die Figur um die eingezeichnete Achse rotiert, entsteht ein sogenannter **Doppelkegel**.

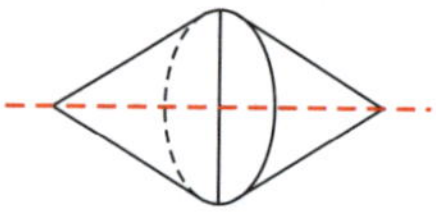

175 a) Die Ebenen sind zueinander **parallel**: **E(ABE) ∥ E(CGH)**

b) Die Ebenen sind **identisch**: **E(FGM) = E(EMH)**

c) Die Ebenen **schneiden sich** in der Schnittgeraden FG: **E(BCG) ∩ E(FGS) = FG**

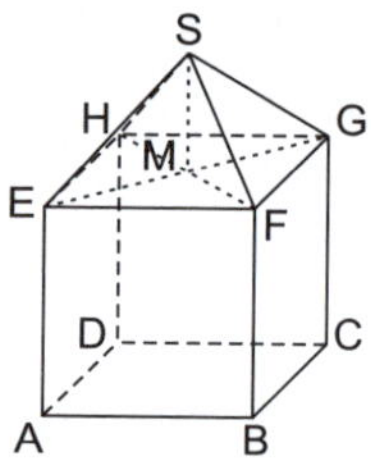

176 a) E(ABC) und E(ACD) **stehen aufeinander senkrecht**.

b) Die Ebenen **E(ABC) und E(ABE)** schneiden sich in der Schnittgeraden AB. Die Ebenen **E(ACF) und E(FCB)** schneiden sich in der Schnittgeraden CF.

c) Ebenen, die senkrecht aufeinander stehen:
E(ABC) ⊥ E(ACD)
E(ABC) ⊥ E(CBE)
E(ABC) ⊥ E(ABD) etc.

d) Die Ebenen **E(ABC) und E(DEF)** sind parallel.

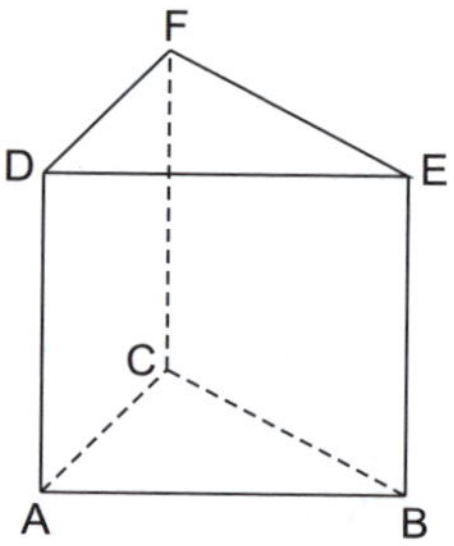

177 a) Ebenen, die senkrecht auf der Ebene E(BCG) stehen: **E(ABC); E(DCG); E(EFG); E(ABF)**

b) Es gilt:

GH	⊆	E(EFM)	AB	⊥	BF
CD	∥	EF	EF	∥	E(DCG)

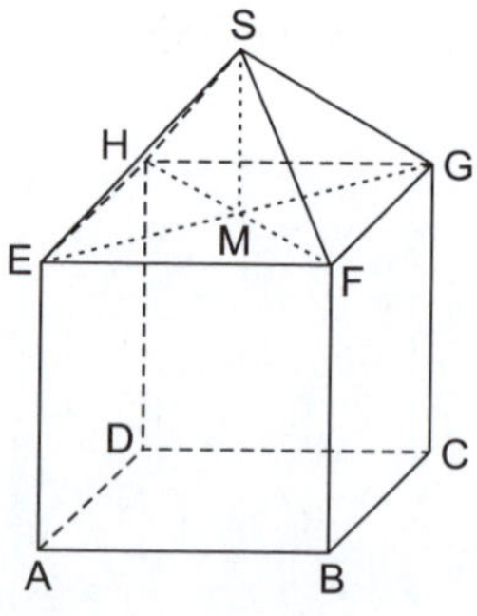

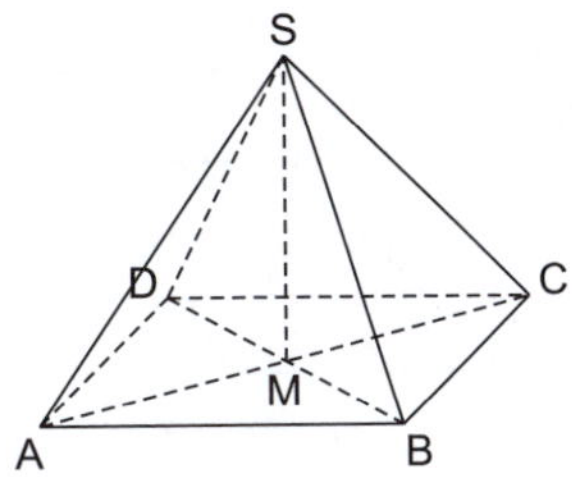

178 a) Die Geraden AS und DC sind weder parallel noch schneiden sie sich. Sie sind somit windschief und die Aussage ist **falsch**: $AS \nparallel DC$

b) Die Gerade AB liegt in der Ebene E(DCM). Somit ist die Aussage **wahr** und es gilt: $AB \subseteq E(DCM)$

c) Die Gerade BC liegt in der Ebene E(DAM) und steht somit nicht senkrecht auf ihr. Die Aussage ist also **falsch**: $BC \not\perp E(DAM)$

d) Die Geraden BM und DM sind identisch. Die Aussage ist also **falsch**: $BM \cap DM \neq \{M\}$

e) Die Geraden BD und MS schneiden sich im Punkt M. Sie sind somit nicht windschief und die Aussage ist **falsch**.

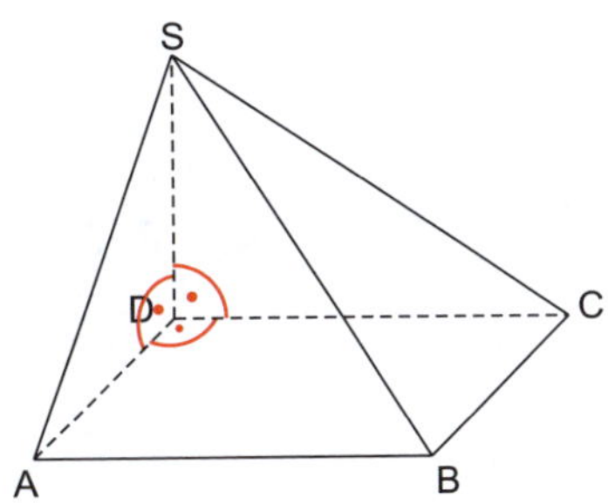

179 a) Da der Punkt S senkrecht über dem Punkt D liegt, handelt es sich bei den Seitenflächen ADS und DCS um **rechtwinklige Dreiecke**.

b) Da der Punkt S senkrecht über dem Punkt D liegt, steht die Seitenfläche ADS (bzw. DCS) senkrecht auf der Grundfläche. Der Schnittwinkel zwischen der Seitenfläche ADS (bzw. DCS) und der Grundfläche beträgt somit **90°**.

c) Da es sich bei der Grundfläche ABCD um ein Quadrat handelt, stehen die Kanten [AD] und [CD] senkrecht aufeinander. Somit schneiden sich die Seitenflächen ADS und DCS, in denen sie jeweils liegen, auch in einem **90°-Winkel**.

180 a) Da die Grundfläche ABCD ein Quadrat ist, beträgt der Schnittwinkel zwischen den Kanten [AB] und [BC] **90°**.

b) Der Winkel, den die Grundfläche ABCD und die Seitenfläche ABS einschließen, ist ein **spitzer Winkel**.

c) Da die Ebene E(ABC) die Grundfläche ABCD enthält und S senkrecht über M liegt, beträgt der Winkel zwischen [MS] und E(ABC) **90°**.

181 Schrägbild:

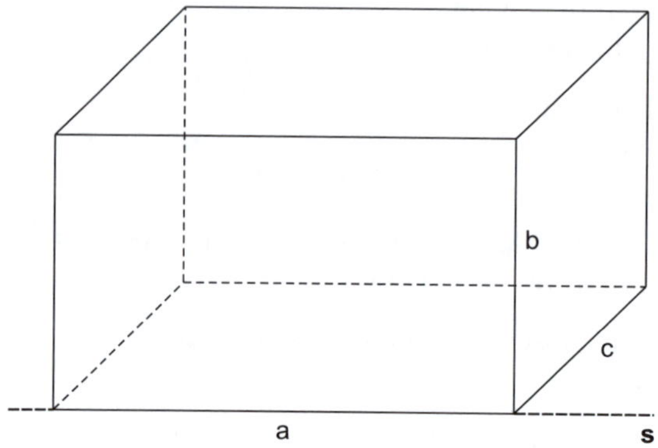

Vorgehen:
- Zeichne die Schrägbildachse s und die Fläche mit a = 5 cm und b = 3 cm in wahrer Größe.
- Zeichne die nach hinten verlaufenden Kanten c unter ω = 45° und mit der Länge 4 cm · 0,5 = 2 cm.
  Hinweis: Du könntest auch die Strecke b nach hinten und c nach oben abtragen.
- Verbinde die Eckpunkte zum Quader. Zeichne die nicht sichtbaren Kanten gestrichelt ein.

182 Schrägbild:

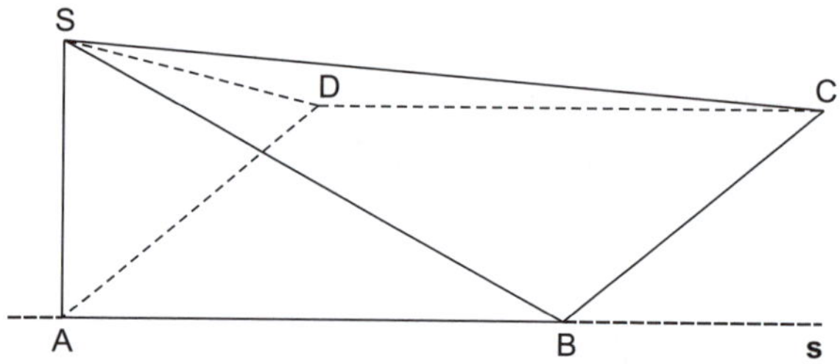

Vorgehen:
- Zeichne die Schrägbildachse s und die Strecke $\overline{AB} = 4{,}5$ cm (wahre Größe) auf s.
- Konstruiere die Grundfläche: Zeichne [AD] und [BC] unter ω = 40° und auf 6 cm · 0,5 = 3 cm verkürzt. ([AD] und [BC] stehen im Rechteck senkrecht auf [AB].)
- Zeichne die Höhe $\overline{AS} = 2{,}5$ cm (wahre Größe) senkrecht über A.
- Verbinde die Eckpunkte.

183 Schrägbild:

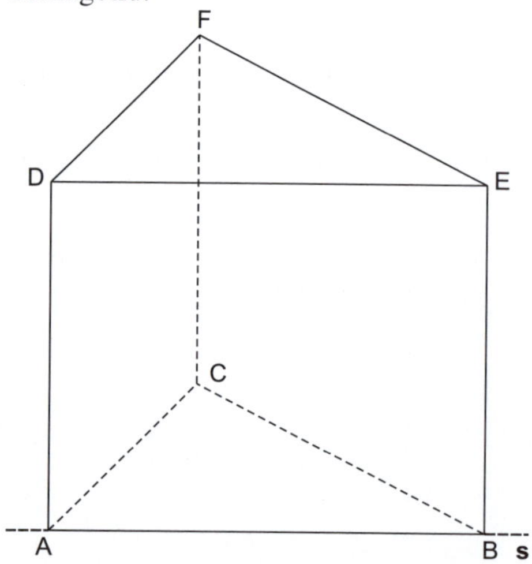

Vorgehen:
- Zeichne die Schrägbildachse s und die Strecke $\overline{AB} = 5$ cm (wahre Größe) auf s.
- Konstruiere die Grundfläche: Zeichne [AC] unter ω = 45° und auf 4 cm · 0,6 = 2,4 cm verkürzt. (Die Kathete [AC] steht senkrecht auf der Kathete [AB].)
- Zeichne die Höhe $\overline{AD} = 4$ cm (wahre Größe) senkrecht über A, B und C.
- Verbinde die Eckpunkte und beschrifte sie.

184 a) Konstruktion des rechtwinkligen Dreiecks $MM_{[BC]}S$:

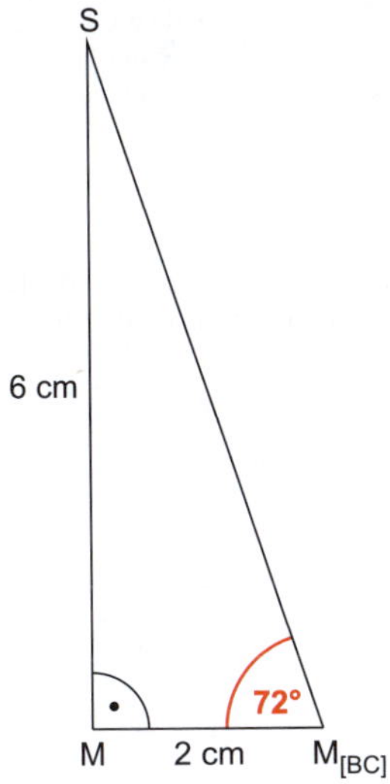

Als Stützdreieck bietet sich das rechtwinklige Dreieck $MM_{[BC]}S$ an. Dabei ist $M_{[BC]}$ der Mittelpunkt der Seite [BC].

Es gilt: $\overline{MM_{[BC]}} = \frac{\overline{AB}}{2} = \frac{4\text{ cm}}{2} = 2\text{ cm}$

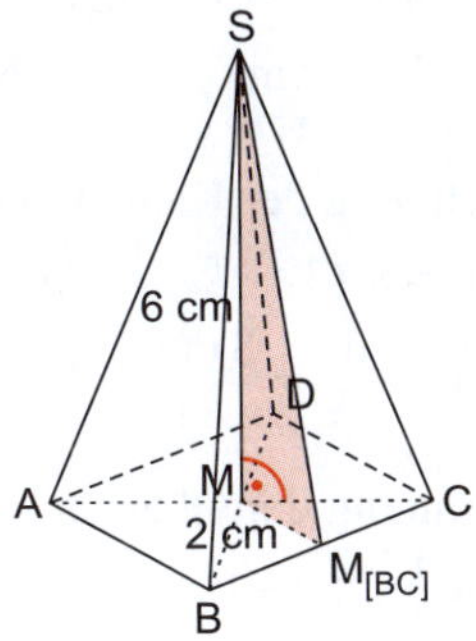

Das Abmessen des Winkels $SM_{[BC]}M$ liefert $\sphericalangle SM_{[BC]}M = 72°$. Der Neigungswinkel der Seitenfläche BCS gegen die Grundfläche ist also etwa **72°**.

b) Konstruktion des rechtwinkligen Dreiecks MCS:

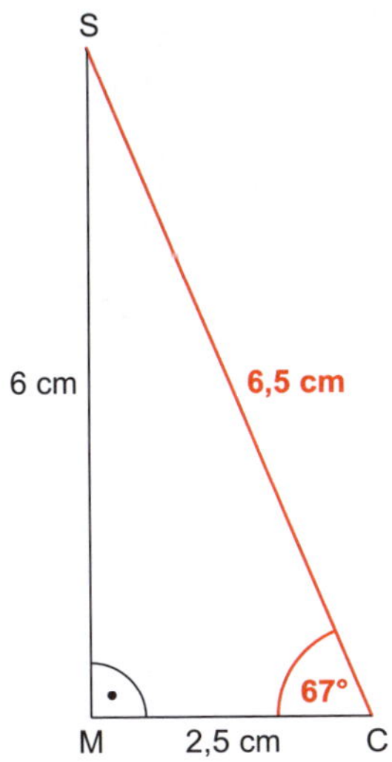

Als Stützdreieck bietet sich das rechtwinklige Dreieck MCS an, denn es enthält die gesuchte Streckenlänge und ist nach SWS eindeutig konstruierbar.

Es gilt: $\overline{MC} = \frac{\overline{AC}}{2} = \frac{5\text{ cm}}{2} = 2{,}5\text{ cm}$

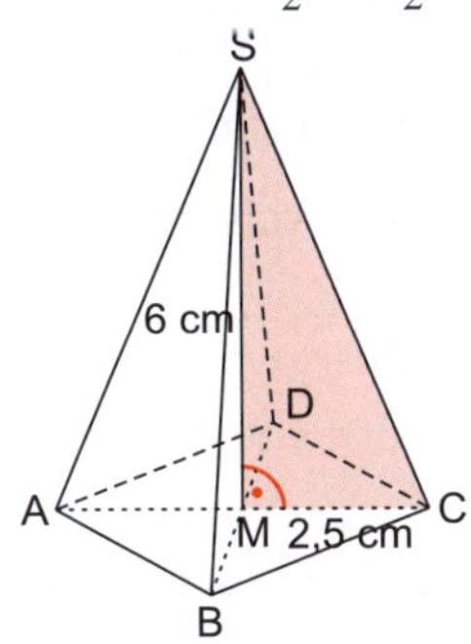

Das Abmessen der Länge der Seitenkante [CS] liefert $\overline{CS} = 6{,}5\text{ cm}$.

Das Abmessen des Winkels SCM liefert $\sphericalangle SCM = 67°$. Die Seitenkante [CS] schließt mit der Grundfläche einen Winkel von etwa **67°** ein.

Der Winkel, den die Seitenkante [CS] mit der Grundfläche ABCD einschließt, entspricht dem Winkel SCM. Entnimm das Maß des Winkels SCM deiner Zeichnung.

185 Berechnung der Länge der Raumdiagonalen:

$d = \sqrt{a^2 + b^2 + c^2}$

$d = \sqrt{(5\text{ cm})^2 + (4\text{ cm})^2 + (7\text{ cm})^2} = \sqrt{90\text{ cm}^2} \approx$ **9,49 cm**

Verwende die Formel für die Länge der Raumdiagonalen im Quader.

186 a) Berechnung der Länge der Raumdiagonalen:

$d = a\sqrt{3} = 5\text{ cm} \cdot \sqrt{3} \approx$ **8,66 cm**

Verwende die Formel für die Länge der Raumdiagonalen im Würfel.

b) Berechnung der Kantenlänge des Würfels:

$d = a\sqrt{3} \qquad |:\sqrt{3}$

$\Leftrightarrow \quad a = \frac{d}{\sqrt{3}} = \frac{8\text{ cm}}{\sqrt{3}} \approx 4{,}62\text{ cm}$

Berechnung der Oberfläche des Würfels:

$O = 6a^2 = 6 \cdot (4{,}62\text{ cm})^2 \approx$ **128 cm²**

187 a) *Hinweis:* Da es sich um eine gerade Pyramide handelt, bei der die Spitze über dem Diagonalenschnittpunkt liegt, sind alle Seitenkanten gleich lang.

Berechnung von $\overline{CA}$ mit dem Satz des Pythagoras im rechtwinkligen Dreieck ABC:

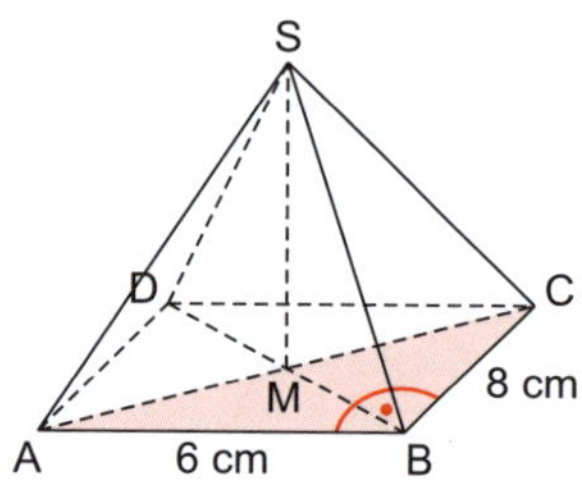

$\overline{CA}^2 = \overline{AB}^2 + \overline{BC}^2 \qquad |\sqrt{}$

$\Rightarrow \quad \overline{CA} = \sqrt{\overline{AB}^2 + \overline{BC}^2}$

$\Leftrightarrow \quad \overline{CA} = \sqrt{(6\text{ cm})^2 + (8\text{ cm})^2}$

$\Leftrightarrow \quad \overline{CA} = \sqrt{100\text{ cm}^2}$

$\Leftrightarrow \quad \overline{CA} = 10\text{ cm}$

Berechnung von $\overline{MC}$:

$\overline{MC} = \frac{\overline{CA}}{2} = \frac{10\text{ cm}}{2} = 5\text{ cm}$

Berechnung von $\overline{CS}$ mit dem Satz des Pythagoras im rechtwinkligen Dreieck MCS:

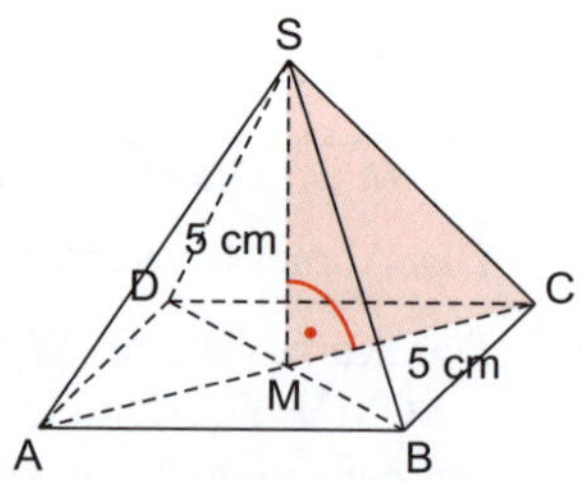

$\overline{CS}^2 = \overline{SM}^2 + \overline{MC}^2 \qquad |\sqrt{}$

$\Rightarrow \quad \overline{CS} = \sqrt{\overline{SM}^2 + \overline{MC}^2}$

$\Leftrightarrow \quad \overline{CS} = \sqrt{(5\text{ cm})^2 + (5\text{ cm})^2}$

$\Leftrightarrow \quad \overline{CS} = \sqrt{50\text{ cm}^2}$

$\Leftrightarrow \quad \overline{CS} \approx 7{,}07\text{ cm}$

Die Seitenkanten sind etwa **7,07 cm** lang.

b) *Hinweis:* Die Oberfläche der Pyramide setzt sich zusammen aus der rechteckigen Grundfläche und den vier dreieckigen Seitenflächen, von denen die gegenüberliegenden jeweils kongruent sind.

Flächeninhalt der rechteckigen Grundfläche:

$A = \overline{AB} \cdot \overline{AD} = 6\text{ cm} \cdot 8\text{ cm} = 48\text{ cm}^2$

Flächeninhalt des Dreiecks ABS:

Berechnung von $\overline{M_{[AB]}M}$:

$\overline{M_{[AB]}M} = \frac{\overline{AD}}{2} = \frac{8\text{ cm}}{2} = 4\text{ cm}$

Um den Flächeninhalt des Dreiecks ABS berechnen zu können, musst du zunächst die Dreieckshöhe h_a bestimmen. Betrachte dazu das Dreieck $M_{[AB]}MS$:

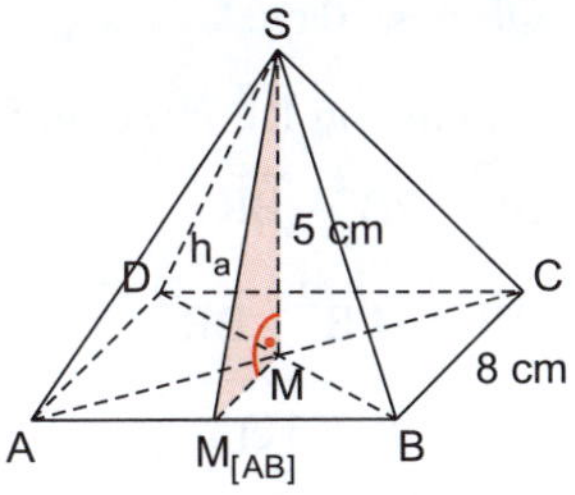

Berechnung von h_a mit dem Satz des Pythagoras im rechtwinkligen Dreieck $M_{[AB]}MS$:

$$h_a^2 = \overline{M_{[AB]}M}^2 + \overline{MS}^2 \quad |\sqrt{\ }$$

$$\Rightarrow \quad h_a = \sqrt{\overline{M_{[AB]}M}^2 + \overline{MS}^2}$$

$$\Leftrightarrow \quad h_a = \sqrt{(4\text{ cm})^2 + (5\text{ cm})^2}$$

$$\Leftrightarrow \quad h_a = \sqrt{41\text{ cm}^2}$$

$$\Leftrightarrow \quad h_a \approx 6{,}40\text{ cm}$$

Flächeninhalt des Dreiecks ABS:

$$A_{ABS} = \frac{1}{2} \cdot \overline{AB} \cdot h_a = \frac{1}{2} \cdot 6\text{ cm} \cdot 6{,}40\text{ cm} = 19{,}20\text{ cm}^2$$

Flächeninhalt des Dreiecks BCS:

Berechnung von $\overline{MM_{[BC]}}$:

$\overline{MM_{[BC]}} = \frac{\overline{AB}}{2} = \frac{6\text{ cm}}{2} = 3\text{ cm}$

Um den Flächeninhalt des Dreiecks BCS berechnen zu können, musst du zunächst die Dreieckshöhe h_b bestimmen. Betrachte dazu das Dreieck $MM_{[BC]}S$:

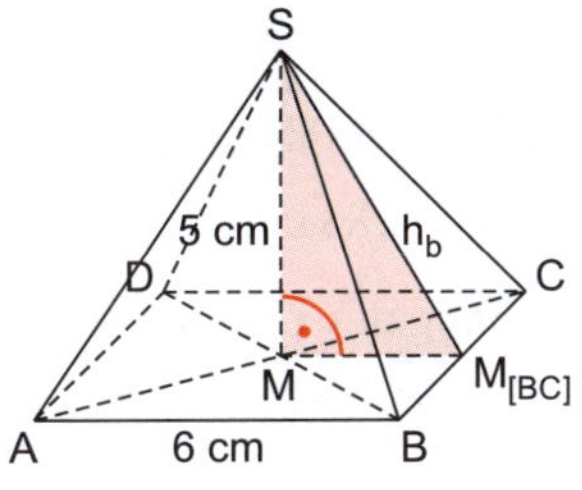

Berechnung von h_b mit dem Satz des Pythagoras im rechtwinkligen Dreieck $MM_{[BC]}S$:

$$h_b^2 = \overline{SM}^2 + \overline{MM_{[BC]}}^2 \quad |\sqrt{\ }$$

$$\Rightarrow \quad h_b = \sqrt{\overline{SM}^2 + \overline{MM_{[BC]}}^2}$$

$$\Leftrightarrow \quad h_b = \sqrt{(5\text{ cm})^2 + (3\text{ cm})^2}$$

$$\Leftrightarrow \quad h_b = \sqrt{34\text{ cm}^2}$$

$$\Leftrightarrow \quad h_b \approx 5{,}83\text{ cm}$$

Flächeninhalt des Dreiecks BCS:

$$A_{BCS} = \frac{1}{2} \cdot \overline{BC} \cdot h_b = \frac{1}{2} \cdot 8\text{ cm} \cdot 5{,}83\text{ cm} = 23{,}32\text{ cm}^2$$

Oberflächeninhalt der Pyramide:

$$O = A + 2 \cdot A_{ABS} + 2 \cdot A_{BCS} = 48\text{ cm}^2 + 2 \cdot 19{,}20\text{ cm}^2 + 2 \cdot 23{,}32\text{ cm}^2 = \mathbf{133{,}04\text{ cm}^2}$$

188 Berechnung von $\overline{QP}$ mit dem Satz des Pythagoras im rechtwinkligen Dreieck PBQ:

$$\overline{QP}^2 = \overline{PB}^2 + \overline{BQ}^2 \quad |\sqrt{}$$

$$\Rightarrow \quad \overline{QP} = \sqrt{\overline{PB}^2 + \overline{BQ}^2}$$

$$\Leftrightarrow \quad \overline{QP} = \sqrt{\left(\frac{7{,}5\text{ cm}}{2}\right)^2 + \left(\frac{3{,}8\text{ cm}}{2}\right)^2}$$

$$\Leftrightarrow \quad \overline{QP} = \sqrt{17{,}6725\text{ cm}^2}$$

$$\Leftrightarrow \quad \overline{QP} \approx 4{,}20\text{ cm}$$

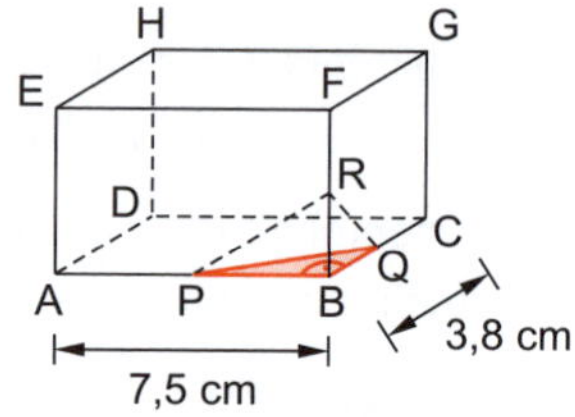

Berechnung von $\overline{RP}$ mit dem Satz des Pythagoras im rechtwinkligen Dreieck PBR:

$$\overline{RP}^2 = \overline{PB}^2 + \overline{BR}^2 \quad |\sqrt{}$$

$$\Rightarrow \quad \overline{RP} = \sqrt{\overline{PB}^2 + \overline{BR}^2}$$

$$\Leftrightarrow \quad \overline{RP} = \sqrt{\left(\frac{7{,}5\text{ cm}}{2}\right)^2 + \left(\frac{4{,}2\text{ cm}}{2}\right)^2}$$

$$\Leftrightarrow \quad \overline{RP} = \sqrt{18{,}4725\text{ cm}^2}$$

$$\Leftrightarrow \quad \overline{RP} \approx 4{,}30\text{ cm}$$

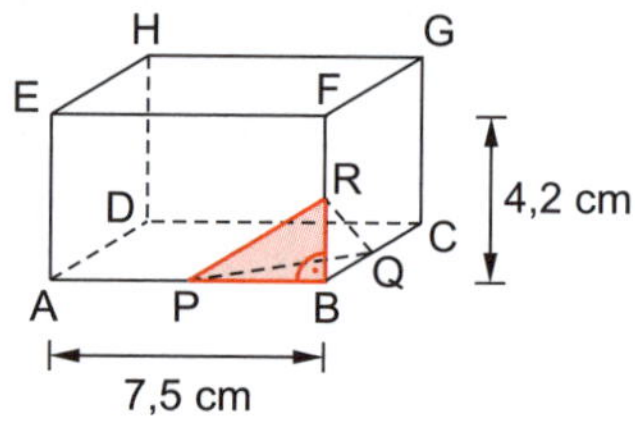

Berechnung von $\overline{QR}$ mit dem Satz des Pythagoras im rechtwinkligen Dreieck BQR:

$$\overline{QR}^2 = \overline{RB}^2 + \overline{BQ}^2 \quad |\sqrt{}$$

$$\Rightarrow \quad \overline{QR} = \sqrt{\overline{RB}^2 + \overline{BQ}^2}$$

$$\Leftrightarrow \quad \overline{QR} = \sqrt{\left(\frac{4{,}2\text{ cm}}{2}\right)^2 + \left(\frac{3{,}8\text{ cm}}{2}\right)^2}$$

$$\Leftrightarrow \quad \overline{QR} = \sqrt{8{,}02\text{ cm}^2}$$

$$\Leftrightarrow \quad \overline{QR} \approx 2{,}83\text{ cm}$$

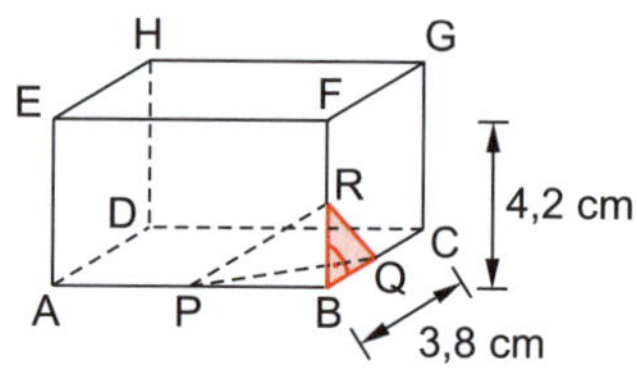

Berechnung des Umfangs des Dreiecks PQR:

$u = \overline{QP} + \overline{QR} + \overline{RP} = 4{,}20\text{ cm} + 2{,}83\text{ cm} + 4{,}30\text{ cm} = \mathbf{11{,}33\text{ cm}}$

189 a) *Hinweis:* Die Grundfläche des Kartons ist ein Rechteck mit $a = 100$ cm und $b = 60$ cm. Da die Stöcke 1,25 m = 125 cm lang sind, passen sie weder der Länge noch der Breite nach auf die Grundfläche.

Berechnung der Diagonalenlänge der rechteckigen Grundfläche:

$e = \sqrt{a^2 + b^2} = \sqrt{(100\text{ cm})^2 + (60\text{ cm})^2} = \sqrt{13\,600\text{ cm}^2} \approx 116{,}62\text{ cm}$

Lara kann die 1,25 m langen Stöcke also nicht schräg auf den Boden legen. Da die Stöcke auch weder der Länge noch der Breite nach auf die Grundfläche passen, kann Lara sie **nicht** flach in den Umzugskarton legen.

b) Berechnung der Länge der Raumdiagonalen im Quader:

$d = \sqrt{a^2 + b^2 + c^2}$ *oder* $d = \sqrt{e^2 + c^2}$

$d = \sqrt{(100\text{ cm})^2 + (60\text{ cm})^2 + (60\text{ cm})^2}$ $d = \sqrt{(116{,}62\text{ cm})^2 + (60\text{ cm})^2}$

$d = \sqrt{17\,200\text{ cm}^2}$ $d = \sqrt{17\,200{,}2244\text{ cm}^2}$

$d \approx 131{,}15\text{ cm}$ $d \approx 131{,}15\text{ cm}$

Die 1,25 m langen Stöcke **passen** schräg in den Karton.

190 *Hinweis:* Bei dieser Aufgabe musst du alle drei Möglichkeiten betrachten, wie du das Brett schräg in den Karton legen kannst. Berechne für jede Möglichkeit zunächst die maximalen Brettmaße.

1. Möglichkeit: *längs–diagonal*

Berechnung der Diagonalenlänge einer Seitenfläche mit dem Satz des Pythagoras:

$d_1^2 = b^2 + c^2 \quad |\sqrt{\ }$

$\Rightarrow \quad d_1 = \sqrt{b^2 + c^2}$

$\Leftrightarrow \quad d_1 = \sqrt{(60\text{ cm})^2 + (50\text{ cm})^2}$

$\Leftrightarrow \quad d_1 = \sqrt{6\,100\text{ cm}^2}$

$\Leftrightarrow \quad d_1 \approx 78{,}10\text{ cm}$

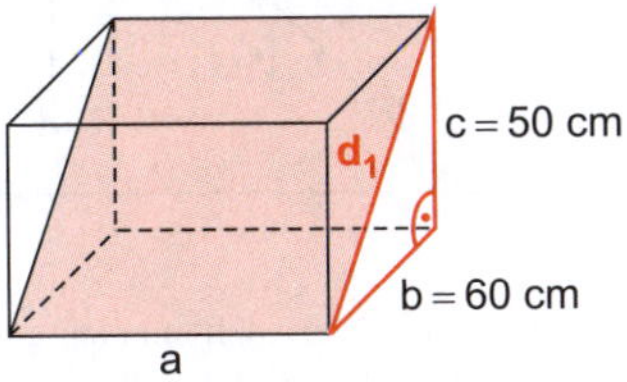

Flächeninhalt des Bretts:

$A_1 = a \cdot d_1 = 70\text{ cm} \cdot 78{,}10\text{ cm} = 5\,467\text{ cm}^2$

2. Möglichkeit: *quer–diagonal*

Berechnung der Diagonalenlänge der Vorderfläche mit dem Satz des Pythagoras:

$d_2^2 = c^2 + a^2 \quad |\sqrt{\ }$

$\Rightarrow \quad d_2 = \sqrt{c^2 + a^2}$

$\Leftrightarrow \quad d_2 = \sqrt{(50\text{ cm})^2 + (70\text{ cm})^2}$

$\Leftrightarrow \quad d_2 = \sqrt{7\,400\text{ cm}^2}$

$\Leftrightarrow \quad d_2 \approx 86{,}02\text{ cm}$

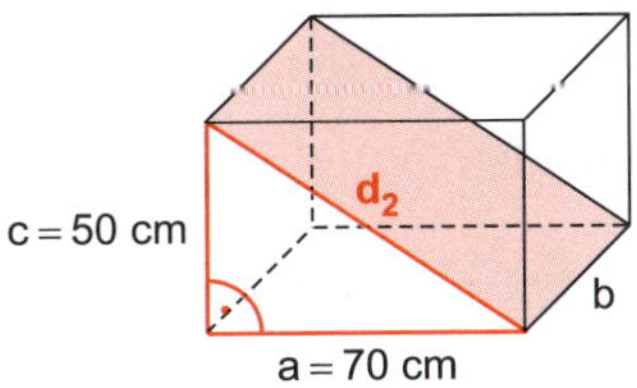

Flächeninhalt des Bretts:

$A_2 = d_2 \cdot b = 86{,}02\text{ cm} \cdot 60\text{ cm} = 5\,161{,}2\text{ cm}^2$

3. Möglichkeit: *diagonal–diagonal*

Berechnung der Diagonalenlänge der Grundfläche mit dem Satz des Pythagoras:

$d_3^2 = a^2 + b^2 \quad |\sqrt{\ }$

$\Rightarrow \quad d_3 = \sqrt{a^2 + b^2}$

$\Leftrightarrow \quad d_3 = \sqrt{(70\text{ cm})^2 + (60\text{ cm})^2}$

$\Leftrightarrow \quad d_3 = \sqrt{8\,500\text{ cm}^2}$

$\Leftrightarrow \quad d_3 \approx 92{,}20\text{ cm}$

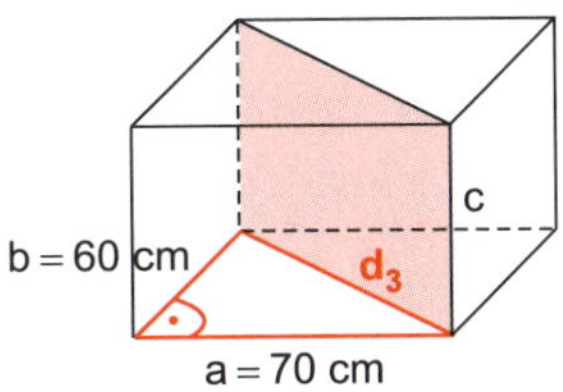

Flächeninhalt des Bretts:
$A_3 = d_3 \cdot c = 92{,}20\text{ cm} \cdot 50\text{ cm} = 4\,610\text{ cm}^2$

Die erste Möglichkeit liefert also das flächenmäßig größte Brett. Der Schreiner kann ein Brett mit einer maximalen Fläche von **5 467 cm²** verschicken.

191 a) Schrägbild:

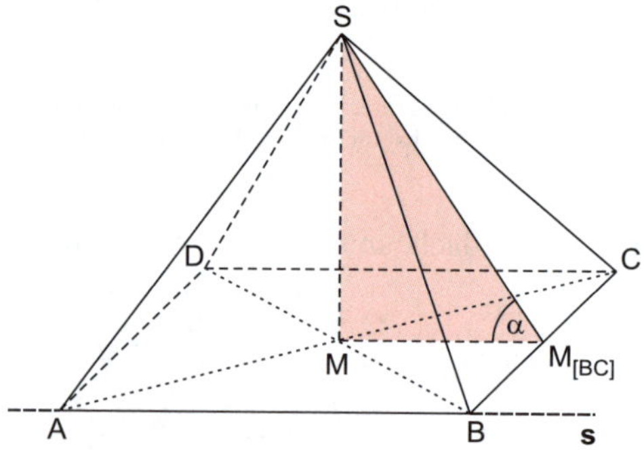

Vorgehen:
- Zeichne die Schrägbildachse s und die Strecke $\overline{AB} = 4$ cm (wahre Größe) auf s.
- Konstruiere die Grundfläche: Zeichne [AD] und [BC] unter $\omega = 45°$ und auf $4\text{ cm} \cdot 0{,}5 = 2$ cm verkürzt.
- Zeichne die Höhe $\overline{MS} = 3$ cm (wahre Größe) senkrecht über M (Diagonalenschnittpunkt).
- Verbinde die Eckpunkte.

b) *Hinweis:* Da es sich um eine gerade Pyramide mit quadratischer Grundfläche handelt, ist der Neigungswinkel gegen die Grundfläche für jede Seitenfläche gleich.

Abmessen des Neigungswinkels liefert:
$\alpha \approx 56°$

Der Neigungswinkel der Seitenflächen gegen die Grundfläche beträgt etwa 56°.

Zeichne den Mittelpunkt $M_{[BC]}$ der Strecke [BC] ein und betrachte das Dreieck $MM_{[BC]}S$. Dann ist $\alpha = \sphericalangle SM_{[BC]}M$ der gesuchte Winkel. Da das Dreieck parallel zur Zeichenebene liegt, kannst du den Winkel direkt in der Zeichnung abmessen.

192 a) Schrägbild:

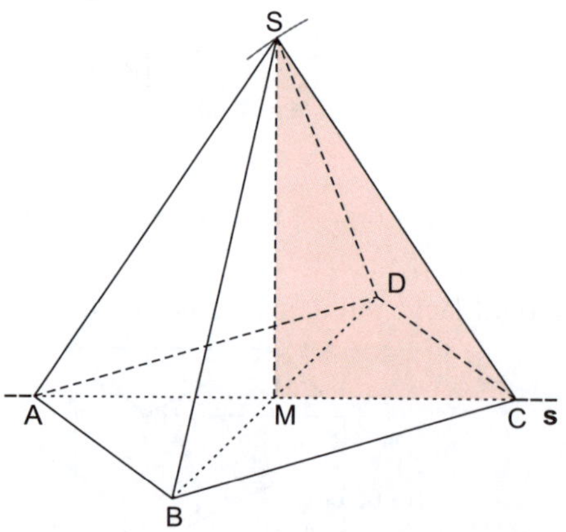

Kavalierperspektive: $\omega = 45°$; $q = 0{,}5$

Vorgehen:
- Zeichne die Schrägbildachse s und die Strecke $\overline{AC} = 5$ cm (wahre Größe) auf s. Zeichne den Punkt M als Mittelpunkt der Strecke [AC] ein.
- Konstruiere die Grundfläche: Zeichne [BD] unter $\omega = 45°$ und auf $6\text{ cm} \cdot 0{,}5 = 3$ cm verkürzt. ([BD] steht senkrecht auf [AC].)
- Konstruiere das Dreieck MCS: S liegt senkrecht über M und es gilt $\overline{CS} = 4{,}5$ cm (wahre Größe). Trage die Länge $\overline{CS}$ mit dem Zirkel ab.
- Verbinde die Eckpunkte.

b) Berechnung von $\overline{SM}$ mit dem Satz des Pythagoras im rechtwinkligen Dreieck MCS:

$$\overline{SM}^2 + \overline{MC}^2 = \overline{CS}^2 \qquad |-\overline{MC}^2$$

$$\Leftrightarrow \quad \overline{SM}^2 = \overline{CS}^2 - \overline{MC}^2 \qquad |\sqrt{}$$

$$\Rightarrow \quad \overline{SM} = \sqrt{\overline{CS}^2 - \overline{MC}^2}$$

$$\Leftrightarrow \quad \overline{SM} = \sqrt{(4{,}5\text{ cm})^2 - \left(\frac{5\text{ cm}}{2}\right)^2}$$

$$\Leftrightarrow \quad \overline{SM} = \sqrt{14\text{ cm}^2}$$

$$\Leftrightarrow \quad \mathbf{\overline{SM} \approx 3{,}74\text{ cm}}$$

Die Pyramide ist etwa 3,74 cm hoch.

193 a) *Hinweis:* Damit sich der (kleine) bunte Würfel im (großen) Plexiglaswürfel in alle Richtungen bewegen kann, muss seine Raumdiagonale kleiner sein als eine Innenkante des Plexiglaswürfels.

Länge a_P der Innenkante des Plexiglaswürfels:

$a_P = a - 2 \cdot 3\text{ mm}$

$a_P = 10\text{ cm} - 2 \cdot 3\text{ mm}$

$a_P = 10\text{ cm} - 2 \cdot 0{,}3\text{ cm}$

$a_P = 9{,}4\text{ cm}$

Von der äußeren Kantenlänge musst du auf beiden Seiten die Dicke des Plexiglases abziehen.

Die Raumdiagonale des bunten Würfels muss also kleiner als d = 9,4 cm sein.

Maximale Kantenlänge a_b des bunten Würfels:

$$d = a_b\sqrt{3} \qquad |:\sqrt{3}$$

Verwende die Formel.

$$\Leftrightarrow \quad a_b = \frac{d}{\sqrt{3}} = \frac{9{,}4\text{ cm}}{\sqrt{3}} = 5{,}427\ldots\text{ cm}$$

$$\Rightarrow \quad a_b \approx 5{,}4\text{ cm} = 54\text{ mm}$$

Achtung: Du musst abrunden, da der bunte Würfel sich sonst gerade nicht mehr frei bewegen kann.

Der bunte Würfel darf höchstens eine Kantenlänge von **54 mm** haben.

b) Volumen des Plexiglaswürfels:

$V_P = a^3 = (10\text{ cm})^3 = 1\,000\text{ cm}^3$

Volumen des bunten Würfels:

$V_b = a_b{}^3 = (5{,}4\text{ cm})^3 \approx 157{,}5\text{ cm}^3$

Prozentualer Volumenanteil (Dreisatz):

$1\,000\text{ cm}^3 \mathrel{\hat{=}} 100\,\%$

$1\text{ cm}^3 \mathrel{\hat{=}} 0{,}1\,\%$

$157{,}5\text{ cm}^3 \mathrel{\hat{=}} 15{,}75\,\%$

Das Volumen des Plexiglaswürfels entspricht 100 %.

Das Volumen ist um $100\,\% - 15{,}75\,\% =$ **84,25 %** kleiner.

194 a) Berechnung der Maße im Schrägbild:

Seitenlänge $\overline{AC}$: 17,25 m = 1 725 cm ≙ **5,75 cm**

Länge $\overline{AM}$: 6 m = 600 cm ≙ **2 cm**

Seitenlänge $\overline{BD}$: 15 m = 1 500 cm ≙ **5 cm**

Haushöhe $\overline{MS}$: 6 m = 600 cm ≙ **2 cm**

Wandhöhe: 6 m : 2 = 3 m = 300 cm ≙ **1 cm**

Maßstab 1 : 300 bedeutet: 300 cm im Original entsprechen 1 cm im Bild. Bringe also jeweils die Strecken in Wirklichkeit auf cm und teile sie dann durch 300, um ihre Länge im Schrägbild zu erhalten.

Schrägbild im Maßstab 1 : 300:

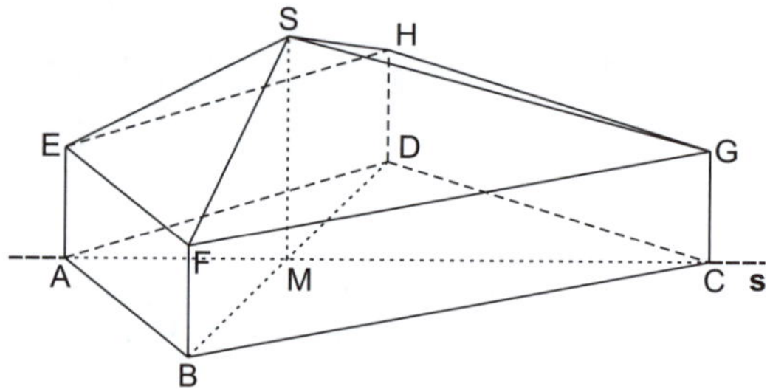

Vorgehen:
- Zeichne die Schrägbildachse s sowie $\overline{AC} = 5{,}75$ cm und M mit $\overline{AM} = 2$ cm auf s (wahre Größe).
- Zeichne [BD] von M aus unter $\omega = 45°$ und auf $5 \text{ cm} \cdot 0{,}5 = 2{,}5$ cm verkürzt.
- Zeichne die Wandhöhen mit 1 cm senkrecht nach oben (wahre Größe).
- Zeichne $\overline{MS} = 2$ cm senkrecht über M (wahre Größe).
- Verbinde die Eckpunkte.

b) Flächeninhalt des Grundrisses:

$$A = \frac{1}{2} \cdot \overline{AC} \cdot \overline{BD} = \frac{1}{2} \cdot 17{,}25 \text{ m} \cdot 15 \text{ m} \approx \mathbf{129{,}38\ m^2}$$

Der Grundriss hat die Form eines Drachenvierecks.

c) Berechnung der Seitenlängen des Grundrisses:

- Berechnung von $\overline{AB}$ mit dem Satz des Pythagoras im Dreieck ABM:

$$\overline{AB}^2 = \overline{BM}^2 + \overline{MA}^2 \quad |\sqrt{}$$
$$\Rightarrow \quad \overline{AB} = \sqrt{\overline{BM}^2 + \overline{MA}^2}$$
$$\Leftrightarrow \quad \overline{AB} = \sqrt{\left(\frac{15 \text{ m}}{2}\right)^2 + (6 \text{ m})^2}$$
$$\Leftrightarrow \quad \overline{AB} = \sqrt{92{,}25 \text{ m}^2}$$
$$\Leftrightarrow \quad \overline{AB} \approx 9{,}60 \text{ m}$$

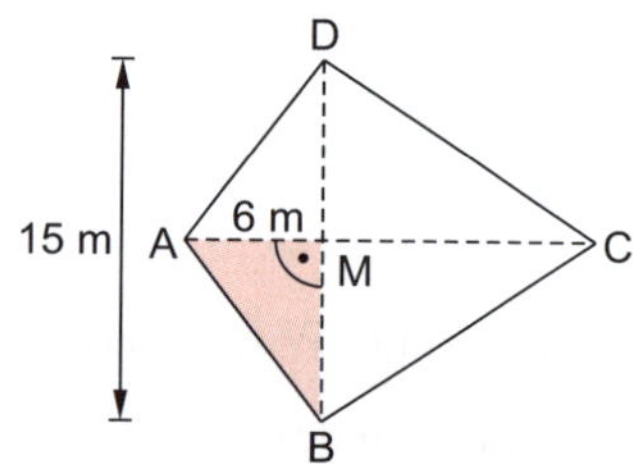

- Berechnung von $\overline{BC}$ mit dem Satz des Pythagoras im Dreieck BCM:

$$\overline{BC}^2 = \overline{CM}^2 + \overline{MB}^2 \quad |\sqrt{}$$
$$\Rightarrow \quad \overline{BC} = \sqrt{\overline{CM}^2 + \overline{MB}^2}$$
$$\Leftrightarrow \quad \overline{BC} = \sqrt{(17{,}25 \text{ m} - 6 \text{ m})^2 + \left(\frac{15 \text{ m}}{2}\right)^2}$$
$$\Leftrightarrow \quad \overline{BC} = \sqrt{182{,}8125 \text{ m}^2}$$
$$\Leftrightarrow \quad \overline{BC} \approx 13{,}52 \text{ m}$$

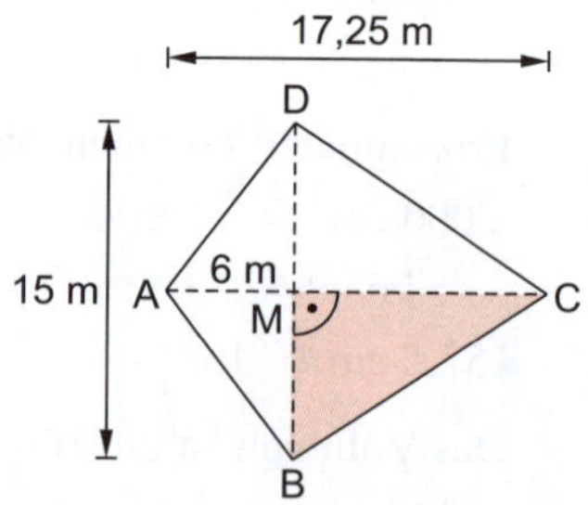

- Bestimmung von $\overline{CD}$:
  Da der Grundriss ein Drachenviereck ist, gilt: $\overline{CD} = \overline{BC} \approx 13{,}52$ m
- Bestimmung von $\overline{DA}$:
  Da der Grundriss ein Drachenviereck ist, gilt: $\overline{DA} = \overline{AB} \approx 9{,}60$ m

Prüfen auf rechte Winkel:

- Überprüfung im Punkt A:

  $$(15\text{ m})^2 \overset{?}{=} (9{,}60\text{ m})^2 + (9{,}60\text{ m})^2$$
  $$\Leftrightarrow \quad 225\text{ m}^2 \overset{?}{=} 92{,}16\text{ m}^2 + 92{,}16\text{ m}^2$$
  $$\Leftrightarrow \quad 225\text{ m}^2 \neq 184{,}32\text{ m}^2 \quad \text{(falsch)}$$

  Da sich eine falsche Aussage ergibt, befindet sich **kein** rechter Winkel bei A.

  [BD] ist im Dreieck ABD die längste Seite und wäre somit die Hypotenuse. Prüfe, ob der Satz des Pythagoras gilt.

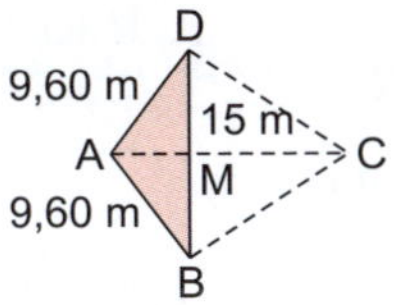

- Überprüfung im Punkt B:

  $$(17{,}25\text{ m})^2 \overset{?}{=} (9{,}60\text{ m})^2 + (13{,}52\text{ m})^2$$
  $$\Leftrightarrow \quad 297{,}56\text{ m}^2 \overset{?}{=} 92{,}16\text{ m}^2 + 182{,}79\text{ m}^2$$
  $$\Leftrightarrow \quad 297{,}56\text{ m}^2 \neq 274{,}95\text{ m}^2 \quad \text{(falsch)}$$

  Da sich eine falsche Aussage ergibt, befindet sich **kein** rechter Winkel bei B.

  [CA] ist im Dreieck ABC die längste Seite und wäre somit die Hypotenuse. Prüfe, ob der Satz des Pythagoras gilt.

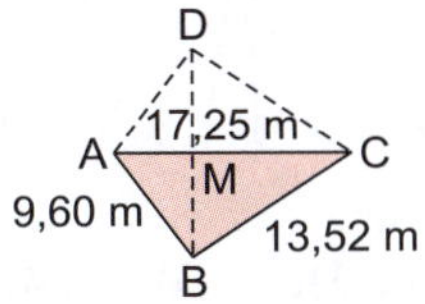

- Überprüfung im Punkt C:

  $$(15\text{ m})^2 \overset{?}{=} (13{,}52\text{ m})^2 + (13{,}52\text{ m})^2$$
  $$\Leftrightarrow \quad 225\text{ m}^2 \overset{?}{=} 182{,}79\text{ m}^2 + 182{,}79\text{ m}^2$$
  $$\Leftrightarrow \quad 225\text{ m}^2 \neq 365{,}58\text{ m}^2 \quad \text{(falsch)}$$

  Da sich eine falsche Aussage ergibt, befindet sich **kein** rechter Winkel bei C.

  [DB] ist im Dreieck BCD die längste Seite und wäre somit die Hypotenuse. Prüfe, ob der Satz des Pythagoras gilt.

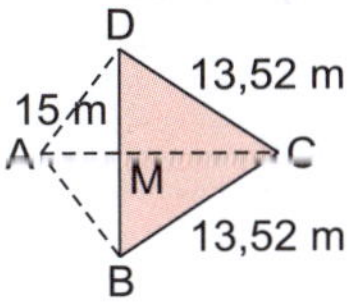

- Überprüfung im Punkt D:
  Wegen der Achsensymmetrie sind die Winkel im Punkt B und im Punkt D maßgleich. Somit gibt es auch bei D **keinen** rechten Winkel.

Die Außenwände bilden also an **keiner** der vier Ecken einen rechten Winkel.

195 a) Beim einmaligen Ziehen aus einer Lostrommel handelt es sich um ein **einstufiges Zufallsexperiment**.

b) Beim viermaligen Drehen des Glücksrads handelt es sich um ein **vierstufiges Zufallsexperiment**. Jedes Drehen entspricht einem Teilexperiment.

c) Beim dreimaligen Ziehen aus einer Urne handelt es sich um ein **dreistufiges Zufallsexperiment**. Jedes Ziehen entspricht einem Teilexperiment.

d) Beim gleichzeitigen Werfen von 5 Würfeln handelt es sich um ein **fünfstufiges Zufallsexperiment**. Jeder Wurf eines Würfels entspricht einem Teilexperiment.

196 Baumdiagramm:

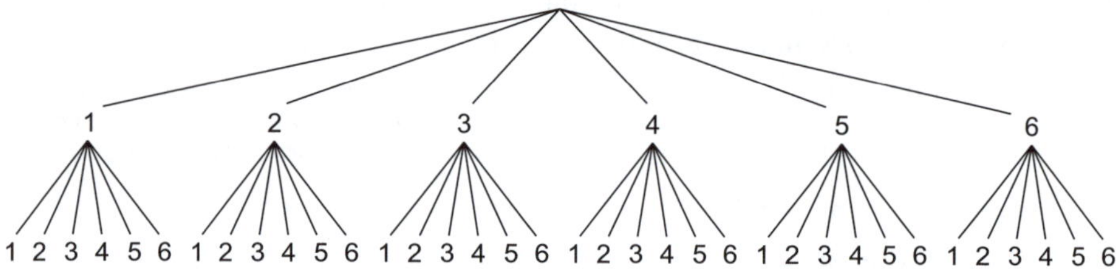

Ergebnisraum:

Ω = {(1; 1); (1;2); (1; 3); (1; 4); (1; 5); (1; 6); (2; 1); (2; 2); (2; 3); (2; 4); (2; 5); (2; 6); (3; 1); (3; 2); (3; 3); (3; 4); (3; 5); (3; 6); (4; 1); (4; 2); (4; 3); (4; 4); (4; 5); (4; 6); (5; 1); (5; 2); (5; 3); (5; 4); (5; 5); (5; 6); (6; 1); (6; 2); (6; 3); (6; 4); (6; 5); (6; 6)}

197 Baumdiagramm:

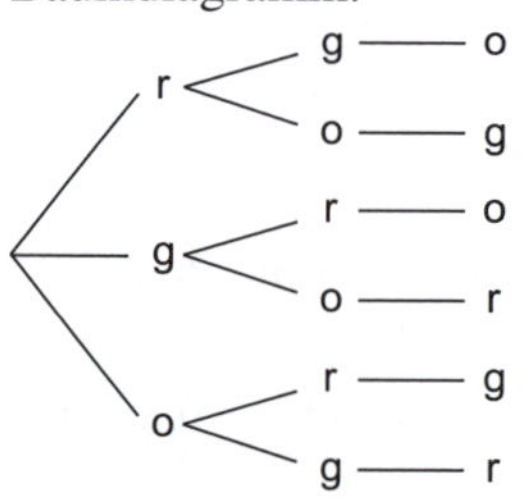

Du hast 1 roten (r), 1 gelben (g) und 1 orangen (o) Lolli.

Beachte, dass du jede Farbe pro Pfad nur einmal benutzen kannst. Wenn du den Lolli gegessen hast, ist er weg.

Anzahl der möglichen Ergebnisse:

Ergebnisraum:
Ω = {rgo; rog; gro; gor; org; ogr}

Da Ω 6 Elemente enthält, gibt es **6 verschiedene Reihenfolgen**.

oder

Da das Baumdiagramm 6 Pfade besitzt, gibt es **6 verschiedene Reihenfolgen**.

Lösung ohne Baumdiagramm:
Für die Farbe des ersten Lollis gibt es 3 Möglichkeiten, für die des zweiten 2 und für die des dritten 1 Möglichkeit. Insgesamt sind es $3 \cdot 2 \cdot 1 = 6$ **Möglichkeiten**.

198 a) Es handelt sich um **Ziehen mit Zurücklegen**, denn die Wahrscheinlichkeit für K und Z ändert sich nicht, egal, was beim vorherigen Wurf oben lag. Im Urnenmodell bedeutet das, dass 2 Kugeln (eine mit K und eine mit Z beschriftet) in eine Urne gelegt werden. Damit man nach jedem Zug wieder 2 Möglichkeiten hat (K und Z), muss man die gezogene Kugel stets zurücklegen.

b) Es handelt sich um **Ziehen ohne Zurücklegen**, denn die Legosteine, die man schon verbaut hat, kann man nicht noch einmal benutzen.

c) Es handelt sich um **Ziehen ohne Zurücklegen**. Beim Lotto kann jede Zahl nur einmal gezogen werden, da die Lottokugel die Trommel verlässt und nicht wieder hineingelegt wird. Es werden also 6 verschiedene Zahlen gezogen.

d) Es handelt sich um **Ziehen mit Zurücklegen**, denn die Wahrscheinlichkeit dafür, dass ein Feld gedreht wird, ändert sich nicht, egal, welches Feld beim vorherigen Drehen getroffen wurde. Das Glücksrad „verliert" keine Felder, da man bei jedem Drehen immer wieder dieselben Felder treffen kann.

199 Baumdiagramm:

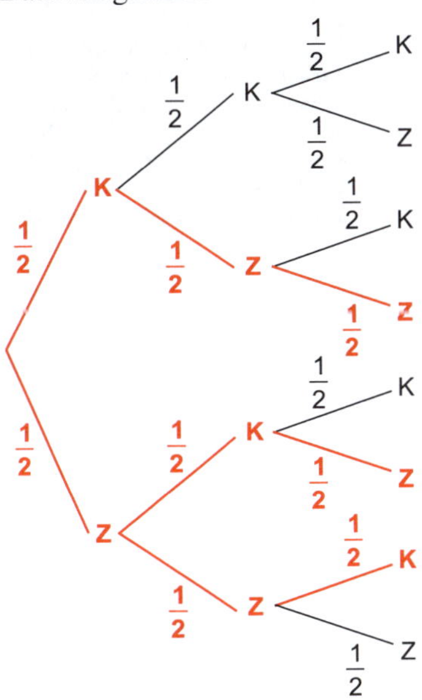

Es handelt sich um *Ziehen mit Zurücklegen*, da die Wahrscheinlichkeit für K und Z immer gleich bleibt.

Suche im Baumdiagramm die Ergebnisse, die genau einmal K enthalten. Damit ergibt sich:

E = {KZZ; ZKZ; ZZK}

Wende für jedes dieser Ergebnisse die **Produktregel** an, indem du jeweils dem Pfad folgst und die drei Wahrscheinlichkeiten miteinander multiplizierst. Wende dann die **Additionsregel** an und addiere die berechneten Wahrscheinlichkeiten.

Wahrscheinlichkeit:

$$P(KZZ) + P(ZKZ) + P(ZZK) = \frac{1}{2} \cdot \frac{1}{2} \cdot \frac{1}{2} + \frac{1}{2} \cdot \frac{1}{2} \cdot \frac{1}{2} + \frac{1}{2} \cdot \frac{1}{2} \cdot \frac{1}{2} = \frac{3}{8} = 0{,}375 = \mathbf{37{,}5\ \%}$$

Die Wahrscheinlichkeit dafür, dass genau einmal K oben liegt, beträgt 35,7 %.

200 Baumdiagramm:

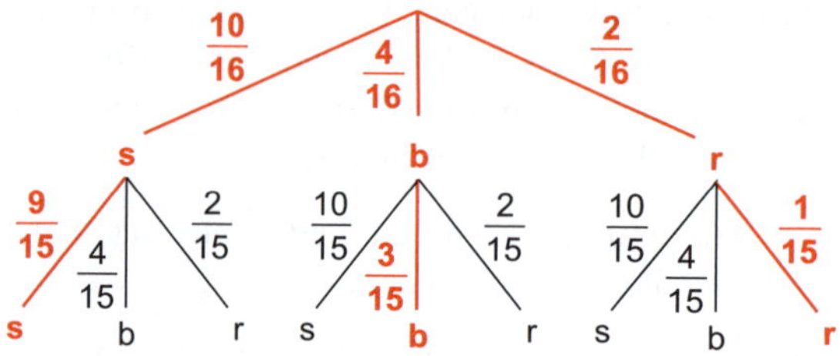

Es handelt sich um *Ziehen ohne Zurücklegen*, da sich die Anzahl der Socken in der Schublade mit jedem Zug ändert. Damit ändern sich auch die Wahrscheinlichkeiten.

Berechne die gesuchte Wahrscheinlichkeit, indem du für jedes der Ergebnisse E = {ss; bb; rr} die **Produktregel** anwendest und dann nach der **Additionsregel** die berechneten Wahrscheinlichkeiten addierst.

Wahrscheinlichkeit:

$$P(ss) + P(bb) + P(rr) = \frac{10}{16} \cdot \frac{9}{15} + \frac{4}{16} \cdot \frac{3}{15} + \frac{2}{16} \cdot \frac{1}{15} = \frac{13}{30} \approx 0{,}4333 = \mathbf{43{,}33\ \%}$$

Die Wahrscheinlichkeit beträgt ca. 43,33 %.

201 Baumdiagramm:

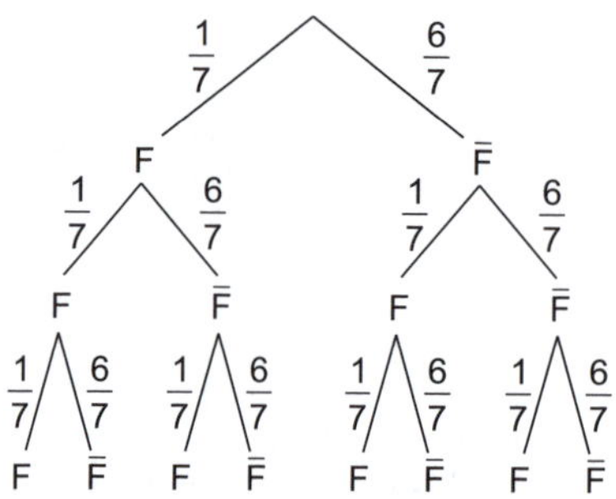

Da in jedem 7. Überraschungsei eine Figur steckt, beträgt die Wahrscheinlichkeit dafür, dass sich in einem Ei eine Figur (F) befindet, $\frac{1}{7}$.

Hinweis: Du kannst von *Ziehen mit Zurücklegen* ausgehen, obwohl sich streng genommen die Anzahl der Eier mit jedem Zug ändert. Bei sehr großen Mengen ist diese Änderung in Bezug auf die Wahrscheinlichkeit so gering, dass sie vernachlässigt werden kann.

Wahrscheinlichkeiten:

- Ereignis E_0: *keines der Eier enthält eine Figur*

  $$P(E_0) = P(\bar{F}\bar{F}\bar{F}) = \frac{6}{7} \cdot \frac{6}{7} \cdot \frac{6}{7} = \frac{216}{343} \approx 0{,}6297 = \mathbf{62{,}97\ \%}$$

- Ereignis E_1: *genau ein Ei enthält eine Figur*

  $$P(E_1) = P(F\bar{F}\bar{F}) + P(\bar{F}F\bar{F}) + P(\bar{F}\bar{F}F)$$

  $$P(E_1) = \frac{1}{7} \cdot \frac{6}{7} \cdot \frac{6}{7} + \frac{6}{7} \cdot \frac{1}{7} \cdot \frac{6}{7} + \frac{6}{7} \cdot \frac{6}{7} \cdot \frac{1}{7} = \frac{108}{343} \approx 0{,}3149 = \mathbf{31{,}49\ \%}$$

- Ereignis E_2: *genau zwei Eier enthalten eine Figur*

  $$P(E_2) = P(FF\bar{F}) + P(F\bar{F}F) + P(\bar{F}FF)$$

  $$P(E_2) = \frac{1}{7} \cdot \frac{1}{7} \cdot \frac{6}{7} + \frac{1}{7} \cdot \frac{6}{7} \cdot \frac{1}{7} + \frac{6}{7} \cdot \frac{1}{7} \cdot \frac{1}{7} = \frac{18}{343} \approx 0{,}0525 = \mathbf{5{,}25\ \%}$$

- Ereignis E_3: *genau drei Eier enthalten eine Figur*

  $$P(E_3) = P(FFF) = \frac{1}{7} \cdot \frac{1}{7} \cdot \frac{1}{7} = \frac{1}{343} \approx 0{,}0029 = \mathbf{0{,}29\ \%}$$

202 Es handelt sich um *Ziehen ohne Zurücklegen*, da sich die Anzahl der Gummibärchen mit jedem Zug ändert. *Beachte:* Das Ergebnis {ww} gibt es nicht (es gibt nur 1 weißes Bärchen). Der zugehörige Pfad mit der Wahrscheinlichkeit 0 wird im Baumdiagramm weggelassen.

Baumdiagramm:

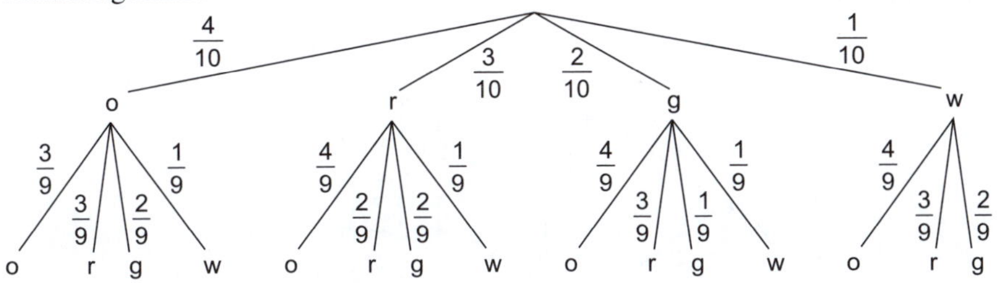

a) Anzahl der Farbkombinationen:
Ergebnisraum:
$\Omega = \{oo; or; og; ow; ro; rr; rg; rw; go; gr; gg; gw; wo; wr; wg\}$
Da Ω 15 Elemente enthält, gibt es **15 mögliche Farbkombinationen**.

oder Da das Baumdiagramm 15 Pfade besitzt, gibt es **15 mögliche Farbkombinationen**.

b) Wahrscheinlichkeit:

Wende die Produktregel an.

$$P(gr) = \frac{2}{10} \cdot \frac{3}{9} = \frac{1}{15} \approx 0{,}0667 = \mathbf{6{,}67\ \%}$$

c) Wahrscheinlichkeit:

Es kommt **nicht** auf die Reihenfolge an!

$$P(rg) + P(gr) = \frac{3}{10} \cdot \frac{2}{9} + \frac{2}{10} \cdot \frac{3}{9} = \frac{2}{15} \approx 0{,}1333 = \mathbf{13{,}33\ \%}$$

Die Wahrscheinlichkeit beträgt etwa 13,33 %.

d) Wahrscheinlichkeit:

Es gibt nur 1 weißes Gummibärchen.

$$P(oo) + P(rr) + P(gg) = \frac{4}{10} \cdot \frac{3}{9} + \frac{3}{10} \cdot \frac{2}{9} + \frac{2}{10} \cdot \frac{1}{9} = \frac{2}{9} \approx 0{,}2222 = \mathbf{22{,}22\ \%}$$

e) Wahrscheinlichkeit:

$$P = P(oo) + P(or) + P(og) + P(ow) + P(ro) + P(go) + P(wo)$$

$$P = \frac{4}{10} \cdot \frac{3}{9} + \frac{4}{10} \cdot \frac{3}{9} + \frac{4}{10} \cdot \frac{2}{9} + \frac{4}{10} \cdot \frac{1}{9} + \frac{3}{10} \cdot \frac{4}{9} + \frac{2}{10} \cdot \frac{4}{9} + \frac{1}{10} \cdot \frac{4}{9} = \frac{2}{3} \approx 0{,}6667 = \mathbf{66{,}67\ \%}$$

Alternative Lösung über das Gegenereignis:
Wahrscheinlichkeit für kein oranges Gummibärchen:

$$P(\overline{o}\,\overline{o}) = \frac{6}{10} \cdot \frac{5}{9} = \frac{1}{3}$$

Da 4 der 10 Gummibärchen orange sind, sind 6 der 10 Gummibärchen nicht orange.

Wahrscheinlichkeit für mindestens ein oranges Gummibärchen:

$$P = 1 - P(\overline{o}\,\overline{o}) = 1 - \frac{1}{3} = \frac{2}{3} \approx 0{,}6667 = \mathbf{66{,}67\ \%}$$

203 Es handelt sich um *Ziehen mit Zurücklegen*, da die Wahrscheinlichkeit, eine Frage richtig anzukreuzen, immer gleich bleibt. Bei jeder Frage ist 1 von 4 Antworten richtig. Die Wahrscheinlichkeit, eine Frage richtig anzukreuzen (R), ist somit $\frac{1}{4}$, die Wahrscheinlichkeit, sie falsch anzukreuzen (F), $\frac{3}{4}$.

Baumdiagramm:

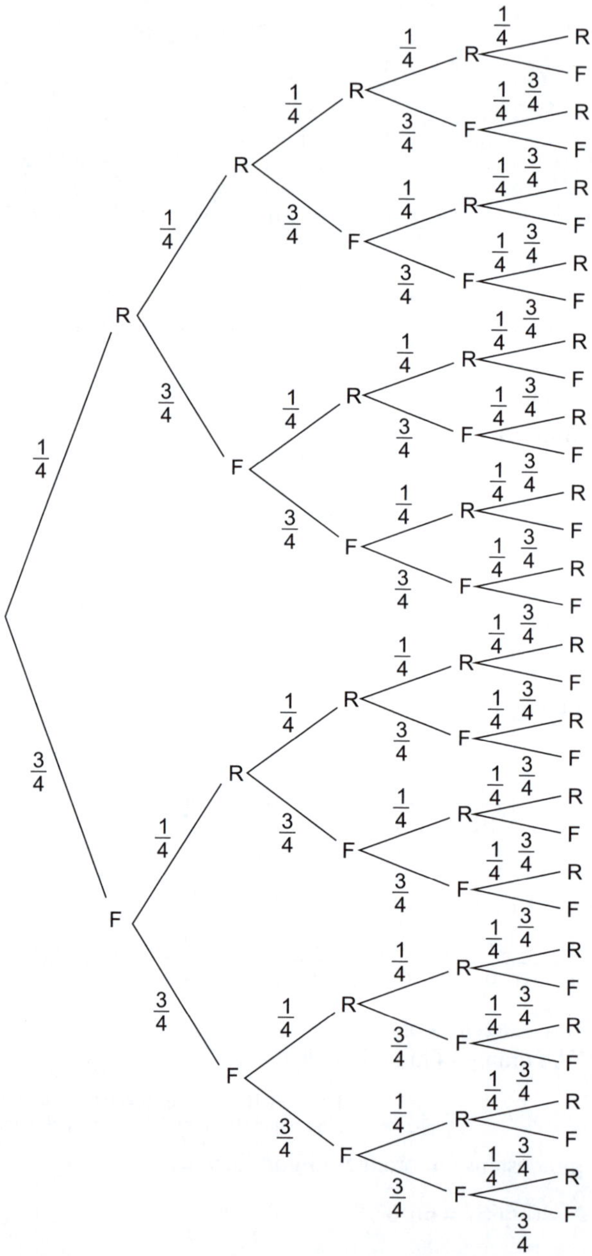

a) Wahrscheinlichkeit, keine Frage falsch anzukreuzen:

$$P(RRRRR) = \frac{1}{4} \cdot \frac{1}{4} \cdot \frac{1}{4} \cdot \frac{1}{4} \cdot \frac{1}{4} = \frac{1}{1\,024}$$

Wahrscheinlichkeit, mindestens eine Frage falsch anzukreuzen:

$$1 - P(RRRRR) = 1 - \frac{1}{1\,024} = \frac{1\,023}{1\,024} \approx 0{,}9990 = \mathbf{99{,}90\,\%}$$

Die Wahrscheinlichkeit beträgt etwa 99,90 %.

Rechne mit dem **Gegenereignis**. Das Gegenereignis von *mindestens eine Frage falsch* ist *keine Frage falsch*. Allgemein gilt: $P(E) = 1 - P(\overline{E})$

b) Wahrscheinlichkeiten der 3 günstigen Ereignisse:

- Ereignis E_5: *5 Fragen richtig angekreuzt*

$$P(E_5) = P(RRRRR) = \frac{1}{4} \cdot \frac{1}{4} \cdot \frac{1}{4} \cdot \frac{1}{4} \cdot \frac{1}{4} = \frac{1}{1\,024}$$

- Ereignis E_4: *4 Fragen richtig angekreuzt*

$$P(E_4) = P(RRRRF) + P(RRRFR) + P(RRFRR) + P(RFRRR) + P(FRRRR)$$

$$P(E_4) = \frac{1}{4} \cdot \frac{1}{4} \cdot \frac{1}{4} \cdot \frac{1}{4} \cdot \frac{3}{4} + \frac{1}{4} \cdot \frac{1}{4} \cdot \frac{1}{4} \cdot \frac{3}{4} \cdot \frac{1}{4} + \frac{1}{4} \cdot \frac{1}{4} \cdot \frac{3}{4} \cdot \frac{1}{4} \cdot \frac{1}{4} + \frac{1}{4} \cdot \frac{3}{4} \cdot \frac{1}{4} \cdot \frac{1}{4} \cdot \frac{1}{4} + \frac{3}{4} \cdot \frac{1}{4} \cdot \frac{1}{4} \cdot \frac{1}{4} \cdot \frac{1}{4}$$

$$P(E_4) = \frac{15}{1\,024}$$

- Ereignis E_3: *3 Fragen richtig angekreuzt*

$$P(E_3) = P(RRRFF) + P(RRFRF) + P(RRFFR) + P(RFRRF) + P(RFRFR) + P(RFFRR) + P(FRRRF) + P(FRRFR) + P(FRFRR) + P(FFRRR)$$

$$P(E_3) = \frac{1}{4} \cdot \frac{1}{4} \cdot \frac{1}{4} \cdot \frac{3}{4} \cdot \frac{3}{4} + \frac{1}{4} \cdot \frac{1}{4} \cdot \frac{3}{4} \cdot \frac{1}{4} \cdot \frac{3}{4} + \frac{1}{4} \cdot \frac{1}{4} \cdot \frac{3}{4} \cdot \frac{3}{4} \cdot \frac{1}{4} + \frac{1}{4} \cdot \frac{3}{4} \cdot \frac{1}{4} \cdot \frac{1}{4} \cdot \frac{3}{4} + \frac{1}{4} \cdot \frac{3}{4} \cdot \frac{1}{4} \cdot \frac{3}{4} \cdot \frac{1}{4} + \frac{1}{4} \cdot \frac{3}{4} \cdot \frac{3}{4} \cdot \frac{1}{4} \cdot \frac{1}{4} + \frac{3}{4} \cdot \frac{1}{4} \cdot \frac{1}{4} \cdot \frac{1}{4} \cdot \frac{3}{4} + \frac{3}{4} \cdot \frac{1}{4} \cdot \frac{1}{4} \cdot \frac{3}{4} \cdot \frac{1}{4} + \frac{3}{4} \cdot \frac{1}{4} \cdot \frac{3}{4} \cdot \frac{1}{4} \cdot \frac{1}{4} + \frac{3}{4} \cdot \frac{3}{4} \cdot \frac{1}{4} \cdot \frac{1}{4} \cdot \frac{1}{4}$$

$$P(E_3) = \frac{90}{1\,024}$$

Wahrscheinlichkeit dafür, dass Max nur mit Raten besteht:

$$P(E_5) + P(E_4) + P(E_3) = \frac{1}{1\,024} + \frac{15}{1\,024} + \frac{90}{1\,024} = \frac{106}{1\,024} \approx 0{,}1035 = \mathbf{10{,}35\,\%}$$

Die Wahrscheinlichkeit beträgt etwa 10,35 %.

Max besteht den Kurztest, wenn er mindestens 3 Fragen richtig ankreuzt. Berechne also zunächst die Wahrscheinlichkeiten dafür, dass Max 5 Fragen, 4 Fragen und 3 Fragen richtig ankreuzt **(Produktregel)**. Addiere die Wahrscheinlichkeiten **(Additionsregel)**.

204 Es handelt sich um *Ziehen ohne Zurücklegen*, da sich die Anzahl der Ziffernkärtchen mit jedem Zug ändert.

Baumdiagramm:

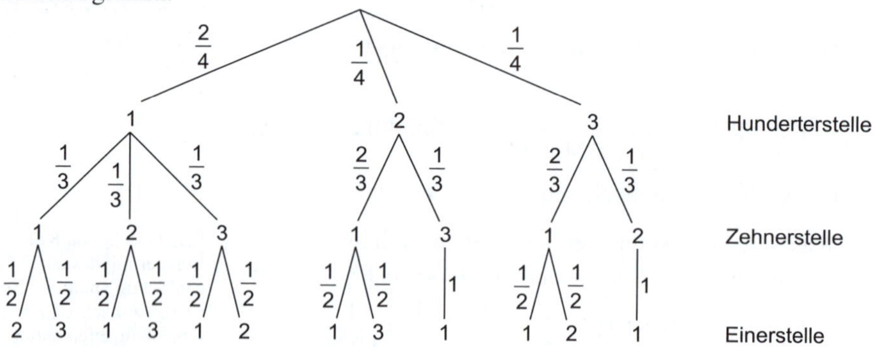

a) Anzahl der möglichen dreistelligen Zahlen:
Ergebnisraum:
$\Omega = \{112;\ 113;\ 121;\ 123;\ 131;\ 132;\ 211;\ 213;\ 231;\ 311;\ 312;\ 321\}$

Da Ω 12 Elemente enthält, können **12** verschiedene dreistellige Zahlen gelegt werden.

oder Da das Baumdiagramm 12 Pfade besitzt, können **12** verschiedene dreistellige Zahlen gelegt werden.

b) Wahrscheinlichkeit:

$$P(123) = \frac{2}{4} \cdot \frac{1}{3} \cdot \frac{1}{2} = \frac{1}{12} \approx 0{,}0833 = \mathbf{8{,}33\ \%}$$

Die Wahrscheinlichkeit beträgt etwa 8,33 %.

c) günstige Ergebnisse:
{113; 131; 311}
Wahrscheinlichkeit:

$$P(113) + P(131) + P(311) = \frac{2}{4} \cdot \frac{1}{3} \cdot \frac{1}{2} + \frac{2}{4} \cdot \frac{1}{3} \cdot \frac{1}{2} + \frac{1}{4} \cdot \frac{2}{3} \cdot \frac{1}{2} = \frac{1}{4} = 0{,}25 = \mathbf{25\ \%}$$

Die Wahrscheinlichkeit beträgt 25 %.

d) günstige Ergebnisse:
{112; 132; 312}

Eine Zahl ist durch 4 teilbar, wenn ihre letzten beiden Stellen durch 4 teilbar sind.

Wahrscheinlichkeit:

$$P(112) + P(132) + P(312) = \frac{2}{4} \cdot \frac{1}{3} \cdot \frac{1}{2} + \frac{2}{4} \cdot \frac{1}{3} \cdot \frac{1}{2} + \frac{1}{4} \cdot \frac{2}{3} \cdot \frac{1}{2} = \frac{1}{4} = 0{,}25 = \mathbf{25\ \%}$$

Die Wahrscheinlichkeit beträgt 25 %.